EASY

&

CUBA

이지 쿠바

도시별 소요 시간

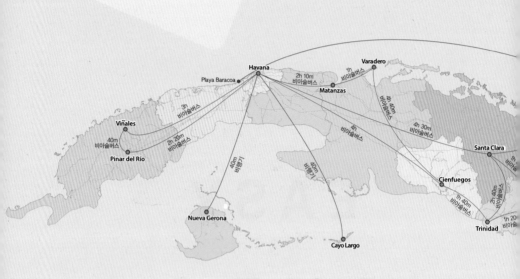

Havana

Playa Baracoa

Viñales

Pinar del Río

40m
비아술버스

3h
비아술버스

2h 20m
비아술버스

Matanzas

2h 10m
비아술버스

Varadero

1h
비아술버스

40m
비아술버스

4h 30m
비아술버스

Santa Clara

1h
비아술

Cienfuegos

4h
비아술버스

1h 40m
비아술버스

Trinidad

1h 20m
비아술

2h 40m
비아술버스

40m
비행기

Nueva Gerona

40m
비행기

Cayo Largo

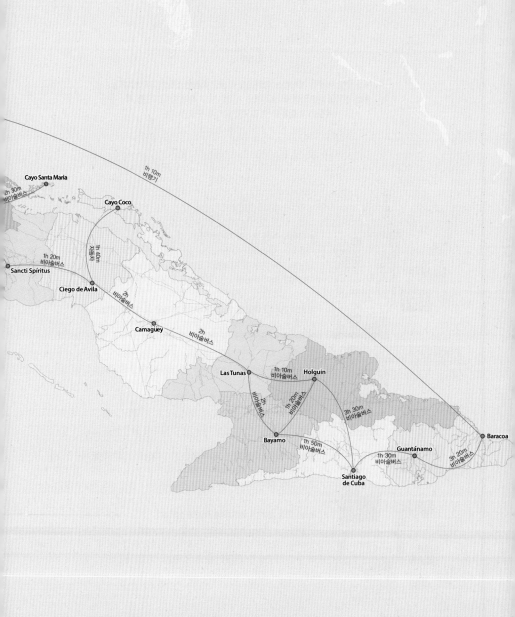

일러두기

이 책은 쿠바 여행을 계획하는 이들에게 꼼꼼한 지침을 전달하고자 합니다.
쿠바 전역을 여행하려 하거나 어느 지역을 넣고 빼야 할지 고민될 때
유용하게 활용할 수 있도록 알차게 꾸몄습니다.

▶최적의 추천 코스를 제시하였습니다.

효율적인 시내 교통, 쇼핑 시간, 기차 이동 시간, 효과적인 동선 등 도시 정보에 필요한 모든 사항을 고려하여 최적의 추천 코스를 만들었습니다. 이를 토대로 시행착오 없이 주어진 시간 동안 가장 효율적인 여행이 가능합니다.

▶쉽고 편리한 여행을 위해 찾아가는 방법을 상세히 설명했습니다.

이 책이 다른 책과 차별되는 가장 큰 강점은 바로 명소를 찾아가는 자세한 방법과 효율적인 동선 소개입니다. 최적의 추천 코스와 각 볼거리로 이동하는 방법을 현장감 있게 구체적으로 설명했습니다. 동선을 따라가면 낯선 도시에서도 헤매지 않고 시간과 체력을 절약하는 즐거운 여행이 가능합니다.

▶볼거리 정보를 보기 편하게 정리했습니다.

모든 볼거리의 위치, 시간, 요금, 홈페이지 같은 기본 정보를 따로 정리하였으며 책의 바깥쪽에 위치시켜 찾기 쉽고 보기 편하게 했습니다.

▶팁 박스와 스페셜 테마 페이지들을 통해 다양한 읽을거리를 제공합니다.

효율적인 여행을 위한 노하우들 역시 이 책의 강점입니다. 현지인조차도 잘 모르는 여행 팁과 함께 다양한 읽을거리를 제공해 여행을 더욱 풍부하게 합니다.

▶1년 이상 현지에 체류하며 작성하였습니다.

여행작가의 현지에 대한 충분한 이해는 좋은 여행 서적의 필수 요소일 것입니다. 현지에서 계절을 겪고, 성수 시즌과 비수 시즌을 직접 겪으며 짧은 시간에 이해할 수 없는 쿠바의 다양한 정보를 담고자 노력했습니다.

▶외국어 표기

현지 스페인어 발음을 기준으로 표기했습니다. 많은 사람들이 사용하고, 알아
듣기 쉬운 현지어를 기준으로 표기했습니다만 간혹 지명 특성상 영어식 또는 한
국식으로 표기한 경우도 있습니다. 표기가 일치되지 않는 부분이 있더라도 양해
바랍니다.

▶숙소 및 레스토랑

예산은 공식 화폐 또는 달러로 표기하였습니다. 호스텔과 레스토랑은 위치와 금
액을 고려해 배낭여행자가 이용하기에 무리가 없는 곳으로 선정하고자 노력하였
습니다. 이 가운데 일부 지역은 위치와 맛, 가격 등의 변동이 있을 수 있습니다.

▶매년 정보를 업데이트하고 있습니다.

죽은 정보는 과감하게 버리겠습니다. 기한이 지난 정보는 가치가 없다고 판단,
매년 낡은 정보를 업데이트하고 있습니다.

▶다양한 기획 페이지들이 여행을 더욱 풍요롭게 해줍니다.

쿠바에 대한 다양한 이야깃거리를 준비하여 여행 중 읽을거리가 될 수 있도록 준
비하였고, 또한 먹거리, 인물, 역사 등을 소개하는 기획 페이지들을 제공합니다.

▶주별 개요를 준비하였습니다.

각 주의 시작 페이지에 지역 지도와 함께 그 주를 여행하는 효율적인 일정과 각
주의 방문할 곳들을 요약 정리하여 여행자의 일정 설계에 충분히 활용할 수 있
도록 구성하였습니다.

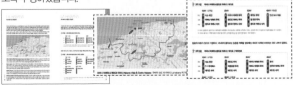

주의사항

쿠바는 정가가 없는 곳이 많습니다. 기재된 가격
은 참고로 이해하시고, 약간은 여유 있게 생각하시
는 게 좋습니다.

최신 정보를 수록했지만, 급변하는 쿠바이다보니 책
에 담긴 식당 등이 없어져 버렸다 해도 너그러이 이
해 부탁드립니다.

정보 아이콘

🛍 보자! BERN SIGHTS

🛍 사자! SHOPPING

✖ 먹자! EATING

Y 하자! ACTIVITIES

🛏 자자! ACCOMMODATIONS

⌂ 주소
Ⓞ open, close 시간
🍴 요금
📍 교통
📞 전화

지도 아이콘

🚌 버스   Ⓜ 지하철   🚊 기차

➕ 병원   💲 환전/은행   ⓘ 안내소

WC 화장실   ⚠ 캠핑/산장

쿠바 여행을 계획할 때 일정보다 중요한 건
그 사람들을 만나기 위한 준비다.

적당한 스페인어와 열린 마음으로
많은 이들과 이야기를 만들며 여행했다면
돌아온 후 문득 그 사람들을 그리워하는
나를 발견하게 된다.

그렇게 누구나 쿠바에 갈 수는 있지만,
그 곳에 간 모두가 쿠바를 보고 오는 것은 아니다.

김현각

아프리카와 아랍 지역에서 주로 일을 해오다
느즈막이 방문한 중남미에서 특유의 매력에 빠지게 되었다.
쿠바 입국을 계획하며 쿠바 정보가 너무 부족함을 알고,
이럴 바엔 책을 써버리자는 만만한 생각으로 덤볐다가 산전수전을 겪고 있으며,
현재는 쿠바와 칸쿤에서 주로 체류하며 쿠바 여행업을 준비 중이다.

cafe.naver.com/cubadiary

개정을 준비하며 …
까마구에이, 쁘라야 히론, 쁘라야 에라하두라 등
한국 여행자들의 발걸음이 많지 않던 구석구석으로 방문하는 이들이 점점 늘고 있습니다.
온전히 이 책 때문이라 할 수는 없지만, 그렇게 구석진 보석을 찾아야겠다는 생각에
도움을 줄 수 있다는 것만으로 〈이지 쿠바〉는 일단 제 몫을 하고 있다 생각합니다.

쿠바 여행에 대한 급격한 관심에 비해 쿠바가 가진 여행 인프라의
발전속도는 여전히 더딥니다. 인터넷, 교통편 등등 많은 것들이 여전히 불편하고 불확실하죠.
이 시대에는 희귀해진 그 불확실함은 당신이 쿠바를 찾아봐야 하는 이유 중 하나라 생각합니다.

인터넷보다는 사람이 주는 정보에 의지하고, 정가보다는 대화를 통해 가격을 정하는 것,
화도 좀 내었다가 헤어짐에 아쉬워 눈물 흘리고 점점 낯설어지기만 하는
쿠바에서는 흔한 이런 상황들은 둔해졌던 우리의 감각의 어느 부분을 깨워주기도 합니다.
쿠바에 있는 무엇을 찾는 것에 더해 우리 안에 잊었던 무엇을 찾기 위해 쿠바 여행을 추천합니다.

Thanks to.
나의 아내, 그리고 가족들
같은 시간을 살고 있는 많은 분들에게
고개숙여 감사드립니다.

Contents

CUBA

이 책을 통해 한국인 여행자들에게 이야기하고 싶었던 가장 중요한 포인트 하나. '역시 쿠바는 놀러 가는 곳!' 역사, 체 게바라, 사회주의혁명 등의 키워드가 무의미하다 할 순 없지만, 쿠바의 가장 큰 매력인 해변, 살사, 음악에 앞서지는 못하리라 본다. 우리는 우선 물놀이 하고, 춤추며, 놀다 쉬러 쿠바에 가자. 제대로 놀아야 제대로 보이는 나라 쿠바니까.

PACIFIC OCEAN

BAHAMAS

Gulf of Mexico

Turks and
'Caicos Is.

Matanzas
마딴사스 p.180

La Habana
라 아바나 p.086

Santa Clara
산따 끌라라 p.278

Camagüey
까마구에이 p.306

Pinar del Río
삐나르 델 리오 p.150

Varadero

Cienfuegos
시엔푸에고스 p.210

Las Tunas
라스 뚜나스 p.326

Trinidad

CUBA

Nueva Gerona
누에바 헤로나 p.432

Holguín
올긴 p.342

Baracoa

Sancti Spíritus
상띠 스삐리뚜스 p.234

Bayamo
바야모 p.366

Guantánamo
관따나모 p.408

Cayman Is.

Ciego de Ávila
시에고 데 아빌라 p.296

HAITI

Santiago de Cuba
산띠아고 데 꾸바 p.376

JAMAICA

HONDURAS

Caribbean Sea

NICARAGUA

국명 레뿌블리까 데 꾸바 República de Cuba
수도 라 아바나 Ciudad de la Habana
면적 109,884㎢ (남한 면적과 비슷함)
인구 약 1,150만 명 (2019년 기준)
언어 스페인어
통화 모네다 나시오날 (MN, CUP), 쎄우쎄 (CUC)
환율 1US$ = 1CUC (25MN)
경제 1인당 GDP $7,657 (2015년 통계)
시간대 GMT-5, 우리나라보다 14시간 느림
(서머타임 적용 시 13시간 느림)
인종 백인 64%, 물라또 26%, 흑인 10%
국제전화번호 +53

쿠바 기본 정보

주요 연락처

국제코드 +53, **국가도메인** .cu

유용한 전화번호
경찰 106
화재신고 105
응급차 104

무역관

⬠ Ave. 3ra e/. 76 y 78, Edif. Sta. Clara Ofic. 412,
Miramar Trade Center. Habana, Cuba?

📞 (53-7) 204-1020, 1117, 1165
팩스 : (53-7) 204-1209

대사관이 없는 쿠바의 사정상 여행객의 긴급한 사고 발생 시
코트라 무역관에서 연락을 취해주고 있다.

한국 대사관 (멕시코 주재)

⬠ Lopez Diaz de Armendariz 110, Col. Lomas de
Virreyes
Deleg Miguel Hidalgo, Mexico D.F. CP11000

📞 52-55-5202-9866

📧 embcoreamx@mofat.go.kr

아직 쿠바 주재 한국 대사관은 없으며, 멕시코 공관에서
쿠바를 함께 관할하고 있다.

주요 도시 지역 번호

라 아바나 7
삐나르 델 리오 48
싼따 끌라라 42
싼띠아고 데 꾸바 22
시엔푸에고스 43
뜨리니다드 41

전기

110~220V

110V와 220V가 혼용되고 있다. 전압은 건물에 따라서
110V만 가능하거나 110V와 220V가 가능하다. 종종 전압
은 220V이나 여전히 110V 콘센트를 쓰는 집들도 있으니
220V/110V 변환 플러그나 유니버설 변환 플러그 하나
정도는 가지고 가는 것이 좋겠다.

공휴일

관공서는 주로 토, 일 휴무. 정부가 관리하는 문화재는 월요일을
주로 휴무로 하고, 기타 여행사, 까데까 등 관광 관련 사무실은
라 아바나에서는 대부분 무휴, 지방은 일요일 정도는 쉬고 있다.
지방에 따라서 독자적으로 휴무 체계를 따르고 있으므로 미리
확인하는 것이 좋다.

1월 1일 자유의 날 (혁명기념일)
5월 1일 노동절
7월 26일 투쟁기념일
10월 10일 독립전쟁기념일

주요 축제 및 이벤트

2월 문화의 주(까마구에이)
4월 카니발(시엔푸에고스)
5월 문화의 주(산따 끌라라)
6월 산 후앙 축제(산따 끌라라)
7월 카니발(삐나르 델 리오, 라 아바나, 산띠아고 데 꾸바)
8월 물축제(바라꼬아), 카니발(올긴)
9월 베니무어 국제음악 축제(시엔푸에고스, 홀수해)
10월 쿠바문화축제(그란마), 아바나 극장 페스티벌(라 아바나)
11월 국제 비디오아트 페스티벌(까마구에이), 뜨로바
축제(그란마), 재즈 컨테스트(라 아바나), Anfora 마술
축제(라스 뚜나스)
12월 FIART(라 아바나), Jazz plaza(라 아바나)

우편

Correo de Cuba를 곳곳에서 찾을 수 있다. 한국으로의 국
제우편도 가능하며, 엽서의 경우 저렴한 가격으로 한국까
지 발송할 수 있다. DHL도 쿠바에서 서비스하고 있다.

날씨

쿠바는 건기와 우기가 뚜렷한 사바나 기후대에 속한다. 우기는 5월에서 10월 건기는 11월에서 4월로 구분된다. 여름 시즌인 6월부터 9월까지의 낮 최고 기온은 37도에 이를 정도로 더운 편이며, 겨울 시즌인 12월부터 2월 낮 평균 기온은 25도, 밤 평균기온 15도, 최저 기온은 10도 정도로 따뜻한 겨울을 보낼 수 있지만, 가끔은 쌀쌀해지므로 바람막이 정도는 가지고 있는 것이 좋겠다. 지역적으로는 동쪽의 오리엔떼 지역 (라스 뚜나스 주, 올긴 주, 그란마 주, 산띠아고 데 꾸바 주, 관따나모 주)이 평균적으로 기온이 3~4도 정도 더 높아 쿠바인들 사이에서도 오리엔떼의 여름을 겪고 난 후라면 라 아바나에서는 더위를 느끼지 못한다 할 만큼 오리엔떼의 더운 여름은 유명하다. 특히 여름이 한창인 8월에 산띠아고 데 꾸바의 유명한 '불의 축제'가 열리고 있으므로 축제에 참여할 계획이라면 말 그대로 불볕 같은 더위에 대한 나름의 대비가 있어야 할 듯하다. 5~8월 사이에는 우리나라의 장마와는 다르게 스콜처럼 매일 몇 시간 씩만 비가 내리는 경우가 많아 우기에도 여행을 하는데 큰 지장은 없다. 다만, 7, 8월의 더위를 견뎌내기가 쉽지가 않아 쿠바를 자주 찾는 여행자들은 7, 8월을 피하고 상대적으로 서늘한 10월 이후로 쿠바를 찾는 경우가 많다. 9월부터 10월 사이에는 태풍이 자주 발생하고, 최근 몇 년 사이 라 아바나 지역에는 폭우로 인한 홍수, 산띠아고 데 꾸바, 관따나모(바라꼬아) 지역에는 강한 허리케인으로 피해가 심각해지고 있어 해당 지역을 방문할 계획이라면 9, 10월은 피하고 일기예보를 잘 살피는 것이 좋겠다. 섬이라는 지리적 특성상 습도가 높은 관계로 땀이 쉽게 증발하지 않아 불쾌감을 느끼게 되기 쉬우므로 통풍이 잘되는 옷이나 여벌의 옷을 충분히 준비해 자주 갈아입는 것이 좋고, 특히 여름 볕이 강렬하므로 선글라스, 선크림을 잊지 않아야겠다.

쿠바 온도 그래프

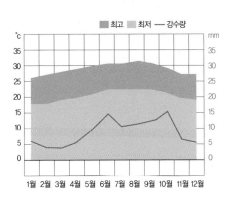

CUBA
쿠바 지리

북위 19~24도, 서경 74~85도에 자리 잡은 쿠바는 적도와 가까운 나라답게 사계절이 모두 여름이라 해도 과언이 아니다. 섬나라로 육지로 국경을 맞대고 있는 나라는 없고, 해상으로 가장 가까운 나라는 아이티(90km)이며 그 외 자메이카, 바하마, 미국, 멕시코 등과 가까운 거리에 있다. 북동쪽으로 면하고 있는 북대서양을 통해 스페인에서 중남미로 닿는 가까운 항로가 있어 1492년 콜럼버스의 1차 항해를 통해 스페인인들이 쿠바로 들어오기 시작한 이후 한동안 유럽과 중남미를 연결하는 중요한 기항지의 역할을 해왔다.

육로로 접근할 수 없는 지리적 환경으로 쿠바에 입국하기 위해서는 항공, 해상을 이용해야 하며, 현재 쿠바에서 가장 가까운 타국의 공항은 멕시코의 깐꾼과 미국의 마이애미의 공항이다. 두 도시는 비행기로 1시간 정도의 거리에 있어 미주 지역을 두루 여행하는 여행자에게는 괜찮은 옵션이라 할 수 있겠다. 쿠바는 크게 14개의 주, 1개의 특별시 (라 아바나 La Habana), 1개의 특별주 (이슬라 데 라 후벤뚜드 Isla de la Juventud)로 나누어져 있다. 라 아바나는 쿠바의 수도로 한 때는 인근의 아르떼미사 주와 마야베께 주가 포함되었던 아바나 주의 주도이자 수도의 역할을 함께 했으나 현재는 각 주가 나뉘어져 라 아바나 특별시로 남아있다. 동서로 1,000km 정도 길게 늘어져 있고 도로 정비가 선진국 수준으로 되어 있는 편은 아니기에 쿠바를 일주할 계획을 세울 때는 동선이 조금 고민스러워 진다. 라 아바나에서 산띠아고 데 꾸바까지 버스로 15시간 이상 걸리기 때문에, 일주를 위해 같은 길을 두 번 이동해야 하는 상황은 꽤 부담스럽다. 때문에 쿠바를 일주할 계획이라면, 산띠아고 데 꾸바나 관따나모주의 바라꼬아에서 항공편을 이용해 라 아바나로 돌아오는 일정을 계획하거나 반대로 먼저 바라꼬아나 산띠아고 데 꾸바로 항공편을 이용해 이동한 후 거슬러 올라오는 일정을 고려해볼만 하겠다.

동서로 긴 쿠바의 국토는 짧은 일정으로 쿠바를 방문하는 여행자들이 쿠바를 충분히 돌아보는 데 장해가 되는 것은 사실이다. 길지 않은 일정일 경우는 라 아바나와 비냘레스, 뜨리니다드, 바라데로 등 라 아바나에서 멀지 않은 인기 관광지만을 돌아보고 가야 하는 것이 불가피하기에 까마구에이나 산띠아고 데 꾸바, 바라꼬아 등 쿠바 중, 동부의 명소를 방문하고 싶다면 2주 이상 일정을 충분히 여유 있게 가져가거나 별도로 해당 지역을 목표로 일정을 설계해야 하겠다. 긴 국토를 동서로 나누어 서쪽의 삐나르 델 리오 주, 아르떼미사 주, 라 아바나 시, 마야베께 주, 마딴사스 주를 옥시뎬딸Occidental이라 부르고, 중부의 시엔푸에고스 주, 비야 끌라라 주, 상띠 스뻬리뚜스 주, 시에고 데 아빌라 주, 까마구에이 주를 중부 Central 라 한다. 나머지 라스 뚜나스 주, 그란마 주, 올긴 주, 산띠아고 데 꾸바 주, 관따나모 주를 오리엔딸 Oriental혹은 오리엔떼 Origente라 부르고 있다. 섬이라는 지형에 2,700km에 이르는 해안선은 국토의 어디에서나 비교적 쉽게 바다로 이동할 수 있는 조건을 만들어주고 있다. 나라의 어느 곳에 있든지 교통편만 마련이 되면 쉽게 바다에 닿을 수 있는 데다가 아직 사람 손길이 많이 닿지 않은 자연 그대로의 해변이 많아 새로운 여행지를 개척해가는 기분도 느끼게 해주는 곳이 쿠바이다.

쿠바 법정 행정 구역

라 아바나 시
마야베께 주
아르떼미사 주
삐나르 델 리오 주
마딴사스 주
비야 끌라라 주
시에고 데 아빌라 시
시엔푸에고스 주
상띠 스삐리뚜스 주
이슬라 데 라 후벤뚜드 주
까마구에이 주
라스 뚜나스 주
올긴 주
그란마 주
관따나모 주
산띠아고 데 꾸바 주

쿠바 지역 구분

옥시덴딸
Region Occidental
라 아바나 시
마야베께 주
삐나르 델 리오 주
아르떼미사 주
이슬라 데 라 후벤뚜드 주
비야 끌라라 주
중부
Region Central
마딴사스 주
시에고 데 아빌라 시
시엔푸에고스 주
상띠 스삐리뚜스 주
오리엔떼
Region Oriental
까마구에이 주
올긴 주
라스 뚜나스 주
그란마 주
관따나모 주
산띠아고 데 꾸바 주

전화와 인터넷

쿠바를 여행하기 전에 지인들에게 한동안 연락이 안될 거라고 미리 말해두는 편이 낫겠다. 로밍폰 전화 연결도 원활하지 않은 데다가 문자는 인터벌이 길어 한참 후에나 받게 되고, 사용이 번거로운 쿠바의 인터넷은 짧은 일정이라면 그냥 잊고 지내는 편이 오히려 속 편할 수도 있다.

공중전화

쿠바에는 일반전화와 국제전화가 가능한 공중전화가 다수 설치되어 있다. 하지만 안타깝게도 설치된 공중전화의 고장률이 높은 편이고, 동전이 사용되지 않는 공중전화를 이용하기 위해서는 별도의 입력 코드가 적힌 공중전화카드를 구매해야 하는 등 번거로움이 있어 이를 사용하는 외국 여행자들은 많지 않다. 공중전화카드는 에떽사나 주변에서 쉽게 찾을 수 있는 전화 카드 판매원들을 통해서 구매할 수 있고, 종종 인포뚜르에서도 판매하고 있다.

핸드폰 로밍

통신사에 따라 쿠바 내 자동 로밍이 되지 않을 수도 있으니 미리 통신사에 문의해보도록 하자. 로밍되더라도 통화 연결이 쉽지는 않고, 문자 전달도 원활하지는 못하다.

쿠바 핸드폰

여권을 가지고 국영 통신사인 에떽사ETECSA를 방문하면 쿠바 심 카드를 구매할 수 있다. 장기로 쿠바를 여행할 계획이라면 고려해보는 것도 좋겠다. 국제전화 통화 품질은 로밍보다 뛰어나고, 한국에서 인터내셔널-락이 해제된 GSM 방식의 휴대전화를 가져가면 사용할 수 있다.

쿠바 유선전화

여권을 지참하고 국영 통신사인 에떽사ETECSA를 방문하면 쿠바 심카드를 구매할 수 있다. 장기로 쿠바를 여행할 계획이라면 추천한다. 국제전화 통화 품질이 로밍보다 뛰어나고, 한국에서 인터네셔널-락이 해제된 GSM 방식의 휴대전화를 가져가면 사용할 수 있다. 최근 쿠바에서 3G 서비스가 시작되었는데, 쿠바 심카드를 이용해 3G 서비스가 가능하지만, 요금이 비싼 편이다. 쿠바 휴대전화는 선불 방식이며 충전 카드는 CUBACEL이라는 팻말이 붙은 길거리 상점에서 구매할 수 있다.

쿠바에서 전화하는 법

- **유선전화 → 유선전화 (국내통화)**
  지역번호+전화번호
- **휴대폰 → 휴대폰 (국내통화)**
  핸드폰 번호만 입력
- **유선전화 → 휴대폰 (국내통화)**
  핸드폰 번호 앞자리에 '0'을 추가
- **휴대폰 → 유선전화 (국내통화)**
  지역번호 + 전화번호
- **유선전화 → 국외 (국제통화)**
  119+국가번호+지역번호+전화번호
  예) 119 82 2 777 7777
  지역번호의 '0'은 입력하지 않는다.
- **휴대폰 → 국외 (국제통화)**
  '+' +국가번호 + 지역번호 + 전화번호
  예) +82 2 777 77777

쿠바 지역번호 코드

지역명	코드	지역명	코드
라 아바나	7	아르떼미사	47
이슬라 데 라 우벤뚜드	46	마딴사스	45
비야 끌라라	42	시에고 데 아 빌라	33
라스 뚜나스	31	그란마	23
관따나모	21	삐나르 델 리 오	48
마야베께	47	까요 라르고	45
시엔푸에고스	43	상띠 스삐리뚜스	2
까마구에이	32	올긴	24
산띠아고 데 꾸바	22		

인터넷 이용법

쿠바에서 인터넷을 이용하기 위해서는 에떽사에서 판매하는 인터넷 카드를 구매해야 한다. 에떽사에서 줄을 서 기다리다 구매하면 1시간 이용권을 1CUC에 5시간 이용권을 5CUC에 구매할 수 있는데, 최소 30분 이상 기다려야 하는 경우가 많고, 1인이 구매할 수 있는 개수에 한도가 있어 번거로운 것이 사실이다. 인터넷 이용이 가능한 장소에 가면 인터넷 카드를 판매하는 사람들이 종종 있다. 같은 1시간 용을 웃돈을 붙여 판매하고 있으니 줄을 설지 말지 스스로 판단해보자. 가격은 흥정에 달렸다. 참고로 에떽사의의 장소에서 인터넷 카드 거래하는 것은 엄밀하게는 불법이고, 경찰의 눈을 피해 구석진 곳에서 판매하고 있다. 또, 최근에는 와이파이가 가능한 장소에서 핫스폿을 이용해 인터넷 연결을 판매하는 신종 판매상들도 등장했는데, 불법인 것은 마찬가지다.

인터넷 카드 사용법

에떽사에서 판매하는 인터넷 카드

카드를 구매해 뒷면을 보면 왼쪽 위에 이미 노출된 숫자가 있고, 그 아래 스크래치를 벗기면 나타나는 숫자가 있다. 위의 숫자를 아이디, 아래의 숫자를 비밀번호로 이해하면 되겠다. 인터넷 사용이 가능한 장소에서 전원을 켠 후 무선네트워크를 검색해보면 ETECSA라는 단어가 들어간 Wi-Fi 신호를 찾을 수 있다. 이 신호에 접속하면 잠시 후 별도의 알림창이 나타나고 그 알림창에 위의 두 가지 숫자 조합을 순서대로 입력하면 된다. 알림창이 나타나지 않을 때는 인터넷 익스플로러를 열면 비밀번호 입력창이 나타나기도 한다. 인터넷 이용 기드는 한 번에 모두 사용하지 않고, 필요할 때만 이용하여 총 1시간을 사용하는 것으로 중요한 것은 그때그때 인터넷을 이용한 후 정해진 방법으로 접속을 끊어주지 않으면 계속해서 인터넷을 사용하는 것으로 인식하는 때도 있어 1시간이 모르는 새에 소모되어 버릴 수도 있다는 것이다. 될 수 있으면 http://1.1.1.1/ 로 연결하여 접속을 끊어주도록 하자. (이 주소로 연결이 쉽지 않을 때도 있다. 이때는 어쩔 수 없이

WIFI 기능을 꺼야 한다.) 종종 인터넷 카드가 제대로 유통이 되지 않을 때에는 종이로 봉합된 인터넷 비밀번호를 판매하기도 한다.

특정 호텔에서의 인터넷 이용

일부 호텔에서는 별도의 WIFI 네트워크를 운용하기도 한다. 로비에 문의하면 구입할 수 있는 곳을 알려주는데, 가격이 일반 인터넷보다 비싸지만 안정성이나 속도는 조금 나은 수준이다. 라 아바나에서는 아바나 리브레 호텔과 나시오날 호텔 등이 자체 네트워크를 운용하고 있다.

라 아바나의 주요 WiFi 존

· 아바나 비에하

호텔 빠르께 쎈뜨랄 Hotel Parque Central
호텔 쁘라사 Hotel Plaza
플로리디따 바 앞 작은 공원 - 중앙공원에서 오비스뽀 가로 진입하는 초입.
호텔 산딴데르 Hotel Santander

· 쎈뜨로 아바나

빠르께 페 데 바예 Parque Fe del Valle - 중앙 공원에서 건너편의 산 라파엘 San Rafael 가를 따라 호텔 잉글라떼라 옆으로 네 블록을 걸어 들어가면 오른편에 있는 공원
호텔 잉글라테라 Hotel Inglaterra (쎈뜨로 아바나)

· 베다도

호텔 아바나 리브레 Habana libre - 자체 네트워크
호텔 나시오날 Hotel Nacional - 자체 네트워크
23가와 L가의 교차로 Esquina 23 y L
호텔 까쁘리 Hotel Capri
호텔 베다도 Hotel Vedado
호텔 꼴리나 Hotle Colina

* 각 지방 도시에서도 대부분 도시 중앙의 광장 등지에서 Wi-Fi 신호를 수신할 수 있다.

** 바라데로나 까요 산따 마리아와 같은 휴양지의 호텔에서도 에떽사의 Wi-Fi를 이용할 수 있는데, 경우에 따라 신호가 수신되지 않는 경우도 있다. 호델 데스크에 물어도 자기들은 모른다는 답변뿐이니 휴양지 호텔이라고 Wi-Fi 사용을 낙관하지 말고, 되도록 인터넷을 쓸 일이 없도록 하는 편이 낫겠다.

핵심 Point

1. 돈이 두 종류
2. 1 쿡(CUC) = 25 모네다 나시오날 (Moneda nacional)
3. 1 미국달리 (USD) = 1 쿡(CUC)
4. 1CUC = 100센따보 (USD의 센트라고 생각하면 된다.)

쿠바에서 사용되는 두 개의 통화체계는 여행자들에게는 큰 골치다. 쉽게 익숙해지지도 않고, 가격표의 통화가 어떤 것인지 알아내는 것도 번거로운 일이다. 그리고 쿠바를 계속 여행하다 보면 여행자를 상대하는 장사꾼들이 얌체같이 이런 혼란을 이용하고 있다는 느낌도 받게된다. 어쩔 수 없다. 미리 대비하는 수 밖에.

두 통화의 차이점

CUC와 MN의 사용

1 CUC = 25MN = 100 Centavos

명칭 표기	Peso convertible= CUC = 꾹 = 쎄우쎄 = $	Peso = 뻬소 = MN = 모네다 나시오날 = CUP = 쎄우뻬
앞면		
뒷면		
동전		
특징	지폐의 앞면 우측에 건물 사진이 있다. 지폐의 색이 상대적으로 다채롭다.	지폐의 앞면 우측에 인물 사진이 있다. 지폐의 색이 상대적으로 단조롭다.

CUC와 MN의 사용

최근에는 점점 CUC과 MN의 혼용이 증가하고 있어 더 이상은 CUC는 외국인이 사용하고, MN는 쿠바인이 사용
한다고 이야기하기는 힘들다. 덕분에 여행자들은 CUC만 이용해도 쿠바여행에 큰 문제는 없게 되었다.
여행자가 MN를 사용하게 되는 경우는

– 길거리 음식 구매

– 현지인 식당 이용

– 꼴렉띠보 택시(시내)/버스(시내) 탑승

– 화장실 이용료

등이 대부분이고, 이 또한 CUC로 대체 가능한 경우가 많아서 특별히 MN를 사용해보겠다는 목적이 아니라면 굳
이 환전할 필요 없이 거스름돈으로 생기는 MN만으로도 대처에 문제가 없을 듯하다. 쿠바에서 30일 이상의 장기
체류를 목적으로 하고, 스스로 장을 봐 요리하고, 현지인의 생활용품을 구매하며 현지인의 생활을 깊이 맛보고
싶다면 MN를 충분히 환전해서 활용하는 것이 좋다. 슈퍼마켓에서 판매되는 제품의 가격은 저렴하다 할 수 없지
만, 길거리 상점에서 판매되는 채소, 과일, 육류 등은 꽤 저렴하고, CUC보다는 MN를 이용하는 것이 간편하다.

환전

입국 전 환전 준비

국내 은행에서는 쿠바 화폐로 환전되지 않고, 쿠바의 환전소에서도 원화를 취급하지는 않으므로 한국인 여행자
는 쿠바 내에서 환전이 가능한 제3의 외환을 준비해야만 한다.

쿠바 내 환전 가능 외화 : 미국 달러 USD (수수료 10% 별도) / 캐나다 달러 CAD / 유로 EUR / 영국 파운드 GBP / 스위스 프랑 CHF / 멕
시코 페소 MXN / 일본 엔 JPY환율은 변동이 잦기 때문에 유리한 통화가 무엇이라고 단정 지을 수가 없으니 쿠바중앙은행 (http://www.
bc.gob.cu)의 환율을 참고해서 잘 따져보는 수밖에 없다. 미국 달러에 별도로 부과되는 10%의 수수료는 꼭 기억하자.

쿠바 내 환전

까데까 CADECA (Casas de cambio)는 쿠바의 공식 환전소다. 관광객이 많이
찾는 곳에서는 어렵지 않게 까데까를 찾을 수 있는데, 지역 및 지점별로 휴일과
운영시간이 다르므로 숙소와 가까운 까데까에 붙어있는 운영시간 공지를 미리
확인해두면 도움이 된다.

쿠바의 줄서기

까데까나 은행, 버스 탑승 및 비자 연장을 위한 관공서를 방문할 경우라면 쿠바
의 독특한 줄서기 문화에 대해서 미리 알아둘 필요가 있다.
쿠바 사람들은 줄을 설 때

1 울띠모 Último (마지막), 가장 마지막 사람이 누구인지를 먼저 확인한다.

2 마지막 사람에게 자신이 그 다음이라는 것을 인식시킨다.

3 다른 사람이 와서 마지막이 누구인지 물어보면 자신이 마지막임을 전달한다.

위와 같은 과정을 거치는데, 그렇게 마지막이 누구인지 확인하고는 줄을 계속 서있는 게 아니라 주변 그늘이나
벤치에 앉아서 순서를 기다린다. 공공서비스 창구가 많지 않아 줄을 서야하는 경우가 많은 쿠바에서 고안된 자발
적 번호 시스템이라 하겠다.

CUBA
쿠바 교통수단

도시 내의 교통수단은 각 도시 편에서 다루기로 하고 이곳에서는 도시 간 이동 시 이용 가능한 교통수단을 알아보자.
쿠바는 주요 도시 간의 교통수단은 정비되어 있으나 주요 도시와 마을 간, 각 마을 간의 교통수단은 여행자들에게 쉽지 않은
도전 과제이다. 그나마 주요 도시와 마을 간은 시간표에 따라 움직이는 차량이라도 있지만, 각 마을로 이동해야 하는 경우는
운에 맡기거나 돈을 좀 더 주고 개인 차량을 택시처럼 고용해야 하는 등 까다로운 상황이 빈번하게 일어나게 된다. 그러므로
여행을 떠나기 전에 가능한 교통수단은 미리 충분히 확인할 필요가 있다.

비아술 버스(주요 도시 간 이동 시)

주로 여행자들이 이용하며, 도시 간을 이동하는 비교적 고급의 고속버스이다. 여행사 전세버스와 함께 여행자들이 가장 많이
이용하는 교통수단이며, 전국의 주요 도시를 연결해주고 있다. 시즌에 따라 시간표가 변동되니 비아술 터미널에서 미리 시간
표를 확인할 필요가 있고, 성수기에는 예약하지 않으면 표가 매진되는 때도 있으니 귀찮더라도 사전에 터미널로 방문하여 미
리 예매하자. 48인승의 경우에는 내부에 화장실, 에어컨이 있지만, 화장실은 사용이 힘든 경우가 많고, 에어컨은 다소 과하게 가
동하는 경향이 있다. 약 2시간마다 휴게소에서 멈추며 운행하니 화장실은 그때 이용하는 편이 낫다. 인터넷 비아술 홈페이지
(www.viazul.com)를 통해서 예매할 수 있지만, 쿠바는 아직 업무 네트워크 시스템이 원활하지 않아서 예매를 했다 해도 착오가
생기는 일이 빈번하다. 그런데도 좌석이 부족할 경우 현장구매보다는 예매자를 우선으로 좌석 배정하고 있으니
일정이 확실하다면 예매를 해보는 편이 좋겠다.

비아술 터미널

비아술 터미널 탑승게이트와 비아술 버스

> **TIP 비아술 터미널 가는 법**
>
> 아바나 비에하와 베다도에서
> 27번 버스를 타면 갈 수 있다.
> 일반택시는 5~7CUC, 꼴렉띠
> 보 택시는 가는 노선이 없으
> 나 흥정하면 3~5 CUC 정도에
> 갈 수 있다.

비아술 터미널

스페인어로는 '떼르미날 데 비아술 Terminal de viazul'이라고 발음한다. 라 아바나처럼 지역에 따라 일반 고속버스 터미널과
비아술 버스 터미널이 다른 때도 있고, 같은 건물을 이용하는 때도 있다. 도시 간 이동 시 비아술을 이용한다면 꼭 지도에서
비아술 터미널을 미리 확인하여야 한다.

*라 아바나의 비아술 터미널은 27번 버스를 타거나, 택시를 이용해서 이동할 수 있다.

> **비아술 시스템의 특징**
>
> ① **예매** – 성수기 인기 노선의 경우 당일 현장 구매는 불가능하다고 보는 편이 좋다. 최대한 서둘러서 준비하자.
> ② **체크인** – 라 아바나를 포함해 몇몇 터미널에서는 비행기를 탈 때처럼 조금 미리와서 체크인을 해야하는 경우가 있다.
> ③ **화물 위탁** – 터미널마다 조금씩 다르지만, 수화물을 위탁하고 번호표를 받아 보관해야 하는 경우도 있으니 현장에서 확인하자.

옴니버스 나시오날
현지인들이 이용하는 도시 간 고속버스로 가격이 저렴하나 여행비자를 소지한 여행자들은 이용할 수 없다.

꼴렉띠보 택시(주요 도시 간)
각 도시의 터미널 인근에는 같은 지역으로 이동하는 관광객들을 모아 이동하는 꼴렉띠보 택시들이 있다. 라 아바나 시내를 이동하는 올드 카택시와 같은 수준의 차량이며, 비아술 버스보다 좀 더 빠르게 원하는 목적지까지 이동할 수 있다는 장점이 있지만, 주요 관광도시로만 이동하고, 인원이 맞지 않을 경우 가지 못하거나 더 많은 돈을 내야 하는 등 까다로운 점은 있다.

마끼나
마끼나와 꼴렉띠보 택시의 경계가 확실이 나눠져 있는 건 아니다. 현지인들만 태우고 저렴하게 이동하는 차들이 때로는 관광객에게 더 비싼 요금을 받고 이동을 하기도 한다. 현지인들을 태우는 차들 중에는 뒷쪽을 개조해 더 많은 사람들을 태우고 이동하게 만들거나 오래된 승합차 같은 차량들이 있다. 주로 옴니버스 터미널이나 기차역에서 찾을 수 있다.

까미옹
대중교통수단이 없는 쿠바의 작은 마을에는 까미옹이 유일한 교통수단이다. 트럭의 뒷부분을 고쳐 사람들을 태우고 다니는데, 이마저도 많지 않아 트럭에 입석마저도 모자란 경우가 많다. 가격은 저렴하고, 자주 정차하다 보니 시간이 오래 걸리는 교통수단이다. 여행자도 이용 가능하다.

까미옹

여행사 전세버스

여행사 전세버스

여행사 전세버스(주요 도시, 리조트 간)

여행사의 여행 상품을 신청할 경우 전세버스로 이동하는 때도 있다. 주로 당일 투어나 리조트 행일 경우 이용하게 되며, 쿠바 내에서 운용되는 버스 중에서는 가장 나은 시설이 갖춰져 있다. 대부분 영어가 가능한 안내원이 함께 탑승하며, 때에 따라 각 도시의 원하는 목적지에서 내려주기도 한다. 비아술 버스가 다니지 않는 리조트에서 라 아바나 주요 도시행 버스를 여행사에서 운영하기도 한다. 휴게소나 여행지에서는 똑같이 생긴 여러 대의 전세버스들이 정차하게 되므로 자신이 탑승한 버스의 번호는 기억해두는 것이 좋다. 라 아바나에서 산띠아고 데 꾸바까지 이동하며 경유 도시에서 정차하는 여행사 전세버스가 있으므로 여행사에 문의하여 이용할 수 있다.

항공

쿠바의 국내선은 Cubana Aerolinea와 Aerogaviota, Aero caribean이다. Cubana 항공은 일부 주요 도시로만 운항하고 있으며, 주로 국제선에 집중하고 있고 기타 관광지로의 라 아바나에서의 직행 편은 나머지 항공사가 담당하고 있다.

Cubana Aerolinea
라 아바나 – 올긴, 라 아바나 – 산띠아고 데 꾸바, 라 아바나 – 관따나모, 라 아바나 – 까마구에이

Aerogaviota
라 아바나 – 까요 라스 브루하스, 라 아바나 – 산띠아고 데 꾸바, 라 아바나 – 올긴, 라 아바나 – 바라꼬아

Aero Caribean
라 아바나 – 누에바 헤로나, 라 아바나 – 라스 뚜나스, 라 아바나 – 바야모, 라 아바나 – 모아, 라 아바나 – 산띠아고 데 꾸바, 라 아바나 – 올긴, 라 아바나 – 까요 꼬꼬, 라 아바나 – 바라꼬아, 라 아바나 – 까마구에이

이상의 리스트가 각 항공사의 홈페이지에서 취항을 한다고 하는 비행편이지만, 정확한 것은 여행을 갔을 때 해당 항공사 사무실에서 직접 확인을 해야 한다. 자체 시스템과 인터넷상의 정보가 다르거나 알려져 있는 것과 실제 운영하는 내용이 다른 경우가 많은 쿠바이기 때문에 비행편에 있어서 일정을 너무 웹의 정보에 의존해서 정하다가는 실수가 생기기 쉽다. 오리엔떼 지방(산띠아고 데 꾸바, 바라꼬아, 라스 뚜나스 등)은 너무 멀어 차량 이동이 힘들기에 비행편 이용을 고려해보는 것도 좋은 방법이다.

기차

각 주도에서 기차를 이용할 수 있다. 다만 기차의 경우는 비아술처럼 관광객을 배려하는 서비스시설이 갖추어져 있지 않아 관광객들은 많이 이용하지 않는다. 라 아바나의 경우는 아바나 비에하의 중앙역 근처에 있는 르 꾸브레 스테이션 Le Coubre station에서 기차표를 살 수 있지만, 서비스나 치안면에서 권장할만한 교통수단이 아니니 이용은 자제하는 편이 좋겠다.

쿠바 기차 노선

LEYENDA

Servicio de trenes nacionales

Habana- Santiago (Línea Central)
Trenes nacionales por ramales de LC:
- Habana - S. Spiritus
- Habana – Bayamo - Manzanillo
- Habana - Holguín
- Habana - Guantánamo

Habana - Pinar (Línea Oeste)

Habana - Cienfuegos (Línea Sur)

Sta Clara-Morón-Nuevitas (Línea Norte)

Servicios locales transversales más importantes:

- Habana - S.José – Güines - Palos
- Matanzas - Unión - Agramonte
- Cárdenas-Colón-Aguada
- Cienfuegos - Sta. Clara - S. Spiritus
- Santa Clara – Sagua
  Santa Clara – Caibarién
- Morón-Ciego-Júcaro
- Camagüey – Nuevitas
  Camagüey – Ciego - Morón
  Camagüey – Vertientes - Sta. Cruz
- Santiago – Bayamo - Manzanillo
  Santiago – Holguín
  Santiago – Guantánamo

Otros servicios locales

Ferrocarril eléctrico de Hershey

En construcción (para 2014)

○ Capital nacional

◉ Centros divisionales de la red

○ Capitales provinciales

○ Ciudades >50 000 hab.

○ Otras ciudades (>20 000 hab.)

● Otras poblaciones

Guane
Isabel Rubio
Boca de Galafre
San Juan y Martínez
San Luis
PINAR DEL RÍO
Consolación
Herradura
Paso Real
Los Palacios
López Peña
San Cristóbal
Candelaria
ARTEMISA
Las Cañas
Alquízar
Güira de Melena
La Salud
San Antonio
Rincón
Bejucal
Quivicán
S. Felipe
Batabanó
Cotorro
Melena del Sur
S. JOSÉ de las LAJAS
Güines
Aguacate
S. Nicolás
Palos
MAYABEQUE
Unión de Reyes
Juan G. Gómez
Bolondrón
Pedro Betancourt
Jovellanos
Agramonte
Perico
Guareiras
Calimete
Amarillas
Aguada
Rodas
Lajas
Arriete-Ciego Montero
CIENFUEGOS
Palmira
Cruces
SANTA CLARA
Ranchuelo
Puerto Mariel
Guanajay
Caimito
Bauta
El Cano/A. Arenas
LA HABANA
Campo Florido
Hershey
Jaruco
Canasí
MATANZAS
Limonar
Coliseo
Cárdenas
Carlos Rojas
Colón
Los Arabos
Cascajal
Sto. Domingo
S. Diego Cifuentes Sagua la Grande
Isabela
Esperanza
Encrucijada
Remedios
Caibarién
Falcón
Trinidad
Casilda
Fomento
Báez
Placetas
Camajuaní
Zulueta (S)
Meyer
SANCTI SPIRITUS
Cabaiguán
Jarahueca
Iguará
Tunas de Zaza
Guayos
Guasimal
Zaza del Medio
Siguaney
Venegas
Jatibonico
Majagua
Florencia
Chambas
Falla
CIEGO de ÁVILA
C. Redondo
Morón
Júcaro
Venezuela
Ceballos
Violeta
Gaspar
Pedro Ballester
Céspedes
Esmeralda
Sta. Cruz del Sur
Vertientes
Florida
Imías (Cubitas)
Cándido González
Batalla de las Guásimas
CAMAGÜEY
Sola
Siboney
Minas
Lugareño (N)
Hatuey (Sibanicú)
Lugareño (S)
Nuevitas
Martí (Guáimaro)
Colombia
Bartle
Manatí
Jobabo
LAS TUNAS
Vázquez
Guamo
Calixto
Delicias
Río Cauto
Omaja
Jesús Menéndez
Yara Veguitas
Mir
Maceo
Cacocum
Manzanillo
Mabay
BAYAMO
HOLGUÍN
Sta. Rita
S. Germán
Marcané
Cueto
Antilla
Jiguaní
Alto Cedro
Baire
Mangos de Baraguá
GRANMA
Contramaestre
Mella
Palma Soriano
S. Luis La Maya
GUANTÁNAMO
Jamaica
Manuel Tames
El Cristo
Los Reynaldos Costa Rica
SANTIAGO DE CUBA
Caimanera
Mártires de la Frontera

Alexis Lobrado 2013

CUBA
쿠바 숙소

쿠바 내에서 관광비자를 소지한 여행자가 머무를 수 있는 숙소는 크게 호텔과 민박인 까사로 나뉘며, 까사는 다른 나라의 게스트하우스처럼 운영된다.

호텔
도시 내의 호텔
고급 호텔의 가격이 하루에 200CUC 이상이고, 중급 호텔은 시설이 가격에 미치지 못하는 경우가 많다. 2017년 미국 관광객이 본격적으로 쿠바에 입국하기 시작한 이후로는 고급 호텔의 비싼 가격에도 공실을 찾기 힘든 경우가 많아 여러 면에서 일반 여행자들이 찾기에는 부적합한 숙박시설이 되어가고 있다. 최근에는 적당한 규모의 빌딩을 작은 규모의 호텔로 개조하여 운영하는 부티크 호텔이 늘어나고 있어 호텔에서 꼭 숙박해야 하는 여행자라면 이런 부티크 호텔을 고려해볼 만 하겠다.

리조트 호텔
바라데로, 까요 산따 마리아 등 쿠바의 주요 리조트 지역에 자리 잡은 호텔들은 대부분 올-인클루시브의 형태로 운영되고 있다. 얼마 전까지만 해도 저렴한 가격에 크게 나무랄 데 없는 시설로 유명했던 쿠바의 올-인클루시브 호텔이지만, 최근에는 점점 가격이 올라 더는 가격에서 장점을 찾기는 힘들 것으로 보인다.

시설 및 서비스
외국 호텔 체인과의 협업으로 지속해서 개선되고 있지만, 훌륭한 수준이라고 말하기는 힘들다. 특히 중급 호텔일 경우 시설물의 낙후가 심하고, 서비스도 호텔이라기에 무색한 경우가 많아서 만족도가 아주 낮다.

호텔 나시오날

호텔 빠르께 쎈뜨랄

호텔 아바나 리브레

호텔 카프리

ARRENDADOR DIVISA

까사

도미토리

쿠바의 경우 방을 공유하는 도미토리가 다른 나라처럼 많은 편은 아니다. 라 아바나 외의 지역에서는 더욱 찾기가 힘들다. 때에 따라 간단한 식사를 포함하거나 별도로 사 먹을 수 있게 운영되는 도미토리들은 가격이 독실보다 저렴하기 때문에 배낭여행자들이 많이 이용하고있다. 한국인들이 자주 찾는 호아끼나 까사나 이오반나 까사도 도미토리를 운영하고 있는데, 이 두 까사는 별도의 예약 없이 선착순으로만 숙박객을 접수한다. 경우에는 예약 없이 선착순으로 운영되기 때문에 별도의 예약이 힘들고, 그 외 도미토리의 경우에는 호스텔월드 (www.hostelworld.com), 호스텔스 (www.hostels.com) 등에서 예약할 수 있다. 가격은 개인실보다는 저렴하다.

독실

대부분의 까사는 독실로 운영이 되는데, 가격, 위치, 시설에 따라 가격대가 다양하다. 위치도 시설도 별로 좋지 않으면 15CUC 정도에 방을 쓸 수 있는가 하면 좋은 위치에 방 2개가 딸린 아파트 독채를 150CUC 이상에 임대하기도 한다. 에어비앤비, 홈스테이 등의 유명한 게스트하우스 예약 사이트에서도 쿠바 까사들을 찾을 수 있고, 요즘은 쿠바의 까사와 연결되어 예약을 대행해주는 한국 여행사도 있어 도움을 받을 수 있겠다. 숙박비 외에 조식이나 저녁밥을 별도로 판매하는 까사가 대부분이고, 일부 지방의 경우에는 적당한 식당이 없어 까사에서의 식사가 더 나은 때도 있다.

TIP

까사 Check Point

1 위치
당연한 이야기지만, 주요 관광시설로 도보로 이동할 수 있다면 가장 좋다. 여행자가 이용할만한 대부분 편의 시설은 각 도시의 중심이 되는 광장 주변에 자리 잡고 있다. 도시별로 광장이나 공원을 찾아 기준으로 삼고 숙소의 거리를 따져보자. 택시 등 교통수단을 쉽게 이용할 수 있는 큰 길가가 좋고, 너무 깊숙한 위치는 밤에 다니기에는 위험할 수도 있다.

2 에어컨
습하고 더운 쿠바 날씨에는 에어컨 유무 체크가 필수

3 엘리베이터
90%의 건물에는 엘리베이터가 없다. 3층 이상의 숙소를 예약한다면 무거운 짐 때문에 곤란을 겪을 수 있으니 엘리베이터 유무를 확인하거나 고층은 피하도록 하자.

4 주인
주인이 함께 사는 경우 주인의 태도가 여행 만족도에 영향을 미치게 된다. 불확실성을 줄이고 싶다면 예약 사이트의 리뷰를 잘 확인하자.

5 정확한 협의
집주인의 말 바꿈에 즐거워야 할 여행의 순간을 망치는 경우가 많다. 숙소 가격이 협의와 다르다거나, 음료나 식사가격이 다른 경우 잘 지내놓고도 얼굴을 붉히며 헤어질 수 있는데, 예약하고 갔더라도 짐을 풀기 전 협의된 가격이나 조건 등을 확인하자.

까사? 까사 빠르띠꿀라르? 까사 데 알낄레르?

일반적으로 여여하는 숙소를 '까사'라고 하지만, 스페인어로 까사 Casa는 집이라는 뜻이고, 엄밀히 따지자면 대여하는 숙소는 '까사 데 알낄레르'다. 흔히 쓰이는 '까사 빠르띠꿀라르 Casa Particular' 또한 원래 의미는 주택이라는 의미가 강한데, 쿠바에서만큼은 민박이라는 의미로 사용되고 있다. 종종 이 때문에 쿠바인들이 까사 빠르띠꿀라르의 의미를 잘못 이해하는 때도 있다.

예약

한국에서 쿠바 숙소를 예약할 때
국내 여행사, 예약 대행 웹사이트 등의 방법으로 예약을 진행할 수 있는데, 어디를 통해서 예약하던 불확실한 쿠바의 상황을 고려할 필요가 있다. 국내 여행사를 선택한다면, 문제 발생 시 현지에서 대응할 능력이 있는지를 확인할 필요가 있다. 돌발상황이 많은 쿠바에서 하소연할 곳이 있다는 건 크게 의지가 된다. 예약 대행 웹사이트를 이용할 때는 숙소 소개와 가격 정책을 꼼꼼히 따져볼 필요가 있다. 조금 저렴해 보여서 예약을 진행했다가 위치도 엉망이고, 숨겨진 부가요금 때문에 기분이 상하게 되는 일도 있으니 주의하자.

쿠바에서 숙소를 예약할 때
타지방으로 이동하거나 일정에 없던 지역으로 이동할 경우 숙소를 예약하고 싶다면 호텔의 경우는 아바나간이나 아바나뚜르 등 국영 여행사를 이용하는 것이 가장 효율적이다. 까사의 경우는 예약하지 않고 현지에서 찾는 방법도 있겠고, 예약이 필요하다면 현재 머무는 까사의 주인에게 부탁하는 것이 좋다.

CUBA
쿠바 인물

1450-1506	1853-1895	1899-1961

크리스토퍼 콜럼버스
Cristóbal Colón

미주의 모든 나라가 그렇지만, 지금의 쿠바를 규정하는 많은 것들 인종, 종교, 언어 그리고 역사 등은 크리스토퍼 콜럼버스로부터 시작되었다고 해도 좋겠다. 1492년 8월에 시작된 그의 첫 번째 항해 중 그는 바하마에 이어 쿠바의 한 해안가에 닿았다. 스페인군의 대규모 이주, 원주민의 대학살 등 쿠바의 역사는 그 이후로 새로 쓰이게 되었는데 스페인과 유럽의 입장에서는 대탐험가이겠으나 과연 인류 역사에 긍정적인 인물로 기록되어야 하는 것인가 하는 부분은 각자의 판단에 남기도록 하겠다. 스페인어로는 '끄리스또발 꼴롱'으로 불리는 그의 이름은 라 아바나 공동묘지의 이름으로 사용되고 있고, 그 외에도 쿠바 곳곳에 그의 흔적이 여전히 남아있다.

호세 마르띠
Jose Martí

쿠바를 여행하다 보면 수많은 호세 마르띠의 동상과 그의 이름을 딴 광장, 거리들을 마주하게 된다. 1853년에 쿠바에서 출생한 그는 시인이자, 저널리스트 그리고, 스페인으로부터의 독립전쟁을 앞장서서 이끈 투사였다. 혁명과 저항을 국가적 이념으로 삼고 있는 쿠바에서 가장 중요하게 평가받는 인물이다. 1895년 독립전쟁 중 전장에서 사망하기까지 스페인의 위협과 투옥 중에도 독립 의지를 꺾지 않았고, 그가 남긴 문학작품들 또한 라틴아메리카 문학사에서 중요한 위치를 차지하고 있다. 여행 중 자주 듣게 될 '관따나메라 Guantanamera' 또한 그의 글 중 한 부분을 가사로 사용해 곡을 만든 것으로 알려져 있다.

어네스트 헤밍웨이
Ernest Hemingway

쿠바를 사랑했던 여러 외국인 중에서 빼놓을 수 없는 인물이 노벨상 수상 작가 어네스트 헤밍웨이일 것이다. 그의 대표작 '노인과 바다'는 쿠바의 한 바닷가 마을을 배경으로 쓰였을 뿐 아니라 근 20여 년의 기간을 그는 라 아바나의 한 마을에서 살았다. 그가 자주 다니던 바는 이제 유명 관광명소가 되었고, 그의 집 또한 헤밍웨이 박물관으로 남아있다. 그의 글을 좋아하는 사람이라면 라 아바나 곳곳에 남아 있는 그의 흔적을 찾아보는 것도 여행의 또 다른 테마가 될 듯 하다.

1901-1973

1926-2016

1928-1967

풀헨시오 바띠스따
Fulgencio Batista

피델 까스뜨로
Fidel Castro

체 게바라
Che Guevara

어쩌면 지금의 쿠바를 만든 가장 중요한 인물은 피델이나 체 게바라가 아니라 바띠스따일 수도 있다. 마치도 독재정권 시절인 1933년 '상사들의 반란'을 통해 막후의 권력자가 된 그는 1940년 대통령에 당선되어 4년 동안 집권하였다. 그가 처음 쿠데타를 일으킨 1933년부터 1959년까지 무려 26년을 대통령 혹은 막후의 최고 권력자로 지냈던 그는 쿠바의 국부를 해외로 유출하고, 미국 기업들과 결탁하여 쿠바를 향락의 나라로 만드는데 일조했다는 평가를 받고 있다.

1926년 쿠바 올긴 주에서 출생하여 1945년 아바나 대학교를 졸업하고 변호사가 되었다. 1953년 바띠스따의 쿠데타에 반대하며 몬카다 병영을 기습하였으나 체포되고 이후 멕시코로 망명한다. 1956년 12월 2일 동료 82명과 함께 그란마호를 타고 쿠바에 상륙하여 1959년 쿠바에 공산정권을 수립한다. 2016년, 만 90세가 되는 해에 사망한 피델 까스뜨로에게는 독재자와 혁명가라는 두 개의 이미지가 강하게 채색되어 있다.

부에노스 아이레스 대학에서 의학을 공부했다. 1955년 멕시코에서 피델 까스뜨로를 만나 쿠바 혁명을 함께 이끌었다. 쿠바 혁명의 성공 이후 쿠바 내에서의 모든 지위와 신분을 포기하고, 동남아시아, 아프리카, 중남미 인근 국가로 공산혁명을 위한 움직임을 멈추지 않았다. 1966년에 볼리비아에서 정부군에 체포되어 1967년 10월 총살당하게 된다. 중남미인들에 대한 끝없는 애정과 죽는 날까지 멈추지 않았던 평등에 대한 헌신으로 현재는 중남미를 넘어 전 세계적인 저항의 아이콘으로 추앙받고 있다.

쿠바의 역사

● **원주민 (15C 이전)** 라틴 아메리카 대부분에서 그러하듯이 유럽인들이 이주하기 이전 원주민 역사의 흔적은 쉽게 찾을 수가 없다. 남미, 멕시코에 남아있는 고대 문명의 매력을 생각하면 지워진 쿠바 원주민의 역사가 아쉬울 뿐이다.

제국주의 식민지(15C 후반~19C 후반) 유럽인 이주 이후의 쿠바 역사는 평등과 불평등, 자유와 구속 사이의 끊임없는 저항의 역사라 할 수 있을 것이다.

● **1492년** 콜럼버스는 바하마 제도에 도착하고 그로부터 몇 개월 뒤 쿠바에 도착한다. 원주민들이 '꾸바나깐 Cubanacan'이라고 부르던 이곳을 부르기 쉽도록 '꾸바 Cuba'라 부르며, 새 이름과 함께 그들은 저항하는 원주민들에 대한 살육으로 이 땅의 새 역사를 거칠게 써내려가기 시작한다. 이후 아메리카 대륙에서 금과 은이 발견되면서 쿠바는 자원을 유럽으로 보내기 위한 중간 기착지의 역할을 하게 된다.

● **1598년** 사탕수수를 재배하기 시작하나, 그동안의 과도한 원주민 탄압으로 더는 노예들이 충분하지 못한 상황이었다. 이에 스페인은 서부 아프리카의 아프리칸들을 쿠바로 강제 이주시켜 노역에 동원한다. 강제 이주된 아프리칸들은 이후 19세기 초반까지 지속적으로 불평등과 속박에 저항하지만 큰 결실을 맺지는 못 한다.

● **1868년** 시간이 지나며, 뻬닌술라르 Peninsular라 불리는 스페인 본토 출신들과 끄리올료 Criollo라 불리는 쿠바 태생 백인들간의 차별이 심화되어 1차 독립운동이 시작되었지만 뚜렷한 성과 없이 마무리되었다. 이후 쿠바의 가난한 끄리올료 호세 마르티는 앞장서 2차 독립운동을 시작하였고, 1895년 전투 중 사망하면서 쿠바 저항 정신의 영원한 상징으로 남게 된다.

● **1898년** 마찬가지로 제국주의로부터의 독립국이었던 미국의 지원으로 마침내 쿠바는 독립을 쟁취하게 된다. 이는 미국이 독립한지 100여 년 뒤였다.

쿠바와 미국(19C 후반~20C 중반) 현재로 이어지는 쿠바와 미국 간의 역사적인 밀당은 쿠바 독립에 대한 미국의 개입으로부터 시작한다.

● **1899년** 미국은 쿠바에 대한 4년간의 군정을 시작한다. 이후로 미국은 대기업들을 앞세워 쿠바 전체 토지의 60%를 매입하고, 농산물을 헐값에 사들이는 등 경제적으로 쿠바를 침탈하기 시작한다. 미국—쿠바 간에 체결 되어 쿠바 헌법에 삽입하게 한 플랫수정안 〈미국은 자국민의 생명과 재산을 보호하기 위해 쿠바의 내정에 개입할 수 있다.〉으로 미국은 쿠바 침탈에 날개를 달게 된다. 이 시기에 관타나모 기지는 미국의 준영토가 된다.

● **1933년** 당시 중사 계급이었던 바띠스따는 쿠데타를 일으켜 마차도 정권을 무너뜨렸고, 이후 막후에서 막강한 권력을 행사하며 쿠바를 장악했다. 1940년에는 대통령에 선출되었고, 1953년에는 다시 쿠데타를 일으켜 정권을 재장악했으며, 일련의 기간 동안 바띠스따는 미국의 전폭적인 지원을 받고 있었다.

● **1956년** 피델 까스뜨로는 그란마호를 타고 체 게바라와 자신을 포함한 82명의 군인과 함께 정부군을 피해 쿠바에 몰래 도착한다. 3년 간의 무장 투쟁 끝에 1959년 1월 1일 아바나를 점령하고 혁명정부를 수립한다. 쿠바 혁명정부는 쿠바 내의 모든 미국 자산을 동결시키고, 이에 미국은 쿠바에 대한 엠바고 Embargo를 시작한다.

● **1961년** 미국은 쿠바계 반공 게릴라를 조직하여 쿠바에 침투시키는 〈피그만 침공 사건〉을 일으켰으나 실패로 돌아가게 된다. 이후 쿠바는 소련과의 관계를 더욱 공고히 하며 미국을 압박한다.

변화하는 쿠바

● **1991년** 든든한 지원자였던 소련의 붕괴로 쿠바의 경제는 위기에 빠지게 된다. 외교적으로 고립되고, 여전한 미국의 엠바고로 점점 상황이 악화되자 쿠바 정부는 관광 산업을 활성화 시켜 상황을 타개하려 한다.

● **2014년** 미국의 대통령 오바마는 쿠바와의 관계 정상화를 선언한다. 이후 현재까지 쿠바는 개방의 큰 파도 앞에 놓여 변화의 시기를 보내고 있다.

Before You Go
쿠바 여행을 준비하며

여권

해외여행을 준비할 때 가장 먼저 준비해야 할 것은 바로 여권이다.
항공권을 구매할 때나 비자를 발급받을 때 여권 번호를 기재해야 하므로 여권을 먼저 준비하자.
기타 해외여행 중에도 숙소나 공항 등에서 신분확인을 위해서는 여권을 제시해야 하며 여권을 제시하지 못할 경우
원하는 서비스를 이용하는데 제약이 있을 수도 있으므로 분실하지 않도록 잘 관리하자.

구비서류

1. 여권 발급 신청서

외교부 여권과 홈페이지 www.passport.go.kr의 '민원서식'
메뉴에서 다운받을 수 있으며 각 여권 발급 접수처에도 비
치되어 있다.

2. 여권용 사진 1매 (전자여권이 아닌 경우 사진 2매)

6개월 이내 촬영한 천연색 상반신, 정면, 탈모 사진, 크기는
가로 3.5cm, 세로 4.5cm, 머리의 길이(정수리부터 턱까지)
가 3.2cm~3.6cm이어야 한다. 두 귀가 노출되어 얼굴 윤곽
이 뚜렷이 드러나야 하며 앞머리로 눈썹을 가려서도 안되
며, 옆머리로 귀를 가려서도 안 된다. 흰색 바탕에 무배경으
로 테두리와 그림자가 없어야한다. 제복, 군복, 흰색 의상을
착용하여서는 안 된다. (단, 학생의 경우 교복 착용은 허용)

3. 신분증

사진이 부착되어 있는 주민등록증, 운전면허증, 여권, 군인
신분증, 사관생도의 학생증, 장애인등록증, 국가 유공자증

4. 병역관계 서류

국외여행허가서 1통(25세~37세 병역 미필 남성)
※ 병무청 홈페이지 www.mma.go.kr 에서 신청
※ 18세~24세 병역 미필 남성은 해당 사항 없음

5. 미성년자

18세 미만의 미성년자의 경우 여권 발급 신청서와 여권용
사진 외에 여권 발급 동의서가 필요하다.
(단, 법정대리인이 직접 신청하는 경우는 생략)

여권 발급 수수료

종류	구분			국내
18세 이상	복수 (유효기간 10년)	48면		53,000원
		24면		50,000원
	단수 (1회용)	12면		20,000원
18세 미만	복수 (유효기간 5년)	8세 이상	48면	45,000원
			24면	42,000원
		8세 미만	48면	33,000원
			24면	30,000원
	단수 (1회용)		12면	20,000원

발급 절차

여권 신청은 본인의 주민등록지와 상관없이 전국의 236개 여권 사무 대행기관에서도 접수가 가능하니 가까운 곳에 가서 신청하면 된다. 여권은 예외적인 경우(의전상 필요한 경우, 질병, 장애의 경우, 18세 미만 미성년자)를 제외하고는 본인이 직접 방문하여 신청하여야 한다. 구비서류를 갖고 해당 대행기관에 신청하면 접수증과 함께 수령받을 날짜도 알려준다. 여권 수령 시에는 반드시 신분증과 접수증을 갖고 가야 하며 발급 소요 기간은 보통 업무일 기준 3~5일 정도이다.

여권 분실 시

일반적인 경우 여권을 분실했을 때에는 가까운 지역의 한국대사관에서 여권을 재발급받을 수 있다. 하지만 쿠바의 경우 우리나라와 수교를 맺지 않아 아직 한국대사관이 없으므로 대사관의 민간 관련 업무를 코트라에서 일부 대행해주고 있다.

KOTRA 아바나 무역관

코트라에서 직접 발급해주는 것이 아니라 멕시코의 대사관을 통해 발급을 대행해 주고 있으므로 재발급은 일주일 정도 소요된다. 다만, 여권 분실이 잦아질 경우 여권 유효기간이나 재발급 지체에 제한이 생길 수 있으므로 무엇보다도 자신의 여권은 분실하지 않도록 잘 관리하는 것이 중요하다.

⌂ Centro de negocio edf. Santa Clara No.412, Miramar, Habana, Cuba

☏ 7204 1020

여권 주요 정보

여권 번호

여권 번호는 해외여행 시 우리의 주민등록번호를 대신할 번호이다. 항공권 구매 시 혹은 입국심사 시 기재하게 될 ID No.는 모두 여권 번호를 기재하면 된다. 사용하는 경우가 많으므로 외워둔다면 급할 때 시간을 줄일 수 있다.

생년월일

음력 생일, 양력 생일 등은 다 잊고, 해외에서 생일을 물을 때는 무조건 여권에 기재되어 있는 생일로 대답하자.

발급일/기간 만료일

입국 심사 문서에서 Valid of Document라거나 Valid date 등의 물음은 모두 여권의 기간 만료일을 묻는 것이다.

영문 성명

특히 외국인들이 인식하기 쉽지 않은 것이 한국인의 영문 성명이다. 호텔이나 항공사에서 영문 성명을 기재해야 할 경우, 이왕이면 어디에서든 띄어쓰기까지 정확히 여권의 영문 성명과 일치하도록 하여 골치 아픈 일을 미리 방지하도록 하자.

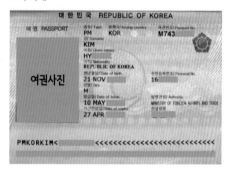

비자

전 세계 140여개국을 무비자로 입국할 수 있는 효율만점의 대한민국 여권.
하지만, 쿠바는 우리를 그냥 허락하지 않는다. 비자를 사자.

쿠바 대사관이 한국에 없는 관계로 우리는 경유지나 출발지에서 미리 비자 (여행자카드/Tarjeta del Turista 따르헤따 델 뚜리스따)를 사서 쿠바로 입국해야 한다. 구매지가 어딘가에 따라서 같은 자격의 비자라도 2만~10만 원선까지 가격대가 다행한 쿠바의 비자는 사진과 같이 두 장의 카드가 있고, 두 장 모두에 성, 이름, 생일, 여권 번호, 국적을 기재하고 쿠바에 도착한 후 입국 심사 데스크에 제출하게 되어있다. 이전에는 한 장을 이민국에서 보관하였으나 최근에는 시스템의 변경으로 두 장 모두 여행자가 보관하게 된다. 다른 나라처럼 여권에 붙이게 되어있지 않으니 잃어버리지 않도록 특히 주의하여야 한다. 숙소에서도 항상 비자를 확인시켜줘야 하고, 비자 연장 시나 출국 시에도 당연히 비자를 확인하고 있으니 소중히 여기자. 이 비자는 기본 30일 체류가 가능하고, 이후 두 번의 연장으로 최대 90일까지 쿠바 체류가 가능한 여행자용 비자이다. 캐나다항공의 경우 항공료에 포함되어 기내에서 배포하고 있으며, 멕시코 시티나 칸쿤에서는 공항에서 구매할 수 있다. 유

비자 = 여행자 카드

럽에서 쿠바로 입국할 때도 각 공항에서 구매가 가능한 곳이 있으니 미리 항공사에 문의해 확인하도록 하자.

*쿠바 비자 외에도 경유 국가별로 환승 비자를 받아야 하는 경우가 있다. 특히 미국의 ESTA, 캐나다의 ETA와 같이 환승을 하더라도 비자를 받아야 하는 경우가 있으니 경유 국가에 따라서 상황을 잘 확인하자.

입국 시 필요한 문서

이미그레이션 데스크에서 필요한 서류는 아래와 같다.

1. 여권

2. 비자

3. 쿠바 내에서 효력이 있는 보험증서 영문본 혹은 스페인어본

4. 쿠바 출국 티켓

여권과 비자는 필수 문서이다. 보험증서와 쿠바 출국 티켓은 원칙적으로 지참하고 제시할 수 있어야 하나 매번 검사를 하지는 않는다. 부득이한 경우라면 어쩔 수 없이 여권과 비자만으로 입국해서 이미그레이션 창구 직원을 설득해봐야 하겠지만 결과는 장담할 수 없다. 부득이하지 않다면 모두 준비해서 입국하자. 특히 **쿠바에서 30일 이상 체류하여 비자를 연장해야 하는 경우**라면 모든 서류를 준비해서 입국해야만 한다.

항공권

여행사들을 통해 항공권을 구매하는 것이 가장 간편한 방법일 테지만,
최근 여행객들은 인터넷 가격비교 사이트를 통해 직접 구하는 경우가 많다.
가장 많이 사용하는 웹사이트는 스카이스캐너와 카약이며, 두 곳 모두 외국 회사들이라서
해외 승인이 가능한 신용카드와 체크카드로 구매가 가능하다.
각 사이트에서 직접 구매하는 것이 아닌 가격 비교 후 최저가 항공사 및
에이전시로 연결을 해주는 시스템으로 대부분 해외 사이트로 재연결된다.

여행사를 통해 항공권을 구매할 경우에는 각종 정보가 포함된 E-Ticket을 출력해주지만, 스카이스캐너, 카약 혹은 항공사 사이트를 통해서 직접 항공권을 구매한다면, 그림과 같이 간략한 정보가 담긴 이메일을 받게 된다. 비행편명, 시간 및 본인의 성명이 예약 내용과 일치한다면 이것만으로도 문제가 없으므로 이메일을 출력하거나 모바일기기에서 스크린 캡처를 해 보관하도록 하자. 일반적인 경우 두 번의 메일을 받게 되는데, 첫 번째는 항공권 구매를 신청했다는 메일이며, 두 번째 메일은 항공권 구매가 완료되었다는 메일이다. 항공권 구매 완료 메일을 받기 전까지는 완료된 것이 아니므로 24시간 이후에도 완료 메일을 받지 못했다면 다시 확인해 볼 필요가 있다.

공항에서 탑승 수속 시 항공사 발권 창구에서 보통 E-Ticket이나 예약 완료 이메일을 제출하지만, 구매가 완료되면 자동으로 탑승자의 정보가 항공사의 시스템에도 전달되게 되어 있으므로 미처 E-Ticket이나 이메일을 준비하지 못했다 해도 당황하지 말고, 발권 창구에 여권을 제시하자. 큰 이상이 없는 한 발권에 지장은 없다. 그럼에도 만약의 경우 자신의 구매 사실을 증빙해야 할 필요가 있으므로 여유가 있다면 준비해 두는 것이 가장 좋다.

스카이스캐너 www.skyscanner.co.kr
카약 www.kayak.co.kr

아웃 티켓 Out Ticket

해당 국가에서 출국할 때 사용하는 항공권을 아웃 티켓이라고 한다. 항공권을 왕복으로 구매하였을 경우는 E-Ticket이나 항공사의 이메일에 함께 표기되는데, 국가에 따라서 아웃 티켓이 없는 경우 비행기 탑승을 제재하는 경우도 발생하게 된다.

쿠바로 가는 여정 중에는 멕시코행 비행기 탑승 시 멕시코에서 출국하는 티켓, 즉 멕시코 아웃 티켓을 제시해달라는 요구를 받는 경우가 있다. 이때 아웃 티켓을 제시하지 못할 경우에는 탑승을 제재하기도 하므로 멕시코 아웃 티켓은 출력하여 지참하는 것이 좋다.

비단, 멕시코뿐 아니라 종종 아웃 티켓 제시를 요청하는 국가들이 있으므로 여행 경로의 항공권을 미리 구매했다면 모두 출력하여 따로 몸에 지니는 가방에 보관하는 것이 좋다. 위탁수하물에 보관했다가는 짐을 보내버리고 후회하는 경우가 생기므로 주의하자.

Itinerary

Carrier	Flight #	Departing	Arriving	Fare Code
American Mr	280	SEOUL INCHEON INT MON 16FEB 6:00 PM Economy	DALLAS FT WORTH MON 16FEB 3:35 PM	Q Dinner/Snack
American Mr	1153	DALLAS FT WORTH MON 16FEB 5:20 PM Economy	MEXICO CITY MON 16FEB 7:54 PM	Q Food For Purchase

Receipt

Passenger	Ticket #	Fare-KRW	Taxes and Carrier-Imposed Fees	Ticket Total
Mr	0012397501147	382500	146,600	529,100
Master Card XXXXXXXXXXXX0004				529100.00

쿠바에서 필요한 것들

다른 곳을 여행하는 것과 크게 다를 것은 없지만,
쿠바이기에 몇가지 더 필요하거나 미리 준비해두면 좋을 것들이 몇가지 있으니 알아보도록 하자.

준비물	내용
옷	날씨에서 소개한 바와 같이 쿠바는 4계절이 여름이라고 봐도 무방한 곳이다. 그렇기에 티셔츠와 반바지를 많이 준비하는 것이 좋다. 땀을 많이 흘리기 쉬우므로 특히 셔츠는 넉넉하게 준비하자. 클럽을 방문하고자 할 때 긴 바지를 입어야 하는 경우가 종종 있다. '뜨로삐까나 쇼'의 경우에는 반바지를 입고 입장할 수가 없으므로 긴 바지를 미리 준비하자. 11월에서 2월 쿠바의 겨울은 춥진 않아도 쌀쌀하게 느껴진다. 추위를 좀 타는 편이라면 긴 소매 셔츠 또는 바람막이 하나 정도는 챙기도록 하자.
신발	구두를 신고 여행하려는 사람은 없겠지만, 특히 쿠바라면 걸어야 할 일이 많다. 운동화와 편하고 가벼운 슬리퍼를 준비하자.
우산 혹은 우의	긴 일정으로 여행을 다닐 경우라면 우산이나 우의 하나 정도는 챙겨다니는 것이 좋다. 특히 비가 자주 오는 9, 10월로 일정을 잡았다면 꼭 챙겨가자.
선글라스	더운 나라를 여행하는 사람에게 선글라스는 장식이 아니라 실용품이다. 뜨거운 볕 아래서 계속해서 찡그리기 싫다면 선글라스는 필수다. 쿠바에 도착해보면 평상시에 선글라스를 착용하고 다니는 중고등학생들이 있을 정도로 주민들 사이에서는 선글라스가 생활화되어 있다.
스노클링 고글	바다를 좋아하는 사람이 쿠바를 여행하게 된다면 스노클링 고글 하나 정도 가지고 다니는 것이 좋다. 물자가 부족한 쿠바에서는 사기도 어렵지만, 대여해주는 곳도 많지 않다. 일정 중에 바다를 방문한다면 스노클링 고글은 꽤 쓸모가 있다. 특히 렌트 차량이나 스쿠터를 타고 해안도로를 지나다 보면 마음에 드는 바다를 쉽게 찾을 수가 있다. 언제 어디서든 바다로 뛰어들어갈 수 있도록 스노클링 고글을 준비한다면 후회하진 않겠다.
식료품	유난히 독특한 입맛을 자랑하는 우리는 한국인. 긴 외국여행 동안 참아낼 자신이 없다면, 고추장은 조금 준비하자. 최근에는 라면 수프나 짜장 수프 등만 따로 판매하고 있으니 챙겨두면 뜨끈한 국물이 생각나거나 입맛이 없을 때 유용하겠다. 특히 쿠바에는 아직 교민이 많지 않다 보니 한국식료품점도 없다. 조금만 준비해도 지친 여행 중 큰 위로가 될 테니 생각해보도록 하자.

손수건	쿠바인들의 필수품 중 하나. 땀을 닦을 수 있는 손수건이다. 특히 더운 여름철에 방문한다면, 물기를 잘 흡수하는 손수건 하나 정도는 가지고 다니는 것이 좋다. 먼지가 많고, 손이나 얼굴을 씻을만한 곳을 쉽게 찾을 수 없어 여러모로 유용하게 사용할 수 있다.
유용한 애플리케이션	비록 인터넷 이용이 불편하긴 하지만, 몇몇 오프라인 모바일 애플리케이션들과 함께한다면 훨씬 매끄러운 여행을 즐길 수 있다. 한국어로 된 애플리케이션이 없음은 안타깝지만, 활용해보도록 하자. **맵스 미 MAPS.ME** 무료 지도 앱으로 널리 사랑받고 있다. 쿠바 여행자에겐 거의 필수라 할 만한 앱이다. 1. 지도 앱을 다운받고, 2. 쿠바를 찾아 계속 확대하면, 3.쿠바 세부 지도를 다운 받아 저장할 수 있다. 주요 도시의 도로명 및 주요 식당, 관광지의 위치가 확인되므로 아주 편리하다. **트리포소 쿠바 Triposo Cuba** 여행 가이드앱으로 각 도시별로 관광지, 숙소, 식당, 바 등을 추천해준다. 원래는 온라인 앱이지만, 오프라인일 경우에도 일부 기능이 작동하고, 간단한 스페인어 공부나 이동 중 읽을거리로 좋다. 각 추천장소의 위치를 바로 지도와 연동하여 확인할 수도 있다. **쿠바 오프라인 맵 Cuba Offline Map** 맵스 미와 같은 오프라인지도 애플리케이션 앱이다. 주로 내비게이션 기능에 초점이 맞춰져 있어 렌트를 할 생각이라면 유용하겠다. 단, 유료이고, 기종과 신호에 따라 제대로 작동이 되지 않으므로 주의하도록 하자. 굳이 내비게이션 기능을 이용하지 않더라도 여행자용 오프라인 지도로는 손색이 없다. **시티워크 하바나 City Walk Havana** 식당, 식료품점, 클럽, 숙소 등의 위치를 지도와 함께 제공하고 있어 라 아바나에서 오랜 시간을 보낼 예정이라면 유용하다. 각 명소의 위치와 설명을 포함하고 있어 일정을 짜며 방문 여부를 결정할 때도 쓸모가 있겠다.

여행자보험

쿠바는 입국하고자 하는 여행자들의 여행자보험 가입을 의무화하고 있다. 한국에서 여행자보험을 준비하지 못한 채로 입국하였을 경우에는 이민국의 데스크에서 조금 더 비싼 여행자보험을 가입하여야 하므로 미리 준비하고 가는 것이 좋다.

여행자보험은 여러 보험사에서 가입 신청이 가능하고, 굳이 보험사를 방문하지 않더라도 인터넷을 통해 신청할 수 있다. 보험 상품의 특성상 보험사, 보상의 범위와 금액에 따라 다양한 가격의 상품을 구매할 수 있고, 가입 기간을 1개월로 예상하더라도 이에 따라 1만 원에서~7만 원 이상의 판매되고 있어 정확한 가격을 논하기는 어렵다.

쿠바 입국 시에는 여행자보험 가입 사실을 확인할 수 있는 영어나 스페인어로 된 문서(제시 가능한 형태의 파일)를 소지하여야 하고 있으므로 해당 문서를 위탁수하물에 보내지 말고, 입국 전에 꼭 기내수하물과 함께 소지하도록 하자.

간혹, 한전이나 여행 관련 상품 구매 시 프로모션으로 제공되는 여행자보험의 경우에는 영어나 스페인어로 된 문서 형태의 증서를 제공하지 않는 경우가 많기 때문에 확인 후 부득이하게라도 중복되는 여행자보험을 가입해야 하니 유념하는 것이 좋다.

쿠바로 가는 길

한국에서 쿠바로 가는 길은 험난하다.
집을 떠나 쿠바의 숙소에 도착할 때까지 30시간 이상 걸리는 어려운 여정이므로 상황을 미리 인지하고,
그때그때 필요할만한 것들을 미리 챙겨 당황하는 일이 없도록 하자.

인천공항 가는 길

대중교통으로 인천공항 이동 시에는 공항 리무진 버스나 공항철도를 이용할 수 있다.

인천공항공사의 웹사이트 (www.cyberairport.kr)에서 공항 리무진 버스와 공항철도의 노선을 확인할 수 있다.
공항 리무진 버스의 경우 서울뿐만 아니라 전국에서 출발하는 리무진 버스가 운영되고 있으므로, 웹사이트에서 확인하여 편리하게 이용하도록 하자.

인천공항 내에서

인천국제공항 3층 출국장에 도착 후 탑승구까지 이동 시 거쳐야 하는 절차는 다음과 같다.

1. 탑승 수속 및 수하물 탁송

항공사 티켓 창구에서 진행할 수 있으며, 항공사별 티켓 창구 번호는 공항 입구 근처의 대형 스크린을 통해서 확인할 수 있다. 항공사별로 위탁 수하물의 크기나 수량에 차이가 있으므로 예약 시 허용 가능한 위탁 수하물을 확인해 두는 것이 좋다. 일반적으로 20kg 내의 수하물 1개를 위탁할 수 있으며, 때에 따라 추가 요금을 지불할 수도 있다. 위탁 수하물이라도 모든 물건을 다 보낼 수 있는 것이 아니라 안전을 위한 제한을 두고 있고, 위탁 수하물의 가능 여부는 인천공항 웹사이트에서 확인할 수 있다. (www.airport.kr)

2. 출국장 이동

건물 안쪽에서 출국장을 찾을 수 있으며, 통과 시 여권과 탑승 수속 시 발급받은 탑승권을 제시하게 되므로 미리 꺼내놓자.

3. 기내수하물 및 보안 검사

기내로 반입하게 되는 수하물 및 개인 소지품을 점검한다. 폭발성, 인화성, 유독성 물질 및 무기류는 기내에 반입할 수 없고, 액체류 및 스프레이 등의 제품도 반입이 제한되므로 역시 미리 확인해두는 것이 좋다.

4. 출국 심사

보안 검사가 끝나면 곧바로 출국 심사대로 이동하게 된다. 여권과 탑승권을 제시하여야 한다.

5. 탑승 게이트 이동

출국 심사대를 통과하여 자동문을 거치면 면세점과 탑승구가 바로 이어진다. 탑승권을 확인하여 자신의 탑승 게이트 번호를 확인하고, 게이트 번호가 1~50번 이내일 경우는 같은 건물에서, 100~132번일 경우에는 공항 셔틀을 통해 별도의 탑승동으로 이동하여야 한다. 230~270번 게이트는 제2 여객터미널에서 탑승한다.

6. 탑승

일반적인 경우 탑승은 항공기 출발 1시간 전에 시작하여 20분 전에 마감한다. 버스나 다른 교통수단들처럼 출발 바로전까지 탑승할 수 있는 시스템이 아니므로 늦어도 20분 전에는 해당 탑승 게이트에 도착하도록 하자.
일련의 절차가 2~3시간 정도 소요되기 때문에 항공기 출발 2시간 전에는 공항에 도착해서 수속을 시작해야만 한다.

7. 환승

한국에서 쿠바로 가는 항공편을 이용하는 경우 환승은 불가피하다.

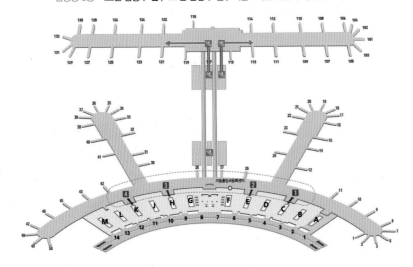

인천국제공항 출국층 배치도

탑승동 3층 122번 탑승구 앞 / 122번 탑승구 앞 / 셔틀브레인 내린 후 양옆 각 1개

제 1 여객터미널 3층 28번 탑승구 스타벅스매장 옆 / 41번 탑승구 가는길 전통문화체험센터 옆

Transfer
일반적인 경우 'Transfer'라는 표지판을 따라 이동한 후 새로운 게이트에서 환승할 비행기로 옮겨타면 된다.

같은 항공사를 이용할 경우
환승할 비행기의 항공사가 같은 경우 대부분 위탁수하물도 함께 자동으로 옮겨 실어주기 때문에 최초 탑승지의 발권 창구에서 해당 사실을 확인하고, 최종 목적지에서 위탁수하물을 찾으면 된다.

다른 항공사를 이용할 경우
환승할 비행기의 항공사가 첫 번째 항공사와 다른 경우는 별도의 수하물규정이 적용되는 구간이 발생할 수도 있다. 여행사에서 구매할 경우 여행사에 사전 문의하고, 웹사이드를 통해 구매하였을 경우는 최초 발권 창구에서 미리 확인하도록 하자.

미국 공항 환승의 경우
미국의 환승시스템은 입국 후 재출국하는 방식이기 때문에 같은 항공사를 이용하는 환승이라 할지라도 위탁수하물을 찾은 후 다시 위탁해야 한다.

8. 터미널 별 이용 항공사
①T1(제1 터미널)
아시아나항공과 대부분의 외국 국적 항공사
(제2 터미널을 이용하는 일부 외항사 제외)
②T2(제2 터미널)
대한항공, 에어프랑스, KLM 네덜란드항공, 델타항공

9. 터미널 간 이동 방법
두 터미널 사이는 무료 순환버스를 이용해 이동할 수 있다.
T1 → T2 : 3층 중앙 8번 출구에서 승차.
약 15분 소요(5분 간격 운행)
T2 → T1 : 3층 4, 5번 출구 사이에서 승차.
약 18분 소요(5분 간격 운행)

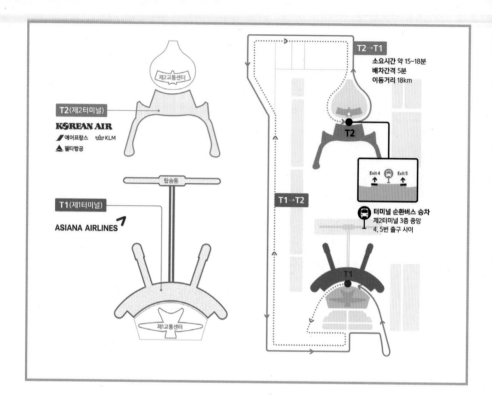

도심공항에서 출입국 수속하기

한국도심공항 www.calt.co.kr

한국도심공항은 서울 삼성동 무역센터에 있다. 도심에서 출입국 수속을 모두 처리하고 간편히 몸만 공항으로 이동해 비행기에 바로 탑승할 수 있는 서비스를 제공하고 있다. 자신이 이용하려는 항공사가 입주해 있다면, 이곳의 항공사 데스크에서 체크인, 좌석 지정, 수하물 탁송까지 마칠 수 있다. 2층에는 법무부 출국심사 카운터가 있어 출국심사를 곧장 진행할 수 있다. 출국심사를 마치면 매표소에서 리무진버스의 티켓을 구입하고 인천국제공항으로 떠나면 된다. 인천국제공항에 도착하면 전용 출국 통로를 통해 곧장 출국장에서 항공기 탑승동으로 이동할 수 있다.

서울역 도심공항터미널 www.arex.or.kr

서울역에도 도심공항이 있다. 공식 명칭은 서울역 도심공항터미널이다. 공항철도 서울역 지하 2층에 있으며 탑승수속, 수하물 탁송, 당일 출국심사를 진행한다. 단, 공항철도 직통열차 이용객에게만 한정하며, 승차권 구입 후 도심공항터미널을 이용할 수 있다는 점도 알아두자.

또한, 수하물 탁송은 항공기 출발 3시간 전에 수속이 마감되며 출국심사 가능 시간도 미리 확인하고 이용해야 한다.

Travelling CUBA
쿠바를
여행하며

쿠바 입국 및 숙소 이동

당신은 스페인어의 나라에 발을 디뎠다. 스페인어에 능숙하다면 문제없겠지만,
낯선 언어에 당황하지 않으려면 정보를 잘 읽고, 미리 대처하자.

공항 도착 및 수속

유럽이나 미주를 경유하는 대부분의 경우 탑승객은 라 아바
나의 국제공항인 호세 마르띠 Jose Marti 공항 3번 터미널을
통해 입국하게 된다. 1번 터미널은 국내선, 2번 터미널은 미국
노선이 이용하고 있다. 현재 미국 노선은 일반 관광객에게 개
방되어 있지 않고, 특별 비자를 득한 미국인이나 쿠바계 미국
인, 쿠바인만 이용이 가능하다. 공항의 입국 절차는 다른 공
항들과 크게 다르지 않고,

호세마르띠 공항

1. 이민국 입국 수속   2. 위탁수하물 수취   3. 세관 검사대 통과   4. 입국장 통과의 절차를 거쳐 이뤄진다.

이민국 수속 시에는 여권과 비자(여행자 카드), 입국신고서를 제시하면 되고, 요청 시 여행자보험을 제시하여야만 한다. 미
리 여행자보험에 가입하지 않았고, 이민국의 무작위검사에 선별되었다면 현장에서 별도로 조금 더 비싼 여행자보험에 가
입해야 하므로 미리 여행자보험에 신경을 쓰도록 하자.

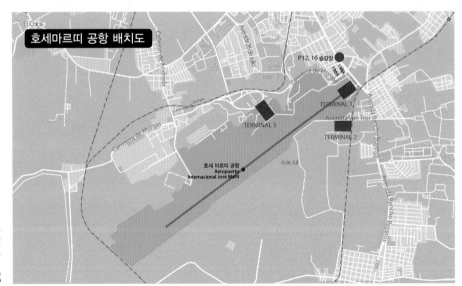

호세마르띠 공항 배치도

입국신고서와 세관신고서

대부분의 나라에 입국 시에 입국신고서와 세관신고서를 작성하여야 하고 이는 쿠바도 마찬가지지만, 최근에는 입국신고서는 작성하지 않는다. 그래도 또 언제 바뀔지 모르는 쿠바이니 참고로 삼고 필요하면 작성토록 하자. 조금 잘못 쓴다고 해서 큰일이 나는 문서들은 아니지만, 공항 수속을 원활히 하기 위해 두 문서의 작성법에 대해서 알아보자. 1980년 6월 24일에 태어난 여권 번호 M12345678의 남성 홍길동 씨가 INTERJET 항공사의 4905기를 타고 멕시코의 칸쿤을 통해 혼자서 쿠바의 라 아바나에 도착했을 경우를 예로 들어 작성해보겠다.

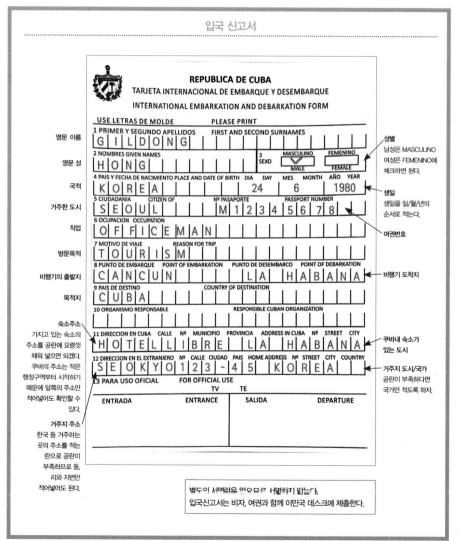

입국 신고서

REPUBLICA DE CUBA
TARJETA INTERNACIONAL DE EMBARQUE Y DESEMBARQUE
INTERNATIONAL EMBARKATION AND DEBARKATION FORM

USE LETRAS DE MOLDE   PLEASE PRINT

영문 이름 — 1 PRIMER Y SEGUNDO APELLIDOS FIRST AND SECOND SURNAMES
G I L D O N G

영문 성 — 2 NOMBRES GIVEN NAMES
H O N G
3 SEXO MASCULINO FEMENINO / MALE FEMALE

성별 — 남성은 MASCULINO 여성은 FEMENINO에 체크하면 된다.

국적 — 4 PAIS Y FECHA DE NACIMIENTO PLACE AND DATE OF BIRTH DIA DAY MES MONTH AÑO YEAR
K O R E A   24 6 1980

거주한 도시 — 5 CIUDADANIA CITIZEN OF Nº PASAPORTE PASSPORT NUMBER
S E O U L   M 1 2 3 4 5 6 7 8

생일 — 생일을 일/월/년의 순서로 적는다.

여권번호

직업 — 6 OCUPACION OCCUPATION
O F F I C E M A N

방문목적 — 7 MOTIVO DE VIAJE REASON FOR TRIP
T O U R I S M

비행기의 출발지 — 8 PUNTO DE EMBARQUE POINT OF EMBARKATION PUNTO DE DESEMBARCO POINT OF DEBARKATION
C A N C U N   L A H A B A N A

비행기 도착지

목적지 — 9 PAIS DE DESTINO COUNTRY OF DESTINATION
C U B A

10 ORGANISMO RESPONSABLE   RESPONSIBLE CUBAN ORGANIZATION

숙소주소 — 가지고 있는 숙소의 주소를 공란에 요령껏 채워 넣으면 되겠다. 쿠바의 주소는 작은 행정구역부터 시작하기 때문에 앞쪽의 주소만 적어넣어도 확인할 수 있다.

11 DIRECCION EN CUBA CALLE Nº MUNICIPIO PROVINCIA ADDRESS IN CUBA Nº STREET CITY
H O T E L L I B R E   L A H A B A N A

쿠바내 숙소가 있는 도시

거주지 주소 — 한국 등 거주하는 곳의 주소를 적는 란으로 공란이 부족하므로 동. 리와 지번만 적어넣어도 된다.

12 DIRECCION EN EL EXTRANJERO Nº CALLE CIUDAD PAIS HOME ADDRESS Nº STREET CITY COUNTRY
S E O K Y O 1 2 3 - 4 5 K O R E A

거주지 도시/국가 공란이 부족하다면 국가만 적도록 하자.

13 PARA USO OFICIAL FOR OFFICIAL USE
TV TE
ENTRADA ENTRANCE SALIDA DEPARTURE

별도의 서명란은 없으므로 서명하지 않는다.
입국신고서는 비자, 여권과 함께 이민국 데스크에 제출한다.

도착일자
도착일자를 일/월/년 순
으로 적는다.

생년월일
생년월일을 일/월/년 순
으로 적는다.

국적
Nacionalidad에는
한국인이라는
의미로 Korean으로
적는다.

탑승 항공사명
Interjet, Aero Mexico,
Canada airline 등
탑승한 항공기의
항공사명을 적는다.

거주국가
거주국가에 Korea,
다른 국가에 거주중일
경우 해당 국가명을
적는다.

탑승 항공기 편명
탑승 항공기의 편명율적
는 란으로 편명은 탑승권
이나 E-Ticket에 있다.

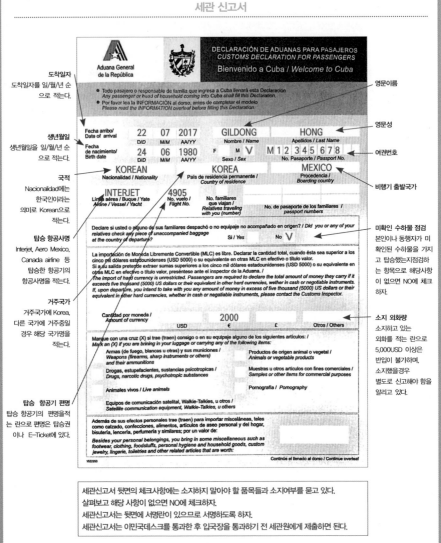

영문이름

영문성

여권번호

비행기 출발국가

미확인 수하물 점검
본인이나 동행자가 미
확인된 수하물을 가지
고 탑승했는지점검하
는 항목으로 해당사항
이 없으면 NO에 체크
하자.

소지 외화량
소지하고 있는
외화를 적는 란으로
5,000USD 이상은
반입이 불가하며,
소지했을경우
별도로 신고해야 함을
알리고 있다.

세관신고서 뒷면의 체크사항에는 소지하지 말아야 할 품목들과 소지여부를 묻고 있다.
살펴보고 해당 사항이 없으면 NO에 체크하자.
세관신고서는 뒷면에 서명란이 있으므로 서명하도록 하자.
세관신고서는 이민국데스크를 통과한 후 입국장을 통과하기 전 세관원에게 제출하면 된다.

숙소로 이동하기

한국인 여행자가 주로 도착하게 될 3번 터미널에서 대중교통이 다니는 주도로까지는 3km 거리이고, 여행자들이 주로 숙박하는 베다도나 쎈뜨로 아바나 지역은 20km 거리에 있다. 이곳에서 숙소로 이동하는 루트로는 택시를 이용할 것을 가장 추천한다. 20~30CUC의 택시 요금이 조금 부담스러울 수도 있지만, 자주 다니지 않는 터미널 셔틀버스, 30분 이상 걸어야 나타나는 버스정류장, 배낭 등을 고려하면 버스는 추천하지 않는다.

버스

3번 터미널에서 1번 터미널 방향으로 계속 길을 따라 30분가량을 걸으면 1번 터미널이 나오고 같은 방향으로 걸으면 4차선 도로가 나온다. 계속해서 걸어오던 방향으로 제자리에 멈췄을 때 왼쪽으로 가는 방향이 시내 방향이다. 교차로 위치에서 왼쪽이나 오른쪽으로 조금만 걸어가면 버스가 그려진 팻말을 찾을 수 있다. P12 번과 P16번이 그곳을 지나며, 목적지가 베다도라면 P16번. 쎈뜨로 아바나라면 P12번을 탑승하도록 하자. (드물게 공항 셔틀버스가 운행되고 있다.)

택시

공항을 나서면 바로 택시들이 정차해 있는 것을 볼 수 있다. 여러 비행기가 동시에 도착했을 경우 승객이 몰려 한참을 기다려야 하는 경우가 있으니 환전 등을 서둘러 처리하고 줄을 빨리 서는 것이 좋다. 택시 요금은 지역에 따라 20~30CUC이며, 약 20분 정도 소요된다. 동행이 없어 택시 요금이 부담된다면 혼자 온 다른 여행자와 협의해 합승하는 것도 방법이다. 공항 – 베다도 – 쎈뜨로 아바나가 도로로 연결되어 이어지기에 여행자들의 목적지는 대부분 방향이 같아 합승하기에 좋다. 숙소의 주소만 정확히 가지고 있다면 택시기사가 숙소를 찾는 데는 문제가 없으니 주소는 미리 확실히 알아두자.

쿠바 주소 읽는 법

쿠바의 주소는 작은 행정구역으로 시작해서 뒤로 갈수록 행정구역의 단위가 커진다. 한국 여행자들이 자주 찾는 호아끼나 까사를 예로 들면.

Casa Joaquina,   Calle San Jose No.116 e/ Consulado y Industria,   Centro Habana,   La Habana

↓	↓	↓	↓	↓	↓
목적지명	목적지가 면한 도로명	번지수	목적지를 둘러싼 양 옆 도로	행정구역 명	도시명

위의 내용을 이해하고, 주소에 사용하는 약어들을 몇 가지 안다면 주소를 이해하는 데 큰 문제는 없겠다.

e/ entre라는 스페인어의 약어로 '~의 사이에'라는 뜻이다. e/ 다음에 나오는 두 도로의 사이를 나타낸다.

Calle ~가/길을 의미한다.

Alta 높은 이라는 의미의 형용사로 보통 2층 건물의 상층을 이야기한다.

Baja 낮은 이라는 의미의 형용사로 다층 건물의 아래층을 이야기한다.

Edf. edificio (건물)의 약어로 우리식으로는 '~빌딩'으로 이해하면 되겠다.

Esq. esquina (코너)의 약어로 교차로의 한쪽 모서리에 있다는 뜻이다.

y '그리고'라는 뜻의 스페인어 접속사이다. A와 B의 사이에 있다는 것을 설명할 때 사용한다.

쿠바 교통편의 이해

쿠바의 교통수단에 대해 이미 기본 정보편(P. 22)에서 다루었고, 각 도시 내에도 지역 교통수단에 대한
간략한 설명이 나와 있지만, 이 페이지에서는 여행자에게는 잘 알려지지 않은
쿠바 교통수단의 실용적인 이해를 돕고자 한다.

주요 도시 간 이동 계획

주요 도시란 각 주의 주도(Capital)와 뜨리니다드를 포함한 주요 관광도시를 말한다. 쿠바의 주요 도시 간을 이동하는 옵션은 비행기, 꼴렉띠보 택시, 비아술, 까미옹 등 4가지이며 각 추천할만한 이동 계획은 다음과 같다.

1) 짧은 도시 간은 꼴렉띠보 택시를 잘 활용하자.

대부분의 꼴렉띠보 택시 요금은 비아술 버스의 요금과 큰 차이가 없고, 버스터미널에서 숙소까지 다시 이동해야 함을 고려해본다면 목적지의 숙소 근처까지 데려다주는 꼴렉띠보 택시가 더 저렴하고 편안할 수 있다.

2) 장거리 이동을 위한 비아술 버스 예약은 가능한 빨리하자.

라 아바나에서 산띠아고 데 꾸바로 이동하는 옵션 중에서는 비아술 버스가 가장 합리적인 방법이기에 그곳을 방문하려는 각국의 여행자들이 비아술 버스를 예약하게 된다. 산띠아고 데 꾸바뿐 아니라 가는 길에서 정차하는 라스 뚜나스, 올긴 등지로 가는 여행자들도 다들 같은 버스를 예약해야 하다 보니 굳이 성수기가 아니라도 산띠아고 데 꾸바행 비아술 버스는 항상 인기가 많다. 당일이나 다음 날 버스 편은 예약이 힘든 경우가 많으니 산띠아고 데 꾸바로 비아술 버스를 타고 이동할 예정이라면 최대한 서둘러서 예약하는 것이 좋겠다.

3) 비용을 줄이려면 마끼나를 찾아보자.

지방 도시의 버스터미널을 살펴보면, 택시나 꼴렉띠보 택시 외에 승용차보다 좀 더 큰 승합차 크기로 호객행위를 하는 차량을 찾을 수 있다. 쿠바인들이 마끼나라고 부르는 이 차량은 15인 정도가 탑승할 수 있도록 개조되어 있고, 승객 모두 자리에 앉을 수 있게 되어 있다. 비록 자리가 좁고, 꼴렉띠보처럼 숙소 근처까지 데려다주지도 않지만, 2~5CUC의 저렴한 가격으로 좌석에 앉기 어려운 까미옹보다는 편안하게 인근 도시로 이동할 수 있어 나쁘지 않다.

4) 비아술 버스 시간표는 사진을 찍어두자.

라 아바나의 비아술 버스터미널에는 비아술의 전체 시간표가 게시되어 있다. 잊지 말고 사진 찍어 활용하자. 시간을 정확히 지키지는 않아도 비슷한 시간에 맞춰 운행되고 있으므로 시간표를 참고하고 이동한다면 불안요소를 많이 줄일 수 있다.

주요 도시 – 소도시 간 이동 계획

장기로 일정을 잡고 쿠바를 돌아보고 있다면, 주요 도시 외에 소도시로 이동할 기회가 생기게 된다. 유명한 해변들은 소도시 인근에 있다보니 한적하고 아름다운 쿠바의 아름다운 해변으로 향한다면 소도시를 방문해야만 한다.

1) 비아술 버스의 유무를 확인하자.

비아술 버스는 주로 주도 간을 이동하다 보니 소도시까지 가는 경우는 적지만, 그런데도 바라꼬아나 쁘라야 산따 루씨아, 쁘라야 히론 등 일부 유명한 해변 마을을 들르는 경우가 있다. 원하는 지역으로 비아술 버스가 가는지 시간표를 꼼꼼히 살펴보자.

2) 소도시로 이동할 때는 돌아오는 교통편을 미리 생각해 두자.

쿠바에는 아직 정규 교통편이 없는 마을도 많다. 들어갈 때는 택시를 타고 마음 놓고 진입했다가 나올 때는 교통편을 못 구해 발이 묶일 수도 있다. 나오는 교통편을 미리 알아두거나 들어갈 때 이용했던 택시기사와 약속을 해두는 등의 조치로 시간도 버리고 교통비도 더 쓰게되는 상황을 방지하자.

3) 들어갔던 도시로 다시 나와야 한다.

조금 난해하게 들릴 수도 있는 이 말을 풀이하자면, 가령 A라는 주도 인근의 OOOO라는 마을을 방문했다면 복귀 시에 다시 A로 나왔다가 이동을 해야지 OOO에서 다른 주에 있는 B라는 주도로 이동할 방법이 많지 않다는 뜻이다. 이곳저곳으로 도로가 잘 정비된 우리나라와는 달리 아직은 도로가 많이 부족하기에 거리상으로 가까워 보여도 어쩔 수 없이 돌아가야만 하는 경우가 많다.

렌터카 이용

렌터카로 자신만의 여행을 즐기는 것도 좋은 방법이지만, 쿠바라면 조금 더 생각하자. 일단, 초행이라면 좀 조심하는 것이 좋겠다. 도로나 표지판이 아주 잘 정비된 나라가 아니고, 차량 대여 시에 내비게이션을 지급해주지도 않기 때문에 길을 헤매게 될 여지가 많다. 쿠바에서 렌터카를 이용하는 방법으로 추천할 만한 것은 지방 도시까지는 비아술 버스를 이용하고, 해당 도시에서 렌트를 해 일정을 즐기고 다시 비아술 버스로 이동하는 방법이다. 장거리 드라이브를 즐기는 맛은 떨어지겠지만, 훨씬 위험부담을 줄이고 해당 지역을 충분히 즐길 수 있어 효과적이라 하겠다. 그리고 때에 따라 자동변속 차량을 구하기 쉽지 않을 수도 있으니 유념하기 바란다.

이용 방법

구비서류(여권, 국내 운전면허증, 국제 운전면허증)를 지참하고, 렌터카 회사를 방문하면 어렵지 않게 이용할 수 있다.

국영으로 운영되고있는 쿠바의 렌터카 회사는 아바나 아우또스 Havanautos와 쿠바까르 Cubacar가 있다. 두 회사 간에 별다른 차이점이 있는 것은 아니므로 근처에 보이는 어떤 회사나 방문하여 이용하면 된다. 지점마다 보유차량의 대수가 다를 수 있으며 될 수 있는 대로 유명 호텔 인근으로 방문한다면 좀 더 다양한 선택이 가능하다.

비용

렌터카 비용은 기본 대여비 + 보험료 + 유류비로 구성된다. 기본 대여비는 가장 저렴한 경차량이 50 - 60CUC 정도로 저렴한 편은 아니다. 보험료는 차량과 일수에 따라 변하는데, 일반적으로 15CUC/일로 생각하면 되겠다. 유류비는 최초 차량 지급 시 지급되는 연료비로 연료를 가득 채워서 지급하기 때문에 그만큼의 연료비를 미리 청구한다. 이 부분은 차후 차량 반납 시 연료를 가득 채워서 반납하면 다시 환급해주는 때도 있으니 차량 대여 시에 명확하게 이야기를 해두는 것이 좋다.

도시간을 이동하는 마끼나들

여행사와 인포뚜르

국가 수입의 큰 부분을 관광수입에 의존하고 있는 쿠바에게 여행자들은 소중한 고객임에 틀림이 없다.
이를 위해 다양한 국영 여행사와 여행 안내 센터를 마련하여 여행자를 돕고 있는데,
아직 낙후된 쿠바의 인프라를 생각해본다면 여행자를 위해 마련된
이런 기반 시설들은 나름 신경 써서 잘 준비하고 있는 편이라고 봐도 좋다.

여행사

국영 여행사와 민간 여행사가 병행하여 함께 운영되고 있다. 여행사를 국가에서 운영한다는 게 우리에게는 생소한 개념이지만, 이는 민간기업의 운영이 국가에 의해 통제되는 쿠바 행정시스템의 특징 중 하나이다. 조금씩 다르기도 하고, 또 비슷하기도 한 몇 개의 여행사들은 서로 경쟁 관계에 있지 않기 때문에 협력업체처럼 업무를 해오고 있으며, 판매하고 있는 패키지나 호텔 숙박권의 가격도 모두 같다. 일괄적으로 공지되어 내려오는 가격 정책 덕분에 더 저렴한 여행사를 찾아 발품을 팔 필요가 없다는 쿠바만의 장점이 있다.

1) 아바나뚜르 Havanatur

쿠바 전역에서 영업을 하는 여행사이지만, 주로 중서부 지역에서 쉽게 찾아볼 수 있다. 데이 투어, 패키지 투어, 호텔 숙박권 등 다양한 업무를 진행하고 있다.

2) 꾸바뚜르 Cubatur

아바나뚜르와 특별히 다른 점은 없고, 아바나뚜르를 찾기 힘든 중부와 동부 지역에서 활발히 영업 중이다.

3) 에꼬뚜르 Ecotur

국립공원 내 가이드 투어를 전담하고 있으며, 에꼬뚜르에 직접 신청을 하든 다른 여행사를 통하든 국립공원을 입장하려면 무조건 에꼬뚜르를 거치게 된다.

4) 꾸바나깐 Cubanacan

패키지 여행 상품도 판매하고 있으나, 주 업무는 호텔 숙박권 판매이다. 가격은 다른 여행사와 같지만, 다른 여행사에 호텔 숙박권을 물으면 각 여행사에서 다시 꾸바나깐에 신청하는 시스템이라서 호텔숙박권 구매라면 꾸바나깐에 문의하는 것이 처리가 빠르다.

5) 가비오따 Gaviota

교통수단을 주 업무로 하는 가비오따 그룹은 항공 노선, 관광버스 노선 등을 관리하고 있으며 가끔 투어 업무도 진행하고 있다. 가비오따의 투어 데스크는 많지 않아서 찾기 쉽지 않다.

6) 민간 여행사

주로 그룹 투어로 진행되는 국영 여행사의 패키지에 비해 민간 여행사는 다양한 맞춤형 투어를 제공하고 있다. 민간이다 보니 가격이 조금 더 비싸고, 규모가 더 작다. 라 아바나의 베다도 23가, 항공사 건물에 다양한 민간 여행사가 함께 입주하여 운영되고 있고, 다른 지역에서 민간 여행사를 찾기는 쉽지 않다. 금전적 여유가 있고, 소규모로 맞춤형 투어를 즐기고 싶다면 국영보다는 민간 여행사를 찾는 것이 좋겠다.

인포뚜르

쿠바 여행 정보 센터를 인포뚜르라고 부르고 있다. 여행사 데스크에서도 영어를 잘하는 직원을 찾기 쉽지 않은 쿠바에서 인포뚜르 직원들만큼은 영어를 잘하는 편이다. 쿠바 관련 각종 지도를 무료로 제공하고 있고, 관광 정보, 교통편 등등 여행자에게 필요한 각종 정보를 친절하게 알려주는 인포뚜르는 대부분 주요 도시에서 사무실을 운영하고 있다. 다음 일정이나 교통편 등이 막막하다면 노란색과 파란색 차양을 달고 운영하는 인포뚜르를 주변에서 찾아 보도록 하자.

비자 연장하는 법

관광 목적으로 입국 시 사용하는 비자(여행자 카드)는 기본적으로 30일 체류가 가능한 허가이기 때문에
쿠바에서 30일 이상 체류하고자 하면 비자를 연장해야만 한다. 총 2회 연장할 수 있어 90일까지 체류할 수 있다.
쿠바의 이민국으로 비자 기간 만료 이전에 본인이 직접 방문해야 하며,
너무 일찍 방문해도 되돌아와야 하는 경우가 있으니 만료 2~3일 이전에 방문하는 것이 가장 좋다.

구비서류

여권 본인의 여권

비자 여행자 카드

인지(Sello)

은행에서 25CUC 짜리 인지를 구매해야 한다. 여행자가 '쎌료 Sello'라고 이야기하고 은행안내원의 안내를 받아 구매하자.

여행자보험

비자 연장 시 여행자보험은 필수 서류이다. 영문(혹은 서문)으로 된 여행자 보험증서(사본 가능)를 지참하자.

숙소 영수증

현재 거주 중인 숙소에서 발행한 영수증을 지참하여야 한다. 현재 숙박하고 있는 까사나 호텔에 비자 연장을 목적으로 함을 설명하면 영수증을 발행해준다. 쿠바 내에서 관광객이 숙박기관 이외의 곳에서 숙박하는 것은 금지되어 있으므로 다른 해명은 통하지 않는다. 어떻게든 만들어서 지참하자.

구비서류를 준비하고, 이민국을 방문해 처리하면 된다. 대기자에 따라 소요시간이 다르겠지만, 라 아바나에서라면 반나절 정도 예상을 하는 편이 좋다. 이민국은 라 아바나뿐 아니라 각 지방의 주도에 모두 있으므로 쿠바를 여행하고 있는 중이라도 비자 연장을 위해 굳이 라 아바나로 돌아올 필요는 없고, 지방 이민국의 위치는 까사나 호텔에서 알고 있으므로 문의하여 찾아가도록 하자. 구비서류가 모두 문제 없이 준비되었다면 절차는 까다롭지 않다.

라 아바나 이민국 비자 연장 절차

라 아바나에서 비자를 연장하겠다면.

1. 까사 주인이나 호텔 매니저에게 숙박 영수증을 받자. 수기로 작성하기 때문에 시간이 오래 걸리지 않는다.

2. 이민국으로 가는 길에 가까운 은행을 방문하자. 쎈뜨로 아바나 주변의 은행을 방문해도 좋고, 이민국이 있는 베

다도로 이동한 후 23가에 있는 은행을 방문해도 된다. 23가의 까데까 근처에 은행이 하나 있고, 항공사 건물에도 은행이 있다.

3. 여행자보험을 포함한 모든 구비서류가 준비되었다면, 이 민국을 찾아가자. 이민국이라는 간판이 있는 것도 아니고, 관공서가 주택가에 있어서 찾기가 쉽지만은 않다.

4. 설령 이민국 건물을 찾았더라도 담당 사무실을 찾기가 쉽지 않다. 담당 사무실은 건물의 오른쪽 샛길을 따라 본 건물의 뒤편으로 가야 나타난다. 'Extranjeria'라고 적혀 있는 곳이 외국인 비자를 담당하는 곳이니 찾아가 진행하면 되겠다.

5. '울띠모 뽀르 엑스뜨랑헤리아'라고 앉아있는 사람들에게

크게 물으면 손을 드는 사람이 있고, 자신이 그다음 순서 임을 인지하자.

6. 계속 차례를 기다리다 보면 제복을 입은 담당 공무원이 여권을 수거하러 온다. 잘 지켜보고 있다 여권을 제출하고 다시 차례를 기다리자.

7. 자신의 이름을 부르면 사무실 내부로 들어가 업무를 처리하면 된다.

8. 심사가 끝나면 다시 사무실 밖에서 처리 완료된 여권 배부를 기다리자.

9. 이름이 다시 불리면, 여권과 비자를 받아보고, 비자 뒷면에 'Prorrogar'라 적힌 스티커를 확인하자.

라 아바나 이민국 Calle. 17 No.203 e/ J y K. Vedado, Plaza

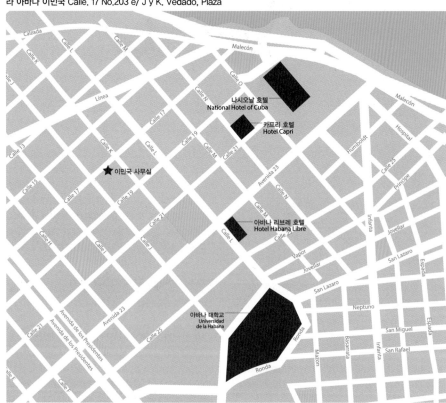

Leaving CUBA
쿠바를 떠나며

쿠바의 기념품

여행이 끝나갈 즈음이면 그 여행을 추억하고자 또 지인들과 즐거웠던 기분을 조금이라도 나누고자
기념품에 대해 생각하게 마련이다. 쿠바의 기억을 담고 있는 기념품들에 대해서 알아보도록 하자.

럼주 Ron

똑같은 사탕수수 증류주이지만, 증류 횟수와 방법에 따라
콜롬비아의 아구아디엔떼(Aguardiente)와 구분되는 럼은
그 발생지가 쿠바인 것은 확실치 않으나 쿠바의 럼이 세계
적으로 유명한 것만은 사실이다. 쿠바의 대표 럼 브랜드인
'아바나 클럽 Havana Club'을 선물용으로 구매하는 사람
들이 많고, 그 외 취향에 따라 '산띠아고 데 꾸바 Santiago
de Cuba'가 품질이 더 낫다고 하는 사람들도 있다. 가격은
'산띠아고 데 꾸바'가 조금 더 저렴하지만, 둘 다 종류에 따
라 가격은 5~30CUC 사이로 큰 차이는 나지 않는다. 유명
한 술이지만, 쿠바의 서민들도 즐겨 마시는 술이기에 가격
이 비싸지도 않고, 어느 곳에서나 쉽게 구할 수 있으며 구
입처에 따라 가격 차가 크게 나는 것도 아니므로 가까운
주류점 어느 곳에서 사더라도 큰 문제는 없다. 단, 좀 더 다
양한 종류를 보고 비교해가면서 구매하고자 한다면, 라 아
바나의 아바나 비에하의 '럼 박물관 Museo del Ron'이나
'까사 델 론 이 델 따바꼬 Casa del Ron y del Tabaco'에서

비교해가며 구매하는 것이 좋다. Blanco라고 표기된 무색
은 칵테일 용이며, 갈색을 띠는 럼은 스트레이트를 즐기는
사람에게 좋다.

시가 Cigarro

쿠바에서 기념품이라면 가장 먼저 떠올리게 되는 것은 바
로 쿠바 시가다. 적절한 온도와 습도 그리고 숙련된 노동자
가 직접 손으로 말아 만들어 더욱 유명한 쿠바 시가는 가
격은 조금 비싼 편이지만, 쿠바의 풍미를 전달하기에는 더
할 나위 없는 선물이다. 한 개비에 5~30CUC인 고급 쿠바
시가는 최고급인 꼬히바 Cohiba부터 빠르따가스 Partagas,
몬떼 끄리스또 Monte Cristo, 로메오 이 훌리에따 Romeo
y Julieta 등이 선물용으로 좋고, 저렴한 1~2CUC짜리 시가
도 판매점에서 구매할 수 있다. 길거리에서 구매하는 것이
아니라면 어느 곳에서나 가격 차이가 크지는 않지만, 습도
나 온도 등 보관 상태가 품질에 크게 영향을 미치기 때문
에 될 수 있는 대로 별도의 보관실이 있는 곳에서 구매하

주류 및 담배류 인당 면세수량

물품	단위	기타
주류	1L, $400 이하 1병	
담배	궐련 – 200개비	19세 미만 반입 불가
	엽궐련 – 50개비	
	기타담배 – 250g	

궐련은 종이 담배를 말하고, 엽궐련은 시가이다.
기타 담배는 말린 담뱃잎이나 가루를 별도로 가
지고 올 때를 이야기한다. 한국의 면세 수량과
는 별도로 각 경유 국가에서 허용하는 면세 수
량을 확인해야 한다. 미국의 경우 수교 이후에
도 아직 법적으로는 쿠바에서 구매한 제품의 반입이 금지되어있고 미국 공항의 특성상 환승 시에도 세관 검사를
통과하여야 하므로 문제가 될 수 있으니 유의하여야 하겠다.

는 것이 좋다. 과하게 건조된 제품을 구매하게 되면 시가의 중간 부분이 쉽게 터져 시가의 흡입감이 떨어지기 때문에 다량을 구매해가는 경우라면 별도의 시가 보관함을 함께 구매해 습도 유지를 해주는 것이 더욱 좋은 품질의 시가를 선물할 수 있는 방법이다. 길거리에서 호객행위를 하는 시가의 경우에는 판매 자체가 불법이기도 하고, 그 품질을 확인할 방법이 없으므로 구매하지 않는 것이 좋다. 고급 호텔에는 모두 시가 판매점이 있고 가격도 나쁘지 않으며, '까사 델 론 이 델 따바꼬 Casa del Ron y del Tabaco'에서도 잘 보관된 시가를 구매할 수 있다.

초콜릿 Chocolate

쿠바 동부의 바라꼬아는 초콜릿의 원료인 카카오의 산지이며, 인근의 공장에서 직접 초콜릿의 생산하고 있다. 쿠바의 초콜릿은 뒷맛이 깔끔하고 진한 특유의 맛을 자랑해서 간단한 선물로 좋다. 쿠바의 길거리 자판이나 상점에서 'Baracoa'라고 적힌 초콜릿을 쉽게 찾아볼 수 있다.

커피 Café

커피의 산지이기도 한 쿠바이지만, 좋은 원두에 비해 아직 부족한 가공 기술 때문에 시중에서 판매되는 커피는 맛이 천차만별인데, 커피 애호가라면 유명 브랜드인 꾸비따 Cubaita나 뚜르끼노 Turquino, 꼬히바 Cohiba등 유명한 쿠바 브랜드의 커피를 직접 비교해가며 골라보는 것도 재미일 수 있다.

자석 장식

어느 나라에서나 자석이 달린 조그만 장식품들을 판매하고 있는데, 쿠바의 제품들은 모두 100% 쿠바산 수제품이라는 나름의 장점이 있다. 비록 엉성한 느낌이 들 수도 있지만, 그 엉성함 속에서 느껴지는 손맛 때문에 쿠바의 자석 장식들은 선물하기에도 소장하기에도 나쁘지 않다. 특히 까마구에이에서 판매하는 건물 모양의 토기 자석 장식들은 아기자기한 색감과 디자인으로 추천할만한 선물이다.

기타 기념품

라 아바나의 오비스뽀가나 산 라파엘가의 시장 등 라 아바나에서는 기념품점을 손쉽게 찾을 수 있다. 딱히 뭘 사야 할지 잘 모르겠을 경우라면 아바나 비에하의 산 호세 공예시장을 방문해서 둘러보는 것이 좋다. 가죽제품, 나무제품부터 그림까지 쿠바에서 판매되는 대부분의 제품은 그곳에서 볼 수 있으므로 가격 흥정에 필요한 기본 회화를 익힌 후 도전해 보도록 하자.

산 라파엘가 공예시장

까마구에이의 기념품

출국하기

쿠바를 출국하기 위해 미리 준비해야 할 서류는 여권, 항공권, 비자다.

공항으로 이동

대부분 여행객은 숙소에서 공항으로 택시를 타고 이동한다. 일반적으로 호텔 앞에서 출발하는 택시들은 25CUC를 받고 있으며, 까사 주인이 알고 있는 택시기사가 있을 경우 좀 더 저렴하게 이동할 수 있다. P12, P16번 버스가 공항 근처까지 이동하며, 버스정류장에서부터 3번 터미널까지는 도보로 30분 정도 이동해야 하므로, 정류장에서 하차한 후 지나가는 택시에 승차하거나 걸어서 들어갈 각오를 하자.

공항 수속

먼저 티켓 카운터에서 발권과 수하물 위탁을 처리하고 이민국, 공항 검색대를 이동하는 순서로 다른 공항과 크게 다를 것은 없다. 소지하고 있던 비자는 이민국에서 제출하면 되고, 이전에 지급했던 공항세는 2015년에 별도 지급하지 않는 것으로 변경되었으므로 신경 쓰지 않아도 된다. 주의할 점은 쿠바에서 다른 국가로 이동할 경우 국가에 따라 해당 국가의 출국 티켓을 함께 제시하여야 하는 경우가 있으므로 미리 확인하여 준비하도록 하자.

쿠바 지인들과 연락하기

쿠바 여행 동안 쿠바의 지인들과 이메일 연락처를 주고받았다면, 연락 시에 몇 가지만 주의하도록 하자.

1. 이메일 용량 줄이기

쿠바인들은 인터넷에 접속하지 않아도 확인이 가능한 이메일 서비스를 가지고 있다. 단, 이 이메일 서비스는 다운로드 용량에 따라 과금이 되기 때문에 텍스트 이외에 사진을 보낼 때는 500kb 이하로 용량을 줄여서 보내는 것이 좋다. 한국인들에게는 큰 비용이 아니라도 쿠바인들에게는 부담스러운 금액일 수 있으니 주의하자.

2. 급한 연락은 SNS로 하지 말자

인터넷 사용에 제약이 있다 보니 쿠바의 일반인들은 매일 인터넷을 확인할 수가 없다. 가령 쿠바를 다시 방문하기 위해 숙소 등을 부탁할 경우 SNS를 통하다 보면 답변을 느리게 받을 수밖에 없다. 급한 연락은 SNS를 이용하지 말고, 쿠바의 이메일 서비스를 이용하는 것이 좋다.

3. 영상통화는 imo

쿠바의 지인과 영상통화를 하고 싶다면, imo라는 애플리케이션을 이용하자. 현재 쿠바 내에서 가장 잘 작동하는 영상통화 애플리케이션이다. 실제로 인터넷이 가능한 광장 등을 방문하면 imo를 이용해 해외의 지인들과 연락을 하는 쿠바인들을 쉽게 접할 수 있는데, 이 또한 쿠바인들에게 조금 부담이 되는 금액이긴 하므로 자주 이용하기는 힘들다.

Itinerary
일정 설계

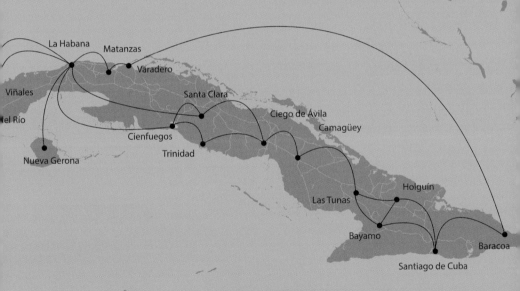

일정 짜기의 해법

쿠바 일정을 설계하기 전에 먼저 간략한 쿠바의 지리나 교통편에 대한 이해가 필요할 듯하다.
물론, 적당한 여러 가지 일정들도 제안하겠지만 제안된 일정이 자신에게 꼭 맞을 리는 없으니 적절한 수정·보완은 필수다.
무리 없는 수정을 위해서 지도를 봤다면 몇 가지 알아두어야 할 사항들이 있다.

1. 동선은 일직선

동서로 길고 폭이 좁은 국토의 형태 때문에 동선은 일직선이 될 수밖에 없다. 게다가 동서를 연결하는 큰 고속도로가 하나
뿐이다 보니 출국과 입국을 같은 도시에서 하려면 어쩔 수 없이 지나왔던 동선을 따라 돌아와야만 한다. 가령 라 아바나에
서 출발해 산띠아고 데 꾸바를 향해 가면서 그사이의 도시들에 들렀다 왔다면 돌아 올 때에도 그 도시들을 다시 거쳐와야
한다는 뜻이다. 문제라 한다면 산띠아고 데 꾸바에서 그 도시들을 모두 거슬러 돌아오는데 16시간 정도 버스를 타야만 하
는 것이다. 물론 아주 긴 것도 아니지만, 그렇다고 짧지도 않은 16시간이다. 만약 바라꼬아까지 갔다면 시간은 더 길어진다.
이 길고 큰 의미 없는 왕복 동선을 조금 개선해보자면,
첫 번째로는 바라꼬아나 산띠아고 데 꾸바에서 비행기를 타고 돌아오는 방법이 있다. 비용은 조금 더 들겠지만, 움직임에
소요되는 시간을 하루 정도 절약할 수 있어 효율적이고, 몸이 편하다.
두 번째로는 방문할 도시들을 엇갈려 배치해 지루함을 더는 방법이다. 간단히 그림으로 설명하자면, 아래의 B안과 같다.

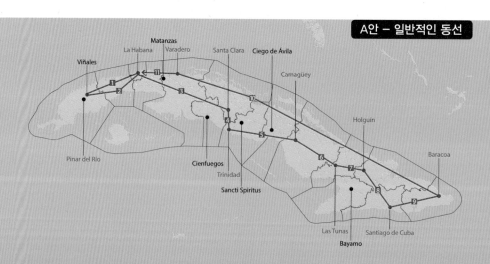

이동하여야 하는 횟수도 다르지 않고, 20시간 가량의 장거리 버스도 피할 수 있다.

세 번째로 어차피 장거리 이동을 한 번 해야 한다면 이왕이면 처음에 라 아바나에서 산띠아고 데 꾸바로 가서 거슬러 오는 것도 나쁘지 않다. 이동할수록 점점 더 라 아바나로 가까워 지면서 장거리 버스에 대한 부담이 줄어들 수 있다.

2. 지방 소도시 교통편

쿠바 여행지는 대부분이 각 주의 주도이지만, 시간을 내어 소도시를 방문해본다면 색다른 감흥을 느낄 수 있다. 하지만 주의해야 할 것은 소도시를 드나드는 교통편.

소도시를 방문해야겠다고 결정했다면 대부분의 경우 먼저 그 주도를 확인하고 그 주도에서 접근하는 방법을 택해야만 한다. 인기 관광지인 비날레스, 뜨리니다드, 바라꼬아 등을 제외하고는 비아술이 왕래하는 소도시가 흔치 않다. 비아술 시간표에 원하는 소도시행 버스가 없다면, 그 도시의 주도로 이동한 후 이동하여야 하는데, 이 교통편을 확보하는 일이 쉬운 일이 아니다. 4인 정도의 그룹으로 이동하며 택시비를 나눠 부담하는 것이 가장 좋은 방법이고, 혼자 이동하며 택시비가 부담된다면 까미옹, 꼴렉띠보 등을 이용하여야 하겠다. 어느 방법이든 소도시로 들어갈 때 나오는 교통편을 미리 확인해두어야 한다. 택시라면 택시기사와 미리 협의를 해두고 다른 교통편이라면 언제 어디서 출발하는지 확인을 해두자.

소도시에서 일정을 마치면 다시 그 주의 주도로 나와야 한다. 교통편이 잘 정비된 나라가 아니므로 대부분의 경우 그 주의 소도시에서 다른 주로 이동하고 싶다면 해당 소도시의 주도로 이동한 후 다른 주로 이동해야 한다. 미리 소도시의 교통 상황을 가능한 한 확인하도록 하자.

3. 인포뚜르를 잘 활용하자

여행 정보가 많지 않은 쿠바에서 인포뚜르는 큰 위안이 된다. 기본적으로 영어가 가능한 직원을 배치해두기 때문에 영어가 가능하다면 인포뚜르에서 큰 도움을 받을 수 있으므로 각 도시의 인포뚜르 위치는 알고 움직이는 것이 좋다. 각 도시에서 이용 가능한 여행사 투어나 방문해볼 만한 곳, 소도시로의 교통편 등 인포뚜르의 직원이 제공해 주는 서비스는 상세하고 응대도 친절하다.

www.infotur.cu/mapas.aspx (인포뚜르의 공식사이트 지도 페이지)를 방문하면, 전국 주요 관광지의 상세 지도와 인포뚜르의 위치가 표시되어 있다. 비록 인포뚜르의 지도에서 종종 잘못된 위치정보가 확인되긴 하지만, 모바일기기에 그림 파일을 가지고 다닌다면 요긴하게 쓰일 때가 있다.

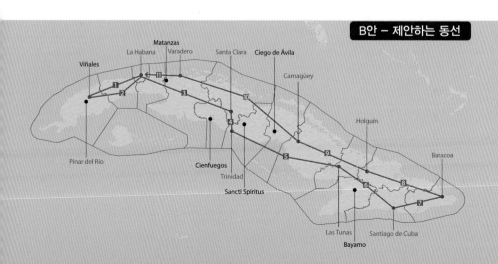

7 DAY 쿠바 맛보기

● 라 아바나 ➡ 뜨리니다드 ➡ 라 아바나

일자	여행지
1	라 아바나 IN
2	라 아바나
3	라아바나
4	뜨리니다드 이동
5	뜨리니다드
6	라 아바나 이동
7	라 아바나 OUT

일주일이라면 도시 두 개 이상은 조금 버겁다. 짐 쌌다 풀고, 숙소 체크인했다가 체크아웃하는 게 일정의 전부가 되기를 바라지
않는 여행자라면 과욕을 내려놓고, 이렇게 두 곳만 정복하는 게 좋겠다. 뜨리니다드는 쿠바 최고의 관광지라 해도 좋을 정도로 많은
여행자들이 방문하는 곳이다.

이동수단　　비아술 버스 및 꼴렉띠보 이용 가능

Check Point　가까운 거리라서 크게 문제가 될 요소는 없다. 출국 준비를 제대로 하기 위해서 하루 일찍 라 아바나로 돌아와 있는 것이 좋다.

7 DAY 알뜰 허니문

● 라 아바나 ➡ 바라데로 ➡ 라 아바나

일자	여행지
1	라 아바나 IN
2	라 아바나
3	라 아바나
4	바라데로 이동
5	바라데로
6	라 아바나 이동
7	라 아바나 OUT

뛰어난 가성비로 유명한 쿠바의 올인클루시브 호텔. 그 중 바라데로를 방문하는 일정이다. 쿠바에는 바라데로 외에도 리조트 지역이
몇 있지만, 바라데로는 라 아바나에서의 거리가 가깝고 70여 개의 호텔이 운영되고 있는 지역이기 때문에 많은 여행자와 신혼부부가
방문하고 있다.

이동수단　　비아술 버스 및 꼴렉띠보 이용 가능, 호텔 예약 시 여행사 버스도 이용 가능

Check Point　역시 크게 문제가 될 요소는 없다. 다만, 성수기(10~1월)에는 호텔 예약이 힘들 수 있으니 호텔 예약은 미리 해두는 것이 좋다.
　　　　　　올인클루시브 호텔은 최소 2박 이상해야 호텔 시설물이나 주변 풍경을 제대로 즐길 수 있다.

7 DAY 부지런한 여행자라면

● 라 아바나 ➡ 뜨리니다드 ➡ 바라데로 ➡ 라 아바나

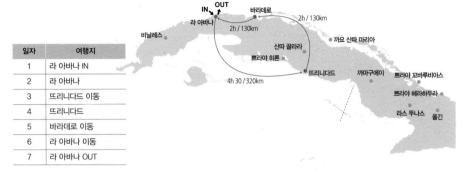

일자	여행지
1	라 아바나 IN
2	라 아바나
3	뜨리니다드 이동
4	뜨리니다드
5	바라데로 이동
6	라 아바나 이동
7	라 아바나 OUT

그리 추천하고 싶은 일정은 아니지만, 불가피하게 짧은 시간 동안 많은 지역을 돌아봐야 하는 경우에 제안할 수 있는 일정이다. 하지만 라 아바나를 제대로 돌아볼 시간이 부족하고, 특히나 바라데로를 구경만 하고 오는 기분이 들 수도 있으니 염두에 두도록 하자.

이동수단　비아술 버스 및 꼴렉띠보 이용 가능

Check Point　뜨리니다드를 오가는 교통편이 가장 중요하다. 바라데로로 이동하는 비아술이나 택시를 미리 문제없이 확인하자. 성수기(10~1월)에는 호텔 예약이 힘들 수 있으니 호텔 예약은 미리 해두는 것이 좋다.

14 DAY 쿠바 핵심 루트

● 라 아바나 ➡ 뜨리니다드 ➡ 산따 끌라라 ➡ 까마구에이 ➡ 산띠아고 데 꾸바
➡ 바라꼬아 ➡ 라 아바나

일자	여행지
1	라 아바나 IN
2	라 아바나
3	라 아바나
4	뜨리니다드 이동
5	뜨리니다드
6	라 아바나 이동
7	까마구에이 이동
8	까마구에이
9	산띠아고 네 꾸바 이동
10	산띠아고 데 꾸바
11	바라꼬아 이동
12	바라꼬아
13	라 아바나 이동
14	라 아바나 OUT

14일 일정이라면 왠지 쿠바 일주가 가능할 거라는 생각이 들 수도 있다. 추천하고 싶은 방법은 아니지만, 그렇게 움직이고 싶은 욕심이 생긴다면 무리하더라도 위의 일정으로 움직이는 것이 좋겠다. 하지만 6개 도시로 이동해야 하는 일정이기에 정신없는 2주가 되리라는 것은 알아두자.

이동수단　비아술 버스 및 꼴렉띠보 이용. 바라꼬아 - 라 아바나 구간 항공편 이용.

Check Point　한 도시에 도착하면 가장 먼저 다음 교통편을 확인해두자. 바쁘게 움직여야 할 때는 교통편이 가장 중요하다. 바라꼬아 - 라 아바나 항공권은 인기 노선이므로 여행 일정이 결정되면 쿠바 입국 전에 미리 확보해두자.

14 DAY 가장 적절한 쿠바 여행

● 라 아바나 ➡ 비날레스 ➡ 뜨리니다드 ➡ 산따 끌라라 ➡ 까요 산따 마리아 ➡ 라 아바나

일자	여행지
1	라 아바나 IN
2	라 아바나
3	라 아바나
4	비날레스 이동
5	비날레스
6	뜨리니다드 이동
7	뜨리니다드
8	뜨리니다드
9	산따 끌라라 이동
10	까요 산따 마리아 이동
11	비날레스 이동
12	라 아바나 이동
13	라 아바나
14	라 아바나 OUT

리조트 지역인 까요 산따 마리아가 포함되어있는 일정이다. 또한, 비날레스에 방문했을 시에는 까요 레비사 데이 투어에 참가해 볼 것을 권한다. 산따 끌라라는 체 게바라로 유명한 도시이긴 하지만, 까요 산따 마리아를 방문하기 위한 목적이 크다 하겠다.

이동수단 　비아술 버스 및 꼴렉띠보 이용.

Check Point 　라 아바나에서 까요 산따 마리아의 호텔을 미리 예약해두자. 산따 끌라라에서 까요 산따 마리아로 이동하는 정규 교통편은 없다. 택시를 이용하도록 하자.

---

14 DAY 아름다운 도시를 향해

● 라 아바나 ➡ 비날레스 ➡ 뜨리니다드 ➡ 까마구에이 ➡ 바라데로 ➡ 라 아바나

일자	여행지
1	라 아바나 IN
2	라 아바나
3	라 아바나
4	비날레스 이동
5	비날레스
6	뜨리니다드 이동
7	뜨리니다드
8	뜨리니다드
9	까마구에이 이동
10	까마구에이
11	바라데로 이동
12	바라데로
13	라 아바나 이동
14	라 아바나 OUT

14일로 쿠바를 여행할 때의 가장 정석적인 방법이 위의 일정이 아닐까 한다. 아직 한국 여행자들에게는 생소하게 들리는 까마구에이는 쿠바 중부 지역의 자존심 가득한 도시이다. 일단 방문해보면 후회하지는 않겠다. 까마구에이를 드나드는 버스 시간이 새벽인 경우도 있으니 미리 시간표를 확인해 둘 필요가 있겠다.

이동수단 　비아술 버스 및 꼴렉띠보 이용.

Check Point 　까요 레비사를 방문할 생각이라면, 비날레스에 도착하자마자 여행사에서 예약을 해두어야 한다. 뜨리니다드에서 3박을 할 필요가 없을 듯하다면 후에 라 아바나에 하루 더 지내는 것이 낫겠다.

쿠바 전국 일주

30 DAY

● 라 아바나 ➡ 비날레스 ➡ 뜨리니다드 ➡ 산따 끌라라 ➡ 까요 산따 마리아 ➡ 까마구에이
➡ 라스 뚜나스 ➡ 올긴 ➡ 산띠아고 데 꾸바 ➡ 바라꼬아 ➡ 라 아바나

일자	여행지	일자	여행지	일자	여행지
1	아바나 IN	11	산따 끌라라	21	올긴
2	라 아바나	12	까요 산따 마리아 이동	22	산띠아고 데 꾸바 이동
3	라 아바나	13	까요 산따 마리아	23	산띠아고 데 꾸바
4	라 아바나	14	까마구에이 이동	24	산띠아고 데 꾸바
5	비날레스 이동	15	까마구에이	25	바라꼬아 이동
6	비날레스	16	까마구에이	26	바라꼬아
7	뜨리니다드 이동	17	라스 뚜나스 이동	27	바라꼬아
8	뜨리니다드	18	라스 뚜나스	28	라 아바나 이동
9	뜨리니다드	19	올긴 이동	29	라 아바나
10	산따 끌라라 이동	20	올긴	30	라 아바나 OUT

한 달의 시간이 있다면, 라 아바나에만 머무르면서 현지 친구도 사귀고 스페인어 공부도 하는 방법을 추천한다. 하지만 쿠바의 이곳저곳을 모두 둘러보고 싶다면 위의 일정이 적당할 듯하다. 올긴의 경우에 한국 여행자에게는 아직 덜 알려졌지만, 쿠바의 손꼽히는 해변으로의 접근성이 좋아 3박을 제안해보았다. 산띠아고 데 꾸바나 바라꼬아 일정을 조정하거나 라스 뚜나스를 건너뛴다면 일정에 여유가 좀 더 생길 수 있다.

이동수단   비아술 버스 및 꼴렉띠보 이용. 바라꼬아 – 라 아바나 구간 항공편 이용 가능.

Check Point   바라꼬아 – 라 아바나 항공권 이용 시에는 미리 구매를 해두도록 하자. 각 도시에서 해야 할 것들을 미리 확인해두자.
정보가 부족할 때는 인포뚜르나 여행사에 방문해 투어 코스를 따라가는 것도 방법이다. 숙소를 예약하고 움직인다면
좋겠지만, 매번 예약을 문제없이 하기는 사실 힘들다. 예약이 안 되었을 때는 터미널에서 삐까들과 접촉하는 것도 방법이다.

쿠바 해변 제대로 즐기기

● 라 아바나 ➡ 비날레스 ➡ 쁘라야 히론 ➡ 뜨리니다드 ➡ 까마구에이 ➡ 라스 뚜나스
➡ 쁘라야 꼬바루비아스 ➡ 쁘라야 헤라하두라 ➡ 산띠아고 데 꾸바 ➡ 바라꼬아 ➡ 라 아바나

일자	여행지	일자	여행지	일자	여행지
1	라 아바나 IN	11	뜨리니다드 이동	21	쁘라야 헤라하두라
2	라 아바나	12	뜨리니다드	22	산띠아고 데 꾸바 이동
3	라 아바나	13	뜨리니다드	23	바라꼬아 이동
4	라 아바나	14	뜨리니다드	24	바라꼬아
5	비날레스 이동	15	까마구에이 이동	25	바라꼬아
6	비날레스	16	까마구에이	26	바라꼬아
7	비날레스	17	라스 뚜나스 이동	27	라 아바나 이동
8	쁘라야 히론 이동	18	쁘라야 꼬바루후비아스 이동	28	라 아바나
9	쁘라야 히론	19	쁘라야 꼬바루후비아스	29	라 아바나
10	쁘라야 히론	20	쁘라야 헤라하두라 이동	30	라 아바나 OUT

다 상관없고, 쿠바의 바다를 제대로 즐기고 싶다면 이렇게 가자. 쁘라야 히론, 쁘라야 꼬바루후비아스, 쁘라야 헤라하두라는 쿠바에서도 손꼽을만한 해변으로 가는 길은 쉽지 않지만, 도착하면 후회는 없다. 하지만 가는 길은 정말 쉽지 않다. 쁘라야 히론을 드나드는 교통편, 라스 뚜나스에서 산띠아고 데 꾸바 사이의 교통편은 정규 교통편이 드물거나 없으니 미리 정보를 잘 알고 움직여야 하는 구간이다.

이동수단   비아술 버스 및 꼴렉띠보 이용. 구간에 따라 택시를 이용해야 함.

Check Point   이 루트는 교통비도 절약하고, 해변에서 더 즐거운 시간을 보내기 위해서는 동행이 중요하다. 4인 정도의 그룹으로 이동하는 것이 가장 유리하겠다. 쁘라야 꼬바루비아스는 저렴한 올인클루시브 호텔이다. 쁘라야 헤라하두라에서 산띠아고 데 꾸바 이동 시에는 올긴을 거쳐야만 한다. 필요 시 올긴에서의 1박을 고려하자.

개인에 따라 일정도 관심사도 다양하겠고, 위의 일정도 결국 여러 가능성 중 하나이기에 절대적이라고 할 수 없으니 위의 일정과 책의 정보를 참고하여 본인에게 적당한 쿠바 일정을 설계하자.

허니문

허니문은 기간이 짧은 경우가 많으므로 7일 옵션 2를 활용하고, 일정에 따라 멕시코 칸쿤을 일정에 포함하면 좋다.

체 게바라 테마

체 게바라와 당시의 역사적 분위기를 맛보기 위한 여행이라면, 산따 끌라라와 산띠아고 데 꾸바를 일정에 포함하기 바란다. 산따 끌라라는 체 게바라의 도시라 할 만큼 체 게바라와 산따 끌라라 전투에 대한 기념물이 많고, 산띠아고 데 꾸바에서는 피델 까스뜨로의 혁명 활동에 대한 기록물들이 많다. 산띠아고 데 꾸바에서 접근이 가능한 '꼬만단시아 델 쁠라따' 투어를 잊지 말자.

해변 일주

쿠바의 바다는 세계적 휴양지이다. 현재 한국 여행자들은 도시에서 바다로 접근하는 동선으로 움직이지만, 캐나다의 많은 관광객은 캐나다에서 판매하는 리조트 패키지를 구매해 리조트에 저렴하게 머무르면서 인근의 도시를 관광하는 동선을 활용하고 있다. 30일 옵션2에 수록된 바다들을 잘 확인하고 일정에 포함하면 좋겠고, 구글에서 영어나 스페인어로 검색하면 더 많은 이미지나 정보를 찾아볼 수 있으니 이 책의 정보로도 가늠되지 않을 경우에는 영문 구글 이미지 검색을 활용해보는 것도 방법이다.

출사 여행

아름다운 피사체가 많은 쿠바. 쿠바로 출사 여행을 온다면 될 수 있는 대로 관광객이 없는 곳으로 다니는 것이 좋다. 상띠 스삐리뚜스, 시에고 데 아빌라, 라스 뚜나스, 올긴 등의 도시는 아직 관광객들이 많이 다니지 않는 곳으로 쿠바인들의 삶을 엿보고 싶다면 이 도시들이 더 적합할 듯하다. 바다 사진은 30일 옵션2의 코스를 참고한다면 아름다운 해변과 인근의 때 묻지 않은 자연환경을 담아낼 수 있겠다.

살사 여행

살사를 추고 싶다면 사실 라 아바나에만 계속해서 머물러도 큰 상관이 없다. 그래도 여행과 춤을 병행하고 싶다면, 산띠아고 데 꾸바를 다녀오는 것도 좋겠다. 하지만 아주 외진 도시만 아니라면 쿠바의 어느 도시에서나 살사를 추는 곳을 찾는 것이 그리 어렵지는 않다.

트래블러 따라잡기

배우 이제훈과 류준열의 쿠바 여행기를 다룬 JTBC 〈트래블러〉는 셀럽들의 각본 없는
진짜 배낭여행 과정을 담았다. 약속했던 택시가 오지 않는다거나 숙소를 찾기 위해 몇 시간을 헤매는 등의
진정성 있는 에피소드들은 시청자에게 색다른 매력으로 다가갔다. 그 장소가 마침 쿠바이기에
그들의 자취를 되짚어 보았다. 쿠바 여행 준비에 참고하도록 하자.

● 라 아바나 ➡ 비날레스 ➡ 라 아바나
➡ 쁘라야 히론 ➡ 뜨리니다드 ➡ 바라데로 ➡ 라 아바나

숙소를 제대로 찾지 못해 류준열이 고생했던 것처럼 쿠바에서 늦은 밤에 숙소를 찾는 것은 쉽지 않다. 주소가 있다 하더라도 낯선 도로 체계에서 헤맬 수 있으니 가능하다면 호스트의 전화번호를 알아두도록 하자. 류준열이 예약한 라 아바나의 첫 번째 숙소는 151 Calle Concordia, Apt. no.8, 5th floor e/Manrique y San Nicolas, Centro Habana로 확인된다. 지도에서 주소 혹은 Casa Concordia로 검색해 보자. 쿠바를 향하는 여행자들에게 언제나 강조하는 것은, 숙소 예약. 그 중 첫 번째 숙소만큼은 꼭 예약할 것을 당부한다. 류준열은 훌륭한 숙소를 잘 예약하여 여행을 산뜻하게 시작할 수 있었다. 동기간 동안 류준열은 딱히 목적을 가지고 다닌다기보다는 발길 닿는 곳으로 이동하며 사진을 찍는데 집중한다. 숙소를 센뜨로 아바나에 잡은 덕에 도보로 이동하며 아바나 비에하 지역을 둘러보기에 큰 무리가 없었을 것이다. 10월부터 2월(혹은 4월)까지인 쿠바의 성수기에 류준열처럼 당일 묵을 방 3개가 있는 숙소를 찾아낸다는 건 정말 쉽지 않은 일이다. 부디 섣불리 도전하지 않기를 바란다. 두 번째 숙소의 주소는 Barcelona 58 e/Aguila y Amistad, Centro Habana.

늦은 밤, 낯선 쿠바에 혼자

트래블러 따라잡기

사라진 예쁘고 빨간 택시

일출을 찍으려던 류준열이 뛰어 도착한 곳은 산 살바도르 요새(Castillo de San Salvador de la Punta(p.095 지도 참조)로 보인다. 말레꽁의 반대편에서 떠오르는 해를 바라보기에 좋은 위치. 그리고, 약속했던 택시가 오지 않는 일은 비일비재하지는 않더라도 쿠바라면 충분히 있을 수 있는 일. 택시기사와의 약속은 재차 다짐을 받아도 항상 불안하다. 전화번호라도 받아놓도록 하자. 류준열은 여기저기를 다니며 사라진 예쁘고 빨간 택시를 찾기 위해 고생했지만, 결국 정답은 빠르게 센뜨랄Parque Central(P.095 지도 내 중앙공원)이다. 센뜨로 아바나나

아바나 비에하 지역에서 다른 곳으로 이동한다면 두 번 생각할 것도 없이 빠르게 센뜨랄로 가자. 숙박 외에도 교통편, 여행지 정보, 동행 찾기 등 도움 받을 수 있는 일이 많으므로 묵지 않더라도 잠깐 들러볼 만하다. 택시를 찾는 중에 류준열이 들렀던 까사는 '까사 호아끼나'로 쿠바를 다녀온 여행자들에게는 이미 유명한 곳이다. 비냘레스로 이동해 처음 방문한 곳은 '로스 하스미네스 호텔Hotel Los Jasmines의 전망대(P.163)'. 비냘레스를 방문한다면 빼먹지 말고 들러봐야 할 전망대이다. 지방 도시를 방문하면서 숙소 예약을 하지 않았다면 류준열처럼 택시기사에게 부탁하는 것도 현명한 방법이다. 늦은 시간에 떠도는 것 보다는 훨씬 나을 테니까, 물론 사전 예약이 정답. 류준열이 묵었던 숙소는 사실 비냘레스 중심가에서는 1km 가량 떨어져 있어 식당을 찾거나 저녁에 무언가를 하러 다니기에 불편함이 있을 거리이다. 그럼에도 성수기 저녁에 숙소를 잡은 것만으로도 다행. 'Casa Ernesto y La China'라는 이름으로 예약 사이트에서 검색할 수 있다.

비냘레스 국립공원, 혼돈의 번지수

류준열이 참가했던 비냘레스 국립공원 투어는 본문(P.161~162)에서 보다 자세히 다루고 있으니 참고하다. 비냘레스의 숙소 혹은 광장 건너편의 여행사(P.160 지도 참조)에서 승마 및 도보 투어 신청이 가능하다. 비냘레스 여행 중 류준열은

계속해서 모기에 시달리게 되는데, 기본 준비물로 모기 기피제와 전자 모기향 등은 꼭 챙기도록 하자. 숙소에서는 많이 덥지 않더라도 에어컨을 켜고 자는 것도 방법. 전기세가 비싼 편이 아닌 쿠바, 집주인들은 숙박객이 사용하는 에어컨에 관대한 편이다.

류준열이 이제훈에게 결재를 부탁했던 라 아바나의 두 번째 숙소의 주소는 Compostela 110 e/ Tehadillo y Empedrado, Centro Habana. 이 지역은 빠르께 센뜨랄에서도 그리 멀지 않고, 새로 생긴 식당들이 자리 잡고 있어 새로운 명소로 떠오르는 곳. 한 번쯤 인근을 돌아볼 만하다. 산또 앙헬 교회Iglesia del Santo Angel Custodio(혁명 박물관 근처)를 찾으면 된다. 이제훈이 택시기사에게 5CUC를 더 건넸던 것은 바가지라고 할만한 금액이나 정황은 아니지만, 미리 얘기하지 않았던 택시기사의 실수 혹은 수법 정도로 생각된다. 쿠바인들이 뭔가 의외로 친절하다 싶을 때는 의심할 필요가 있다.

*이제훈이 택시 안에서 스페인어 공부를 하던 책이 바로 〈이지 쿠바〉!

함께하는 라 아바나 구시가지 도보 투어

두 사람은 숙소가 있는 아바나 비에하 지역 곳곳을 걸어 이동하는데, 대략의 경로는 아래와 같다.
숙소 ⋯ 대성당 광장(P.102) ⋯ 그래픽 실험실(P.103) ⋯ 혁명 박물관(P.105) ⋯ 점심(5 Esquinas Trattoria) ⋯ 중앙공원(Parque central) ⋯ 혁명 광장(올드카 투어 P.129) ⋯ 모로 요새(P.112 엘 모로)
두 사람은 도보 투어와 차량 투어를 적절히 조합해 모로 요새에서 석양을 보는 알찬 구성으로 하루를 보낸다. 올드카는 두 사람처럼 중앙공원으로 가면 쉽게 찾을 수 있고, 올드카 외에 마차 투어, 투어버스도 이곳에서 이용 가능하다. 라 아바나 석양 최고의 뷰는 역시 모로 요새. 좋은 날에 꼭 한번은 들르기를 추천한다.

EP. 05 9일 차

택시 흥정과
쁘라야 히론

택시 흥정에는 왕도가 없고, 가격을 무조건 저렴하게 한다고 해서 다 좋은 것도 아니다. 가격 외에 미리 확인해야 할 것은 차량의 상태와 에어컨. 하지만, 오래된 차에 에어컨이 달린 경우가 많지는 않으니 너무 까다롭게 고르지는 말자.

라 아바나에서 차량으로 약 3시간 거리의 쁘라야 히론(P.203)은 이제 한국인 여행자들에게 가장 유명한 해변 중 하나가 되었다. 한국인에게는 상대적으로 덜 알려졌던 이 작은 마을에 약 4년 전부터 한국인들이 필수 코스처럼 방문하기 시작. 성수기에는 숙소 구하기가 쉽지 않다. 두 사람의 계획은 사실 상당히 무모한 시도로 생각된다. 결국 묵게 된 숙소의 내부 시설은 훌륭했지만, 해변과 비아술 터미널에서 2km나 떨어져 있어 걸어서 쁘라야 히론을 다니기에는 쉽지 않았을 것으로 보인다. 여행 중 도보 이동이 많은 쿠바에서 이렇게 미리 준비하지 않으면 발품을 팔게 될 수밖에 없다. 두 사람이 묵은 숙소는 Hostal Rachel, playa giron으로 검색하면 찾을 수 있다.

EP. 06 10일 차

그저
깔레따 부에나

이 에피소드의 절반 이상은 깔레따 부에나(P.204)와 쁘라야 히론의 아름다운 해변에 대한 이야기. 두 사람은 차량 렌트를 시도하지만, 이 작은 마을에는 렌트 차량이 승용차 2~3대, 스쿠터 4대 정도 밖에 없다. 쁘라 야 히론 일대를 렌트카나 스쿠터로 움직이는 것은 정말 훌륭한 계획이지만, 미리 인터넷으로 예약하지 않으면 현지 렌트는 사실상 불가능하다. 쁘라야 히론에서 깔레따 부에나까지는 자전거로는 꽤 먼 거리. 특히 쿠바의 자전거로는 더욱 멀다.

EP. 07 11~12일 차

뜨리니다드의 하늘

어렵게 숙소를 구한 두 사람이 점심을 해결하기 위해 찾은 식당은 마요르 광장(P.249 지도 참조)에 바로 붙어있는 'Sol Ananda'라는 식당. 두 사람의 숙소는 'Casa Sarah Sanjuan Alvarez'으로 검색할 수 있는 주소 Simon Bolivar(Desengano) # 266 e/ Frank Pais y Jesus Maria, Trinidad, Cuba의 숙소(P.102). 본문의 뜨리니다드 편에 기술하였듯이 뜨리니다드 숙소의 포인트는 석양을 볼 수 있는 높은 테라스나 옥상이 있는 곳. 두 사람은 숙소 옥상에서 아름다운 뜨리니다드의 하늘을 즐길 수 있었다. 경사지에 자리 잡은 뜨리니다드는 마요르 광장 인근이나 북동쪽으로 갈수록 지대가 높아 경치 감상에 유리하다. 저녁은 '까사 데 라 무지까'(P.249 지도 내 Casa de la Musica) 바로 옆 코너에 있는 식당 'Los Conspiradores'. 테라스 테이블이 인상적인 곳이다. 다음 날 두 사람은 각자 걸음을 옮기는데, 류준열은 주로 싼따 아나 광장(P.247 지도 참조, P.254)과 Calle San procopio를 따라 이동하면서 사진을 찍는다.

EP. 08 12~13일 차

뜨리니다드, 각자의 여행 그리고, 함께하는 기차 투어

이제훈의 쇼핑욕을 해소시킨 장터는 굳이 찾으러 다닐 필요가 없을 정도로 뜨리니다드 곳곳에 펼쳐져 있다. 그리고 오른 전망대는 '뜨리니다드 지역 박물관'. 본문에도 전망대로 소개한 만큼 전망은 뜨리니다드에서 가장 좋다. 두 사람이 점심 해결을 위해 방문한 식당은 뜨리니다드에서 가장 유명하다고 할 수 있는 'La Botija(P.265)'라는 식당인데, 두 사람이 낮에 이곳을 방문하는 장면을 보며 안타까운 마음을 금할 수 없었다. 이 식당의 백미는 사실 줄을 서서 기다려 입장해야 할 만큼 붐비는 저녁 식사 시간. 떠들썩한 홀과 라이브 밴드가 어우러지는 분위기는 뜨리니다드 최고의 저녁

식당이라 할 만하다. 이후 두 사람은 라 보까 마을(P.258)을 지나 'Grill Caribe'라는 해변가 식당을 향한다. 같은 방향으로 10여 분만 더 가면 쁘라야 앙꽁(P.256)이라는 모래사장도 나온다. 《이지 쿠바》와 함께하는 여행자는 놓치지 않기를 바란다. 다만, 대부분의 여행자가 쁘라야 히론을 거쳐 뜨리니다드를 향하기 때문에 해수욕에 대한 갈증이 좀 덜한 채로 뜨리니다드를 방문하게 되는 것은 사실이다. 개인차가 있겠지만, 쁘라야 히론의 해변이 앙꽁 해변보다는 다채로운 매력이 있기도 하다. 다음 날 두 사람이 떠나는 기차 여행에 대한 설명은 본문(P.259 잉헤니오스 농장)에서 자세히 다루고 있으니 참고하자.

이지쿠바

트래블러 따라잡기

아침 일찍 두 사람은 전파 송출 탑(P.250)을 찾아 일출을 감상하고, 바라데로(P.192)를 향해 떠난다. 두 사람은 차량을 항상 당일에 수배하는데, 이 부분은 깔끔한 여행을 위해서는 지양해야 할 포인트. 이동할 차량은 늦어도 전날까지는 확정하고 택시기사 전화번호를 받아두자. 택시기사가 오지 않는 경우가 간혹 있지만, 대부분은 제 시간에 온다. 실제 여행에서 택시 당일 수배는 되도록이면 피하자. 우여곡절 끝에 두 사람이 도착한 바라데로의 호텔은 호텔 멜리아 바라데로Hotel Melia Varadero. 바라데로의 수많은 5성 호텔 중 하나이다. 하늘에서 보면 8개의 다리가 있는 불가사리 같은 모양의 건물 오션뷰는 확실히 특별하다. 바라데로 역시 본문에서 자세히 다루고 있으니 참고하자. 설명보다는 직접 눈으로 보고 느끼는 것이 더 중요한 곳이니 쿠바를 여행한다면 바라데로는 꼭 방문하도록 하자.

바라데로를 향하여

아디오스 바라데로, 아디오스 쿠바

설마 했는데, 정말 바라데로에서 1박만 하고 이동하는 모습에 짠한 마음이 들 정도. 최고의 휴양을 위해서 바라데로에서는, 올—인 클루시브 호텔에서 최소 2박 이상 하는 것을 추천한다. 두 사람은 라 아바나 복귀 후 다음 날 출국을 준비하며 여행을 복기한다. 그 중 이제훈이 바질 페스토가 가장 맛있는 곳이라 회상하는 식당은 아바나 비에하의 'Lo de Monik'. 주소는 Chacon y, Compostela, La Habana. 두 사람이 묵었던 Compostela 가의 숙소 근처에 있다.

전반적으로 두 사람의 여행을 살펴보면, 2주 이상의 일정임에도 크게 무리하지 않으려는 스케줄에 이제훈의 뒤늦은 합류로 쿠바의 중부 및 동쪽으로 이동하지 못한 점, 쿠바의 나이트라이프와 춤, 음악 등이 많이 다뤄지지 않은 점은 조금은 아쉬운 부분이다. 그럼에도 쿠바 여행을 한다면 한 번쯤 일어날 수 있는 다양한 에피소드들을 제작진의 개입을 최대한 자제하며 실제 여행처럼 진행했다는 점에서 여행자들이 참고할 포인트가 많다. 쿠바 여행을 준비 중이라면 한 번쯤 챙겨보기를 추천한다.

Special
기획

___

쿠바의 한인들 Korean Cuban

쿠바의 한인들? 쿠바로 이민을 간 한국사람들이 있을까? 생활 여건도 나쁘고 공산당이 집권하는 나라로 이민을? 처음 듣는 이야기라면 선뜻 믿어지지 않겠지만, 쿠바에는 500여 명의 한인 후손들이 살고 있으며 그 역사는 100여 년을 거슬러 올라간다.

1800년대 말 멕시코의 농장주들은 부족한 노동력을 해결하기 위해 중국인 노동자들의 이민지원을 받아 해결하던 시절이었다. 하지만 혹독한 더위 아래 농장의 노동력 착취가 중국 본토에 알려지면서 중국은 정부 차원에서 멕시코 이민을 금지하기에 이르렀다. 이에 멕시코 농장주들은 대리자를 내세워 일본에 노동력 수입을 알아보았으나 이도 여의치 않자 눈을 한국으로 돌리게 되었다. 부풀려진 거짓 광고에 속은 한국인들 1,033명이 6개월 만에 모집되었고, 1905년 4월 4일 이들을 태운 배가 멕시코로 향한다.

멕시코에 도착한 이후 이들의 고생은 참으로 가혹한 수준이었다. 우리에게 '애니깽'으로 알려진 에네껜 Heneken 농장에 투입된 당시의 한국인들은 가시가 달린 에네껜을 기르고 수확하며 노예보다도 못한 대접을 받기에 이르렀다. 약속했던 수당도 제대로 지급되지 않았고, 돼지우리와 같은 집에 살며 매일의 작업 할당량을 채우지 못하면 매질까지 당했다고 한다. 비행기로도 20시간이 걸리는 먼 거리를 배 타고 1달 반을 건너와 처하게 된 암담한 현실과 억울하기 짝이 없음에도 마땅히 하소연할 곳마저 없는 그들의 처지는 현대를 사는 우리는 쉽게 가늠하기 힘들리라 싶다.

에네껜 농장의 계약은 1909년 끝이 났고, 그중 288명은 쿠바 사탕수수 농장에서 일을 하기 위해 1921년 쿠바의 마나띠에 도착하였다. 하지만 머지않아 사탕수수값의 폭락으로 노임이 하락하자 다시 일부 한인들은 에네껜 농장에서 일을 하기 위해 마딴사스로 이주하게 된다. 그렇게 쿠바의 한인 역사는 시작했고 자체적으로 한인 학교를 세우거나 한인 단체를 운영하며 내부적인 결속을 다졌으나, 쿠바 자체의 급격한 정치적 변화와 공산화, 한국과의 교류 단절 등으로 쿠바의 한인들은 오랜 시간 동안 한국 역사의 잊혀진 틈 속에서 살아왔다.

2014년 8월 민주평화통일자문회의 중미·카리브 지역 협의회의 주도로 쿠바의 라 아바나에 '한국쿠바문화클럽'이 개원했고, 1,100여 명 정도인 한인 후손들의 결속을 위해 설립된 이곳에서 문화행사나 광복절 기념식 등이 열리며 한인들의 정체성을 되살리고자 노력하고 있다.

이 문화 클럽을 통해 한인 후손들에게 한국을 체험할 기회를 늘리고 있으며, 일부 한인 후손들을 선별하여 한국을 방문하게 하는 등 최근 몇 해들어 잊혀졌던 그들에게 더 나은 기회와 도움을 제공하려는 손길도 늘어나고 있다. 더불어 쿠바 내에서 한국 드라마가 인기를 끌면서 한국이나 한인 후손들을 바라보는 시선들도 긍정적으로 변하고 있어 더욱 고무적인 일이라 하겠다.

한국쿠바문화클럽 ⌂ Calle. 7ma B No. 6005 e/ 60 y 62

※ 참조 이베로 아메리카 연구 11집 중 쿠바 한인 이민사 / 서성철 저

한국쿠바문화클럽

한국쿠바문화클럽 내부

쿠바의 토속 종교 산떼리아 Santeria

쿠바의 길거리를 다니다 보면 독특한 성상이나 그림을 자주 보게 된다. 성인처럼 꾸며진 아프리칸이나 화려하게 차려입은 생소한 신을 그려놓은 성화. 바로 쿠바의 토속 종교 산떼리아의 성상과 성화들이다.

1762년 당시 쿠바를 점유하고 있던 영국은 사탕수수 농장의 노동력 부족을 해결하기 위해 서아프리카 지역의 아프리칸들을 노예로 부리기 위해 이주시키기 시작했다. 이렇게 타의로 끌려오게 된 아프리칸들 중 지금의 나이지리아와 베닌 출신의 요루바라는 부족은 힘든 상황 속에서 자신들의 토속 종교에 계속해서 의지했지만, 후에 이를 확인한 당시의 통치 세력들(1763년에 쿠바는 스페인령으로 부속됨)은 가톨릭을 국교로 숭배하였기에 요루바족들의 토속신앙을 탄압하게 된다. 하지만 흥미롭게도 삼위일체, 성자, 종교지도자, 대부, 대모 등의 개념이 당시 가톨릭 시스템과 유사성이 많은 탓에 가톨릭의 시스템을 차용해 변형된 토속신앙은 성상과 종교의식 등을 가톨릭처럼 꾸미기 시작했고, 아프리칸 토속어를 이해하지 못했던 통치자들이 이를 가톨릭을 믿는 그들의 방식으로 이해하는 바람에 더 이상 과한 탄압을 하지 않기에 이르렀다.

이후 이 토속 신앙은 산떼리아 혹은 산또라는 이름으로 현재까지 계속해서 이어지고 있으며, 쿠바뿐만 아니라 브라질 및 카리브 국가에서 옅은 흔적을 찾아볼 수 있게 되었다. 쿠바 내의 공식적인 통계로는 60% 이상이 가톨릭으로 집계가 되고 산떼리아는 10% 내외의 점유율을 보이고 있으나 쿠바의 거리를 걷다보면 산떼리아가 쿠바 사회에서는 가장 큰 영향력을 미치고 있는 것으로 체감된다.

다신교인 산떼리아에서 오리차 Oricha라고 부르는 그들의 신 중 주요한 신으로는 약초의 신인 오사인 Osaín. 전염병과 질병을 다스리는 바발루 아예 Babalú-Ayé. 사랑과 결혼의 여신인 오춘 Ochún 등이 있으며, 이들 모두가 가톨릭의 성자인 성 라사로나 마리아 등으로 치환되어 숭배되고 있다. 때문에 여행자의 눈으로 봐서는 그들이 믿는 것이 가톨릭인지 다른 종교인지 쉽게 구분이 되지 않을 정도이다.

또한, 쿠바의 거리를 걷다 보면 흰옷을 위아래로 갖추어 입

산떼리아의 성상

고, 흰색 양산이나 모자를 쓴 사람들을 어렵지 않게 마주치게 되는데 이들은 산떼리아내에서 더 높은 레벨의 신앙생활을 지속해가려는 이들로 가톨릭이나 개신교의 성직자라고 이해하면 좋을 듯하다. 이들은 성직자로의 입문단계에서 카리오차 kariocha라는 의식을 진행하는데 이 카리오차 이후에 1년여간 흰색 의상을 착용해야만 한다. '오리차의 신부'라는 요루바어인 이야보 Iyabó로 불리우는 이들에게는 흰색 의상 착용 의무 외에도 일정 기간 동안 거울을 보지 않을 것, 식탁에서 식사하지 않을 것, 정오의 태양을 쬐지 않을 것 등 지켜야만 하는 규율들이 많다. 이들이 입어야 하는 의상이나 장신구들은 특정 의식을 거쳐야 하는 관계로 모두 준비를 하려면 백만 원 이상으로 쿠바인들이 쉽게 준비하기 어려운 고가이고, 종교의식을 행하는 데에도 지불해야하는 돈이 적지 않아 돈을 노리는 종교일 뿐이라는 일부의 좋지 않은 시선 또한 받고 있다.

또한 이 토속신앙은 쿠바의 특출난 리듬과 밀접한 관계에 있는데, 이들의 종교의식 중 빠질 수 없는 특징 중 하나가 혼이 나갈 듯 계속되는 춤과 음악이고, 실제로 하멜 거리에서 공연되는 많은 춤은 쿠바인들의 토속 종교 의식의 일부이거나 의식이 변형된 춤들이다. 우리에게 알려진 룸바도 쿠바 내에서는 우리가 아는 것과는 조금 다르게 종교적이고 무속적인 색채가 진하게 남아있는데, 그래서 룸바를 추는 공연장이나 클럽을 방문하게 되면 느낄 수 있는 압도적인 무속적 분위기는 쉽게 느낄 수 없는 독특한 문화 체험이라고 하겠다.

쿠바와 마피아 Mafia

나시오날 호텔   리비에라 호텔

그렇지 않아도 사연 많은 쿠바 역사. 미국의 마피아들마저 자신들의 흔적을 진하게 남겼다. 1934년부터 시작한 마피아의 쿠바 내 사업은 차후 혁명이 일어나게 된 이유 중 하나라고 할 만큼 굵게 남겨진 쿠바 역사의 한 페이지인 동시에 여전히 50년대의 향수로 북미 관광객들의 발걸음을 쿠바로 당기고 있는 요인이다.

1934년 뉴욕에서 열린 전국 마피아 수장들의 모임인 '위원회'에서 마피아들은 전국적인 확장과 더불어 쿠바로의 확장을 결의하고, 당시 위원회의 정점에 있던 이탈리아계 마피아 럭키 루치아노 Lucky Luciano는 유대계 마피아 마이어 랜스키 Meyer Lansky와 함께 쿠바로의 진출을 본격화한다. 한편 1933년 '중사들의 반란'으로 쿠바의 실권자가 된 바띠스따와의 결탁은 마피아의 쿠바 진출에 날개를 더해주게 된다. 매춘, 마약, 카지노, 카바레 등의 향락 사업이 쿠바 정부의 비호 아래 더욱 성공가도를 달리던 중, 1947년 2월 한 관광객이 쟈키클럽의 룰렛 테이블에서 큰돈을 땄으나 딴 만큼의 돈을 카지노 측으로부터 받지 못해 소란을 피우고 있었다. 당시 럭키 루치아노와 마이어 랜스키의 관리하에 있던 조직원들은 경비원에게 소란을 피우는 관광객을 쫓아내도록 지시했고, 그때 쫓겨난 관광객은 바로 마이애미의 시장이었다. 머지않아 마이애미 FBI와 마이애미 지역 신문은 당시의 정황을 리포트했고, FBI는 쿠바의 마피아 조직에 대한 조사에 착수하게 된다. 럭키 루치아노는 결국 라 아바나의 베다도에서 체포된 후 모국인 이탈리아로 추방되어 1962년 사망 시까지 미대륙을 밟지 못한다.

한편 쿠바에 남아있던 마이어 랜스키는 부패한 정부 고위층과의 관계를 돈독히하며 사업을 더욱 확장시켰고, 라 아바나는 폭력과 청부살인 등으로 점점 어둡게 채색되어가

고 있었다. 마피아의 향락 사업은 1950년대까지 굴곡 없이 성장하였고, 1953년 바띠스따가 자신의 두 번째 쿠데타로 다시 정권을 잡게 되자 더욱 탄력을 받는다. 당시 라 아바나에서 운영되던 대부분의 호텔은 마피아들이 직간접적으로 운영에 관여하고 있었으며, 미국의 마피아들은 마이애미에서 헬기를 타고 날아와 비자도 없이 이민국을 거치지 않고 라 아바나 호텔 헬기 착륙장을 통해 쿠바를 제집처럼 드나드는 상황이었다.

당시 마피아와 관련이 되었고, 현재까지 남아 쿠바 정부에 의해 운영되고 있는 시설물들은 **리비에라 호텔 (베다도), 호텔 나시오날 (베다도), 호텔 까쁘리 (베다도), 아바나 리브레 (베다도/당시 힐튼 호텔), 클럽 뜨로삐까나 (누에바 베다도), 호텔 도빌 (쎈뜨로 아바나), 세빌랴 호텔 (쎈뜨로 아바나)** 등이다.

50년대 당시의 모습을 그대로 간직하고 있는 이곳들은 라 아바나 시내를 움직이다 보면 드문드문 발견할 수 있으므로 좋은 구경거리가 되기도 한다.

활황이던 마피아의 쿠바 사업은 1959년 피델 까스뜨로가 혁명에 성공하게 되면서 급격하게 기울기 시작하는데, 혁명 성공 이후 피델 까스뜨로는 쿠바 내의 모든 미국 자산을 보상 없이 압류함으로써 마피아들을 공분을 사게 된다. 급기야 마피아들은 이에 대한 해결책으로 피델 까스뜨로의 암살 계획을 결의하게 되고, 쿠바의 공산화를 우려하던 CIA는 어처구니없게도 마피아의 피델 까스뜨로 암살 계획에 협력하기까지 하지만 몇 차례 거듭되었던 그들의 시도는 결국 실패로 끝이 나고, 쿠바 내의 마피아는 그 영향력을 급격히 상실하게 된다.

쿠바의 야구 Baseball

올림픽에서 야구가 퇴출되고 국제 야구를 즐길 기회가 더 줄어들긴 했지만, 프리미어12나 WBC가 열리면 종종 쿠바의 야구 실력이 이야깃거리가 되곤 한다. 인구 1천백만인 카리브 해의 섬나라는 어떻게 세계야구에서 빼놓을 수 없는 강자가 되었는지 또 왜 유독 야구만 강국인지에 대해서 알아 보도록 하자.

쿠바의 야구는 그 시작을 1860년대로 거슬러 올라가 확인해야 할 정도로 깊은 역사를 자랑한다. 스페인 식민통치 당시 미국의 선원들에 의해 처음 소개된 야구는 미국에서 돌아온 쿠바 유학생들에 의해서 더욱 조직화되기 시작한다. 1868년 쿠바의 첫 번째 야구팀인 '아바나 야구 클럽'이 창설되고, 미국의 선원팀과 경기를 갖게 된다. 하지만, 당시의 점령국 스페인은 미국으로부터 들어온 스포츠인 야구가 스페인의 전통 스포츠인 투우를 대체하는 것을 경계하여 야구 경기를 금지시켰고 이 때문에 야구는 쿠바의 스페인으로부터의 독립이라는 상징성을 갖게 된다. 탄압 속에서도 최초의 쿠바 내 공식 경기가 1874년에 진행되었고, 1878년에는 알멘데라스, 아바나, 마딴사스의 세 개 팀으로 쿠바 최초의 리그가 시작되었다. 미국과의 가까운 거리 때문에 쿠바 리그 선수들은 미국 메이저리그와 활발하게 교류하고, 메이저리그에서 선수 생활을 하기도 하며 그 수준을 높였다. 1898년 미국의 지원을 받아 쿠바가 스페인으로부터 독립하게 되었고, 스페인의 탄압을 벗어난 쿠바의 야구인들도 더욱 왕성한 활동을 벌이며 아마추어 팀을 조직하는 등 더욱 그 영향력을 확대해갔다. 이후 미국의 아프리칸리그 Negro League에는 쿠바인과 남미 선수들이 주축이 된 쿠반스타스 Cuban Stars와 New York Cubans 뉴욕쿠반스라는 프로

팀들이 생기기도 하며 메이저리그와의 선수 교류도 활발하게 이루어지고 있었다. 1959년 쿠바혁명 이후 피델 까스뜨로는 야구를 애국심을 고취시키기 위한 국민스포츠로 자리매김시키고, 전국적인 리그를 조직 운영하면서 현재까지도 쿠바 최고의 스포츠로서 자리를 지키고 있다.

16개의 각 주마다 대표팀이 있고, 각 주의 주요 도시마다 하부리그를 조직적으로 운영하고 있으므로 쿠바의 아마추어 팀 조직은 전국적으로 촘촘하게 짜여 있다. 아마추어 팀이 있는 마을 단위마다 허름하더라도 야구장이나 야구를 할 수 있는 공터가 자리 잡고 있으며, 야구를 하는 풍경이나 야구에 대해서 열띤 토론을 나누는 사람들은 어디서나 쉽게 찾을 수 있다.

아프리칸의 소문난 운동 신경이 쿠바에서는 야구로 꽃을 피우고 있는데, 국제 경기에 나서는 쿠바 국가 대표팀에서 볼 수 있다시피 팀의 90%는 아프리칸계로 구성이 되어 있다. 특유의 유연성과 리듬감, 운동 신경을 자랑하는 데다가 다른 나라에서는 출중한 체육인들이 다양한 스포츠로 진출해가는데 비해 쿠바 내에서는 야구 외에는 특별히 큰 성공을 이룰 수 있는 스포츠가 없어 운동에 소질이 있는 이들은 어려서부터 야구를 하는 것이 가장 나은 선택인 상황이다.

현재는 쿠바 젊은이들의 축구에 대한 관심이 점점 늘어가고 있지만 조직적인 리그가 없어 아직까지 야구의 인기를 앞지르기에는 부족하다. 프로 스포츠가 없고, 야구 외에 다른 경기를 할 만한 시설물도 많지 않은 쿠바이기에 쿠바 내의 야구의 독보적 지위는 한동안 계속 유지 될 수밖에 없을 듯하다.

쿠바와 미국 Cuba-U.S. Relations

2014년 12월. 쿠바와 수교를 재개하겠다는 버락 오바마 미국 대통령의 발표는 온 세계를 술렁이게 했고, 단숨에 쿠바는 뉴스의 중심에 오르게 되었다. 왜 쿠바와 미국의 수교가 그렇게 큰 뉴스거리가 된 것일까? 미국과 쿠바의 흥미로운 역사를 가볍게 살펴보자.

쿠바가 아직 스페인령이던 1800년대부터 미국은 계속해서 쿠바를 미국의 주로 편입시키기 위한 관심을 멈추지 않았었다. 1820년 토마스 제퍼슨은 "합중국에게 가장 유익할 합병"이라며 쿠바에 대한 관심을 내비쳤고, 급기야 1854년 미 정부는 스페인에게 1억 3천만 불에 쿠바 매각을 제의하기에 이른다. 매각 제의는 결렬되었지만, 미국과 쿠바 사이의 교역량은 계속해서 증가세였고, 그만큼 쿠바와 스페인의 교류는 약해져 가고 있었다.

1897년 스페인에 대한 독립 전쟁이 계속되고 일부 지역에서 반군이 승리를 거두자. 이번에는 3억 불에 미국은 쿠바 매각을 스페인에게 다시 제안한다. 제안이 거부된 후, 미국의 함선인 USS 메인호가 원인 불명으로 라 아바나의 항만에서 침몰하는 일이 발생하고, 미국은 이에 대한 책임을 스페인에게 물으며 쿠바의 독립전쟁에 적극적으로 개입하여 쿠바의 독립을 지원하게 된다.

쿠바의 국민 영웅 호세 마르띠는 "우리가 미국의 도움을 받아 스페인과 싸운다면, 전쟁 이후에는 다시 미국과 싸워야 할 것"이라며 미국의 개입에 우려를 표했지만, 호세 마르띠의 사후 미국은 적극적으로 쿠바를 지원하며 결국 1898

년 쿠바를 독립시켰고 호세 마르띠가 우려했던 것처럼 경제적으로 쿠바를 침탈하기 시작한다. 쿠바 독립 이후 미국이 가장 먼저 한 일 중 하나는 '쿠바섬 부동산 회사'를 설립한 것인데 그 회사의 목적은 쿠바의 부동산을 미국의 자본에 팔아넘기는 것이었다. 관따나모의 일부가 미 해군기지의 용도로 임대되기 시작한것은 이 시기 4년의 미군의 대리 통치 기간 동안의 일이었으며, 미군은 아직도 관따나모를 점유하고 있다.

1926년에 이르러 미국 자본은 쿠바 사탕수수 농장의 65%를 소유하고 있었고, 농작물의 90%가 미국으로 싼값에 수출되고 있는 상황이었다. 1933년의 쿠데타로 친미 성향의 마차도 정권이 붕괴하자, 미국과 쿠바의 관계는 잠시 긴장에 접어들었으나 이후 실권을 장악한 바띠스따의 협조적인 태도는 미국의 쿠바 침탈에 더욱 부채질을 하게 된다. 2회의 대통령 재임과 계속적인 배후 조정을 통해 바띠스따는 1950년대에도 여전히 쿠바의 실권자였고, 미국에는 더할나위없는 친구였지만, 계속되는 국부의 유출과 친미적 성향은 결국 저항 세력을 자극하게 되었고 피델 까스뜨로는 1956년 82명의 동료와 쿠바에 상륙해 1959년 바띠스따

관따나모 미해군기지

재개관한 쿠바의 미국대사관

를 몰아내고 쿠바에 혁명정부를 수립하기에 이른다. 더할 나위 없는 친구를 잃은 미국에게 피델 까스뜨로는 최악의 정치 파트너였다. 쿠바내 모든 미국의 재산은 보상 없이 압류되었다. 이에 미국은 사탕수수 수입을 중단하고 석유 공급을 중단시키는 것으로 대응했다. 1960년 라 아바나의 라 꾸브레 항만에서 화물선이 폭발하고 75명이 사망하자 피델은 메인호 폭발과 같은 사건이라며 미국을 맹비난했고, 같은 기간 아이젠하워 대통령은 혁명 정부 전복을 위해 쿠바반군을 훈련시키겠다는 CIA의 작전을 승인하게 된다. 케네디 대통령 때에야 실행하게 된 쿠바 혁명 정부 전복을 위한 쁘라야 히론 상륙 작전은 처참한 실패로 끝났고, 이후 발표된 바에 따르면 1960년과 1965년 사이 미 정부는 최소 8번의 피델 까스뜨로 암살 계획을 수립하였던 것으로 밝혀졌다. 1962년에는 미국의 터키 내 미사일 배치에 대한 보복으로 구소련이 쿠바에 미사일을 배치하려는 계획을 세우고 양국은 최초의 핵전쟁 직전까지 이르렀지만, 결국은 터키와 쿠바에서의 미사일 철수 협의로 마무리되었다.

르 꾸브레 기념비

하지만 이에 대한 보복으로 미국은 쿠바에 대한 부분적 금수 조치(엠바고)를 무역의 전 영역으로 확장시켰고 이는 아직까지도 이어지고 있다.

이후 양국은 최근까지 미수교국이며 적대국으로 남아있다가 2015년에 56년 만에 수교를 재개하게 되었는데, 이는 동맹국인 구소련이 붕괴되고 중국이 경제체제를 변화시키는 과정 속에서도 고집스러움을 버리지 않았던 쿠바로서도 커다란 변화라 아니 할 수 없고, 미-쿠바 양국 간의 수교 이후에도 풀리지 않은 숙제들은 국제 외교의 흥미로운 관전 포인트가 아닐 수 없겠다.

꾸바 리브레

Special
CUBA 6 쿠바의 술 Alcohol

쿠바는 부까네로와 끄리스딸 두 종류의 맥주를 생산하고 있다. 부까네로는 흑맥주에 가까운 진한 맛, 끄리스딸은 그보다 부드럽게 넘어간다. 가격은 1CUC 정도, 월급이 20CUC인데 맥주가 1CUC이라며 투정하는 쿠바인들이 많지만, 그럼에도 즐겨마시는 이들이 많은 쿠바의 맥주들이다.

쿠바의 럼은 해적의 술로도 유명하다. 사탕수수를 발효하여 만든다. 특히 사탕수수 농장이 많아 쿠바의 럼 또한 애호가들 사이에서 인기가 높다. 주로 3년산과 7년산이 팔리고 있으며 이 외에도 다양한 스페셜 에디션으로 애주가들의 입맛을 돋우고 있다. 다소 강한 스트레이트 럼이 부담스럽다해도 쿠바에는 다양한 럼 칵테일이 있으니 꼭 한번 즐겨볼 바란다. 어네스트 헤밍웨이가 즐겨 마셨다는 다이끼리 Daiquiri와 모히또 Mojito, 그리고 꾸바 리브레 Cuba Libre가 가장 유명하다.

꾸바 리브레 만드는 법

콜라 – 120ml
럼 – 50ml
라임쥬스 – 10ml
(혹은 라임)
얼음 – 적당량

모히또 만드는 법

화이트 럼 – 40ml
라임쥬스 – 30ml
민트잎 – 6장
설탕 – 2 티스푼
소다수 – 적당량
얼음 – 적당량

부까네로

끄리스딸

아바나 클럽

모히또

77

쿠바의 먹거리 Food

1990년대 중반 소련의 붕괴로 인한 지원 중단과 미국의 경제 봉쇄로 인한 경제 위기를 겪으며, 쿠바 사람들은 근근이 그 시기를 버텨냈다. 그런 시기를 지나온 사람들에게 풍요로운 맛을 기대하거나 빈곤한 취향을 탓한다면 왠지 인도적이지 못한 듯하다. 다행히 경제 상황이 비교적 나아지고, 점점 증가하는 관광객들을 위해 음식의 수준은 날로 개선되어가고 있으니 고맙게 생각하자.

싸고 단순한 쿠바샌드위치

쿠바 핫도그 판매점

피자 Pizza
쿠바인들이 점심을 때우기 위해 가장 많이 먹는 음식 중 하나다. 조각 피자나 작은 피자 하나를 종류별로 5~15MN 정도의 가격에 판매하고 있어 저렴하지만, 우리가 흔히 기대하는 맛은 아니라서 맛이 있는 집을 찾으려면 발품을 좀 팔아야 한다.

뻬로 깔리엔떼 Pero Caliente
뻬로 깔리엔떼를 영어로 번역하면 Hot dog가 된다. 그렇다. 길거리에서 어렵지 않게 찾을 수 있는 뻬로 깔리엔떼는 바로 핫도그를 말한다. 대부분의 가게에서 다른 식재료 없이 빵 사이에 소시지를 넣어 10MN 정도에 판매하고 있다.

암브루게사 Hambruguesa
햄버거를 이야기한다. 대부분 야채 없이 판매하고 있기 때문에 맛있는 집을 찾으려면 역시 발품을 좀 팔아야 한다. 현지인들이 이용하는 저렴한 햄버거는 10~25MN에 판매가 되고, 좀 더 맛을 내 여행자들이 먹을만한 햄버거는 더 비싸다.

랑고스따 Langosta
쿠바라면 꼭 먹어야 한다는 바닷가재, 로브스터. 특별히 맛이 있어서라기 보다는 특별히 가격이 저렴하기 때문인데, 현지인들은 차마 먹지 못하는 음식이라서 일반 식당에서 먹기는 힘들고, 관광객용 식당에서 판매하고 있다.

출레따 Chuleta
소금으로 간이 되어나오는 갈비구이로 대부분은 돼지고기이다. 길거리 음식점에서 밥, 간단한 야채와 함께 20MN 정도로 판매되고 있고, 관광 식당에서는 더 비싸다.

엠빠냐다 Empañada
마찬가지로 대부분 돼지고기이며, 튀김 옷을 입혀 튀긴 요리로 돈까스라고 생각해도 무방하겠다. 길거리 음식점에서 20MN 정도에 판매되고 있다.

아사도 Asado
바베큐처럼 구운 고기를 아사도라고 하며, 보통 닭을 아사도로 요리하는 경우가 많다. 메뉴판에 Pollo asado라고 써 있으면, 치킨 바베큐라 생각하면 되겠다. 한 마리가 다 나오는 경우는 없고 보통 두 조각 정도 나온다.

후고 Jugo
주스를 스페인어로 후고라고 하며, 생과일 주스는 후고 데 나뚜랄 Jugo de natural이라고 한다. 파인애플, 망고 등 열대과일이 나는 나라라서 길거리에서도 쉽게 생과일 주스를 찾을 수 있다. 가격이 저렴하니 물이 약간 섞여 있는 정도는 이해하도록 하자.

바띠도 Batido

밀크셰이크라고 생각하면 되겠다. 연유와 과일, 설탕, 얼음을 넣고 갈아서 길에서 판매하고 있다. 한국에서 쉽게 먹기 힘든 마메이 Mamey라는 과일로 만든 바띠도가 가장 인기가 좋다.

카페 Cafe

커피를 생산하는 나라답게 길거리에서도 1, 2MN면 에스프레소 한 잔을 마실 수가 있다. 단맛을 좋아하는 쿠바 사람들은 설탕이 가미된 커피를 많이 마시고 있으므로 설탕 여부는 주문하기 전에 미리 확인하도록 하자.

식당에서는 다양한 쿠바 음식과 서양식을 판매하고 있다. 꼬미다 끄리오욜로 Comida Criollo라고 하는 쿠바식 식단은 보통 고기 1종류를 굽거나 삶아서 조리하고, 아주 간단한 샐러드와 밥이 함께 나온다. 쿠바 사람들은 꽁그리 Congrí라고 하는 콩밥을 주로 먹고, 식당에서 아로호스 블랑꼬 Arroz Blanco를 주문하면 흰 쌀밥이 나오니 취향대로 주문토록 하자. 쿠바 식당이나 먹거리의 위생에 대해서는 개인이 판단할 필요가 있겠다. 한국 기준으로는 절대 깨끗하다고 말할 수 없는 이곳의 저렴한 식당이나 노점들은 적응하는데 시간이 조금 필요할 수도 있다.

까페떼리아 메뉴판 읽기

까페 Café는 에스프레소 잔에 나오는 일반적인 커피를 이야기하며 까페 꼬르따디또 Café Cortadito는 설탕과 프림을 넣어서 마실 수 있는 커피이다. 이 집은 각각 3MN, 5MN를 받고 있다.

요구르뜨 Yogurt는 가미가 없는 플레인 요거트를 말한다. 쿠바사람들은 거기에 설탕을 넣어 마시기도 한다.

레프레스꼬 Refresco는 일반적으로 음료수를 통칭하여 부르는 말이다. 일부 가게에서 레프레스꼬라고 하면, 탄산음료를 이야기하기도 하니 알고 있기 바란다.

피자 Pizza의 첨가 식재료에 따른 종류별 가격을 적어두고 있다.

치즈 (께소 / Queso) – 10MN
햄 (하몽 / Jamón) – 15MN
양파 (쎄볼랴 / Cebolla) – 15MN
피망 (삐미엔또 / Pimiento) – 15MN
돼지고기 (까르네 데 쎄르도 / Carne de Cerdo) – 20MN

※ 30MN의 파밀리아 고고는 이 집의 스페셜 피자다.

CAFETERÍA

CAFÉS		PIZZAS	
CAFÉ	3.00	QUESO	10.00
CORTADITO	5.00	JAMÓN	15.00
		CEBOLLA	15.00
YOGURT	5.00	PIMIENTO	15.00
REFRESCO	2.00	CARNE/C	20.00
		Familiar GOGÓ	30.00

PANES		HAMBURGUESAS	
Tortilla/QUESO	10.00	SENCILLA	15.00
TORTILLA/JAMÓN	10.00	C/ JAMÓN	20.00
Jamón y Queso	15.00	C/QUESO	20.00
Jamón Doble	20.00	Especial y Jamón y Queso	25.00

빵 Panes의 첨가식재료에 따른 종류별 가격이다.
계란과 치즈 (또르띠야, 께소 / Tortilla ,Queso) – 10MN
계란과 햄 (또르띠야, 하몽 / Tortilla, Jamón) – 10MN
햄과 치즈 (하몽 이 께소 / Jamón y Queso) – 15MN
햄 두 배 (하몽 도블레 / Jamón doble) – 20MN
※ 우리가 흔히 샌드위치라고 부르는 음식을 쿠바에서는 그냥 빵 이라고 부른다. 또르띠야는 오믈렛이라고 생각하며 되겠다.

햄버거 Hamburguesa의 첨가 식재료에 따른 종류별 가격을 적어두고 있다.
기본 (쎈실랴 / Sencilla) – 15MN
햄 추가 (하몽 / Jamón) – 20MN
치즈 추가 (께소 / Queso) – 20MN
스페셜 햄, 치즈 추가 (에스뻬시알 / Especial) – 25MN
※ 기본은 말 그대로 빵과 패티만 들어있는 햄버거이다.

쿠바의 음악 Music

아름다운 카리브 해의 자연 조건만으로도 매력적인 쿠바이지만, 많은 관광객들이 쿠바를 찾고 또 쿠바를 특별하다고 여기는 이유 중 하나가 쿠바의 음악임에 틀림없다. 1990년대 후반 '부에나 비스타 소셜클럽'이라는 다큐멘터리 영화와 음반으로 전 세계에 재조명된 쿠바의 음악은 여전히 쿠바의 인기 관광상품이다. 관광객들이 자주 들르는 Obispo 거리를 걷다보면 어디에선가는 끊임없이 부에나 비스타 소셜클럽의 노래들이 라이브로 연주되고 있다.

이브라힘 페레르 Ibrahim Ferrer

셀리아 크루스 Celia Cruz

아르뚜로 산도발 Arturo Sandoval

중남미 여러 국가들의 역사적 배경은 각각의 나라에서 독특한 음악 장르를 탄생시키기도 했는데, 아르헨티나의 탱고 Tango, 브라질의 쌈바 Samba 그리고 쿠바에서는 쿠바 손 Son cubano과 룸바 Rumba가 대표적이다. 이후 쿠바 음악은 맘보, 볼레로, 차차차, 살사 등의 리듬으로 발전하여 오늘에 이르고 있으나 근래에는 같은 문화/언어권인 중미 지역 타 국가와의 빈번한 음악적 교류 및 미국 팝문화의 영향으로 인해 젊은 층이 즐기는 음악에서 우리가 기대하는 쿠바 음악의 느낌을 찾기는 쉽지 않다.

잘 알려진 뮤지션으로는 부에나 비스타 소셜클럽으로 널리 알려지게 된 '이브라힘 페레르 Ibrahim ferrer', '꼼빠이 세군도 Compay Segundo', '오마라 뽀르투온도 Omara Portuondo' 등과 미국에서 왕성하게 활동했던 '셀리아 크루즈 Celia Cruz', 아프로 쿠반 재즈의 전설적 피아니스트 '추초 발데스 Chucho Valdés', 10개의 그래미어워즈 수상과 그의 망명에 대한 이야기가 영화화되기도 했던 재즈 트럼펫 연주가 '아르뚜로 산도발 Arturo Sandoval' 등이 있다. 젊은 층들이나 클럽에서는 빠른 비트의 살사 밴드들이 큰 인기를 얻고 있으며, '마크 앤써니 Mark Anthony'나 '빅토르 마누엘레 Victor Manuelle' 등의 중미권 대중가수들이 국경에 구애없이 많은 사랑을 받고 있다. 현재 사랑받는 쿠바 대중 뮤지션으로는 '로스 반반 Los vanvan', '아바나 쁘리메로 Habana primero', '핏 불 Pit bull' 등이 있다.

부에나 비스타 소셜클럽 Buena Vista Social Club

한 때 쥬라기공원이 자동차 150만대를 수출하는 경제적 효과를 가지고 있다는 말이 한국 영화산업을 술렁이게 했던 적이 있다. 그렇다면 부에나 비스타 소셜클럽이라는 영화와 앨범이 쿠바에게 가져다준 혜택은 어떻게 측정할 수 있을까? 게다가 1990년대 후반에 발표된 영화와 앨범의 매력은 주요 멤버들이 사라진 지금에도 여전히 관광객들을 쿠바로 불러들이고 있다.

한 때 '부에나 비스타 소셜클럽' 이라는 이름으로 명성을 얻던 가수와 연주자들은 1950년대 후반 공산주의 혁명 후 제대로 된 대접을 받지 못하고 점차 사라져 갔다. 이후 젊은 세대들은 쿠바 재즈나 쿠바 손보다는 팝과 빠른 비트의 살사에 관심을 보였고, 한 때의 뮤지션들은 40년이 지나 이미 흰머리를 휘날리며 구두를 닦아 생계를 유지하거나 발레 학원에서 반주를 하며 하루를 살아가고 있었다.

1997년 쿠바 음악에 관심이 많던 영화음악감독 라이 쿠더와 그의 아들 요아킴 쿠더는 그들을 다시 찾아 6일 만에 앨범을 한 장 만들어내게 된다. 그리고, '베를린 천사의 시, '파리, 텍사스'의 감독 빔 벤더스가 그들이 뉴욕 카네기 홀에 서게 되는 과정까지를 담아 1999년 다큐멘터리 영화 '부에나 비스타 소셜클럽'이 탄생하게 된다.

이브라힘 페레르의 기름기 없이 애절한, 오마라 뽀르뚜온도의 풍성한, 꼼빠이 세 군도의 낮게 읊조리는 보컬들의 다채로움과 다양한 실력과 쿠바 연주자들의 끈끈하게 밀고 당기는 리듬의 향연은 전 세계에서 600만 장이 팔리며 폭발적인 사랑을 받았다. 2000년 이브라힘 페레르는 72세의 나이로 그래미 신인 예술가상 받았고, 영화는 아카데미 다큐멘터리 부문 노미네이트를 포함해 그 외 여러 영화제에서 수상하거나 후보에 오르며 인기를 더하게 된다.

이후 같은 이름으로 활동하면서 많은 앨범들을 발매하고 꾸준히 해외 활동을 해왔으나 현재는 주축이던 꼼빠이 세군도나 이브라힘 페레르 등은 이미 세상을 떠났고, 남아있는 멤버들도 왕성하게 활동하지는 않고 있다.

사실 그들이 쿠바에 없던 새로운 음악을 한 것이 아니기에 당시에나 지금에나 쿠바 내에서의 반응은 전 세계적인 열광과는 조금 다르다. 실제로 쿠바 내에서 그들의 음악이 주로 들리는 곳은 관광객들이 자주 방문하는 곳인 경우가 많고, 일반 가정에서 그들의 음악을 일부러 듣는 풍경을 만나기는 쉽지 않은 것이 사실이다. 자국민에게 크게 사랑받지 못해도 관광객을 위해 지속되는 유사(?) 부에나 비스타 소셜클럽의 향연들이 조금 어색하기는 하지만, 오래된 나무의자에 차분히 앉아 꾸바 리브레 한 잔을 앞에 두고 그들의 연륜 넘치는 목소리를 듣고 있다 보면 어쨌든 역시 쿠바에 오길 잘했다는 생각이 저절로 들 수밖에는 없다.

쿠바의 춤 Dance

쿠바를 대표하는 춤이라면 당연히 살사지만, 정확히 살사가 쿠바에서 생긴 춤은 아니다. 쿠바 손 Son 리듬에 영향을 받아 뉴욕에서 '살사'라는 이름을 얻은 이 춤은 중미 대부분의 지역에서 추고 있는 춤이며, 살사에는 맘보나 룸바 등의 동작도 녹아있어서 딱히 경계도 정확한 편은 아니다. 다른 라틴 아메리카의 춤처럼 남성이 춤을 리드하고 여성은 기본 동작들을 남성의 리드에 맞춰 추는 춤으로 많이들 알고 있는 아르헨티나의 탱고보다는 더 움직임이 경쾌하고 빠르게 추는 춤이다. 탱고는 서로가 몸을 거의 밀착해서 추는 반면에 살사는 서로 마주 보고 반 보 정도 떨어져서 추는 것이 기본이다. (물론 밀착해서 추는 커플들도 있다.) 때문에 의외로 모르는 사이끼리 춤을 추기에도 부담이 없고, 경쾌하고 빠른 움직임 덕에 탱고의 농밀하고 정적인 아름다움과는 다른 재미를 가지고 있다 할 수 있겠다.

여성의 경우는 기본 스텝, 턴 동작, 간단한 몇 가지 피규어만 익히면 남자의 리드를 따라하는데 큰 문제가 없으므로 처음 배우는 데 오랜 시간이 걸리지 않아 쿠바에 춤을 배우러 오는 관광객들도 적지 않은 편이다. 남성의 경우 기본 스텝과 턴 동작 외에도 여러 가지 동작과 순서들을 익혀야 무리없이 리드를 할 수 있기 때문에 아무래도 여성보다는 배우기가 어렵다.

살사 외에도 쿠바에서는 아프리카의 영향이 진하게 남은 전통춤과 젊은 층들에게 사랑받는 도미니카의 춤 바차타 Bachata, 쳐다보고 있으면 낯이 뜨거워지는 앙골라의 춤 키솜바 Kizomba 등을 추고 있으나 클럽이나 공연장에서 가장 쉽게 접할 수 있는 춤은 역시 살사이다.

현재 라 아바나에서는 클럽 1830이 살사 클럽으로 가장 유명하고, 호텔 플로리다 내의 클럽과 까사 데 라 무지까로 살사를 추는 많은 사람이 모여들고 있다. 클럽 출입 시에 남성은 반바지를 입을 경우 입장이 제한되는 경우가 많으니 긴바지를 입고 가도록 하자.

쿠바의 시가 Cigar

쿠바의 시가가 유명하다는 걸 모르는 사람은 없을 것이다. 담뱃잎을 재배하기에 가장 좋은 날씨와 생산 공정을 수작업으로 진행할 수 있을 만한 저렴한 인건비의 조합이 오늘날까지 이어지는 쿠바 시가의 명성을 유지할 수 있게 하고 있다. 담배와 시가의 가장 큰 차이점은 담배는 마른 담뱃잎을 분쇄해서 종이에 싼 것이고, 시가는 담뱃잎을 말린 이후 그대로 한 장 한 장 포개어 만든다는 것이다. 담배의 경우 브랜드마다 고유의 맛을 위해 화학적 첨가물이나 필터를 다양하게 이용하고 있지만, 시가는 별도의 화학첨가물을 이용하지는 않는다. 농장에 따라 담뱃잎 건조공정 전에 꿀이나 과일주스 등에 담그는 과정을 거치고 있지만 모두 자연 첨가물이다.

꼬이바

빠르따가스

몬떼끄리스또

시가를 피우는 법

시가는 담배와 달리 연기를 목 뒤로 넘기지 않고, 입 안에만 머금었다가 뱉어낸다. 취향에 따라 연기를 목 뒤로 넘기기도 하지만, 필터가 없어 진한 연기를 삼키는 것이 쉬운 일이 아니다. 시가는 향과 입 안에 남는 맛을 위해 피우는 것이므로 연기를 입안에 잠깐 머금어 충분히 향을 느낀 후에 뱉어 내야 한다.

시가 만드는 법

쿠바에서 가장 좋은 담뱃잎은 삐나르 델 리오 주의 비냘레스 인근에서 재배되는 것으로 알려져 있으며, 그중 가장 좋은 담뱃잎을 꼬이바 Cohiba 제조에 사용한다. 시가 한 대를 만들기 위해서는 10~12장의 담뱃잎이 사용되는데, 짧게는 6개월 길게는 3년을 숙성시켜야 하고, 온도 및 습도 등을 예민하게 유지해야 하므로 비싼 가격을 투정할 수만은 없다.

시가 종류

쿠바 시가의 최고 브랜드는 단연 꼬이바 Cohiba다. 담배 농장별로 품질에 따라 꼬이바를 생산하는 농장과 몬떼 끄리스또, 빠르따가스 등을 생산하는 농장으로 나뉘는데, 언제나 가장 좋은 담뱃잎은 꼬이바에 사용되고 있다. 물론 가장 고가이며 종류도 다양하다. 빠르따가스와 몬떼 끄리스또가 꼬이바의 뒤를 잇고 있으며, 로미오 앤 줄리엣으로 알려진 로메오 이 훌리에따도 고급 시가로 취급되고 있다. 시가 전문점에 가면 꼬이바를 12~20CUC, 빠르따가스와 몬떼끄리스토가 7CUC, 로메오 이 훌리에따가 4CUC 선에서 판매되고 있다. 물론 각 브랜드마다 종류와 크기, 품질에 따라 더 고가의 제품들도 찾아볼 수 있고, 관따나메라나 벨린다 등 저렴한 시가도 판매되고 있다.

시가를 살 때는

일단 길거리에서 시가를 판다는 사람은 쫓아가지 말자. 친근하게 다가와 대부분 골목 구석의 집으로 데리고 간 후 강매하는 분위기를 조성하는데, 품질도 장담할 수 없다. 유명 호텔의 담배 전문점이 가장 종류가 다양하고, 온도 및 습도 조절을 통해 보관도 잘 하고 있다. 가격은 아르마스 광장의 가게나 베다도 23가의 가게가 조금 저렴하지만 큰 차이는 나지 않고, 오비스뽀 거리 바 플로리디따 바로 옆의 Casa del ron y tabaco cubano가 비교적 다양하고 적당한 가격의 제품들을 판매하고 있다.

쿠바의 영화 Cuban Film

한국에서 쿠바 영화를 접한다는 것이 쉬운 일은 아니지만, 구할 수만 있다면 쿠바의 문화와 생활상을 이해하는 데 도움이 될만한 영화 몇 편을 소개하도록 하겠다. 라 아바나의 유명 영화관에서 해당 영화의 DVD를 판매하고 있으니 관심이 있다면 구매하는 것도 나쁘지 않겠다.

수이트 아바나 Suite habana

쿠바의 중견 감독 페르난도 뻬레스의 다큐멘터리 영화로 1990년대 초중반 쿠바의 어려웠던 시기를 가감 없이 건조하게 담아냈다. 거리에서 땅콩을 팔아 연명하는 할머니, 철도 노동자로 생활을 영위하는 색소폰 연주자. 쿠바를 떠나려는 한 남자 등 여러 등장인물의 녹록지 않은 생활상을 그대로 드러내면서 쿠바인들이 어떤 시기를 어떻게 지나왔는지를 보여주고 있다. 스스로 '특별 시기'라고 부르는 90년대 초중반의 몇 년 동안의 생활상을 현재의 아바나와 비교하여 보는 재미도 있을 듯하고, 무엇보다 지금 쿠바인들의 생활 방식을 이해하는 데 큰 도움이 될 듯하다.

아바나스테이션 Habanastation

어린이들을 소재로 한 유쾌한 영화로 쿠바에서 귀하디귀한 플레이 스테이션을 두고 두 학생 사이에서 벌어지는 사건을 그려냈다. 정규 급여가 20USD 수준인 쿠바에서 플레이 스테이션은 쉽게 구할 수 없는 장난감이다. 플레이 스테이션을 가지고 있는 부자집 아이와 플레이 스테이션이 뭔지도 몰랐던 가난한 집 아이가 플레이 스테이션을 두고 얽히며, 다 같이 가난하기만 했던 쿠바에 생겨나고 있는 빈부 격차와 지역적 차이를 드러내고 있다.

호세 마르띠 : 까나리아의 눈
José martí : el ojo del canario

역시 페르난도 뻬레스의 작품으로 쿠바가 국가적 영웅으로 추앙하고 있는 호세 마르띠의 유년과 청년 시절을 다루고 있다. 스페인출신 부모의 슬하에서 7남 1녀 중 장남으로 태어난 호세 마르띠의 가정사, 쿠바혁명에 대한 아버지와의 충돌 등을 주로 소개하고 있는데, 거의 전설적인 인물로 추앙되고 있는 한 인물의 내면을 세밀하게 묘사하면서 호세 마르띠가 혁명 전쟁을 시작하면서 겪었을 내면적 갈등을 보는 이들이 짐작할 수 있게 하고 있다.

비바 VIVA

미용사 헤수스는 여장하고 공연을 하는 드랙퀸들의 머리를 손질해주며, 자신도 무대에 서고 싶어한다. 이 영화는 가장 최근에 한국에 소개된 쿠바 영화로 2015년에 제작된 만큼 현재의 쿠바를 가장 잘 엿볼 수 있다. 낡은 건물들과 암울한 주인공의 생활상이 여행자가 기대하는 쿠바와 다를 수는 있지만, 그것이 지금 쿠바라는 것은 틀림없다.

쿠바를 그린 영화 Film

쿠바를 그리고 있는 다른 나라의 영화를 살펴보자.

맘보 킹
Mamabo King

안토니오 반데라스가 아직 신인이던 때 출연한 영화로 음악 영화에 가깝다.

두 뮤지션 형제가 쿠바를 떠나 미국에서 겪는 형제애를 담았다. 배경이 쿠바인 장면은 도입부 잠깐뿐이고 영어로 만들어진 미국 배경의 헐리우드 영화이기 때문에 쿠바의 정취나 생활상을 엿볼 수는 없지만, 'Guantanamera', 'Perfidia' 등 사랑받는 쿠바 음악 등이 삽입돼 귀를 즐겁게 하며, 셀리아 크루즈가 등장해 쿠바 음악 영화로서의 정통성을 인증하는 듯한 느낌을 주기도 한다. 형으로 출연한 아만드 아산떼의 남성미 넘치는 호연이 가슴을 저미는 영화다.

치코와 리타
Chico y Rita

매력적인 색채와 그림체로 포스터만으로도 눈길을 사로잡는 이 영화는 스페인과 영국의 영화사가 만든 쿠바의 음악과 사랑에 대한 영화이다. 추초 발데스의 아버지이자 유명 쿠바 뮤지션인 베보 발데스가 음악을 담당하며 쿠바 음악의 깊이와 흥겨움을 더 하고 있다. 스토리 전개가 다소 급한감은 있으나, 1950년대의 쿠바와 지금의 모습을 사실적으로 담아냈다는 평을 듣고 있다. 영화 내에서 등장하는 Tropicana는 아직도 운영되는 유명 카바레이고, Hotel Nacional 등 실제 장소를 그대로 그려내는 장면이 많아 유심히 살려본다면 또 다른 재미를 느낄 수가 있다.

※ 'Sabor a mi'라는 곡은 사실 멕시코 노래이다.
※ 초노 파소는 정말 그렇게 죽었다고 한다.

대부 2 The God father part 2

아버지와 형을 대신해 조직을 운영하는 마이클 꼴레오네는 라 아바나로의 사업확장을 위해 유대계 미국 마피아 하이먼 로스를 만나러 쿠바로 간다. 영화에서 등장하는 여러 에피소드들이 실제 쿠바의 역사에 기반하고 있어, 당시 쿠바의 사회적 분위기를 느낄 수 있다. 영화가 제작될 당시에는 미국 영화를 쿠바에서 촬영할 수 있는 상황이 아니었기에 로케이션은 인근 중미 국가에서 했지만, 프레도가 돈가방을 들고 들어가는 Hotel Capri는 실제로 유대계 미국 마피아 마이어 랜스키가 운영하던 곳이었고, 쿠바 대통령이 미국 기업들에게 금으로 된 전화기를 받는 에피소드도 실제 이야기라고 한다.

체 1 Che part 1

피델 까스뜨로와 체 게바라가 멕시코에서 만나는 장면으로 시작하는 이 영화는 체 게바라의 이야기를 담은 두 편의 시리즈 중 첫 번째이다. 천식으로 고생하면서 산악 지대에서 힘든 게릴라 생활을 계속하는 체 게바라의 모습을 보면 '혁명의 아이콘'이라는 명성을 쉽게 얻지 않았다는 걸 알 수 있다. 산따 끌라라 기차 습격 사건을 영화의 하이라이트로 그리고 있으므로, 산따 끌라라를 방문할 계획이 있다면 미리 봐두는 것도 좋겠다.

살아 꿈틀대는 쿠바의 아름다운 심장

LA HABANA

라 아바나 시

LA HABANA

라 아바나는 어떨까?

쿠바의 수도인 '라 아바나'는 비 스페인어권에서는 'Havana' 라고 쓰이기도 한다. 하지만, 정확한 스페인어 명칭은 정관사 'La'를 포함하며 'B'를 사용하는 'La Ciudad de la Habana'이다. 마야베케 Mayabeke 주와 아르떼미사 Artemisa 주를 모두 포함하여 라 아바나 주였으나 현재는 모두 분리되어 라 아바나 주는 없어지고, 라 아바나 시만 남아있다. 현지인들이 '라 아바나'라고 부르고 있으므로, 쿠바에서 의사소통의 편의를 위해 이 책 에서는 '라 아바나'로 기술하겠다.
쿠바의 가장 큰 도시이며, 제국주의 시절에는 중남미의 금이 모여들던 곳, 또 한때는 미국의 관광객과 마피아들이, 지금은 북미와 유럽의 관광객들이 끊이지 않고 찾고 있는 이곳. 도대체 왜 사람들은 계속해서 이곳으로 모여드는 것일까?

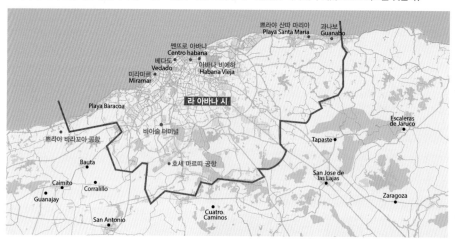

아바나 비에하 & 쎈뜨로 아바나 Habana Vieja & Centro Habana 쿠바의 수도 라 아바나 La habana 의 가장 오래된 구역으로 라 아바나의 시작부터 현재까지를 한눈에 볼 수 있는 곳이다. 각광받는 관광지인 Obispo거리, Plaza vieja 등과 라 아바나의 저소득층이 살고 있는 배후 주거지는 쿠바라는 이름의 예술작품에 강렬한 색채를 더하고 있다.

베다도 Vedado 베다도 지역은 아바나 비에하와 쎈뜨로 아바나의 팽창으로 라 아바나에서 계획적으로 구축한 소위 신도심이다. 하지만, 그것도 오래전의 이야기이고, 지금의 베다도는 '신도심'이라기 보다는 구도심 지역보다 조금 더 깨끗하고 덜 붐비는 라 아바나의 구역일 뿐이다. 관광객들을 위한 볼거리들은 많지 않지만 유명 호텔들이 모여있고, 상대적으로 깨끗한 덕에 이 곳에서 숙박을 하는 관광객들은 의외로 아주 많은 편이다.

미라마르 Miramar 라 아바나에서 가장 부자들이 사는 곳이 어디냐고 묻는다면 다들 미라마르라고 이야기 한다. 행정구역 '쁘라야 Playa'의 남쪽 해안 방향을 미라마르라고 부르는데, 실제로 부유층이 살 뿐 아니라 대부분의 외국 대사관, 미라마르 무역센터, 다수의 관광호텔 등이 자리 잡고 있어 상대적으로 고급스러운 분위기를 풍기는 곳이다.

쁘라야 산따 마리아 & 과나보 Playa Santa Maria & Guanabo 라 아바나 근처에서 해수욕을 즐길 수 있는 곳으로 관광객 뿐 아니라 현지인들도 자주 찾는 해변이다. 쁘라야 산따 마리아에서 과나보까지 길게 뻗어 있는 모래사장으로 라 아바나에 길게 머물면서 바다가 그립다면 바라데로나 유명 까요들 보다는 못하더라도 이곳에서 충분히 그리움 정도는 달랠 수 있을 듯하다.

LA HABANA

라 아바나 미리 가기

스페셜 라 아바나

1. 파브리까 데 아르떼 꾸바노 Fabrica de Arte Cubano

쿠바의 현대 예술과 젊은이들의 놀이 문화가 궁금하다면 꼭 방문해보아야 할 곳

2. 말레꽁 Malecón

빼놓을 수 없는 라 아바나의 매력 포인트. 해질녘 해변 도로의 낭만과 여유는 놓치지 말자.

3. 클럽 1830 Club Mil ocho ciento treinta

살사의 매력에 빠지고 싶다면 무조건 클럽 1830.

4. 수 레스토랑 Restaurante Su

쿠바에서 한식을 먹고 싶다면, 제대로된 한국 식당 '수'.

5. 각종 공연

라 아바나라면 다양한 장르의 수준높은 공연을 합리적인 가격에 즐길 수 있다.

음악(재즈) – 라 소라 이 엘 꾸에르보 / La zora y el cuervo

음악(다양한 장르) – 가또 뚜에르또 / Gato tuerto

음악(쿠바음악) – 나시오날 호텔 내 살라 / 1930 Sala 1930

춤(발레) – 알리시아 알론소 아바나 대극장 / GTH Alicia Alonso춤(라틴음악과 춤) – 뜨로삐까나 / Tropicana

숙소

라 아바나는 꽤 넓은 도시라서 숙소를 어디로 정하느냐에 따라서 여행의 분위기가 크게 달라질 수 있다. 일단 아래 표를 참고하여 적당한 숙소를 정해보자.

	주요 관광지까지의 거리	거리 분위기	숙소 상태	식당	포인트
아바나 비에하	인접	지저분함	저급부터 고급까지 다양	다양한 식당들이 인접	중앙 공원 근처라면 좋은 위치
센뜨로 아바나	까삐똘리오 근처가 아니라면 애매한 위치	지저분함	저급부터 고급까지 다양	지역 내 드문드문 식당이 있고, 아바나 비에하의 식당 이용 가능	까삐똘리오 근처나 쁘라도 거리 근처라면 좋은 위치
베다도	차량을 이용해야 함	상대적으로 청결	중, 고급 숙소 분포	아바나 리브레 호텔 인근에 다수	아바나 리브레 호텔이 가까울수록 편리한 위치
미라마르	차량을 오래 이용해야 함	정리가 되어 있음	주로 고급 숙소	느슨게 있으나 차량 이동요	차량이 있다면 어디라도 비슷함
아바나 델 에스떼	차량을 오래 이용해야 함	비교적 한산함	일반 숙소 및 해변가 고급 숙소	인근에서는 불가, 차량 이동요	해수욕이 가능한 해변가라면 너무 좋음

대부분의 한국인 여행자는 아바나 비에하나 센뜨로 아바나에서 숙소를 정하고 있으며, 일부는 베다도를 이용한다. 위치 때문에 미라마르와 아바나 델 에스떼에 머무르는 여행자는 많지 않다.

라 아바나 드나들기

쿠바 내의 다른 도시로의 이동은 베다도 남쪽 끝부분에 있는 비아술버스 터미널에서 비아술버스를 이용하는 것이 가장 일반적이며, 기차 여행을 원할 경우 아바나 비에하의 중앙역에서 기차를 탑승할 수도 있다. 쿠바 내 대부분의 주요 도시에서 라 아바나로 비아술버스가 왕래하고 있어 라 아바나행 교통편을 구하기는 비교적 쉬운 편이다. 정규 교통편 외에도 인근 주요 도시의 터미널에서는 꼴렉띠보 택시도 왕래하고 있다.

라 아바나 드나드는 방법 **01** 항공

공항을 통해 라 아바나로 도착하였을 경우는 짐이 많은 경우가 대부분이기 때문에 택시를 이용하는 것이 가장 일반적이다. 공항건물을 빠져나오면 호객행위를 하는 택시 중 하나와 가격 흥정을 해야한다. 앞으로 수없이 겪어야 하는 흥정 중 그 첫 번째 흥정으로 대부분의 기사들이 간단한 영어는 하고 있으므로 크게 어렵지는 않다. 베다도까지는 20CUC, 아바나 비에하까지는 25CUC 정도의 선에서 이동하고 있다. P12, P16번 버스가 공항 인근을 지나고 있지만, 버스정류장에서 멕시코나 캐나다 노선이 주로 도착하는 3번 터미널까지 도보로 30분 정도가 소요된다. 무거운 짐과 피곤한 몸으로 어디인지 정확히 표시도 되어있지 않은 버스정류장을 찾아서지는 않기를 바란다. 그래도 택시비가 아깝다면, 차라리 택시를 같이 탈 일행을 찾아 택시비를 아끼는 방법이 현명하다.

호세마르띠공항 출국장

비아술 터미널에서 시내로

터미널 건물에서 나와 건너편의 동물원 입구 왼쪽편의 버스정류장으로 가면 27번 버스를 탑승할 수 있다. 27번 버스는 시간이 조금 오래 걸리긴 하지만, 베다도, 아바나 비에하등 관광객이 주로 숙박하는 지역으로 이동하는 버스로 40쎈따보MN 가격도 아주 저렴하다. 배차간격이 명확하지 않고 항상 탑승객이 많다는 것도 단점 중 하나이긴 하다. 오래 기다리기 힘든 경우, 터미널에서 택시를 이용하면 5~7CUC의 가격에 베다도 및 아바나 비에하 등으로 이동이 가능하다.

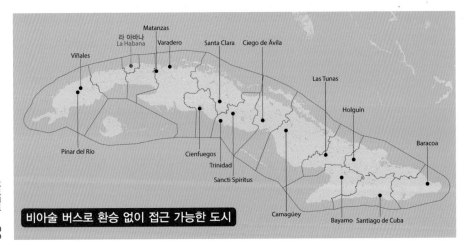

비아술 버스로 환승 없이 접근 가능한 도시

시내 교통

안타깝게도 쿠바는 대중교통이 잘 정비된 나라가 아니다. 그중 사정이 가장 나은 라 아바나이긴 하지만, 그마저도 여행자가 처음 접하기에는 어려움이 많다. 여행안내소인 인포뚜르 Infotur에 가면, P노선 버스인 메트로 버스 Metro bus의 노선도를 무료로 구해볼 수는 있지만, 그마저도 정확한 노선이 표기되지 않아서 일단 근처로 가서 몇 블록 정도는 걸을 각오를 해야 한다.

🚶 도보

시내교통을 설명하면서 도보 이동에 대해 설명하는 게 좀 이상하긴 하지만, 쿠바 라면 좀 더 걸어 다닐 수밖에 없다. 대중교통망이 촘촘하지 않고, 이마저도 이용 하기 쉽지 않아 택시비 지출이 부담스럽다면 잘 걸어 다닐 준비를 해야 한다. 아바나 비에하 관광 시에도 걸어야 하는 길이 길기 때문에 신발은 가급적 편하게 신는 것이 좋겠다. 그리고 무엇보다 중요한 것은 지도, 라 아바나의 관광구역은 거리표시가 잘 되어 있는 편이기에 거리명이 표기된 지도가 있고, 지도를 보는 데 어려움이 없다면 길을 잃지는 않겠다. 지도는 인포뚜르 Infotur에서 무료로 구할 수 있지만, 라 아바나 시내지도는 인기가 많아 안타깝게도 재고가 없는 경우가 대부분이다. 하지만, 책에 시내지도가 있으니 큰 걱정은 말자. 더 나아가 GPS가 작동되는 휴대폰용 혹은 패드용 지도 앱을 다운받아 사용하자. 의외로 쿠바 지도를 상세하게 옮겨놓은 앱들이 몇 종류가 있다. 보유한 기기의 GPS 환경을 먼저 확인한 후 (Wi-Fi 신호로 위치를 확인하는 기기는 쿠바에서 무용지물이다.) 쿠바에서 제대로 작동만 된다면, 한시름 놓고 다닐 수 있겠다.

🚌 시내버스(=구아구아)

메트로 버스와 옴니버스로 나뉘지만, 둘 사이의 큰 차이는 없다. 단지, 메트로 버스는 번호가 'P'로 시작하고 버스가 더 클 뿐 버스요금도 40쎈따보MN(한화 20원 정도)로 동일하다. 탑승 시에 운전사에게 직접 돈을 건네야 하며, 거스름돈은 없으니 미리 잔돈을 준비하거나 포기하자. 버스를 타겠다고 할 때마다 쿠바 지인에게서 가방을 앞으로 메라거나 지갑을 조심하라는 주의를 듣게 되는 걸 보면 소매치기가 빈번하게 일어나는 듯하니 주의하는 것이 좋겠다. 정류장마다 정류장 표시가 있긴 하지만, 정차하는 버스번호가 제대로 적히지 않은 경우가 대부분이고, 차내 안내방송은 기대하는 것도 사치스럽다. 결론적으로 쿠바에 초행이며, 스페인어를 못하는 여행자가 혼자서 시내버스를 타게 되는 상황은 그다지 권장할 만한 상황이 아니다. 까사 주인이나 인포뚜르에서 충분히 확인을 한 후 도전하도록 하자.

메트로 버스

주요노선

27번 : 루즈 항 – 아바나 비에하 – 베다도(아바나 리브레) – 산 끄리스또발 공동묘지 – 비아술 터미널

P5 : 쁘라야 – 미라마르 – 리니아 – 베다도(코펠리아) – 말레꽁(쎈뜨로 아바나) – 항만길 루쯔항

P11 : 알라마르 – 꼬히마르 – 모로성 앞 – 아바나 비에하 – 베다도(23가와 Ave. Presidentes 교차로)

P12 : 아바나 비에하 – 혁명광장 – 호세 마르띠 공항

P16 : 아메이헤이라스 병원 – 베다도(코펠리아) – 혁명광장 – 호세 마르띠 공항

옴니 버스

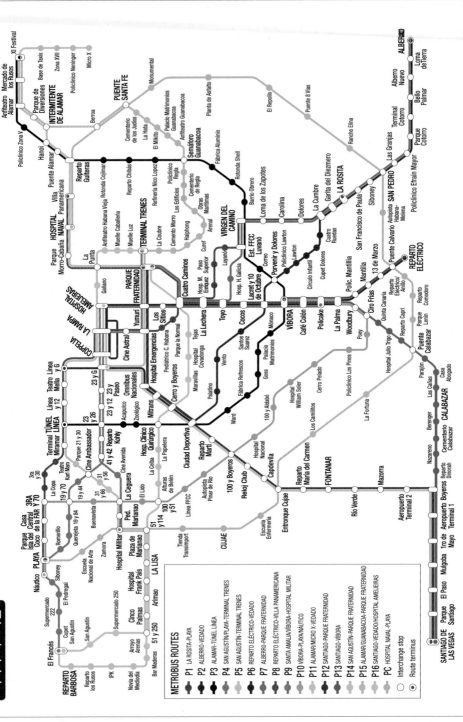

🚗 꼴렉띠보 택시(=마끼나)

방법만 익힌다면 저렴한 가격에 가장 유용하게 이용할 만한 교통수단이 바로 라 아바나의 명물 꼴렉띠보 택시이다. 관광객들은 대부분 베다도와 아바나 비에하 간을 이동하기 때문에 인당 10MN(한화 약 450원)의 가격으로 특정 구간을 왕복하는 꼴렉띠보 택시는 충분히 도전해 볼 만하다. 꼴렉띠보 택시는 방향이 같은 여러 사람들이 함께 타는 합승택시로 가는 길 중간중간 새로운 승객을 태우기도 하고, 승객이 원하는 곳에서 내려주기도 하는 교통수단이다. 거의 일정한 구간을 왕복하기 때문에 원하는 목적지까지 갈 수는 없고, 근처에서 내려 조금 걸어야 한다. 베다도–아바나 리브레 간 10MN, 베다도–리니아 간 10MN로 가격이 정해져 있는 것과 다를 바가 없어 따로 흥정할 필요는 없다. (아바나 리브레 – 리니아 간은 20MN) 꼴렉띠보 택시 차량의 특별한 특징은 없다. 대부분 'TAXI'라는 표시를 어딘가에 붙이고 있기는 하지만, 없는 경우도 있으므로 오래된 차량이라면 일단 손을 들어보고 차가 서면 방향을 이야기하면 된다.

꼴렉띠보 택시 타는 법

1. 아바나 비에하에서 베다도로 이동할 때
아바나 대극장 건너편 중앙공원 Parque Central에서 꼴렉띠보 택시를 세운다. 택시 기사에게 '베다도, 아바나 리브레'라고 가는 방향을 이야기하고, 방향이 맞아 택시 기사가 고개를 끄덕이면 빈자리에 탑승하자. 아바나 리브레 앞에 차가 서면 인당 10MN를 주고 하차한다.

2. 베다도에서 아바나 비에하로 이동할 때
아바나 리브레 호텔의 23가 쪽 옆면으로 가서 말레꽁 방향으로 가는 꼴렉띠보 택시를 세운다. (아바나 리브레의 바로 뒤편에서 우회전하는 경우도 있으므로 아바나 리브레 건물이 있는 블록에서 택시를 잡는 것이 좋다.) 택시기사에게 '까삐똘리오'라고 방향을 이야기하고, 택시기사가 고개를 끄덕이면 빈자리로 탑승한다. 까삐똘리오까지 가거나 가기 전 원하는 목적지에서 세워달라고 이야기하고, 내릴 때 인당 10MN를 지불한다.

40~50년씩 된 꼴렉띠보 택시 차량은 아주 시끄럽고, 종종 바닥에 구멍이 뚫려 있거나, 사이드미러가 없는 경우도 있어 불안하기도 하고, 가끔씩 손님이 혼자일 경우 기사가 목적지까지 데려다줄 테니 3CUC를 달라는 흥정을 해오기도 하고, 기사가 스페인어로 어디에 내려줄지 어디로 갈지를 묻는 경우도 있어 스페인어

꼴렉띠보 택시

꼴렉띠보 택시 내부

를 못하는 초행자는 충분히 당황할 여지가 있다. 그럼에도 기약 없는 버스나 비싼 택시보다 여러모로 장점이 있어 익숙해진다면 가장 속 편한 교통수단이기도 하다. 안타깝게도 공항이나 비아술 터미널까지 이동하는 꼴렉띠보 택시는 없지만, 꼴렉띠보 택시를 세워서 택시처럼 데려다 달라고 흥정을 하면 일반택시보다 싼 가격으로 이동할 수 있으므로 시도해보는 것도 괜찮겠다.

일반적인 택시요금

- 아바나 비에하 - 베다도(아바나 리브레 호텔) : 5CUC
- 베다도(아바나 리브레 호텔) - 비아술 터미널 : 5~7CUC
- 베다도(아바나 리브레 호텔) - 호세 마르띠 공항 : 20CUC
- 아바나 비에하 - 호세 마르띠 공항 : 25CUC

택시

🚗 택시

골치 아프기 싫고, 경비에 여유가 있다면 역시 그냥 택시를 타는 게 가장 편하다. 라 아바나에 현재는 미터기로 운영되는 택시는 없고, 다양한 형태의 차량들이 택시영업을 하고 있다. 정부에 허가를 맡은 후 개인이 영업하는 형태로 운영되며 노란색 택시, 흰색 택시, 검은색 택시 등 외양도 다양하다. 꼴렉띠보와 다른 점이라면 노후하지 않은 세단이 대부분이고, 창문이 열리고 닫히며, 에어컨이 가동된다는 것이다. 큰 도로 어디에서나 택시를 잡을 수 있지만, 큰 호텔 주변에 가면 더욱 쉽게 찾을 수 있다. 미터기가 없으므로 탑승하기 전에 기사와 택시비 흥정을 마쳐야 하는데, 시세를 잘 모르는 관광객들에게 일단 가격을 높게 부르고 보는 기사들이 많기 때문에 주의할 필요가 있다.

택시요금의 경우 정해진 가격이 없고, 비/성수기에 따라 기사들의 태도가 달라지기 때문에 기재된 가격표에서 큰 차이가 나지 않는 선에서 흥정을 하면 되겠다. 흥정을 위한 영어 숫자 정도는 기사들도 알고 있으므로 스페인어 숫자를 몰라도 본인이 영어 숫자를 잘 알고 있다면 흥정에 큰 지장은 없다.

투어버스

라 아바나에서는 3개 노선의 투어버스가 운영되고 있으며, 각 주요 노선은 다음과 같다.

T1 아르마스 광장 - 중앙공원 - 리비에라 호텔 - 쁘레지덴떼 호텔 - 혁명광장 - 꼴론 공동묘지 - 알멘다레스 공원 - 콜리 호텔 - 꼬빠까바나 호텔 - 뜨리똔 꼼쁠레호 - 라 쎄실리아 - 미라마르 무역센터 - 국립수족관

T2 마리나 헤밍웨이 - 세실리아 레스토랑 - 국립수족관 - 시라 가르시아 병원 - 미라마르 무역센터

T3 중앙공원 - 요새입구 - 비야 빤아메리까나 - 비야 바꾸라나오 - 따마라 - 비야 메가노 - 호텔 뜨로삐꼬꼬

5CUC(T1은 10CUC)을 지불하면 같은 노선을 하루 동안(저녁 6시까지) 운영) 이용할 수 있는 탑승권을 준다. (다른 노선은 이용할 수 없으니 유념하자.) 각 노선이 1회 투어에 2~3시간 정도의 시간이 소요되며, 짧은 일정일 경우 빠르게 라 아바나를 돌아보기에 유용한 교통수단이다. 별도의 매표창구 없이 각 정류장에서 차량에 탑승하여 티켓을 구매하면 된다.

주요 정류장

중앙공원 잉글라떼라 호텔 건너편의 중앙공원에서 T1, T3 탑승이 가능하다.

세실리아 레스토랑 원래는 T1과 T2노선이 혁명광장에서 마주치게 되어있으나 현재 T2 버스가 혁명광장을 건너뛰는 경우가 많아 T1을 타고, 세실리아 레스토랑에서 T2를 탈 수가 있다.

아바나 리브레 호텔 아바나 리브레 호텔 앞길인 L가를 따라 아바나 대학교 방향으로 50여미터 정도 걸어가면 왼편에 정류장이 있다. T1 탑승이 가능하다.

호텔 뜨로삐꼬꼬 산따 마리아 해변을 방문하고 돌아올 경우 주로 이용하게 되며, 뜨로삐꼬꼬 호텔의 건너편의 Las Terrazas가에서 T3 탑승이 가능하다.

TIP

주의

산따 마리아 해변으로 가는 T3노선의 경우 2층 투어버스가 아닌 일반관광버스가 이동하고 있으므로 버스 앞 유리창에 표시된 번호를 유심히 살펴보도록 하자.

그 외 교통수단

택시 루떼로 Taxi Rutero
꼴렉티보 택시처럼 일정한 구간을 이동하는 승합차지만, 그리 많이 다니지 않는다.

꼬꼬 택시 Coco Taxi
관광용으로 운행되는 택시로 가까운 거리를 이동한다. 가격대비 효율성이 떨어지고, 관광의 기능이 커서 교통수단이라고 보기는 어렵다.

꼬꼬 택시

비씨 택시 Bici Taxi
주로 아바나 비에하, 쎈뜨로 아바나 지역에서 운용되는 자전거 택시로 자전거 뒷자석을 마차처럼 개조하여 운행한다. 쿠바인에게는 1CUC 정도를 받지만 외국인에게는 도 비싸게 받는다. 차가 다니지 않는 아바나 비에하 골목에서 더 걷고 싶지 않을 때 이용할 수 있다.

골목 구석을 누비는 비씨택시

클래식 투어카
주로 중앙공원 근처에서 관광객을 상대로 영업 한다. 25~30CUC의 가격에 1시간 정도 클래식 무개차를 타고 라 아바나 시내를 투어 할 수 있다.

투어 마차
라 아바나에서는 마차를 주 교통수단으로 이용하지는 않고, 관광용으로 이용하고 있나. 마찬가지로 중앙공원 근처에서 탈 수 있으며, 가격은 1시간에 20CUC 정도다.

산 까를로스 요새
Fortaleza de San Carlos
de La Cabaña

모로성
Castillo de los
tres Reyes del Morro

대성당광장
Plaza de la Catedral

아르마스 광장
Plaza armas

오비스포

비에하 광장
Plaza vieja

San Pedro

중앙기차역
Estacion Central
de Ferrocarril

HABANA VIEJA
아바나 비에하

까삐똘리오
El Capitolio

Ave de México Cristina

Via Blanca

아메이헤이라스 병원
Hospital Hermanos
Ameijeiras

Máximo Gomez

Durege

CENTRO HABANA
센뜨로 아바나

Zanja

Infanta

Infanta

Arroyo

Avenida 20 de Mayo

Calzada del Cerro

아바나 리브레
Habana libre

아바나대학교
Universidad
de la Habana

Avenida 23

Avenida de la Independencia

혁명광장
Plaza de la revolucion

Avenida de los Presidentes

공항방향
Avenida de la Independencia

Avenida 23

Zapedz

크리스또발 공동묘지
Necropolis Cristobal Colón

VEDADO
베다도

Avenida Paseo

Linea
리니아

Malecón
말레꼰

Calle 25

Avenida 23

비아술 터미널
Terminal de Omnibus Viazul

N

34

HABANA VIEJA & CENTRO HABANA

라 아바나 시
아바나 비에하 &
쎈뜨로 아바나

쿠바를 통틀어 가장 많은 관광객이 머물다 지나는 곳.
단연 쿠바 여행의 중심.

시내 교통

아바나 비에하 & 쎈뜨로 아바나(이하 구도심) 지역으로 외부에서 올 경우에는 일단은 중앙공원(빠르게 쎈뜨랄 Parque Central)이나 까삐똘리오 Capitolio로 오는 것이 좋다.
대부분의 택시기사들도 잘 알고 있고, 이곳에서부터 각 명소로 이동하기도 편리하다.

구도심 지역 내에서는 크게 별도의 교통수단이 필요할 일은 없으나, 모로성 이동시에는

1. 지도에 표시된 루즈항에서 1MN으로 바지선을 타고, 예수상이 있는 곳으로 이동이 가능하고, 그곳 에서 부터 도보로 모로성까지 이동할 수 있다.
2. P8, P11번 정류장을 확인하고, 탑승 후 터널을 건너 바로 하차 후 오른편 언덕으로 올라간다.

엣센셜 가이드 TIP

- 이 지역은 한국 관광객들 역시 가장 많이 방문하는 곳이다. 유명한 까사 호아끼나의 정보북에는 이 지역에 대한 유용한 정보들이 참 많다. 특히나 저렴한 옵션에 관한 설명이 많으므로 한 번쯤 방문에서 책을 살펴본다면 도움이 될 듯하다. 단, 역사가 오래된 만큼 오래된 정보도 많으니 적절히 참고하자.
- San Jose 가를 따라가면 나타나는 Galiano가에는 겉으로는 그리보이지 않지만, 지역 내 큰 상점들이 많다. 생필품의 경우에 그곳에서 구하기가 쉬우니 참고하자. 매장 입장 전에 건물 옆의 가방 맡기는 곳 Guardabolsa에 가방을 두고 입장하여야 한다.
- 말레꽁 외에도 Av. del Puerto가는 걸어볼 만한 길이다. 중앙역 인근에서 시작해 한번에 다 걷기 힘들더라도 한 번쯤 지나보기를 바란다.

말레꽁의 오래된 건물

📷 보자!

아바나 비에하 & 쎈뜨로 아바나

쁘라도 Prado 가를 중심으로 아바나 비에하와 쎈뜨로 아바나로 나뉘는 이 지역은 라 아바나에서 가장 오래된 지역이다. 관광객이 가장 많이 찾는 지역이며, 옛 시절의 영화와 현재의 안타까운 생활상을 동시에 들여볼 수 있는 곳이다. 대부분 명소는 오비스뽀 거리와 광장들이 모여있는 아바나 비에하에 있고, 쎈뜨로 아바나에는 까삐똘리오나 차이나타운 등 드문드문 방문할 만한 곳이 자리 잡고 있다. 통칭 '아바나'로 불리는 이 지역에서도 가장 중심지는 중앙 공원 Parque Central이라 할 수 있겠다. 아바나 대극장과 까삐똘리오가 바로 보이고, 호텔 빠르께 쎈뜨랄과 호텔 만사나가 자리 잡은 중앙 공원은 지역 내에서 관광객들의 이동량이 가장 많아 택시, 꼴렉띠보 택시, 관광 마차 등의 교통수단이 가장 많이 모여드는 곳이기도 하다.

추천 일정

첫째 날

- 까삐똘리오
- 아바나 대극장
- 국립미술관 (국제관)
- 오비스뽀 거리
- 아르마스 광장
- 대성당 광장
- 국립미술관 (쿠바관)
- 혁명 박물관
- 말레꽁

둘째 날

- 중앙역
- 호세 마르띠 생가
- 구 성벽
- 빠울라 산 프란시스꼬 교회
- 럼 박물관
- 비에하 광장
- 프란시스꼬 광장

Habana Vieja & Centro Habana
첫째 날

일단 조금 걸을 각오를 하자. 아바나 비에하 지역의 경우 골목이 좁아서 차가 들어가기도 힘들고, 비씨 택시를 이용할 경우 관광객 요금으로 바가지를 씌우기 일쑤다. 먼저 중앙 공원으로 가자. 아바나 비에하나 쎈뜨로 아바나에 있다면 걸어서 쉽게 찾을 수 있다. 일단 중앙 공원에 도착하면 까삐똘리오와 아바나 대극장이 공원에서 멀지 않은 곳에 보인다.

까삐똘리오 / 알리시아 알론소 아바나 대극장
Capitolio / GTH Alicia Alonso

1929년 당시 대통령인 마차도의 사업으로 미국 국회의사당을 본떠 더 큰 규모로 만들었다는 이곳은 쿠바 정부의 과학기술부 건물로 사용되다가 2013년부터 현재까지 대규모 보수공사 중이다. 92m 달하는 높이와 먼 거리에서도 보일 만큼 규모 있는 돔 형태는 도시의 랜드마크로서 역할을 담당하고 있다.

까삐똘리오

쿠바의 유명 발레리나 '알리시아 알론소'에게 헌정된 아바나 대극장은 저녁마다 밝혀진 조명으로 중앙 공원 근처의 분위기를 한결 풍요롭게 하고 있다. 쿠바 국립발레단이 사용하는 이 건물은 풍성하고 화려한 장식으로 오래된 건물들이 많이 자리 잡은 이 지역에서도 단연 눈에 띄는 건물이다. 국립발레단이 펼치는 공연은 라 아바나의 매력적인 볼거리 중 하나인 데다 가격도 그리 비싼 편은 아니니 고려해 봄 직하다.

아바나 대극장

🏃 국립미술관 국제관은 중앙 공원을 가운데 놓고, 아바나 대극장의 건너편에 있는
건물이다.

국립미술관 (국제관)

Museo Nacional de bellas artes 무세오 나시오날 데 벨랴스 아르떼스

국립미술관이라고 하지만, 박물관에 가까운 이곳은 해외의 미술품뿐만 아니라 유물도 전시해 두었다. 내부의 전시물들이 비교적 흥미롭지만, 유럽의 미술관에서 볼 수 있는 유명작들은 아쉽게도 보유하고 있지 않다. 스페인 식민 시절 유럽에서부터 들여온 16C~20C 초반 사이의 그림들을 보유하고 있으며 흥미롭게도 이집트, 로마, 아시아 등의 유물들을 일부 보유하고 있다. 기대하지 않고 입장했을 때에는 의외로 맘에 드는 작품을 발견할 수도 있겠고, 무엇보다도 건물 내부와 천장의 스테인드글라스 채광창이 쿠바에서 쉽게 보기 힘든 분위기를 자아내고 있다. 국제관과 쿠바관을 나누어서 운영하며, 쿠바관은 건물이 별도로 있으므로 혼동하지 않기를 바란다. 둘 중 한 곳만 관람을 원할 경우 각각 5CUC의 입장료를 받으며, 함께 관람할 경우 8CUC이다.

국립미술관 (국제관)

- 🏠 Cl. Obispo esq. a Agramonte
- 🕐 Open 화~토 10:00~17:30
- 🎫 국제관 단독 관람시 5CUC
  국제관+쿠바관 관람시 8CUC

www.bellasartes.cult.cu

국립미술관 (국제관)

오비스뽀 거리

🚶 국립미술관 건물을 나와 오른쪽으로 20m 정도를 걸으면 바로 La Floridita라는 바가 보인다. 그 앞 직진 방향으로 난 길이 오비스뽀 거리이다.

오비스뽀 거리 Calle Obispo 까예 오비스뽀

대부분의 교통편이 모여있는 중앙 공원에서 아르마스 광장이나 아바나 성당 광장, 비에하 광장으로 가기 위해 관광객들이 가장 많이 지나게 되는 길이 바로 오비스뽀 거리이며, 그로 인해 식당이나 기념품점들이 집중된 곳이 이 거리이다. 라 아바나의 수많은 거리 중 관광객들에게 가장 유명한 이 길에는 각종 기념품점과 이름이 알려진 식당들뿐만 아니라 까데까, 에떽사, 서점, 의류점, 관광안내소, 까사 빠르띠꿀라 등 관광객들에게 필요한 많은 편의시설이 자리 잡고 있다. 아바나 비에하에 숙소를 잡고 느지막이 일어나 오전에는 Nacional hotel에서 인터넷을 이용하자. 점심은 La lluvia de oro나 Europa에서 오후에는 근처 광장을 구경하다 환전도 하고 저녁에는 Hotel Florida의 살사 클럽에 들려 즐기다 보면, 하루를 그냥 오비스뽀 거리 근처에서 보내게 된다 해도 그다지 아쉽지가 않겠다.

사실 아바나 비에하의 뒷골목을 다니다 보면 드문 동양인에 대한 낯선 눈초리를 종종 마주치는 경우도 있다. 비교적 안전하다는 라 아바나이지만 환전 후 현금을 몸에 지니고 있다거나, 약간 늦은 저녁 아바나 비에하에 있게 된다면 조금 돌아가더라도 오비스뽀 거리를 통해가는 것이 마음 편하다. 많은 식당들이 늦게까지 영업을 하고, 경찰들은 100m 정도의 간격으로 순찰을 하고 있기 때문에 불상사가 생길 확률도 낮다.

🚶 라 플로리디따에서 출발해 오비스뽀 거리를 따라 계속해서 안쪽으로 걷다 보면 길이 끝나는 곳에 아르마스 광장이 나타난다.

아르마스 광장 Plaza de Armas 쁘라사 데 아르마스

'군대의 광장'이라는 이름이 다소 과격하게 느껴질 수 있는 이곳은 스페인 정복자들이 라 아바나에 도착해서 통치를 위해 건설한 첫 번째 광장이다. 그렇기에 이곳의 주요 건물은 국왕군성, 총독관저, 부관관저 등의 통치 시설물이다. 이 땅의 역사를 어떻게 바라보느냐에 따라 다르겠지만, 어쩌면 얼마 남지 않은 원주민들에게는 뼈 아픈 곳일 수도 있겠다. 유럽의 웅장한 건축물에 비하면 건축적 감흥이 덜 할 수도 있겠지만, 18세기 말 유럽 에서 두세 달 동안 배를 타고 건너온 기술자들이 부족한 도구와 재료들을 새 땅에서 새로 준비해 건물을 지어 내는 장면을 상상해본다면 간단히 '별로인데?'라는 감상만으로는 부족할 듯하다.

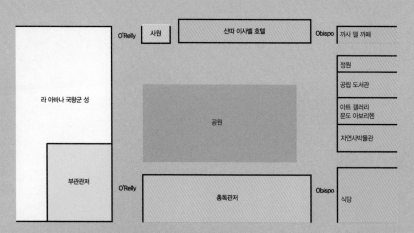

▨ **사원 El Templete** 라 아바나의 첫번째 미사가 진행된 장소이다. 매년 11월 15일, 라 아바나의 창립전야에는 사람들이 신전 안의 세이바나무를 돌며 소원을 빌기도 한다.
▨ **산따 이사벨 호텔 Hotel Santa Isabel** 이전에는 백작가문의 저택이었으며, 현재는 호텔이 운영되고 있다.
▨ **총독관저 Palacio de los Capitanes Generales** P.104 참조
▨ **부관관저 Palacio del Segundo cabo** P.104 참조
▨ **라 아바나 국왕군성 Castillo de la Real Fuerza de la Habana** P.105 참조

총독관저 / 부관관저
Palacio de los Capitanes Generales / Palacio de Segundo cabo
빨라시오 데 로스 까삐따네스 헤네랄레스 / 빨라시오 데 쎄군도 까보

스페인군의 총독과 부관이 살던 집이 나란히 옆으로 서있다. 이미지가 쉽게 다가오지 않는다면 영화 '카리브의 해적'에서 총독의 사무실과 사택이 있는 곳이라 생각하면 좋지 않을까? (물론 영화에서는 영국군이다.) 혹은 '조로 Zorro'의 탐관오리가 살던 곳? (물론 조로는 멕시코가 배경이다.) 당시에는 해군이 가장 중요한 군사력이었기에 배가 자주 드나드는 만 근처에 광장을 세우고, 도시 전체를 관장하는 총독의 관저도 이곳 아르마스 광장에 두었다.

열대식물인 두 그루의 야자수 나무가 정원에 시원하게 뻗어있고, 스페인 풍 건물이 이를 둘러싸고 있어 중의 식민통치를 위한 건물이라는 독특한 분위기를 잘 보여주고 있다.

총독관저는 1776년에 이곳에 자리 잡았고 현재 내부는 도시 박물관 Museo de la Ciudad으로 사용되고 있다.

라 아바나 국왕군성
Castillo de la Real Fuerza de la Habana
까스띠요 데 라 레알 푸에르사 데 라 아바나

아르마스 광장이라는 이름에 걸맞게 부대 주둔지로 쓰이던 성이다. 큰 규모는 아니지만, 총독관저가 세워지기 이전에는 총독이 함께 주거했고, 현재는 항해사 박물관으로 사용되고 있다. 내부에는 당시 바다를 주름잡던 다양한 종류의 배를 모형으로 제작해 함께 전시하고 있는데, 그 수량과 정밀함은 놀라운 수준이라 아니할 수 없겠다. 갤리언선의 특징과 제작 방법도 상세히 전시해 놓았고, 특히 1층에 전시된 '뜨리니다드 Trinidad호'의 모형은 쿠바 문화재청의 야심작이라 할 만큼 섬세한 디테일을 자랑한다. 건물의 종탑까지 올라가 볼 수 있으며, 국왕군 성에서 보이는 모로성과 싼 까를로스 요새로 이곳이 당시 군사적 요지였음을 확인할 수 있다.

라 아바나 국왕군성

🏛 Plaza de Armas, Habana Vieja
🕐 **Open** 화~일 09:30~17:00
   Close 월요일
🎫 3CUC
   사진 촬영 시 5CUC 추가

라 아바나 국왕군성

🚶 아르마스 광장에서 국왕군성 앞으로 난 O'Relly 가를 따라 말레꽁 반대 방향으로 두 블록을 지나면 San Ignacio가가 나온다. 그곳에서 우회전 해서 한 블록만 가면 대성당 광장이 시작된다.

대성당 광장 Plaza de la Catedral 쁘라사 데 라 까떼드랄

대성당 덕분인지, 몰려드는 관광객들에도 불구하고 들어서면 차분함이 먼저 느껴지는 이 광장은 다른 광장들에 비해서는 아담한 규모이다. 다른 광장들에 비해 보존 상태가 좀 더 나은 이곳의 건물들은 옛 풍모를 그대로 간직하고 있는 듯해 더 고풍스러운 분위기를 느낄 수 있을 듯하다.

싼 끄리스또발 대성당과 그 건너편에는 식민지 시절의 유물과 공예품들을 전시해 놓은 꼴론 아르떼 박물관이 있고, 조금만 걸어나가면 쿠바의 현대 미술 일부를 엿볼 수 있는 '그래픽 실험실'이라 이름 붙은 작업실이 있다.

아바나 대성당
Catedral de San Cristóbal de La Habana
까떼드랄 데 싼 끄리스또발 데 라 아바나

아바나 대성당은 1748년에 시작해 1777년에 완공되었다. 유럽의 성당들을 돌아봤던 사람들이라면 성당에 들어서자마자 왠지 뭔가 용서받는 기분에 한두 방울의 눈물을 흘려본 적이 있을 것이다. 아쉽지만 이 대성당에서는 없던 죄도 사해지는 것 같은 그런 느낌을 느

대성당 광장

아바나 싼 끄리스또발 대성당

끼기는 쉽지 않다. 웅장함이나 화려함보다는 소박하고 친근한 느낌을 주는 내부이지만 바로크 양식의 현란한 전면부는 비교적 아담한 규모의 건물에 대성당으로서의 지위와 품격을 더하는 듯하다.

※ 아바나 싼 끄리스또발 대성당은 대성당 광장에 면해 있다.

그래픽 실험실
Taller experimental de grafica 따예르 엑스뻬리멘딸 데 그라피까

국립미술관과 함께 현대 쿠바 미술에 대한 흥미로운 관찰이 가능한 곳이 대성당 광장 구석에 있다. 전면에 식당들이 많아 얼핏 보면 식당 같아 보이지만, 내부로 들어가면 최근의 작업물들이 벽에 전시되어 있고, 가끔은 막아놓고, 또 가끔은 들어가게 해주는 내부에서는 쿠바의 예술가들이 직접 작업을 하는 모습도 볼 수 있다. 전시되어 있는 작품들에서 느껴지는 수준은 예리하지 않은 눈으로 봐도 거리에서 파는 기념품들과는 다르다. 관광객을 위해 현란하고
그래픽 실험실

너무나 쿠바스러운 그림들을 파는 기념품점들과는 다르게 현재 쿠바 예술가들의 작품을 감상하고 싶다면 들러 볼 것을 추천한다.

※ 대성당 건너편 꼴론 아르떼 박물관의 왼편 깊숙한 곳을 보면 식당들 너머로 흰색 건물이 보인다.

국립미술관(쿠바관)

혁명 박물관

(걷기) 대성당 광장에서 대성당을 바라보고 바짝 다가가면 양쪽으로 나 있는 길이 Empedrado 가이다. 왼쪽으로 이 길을 따라 일곱 블록을 걷자. 걷다가 바다가 나왔다면 반대 방향으로 잘못 온 것이고, 왼편으로 작은 공원이 나왔다면 제대로 가고 있는 것이다. 일곱 블록 후에 나오는 현대식 건물이 국립미술관 쿠바관이다. Empedrado가에서 바라봤을 때 건물의 입구는 반대편에 있으므로 우회전 한 번, 좌회전 한 번이면 건물 입구가 보일 것이다.

국립미술관 (쿠바관)

🏠 Cl. Trocadero e/ A Agramonte y Bélgica

🕐 Open 화~토 10:00~17:30

📖 쿠바관 단독 관람 시 5CUC
국제관+쿠바관 관람 시 8CUC

www.bellasartes.cult.cu

국립미술관 (쿠바관)

Museo Nacional de Bellas Artes 무세오 나시오날 데 벨랴스 아르떼스

길거리의 그림만 보고 다닌다면, 자칫 쿠바의 미술 수준에 대한 오해를 안고 돌아갈 수도 있을 것이다. 국립미술관 쿠바관과 아주 간간히 만나게 되는 진지한 작가의 작업실을 보게 된다면 그들이 가지고 있는 쿠바 사회에 대한 문제 의식과 찬란한 태양 빛 아래에서 성장한 쿠바 미술가들의 찬란한 색채에 놀랄 수도 있다. 이곳에는 주로 19C 후반에서 20C 중반까지 활동한 쿠바 미술가들의 작품을 전시해두었고, 다소 낯설지만 충분히 매력적인 작품을 어렵지 않게 찾아볼 수 있다. 국제관과 쿠바관을 나누어서 운영하고 있고, 국제관은 건물이 별도로 있으므로 혼동하지 않기를 바란다. 둘 중 한 곳만 관람을 원할 경우 각각 5CUC의 입장료를 받으며, 함께 관람할 경우 8CUC이다.

(걷기) 국립미술관 쿠바관을 나오면 바로 전시된 보트가 보인다. 그 보트가 유명한 Granma 호이고, 그 너머로 보이는 건물이 혁명 박물관이다. 혁명 박물관의 입구는 쿠바관 입구에서 보이지 않는 건물의 반대쪽 면에 있다.

혁명 박물관 Museo de la Revolución 무세오 데 라 레볼루시옹

1920년대부터 대통령궁으로 쓰이던 이곳을 혁명 이후 혁명 박물관으로 사용하고 있다. 내부에는 쿠바 혁명과 관련된 자료들을 전시하고 있는데, 안타깝게도 스페인어로 된 설명뿐이라서 제대로 이해하는 데는 한계가 있을 듯하다. 전시관 너머 안쪽으로 들어가 보면 그란마Granma 호가 외부에 전시돼 있다. 쿠바에서 가장 유명한 이 배는 피델 까스뜨로와 체 게바라, 라울 까스뜨로 등을 싣고 1959년 비밀리에 쿠바에 상륙했다. 12명이 적정 탑승 인원인 이 배는 개조 후 82명을 싣고 멕시코를 떠났는데, 실제 그 배의 크기를 본다면 82명이 어떻게 탑승할 수 있는지 의아한 기분이 들 수도 있다. 혁명과 관련된 쿠바 전역의 여러 박물관 중에는 가장 규모가 크고, 전시물도 많다. 그래서인지 입장료도 다른 박물관보다 조금 비싸다.

말레꽁 Malecón 말레꽁

라 아바나에서 빼놓을 수 없는 명물, 말레꽁. 거센 파도를 잘게 부수기 위해 해안가에 설치한 방파제를 '말레꽁'이라 하고 사람들은 이 길도 말레꽁이라 부르고 있다. 산 살바도르 요새부터 미라마르로 가는 터널 앞까지 6Km 정도 되는 해안도로가 모두 말레꽁이다. 저녁이 되면 대부분의 구간에서 사람들을 찾을 수 있지만, 사람들이 가장 많이 모이는 구간은 쁘라도 가가 말레꽁과 만나는 부분이나 베다도의 나시오날 호텔 앞쪽이다. 흐린 날에 방파제를 넘어치는 높은 파도, 저녁이면 나와서 사랑을 속삭이는 연인, 저녁마다 시원하게 불어주는 바람 등 말레꽁을 매력적으로 만들어 주고 있지만 저녁에 혼자 나갔다가는 뻘쭘함과 외로움만 느끼다 돌아올 수도 있으니 주의하기 바란다. 말레꽁 주변에는 최근 들어 고급을 지향하는 식당들이 점점 더 생겨나고 있다. 물론 가격은 관광객용으로 조금 비싼 편이다.

혁명 박물관

🏠 Cl. Refugio e/ A Agramonte y Bélgica
📞 8624093, 8624094
🕐 **Open** 화~일 09:00~17:00
💲 8CUC

말레꽁

Habana Vieja & Centro Habana

둘째 날

라 플로리디따 앞에서 오비스뽀가와 직교하는 길은 Monserrate 가이다. 라 플로리디따에서 Monserrate 가를 정면으로 두고 봤을 때 왼쪽 방향으로 계속해서 15분 정도 걸으면 오른편으로 중앙역 건물이 보인다.

중앙역 / 호세 마르띠 생가 / 구 성벽

중앙역

중앙역은 비록 건물 내부에 실망하더라도 외부 만큼은 도시의 주요 시설로서의 품격을 뿜어내고 있다. 관광객들이 자주 이용하고 있진 않지만, 기차는 쿠바인들이 이용하고 있는 주요 교통수단 중에 하나이기에 건물 내부에서는 현지인들의 사는 모습도 조금 엿볼 수 있다. 관광객들은 이곳에서 기차표를 구매할 수가 없고, La Coubre라는 표지판을 쫓아 걷다 보면 그리 멀지 않은 Del Puerto가의 사무실에서 표를 구매할 수 있다.

🚶 중앙역 건물 정면에서 1시 방향에서 Leonor Perez 가를 찾을 수 있고, 그 거리의 초입에서 왼쪽에 호세 마르띠의 생가를 찾을 수 있다.

마르띠의 생가

쿠바 전역에서 만날 수 있는 호세 마르띠가 태어난 곳이 중앙역 앞에 있다. 스페인계 부모 밑에서 첫째로 태어난 호세 마르띠는 쿠바의 스페인으로부터의 독립을 지지한다는 이유로 젊은 시절 자신의 아버지로부터 한동안 눈 밖에 나 있었다고 한다. 이 집에는 호세 마르띠와 관련된 다양한 유품들을 전시해두고 있지만, 지구 반대편 나라의 독립 영웅이 한국인에게 얼마나 관심 있게 다가올지는 개인차에 따라 다를 듯하다.

🚶 중앙역과 호세 마르띠 생가 사이의 Bélgica 가를 따라 오던 방향으로 100여 미터만 걸으면 오른편으로 오래된 성벽 일부를 찾을 수 있다.

오래된 성벽

스페인 식민 통치 시절 라 아바나라는 도시를 만들고, 스페인군은 지금의 아바나 비에하 지역을 성벽으로 둘러쌓았었다고 한다. 이곳 라스 무랄랴스 Las Murallas는 이제 많이 남아있지 않은 성벽의 흔적이다. 만 건너편의 산 까를로스 요새에서는 저녁마다 포격식을 진행하는데, 식민 통치 시절 그 포격은 저녁이 되어 성벽의 문을 닫는다는 신호였다. 꽤 넓은 지역을 성벽으로 두른다는 것이 지금에는 쉽게 이해할 수 없는 시스템이지만, 포격이 있고 성안으로 들어가려 분주히 움직이는 사람들을 상상해본다면 그 당시의 삶을 조금 더 유추할 수 있을 듯하다.

🚶 Bélgica 가를 따라와서 성벽의 두 번째 조각을 지나면 가로로 놓인 길이 항만길 Del Puerto이다. 오던 방향에서 왼쪽으로 항만 길을 따라 계속 걸으면 멀리 만의 건너편이 보이고 색다른 풍경이 펼쳐진다. 7~10분 정도를 걸으면 작고 아담한 교회, 빠울라 산 프란시스꼬 교회가 보인다.

빠울라 산 프란시스꼬 교회

Iglesia de San Francisco de Paula 이글레시아 데 산 프란시스 데 빠울라

이 아담한 작은 교회는 교회 자체의 아름다움과 주변의 시원한 풍경 앞을 오가는 사람들의 모습과 함께 라 아바나에서 손꼽을 만한 분위기를 만들어 내고 있다.

1670년대에 건축되었다가 허리케인으로 인해 1730년에 개축된 건물은 여느 산 프란시스꼬회의 교회처럼 수수하고 소박하지만, 단정한 아름다움을 뽐내고 있는 듯하다.

빠울라 산 프란시스꼬 교회

🚶 항만길 Del Puerto을 따라 계속해서 걷자. 주변의 풍경이 나쁘지 않아 심심하지 않을 듯하다. 약 600m를 걸으면 왼편으로 금빛 나는 러시아 정교회 건물이 보이고, 그다음 블록에 럼 박물관이 있다.

럼 박물관 Museo del Ron 무세오 델 론

1층에는 럼 판매장, 바, 레스토랑이 있고 2층에는 전시실을 갖추고 있는 쿠바의 럼 브랜드 아바나 클럽의 럼 전시장. 영어가 가능한 가이드 투어도 함께 하고 있지만 투어라 이야기할 만큼 넓은 규모는 아니다. 1층 바 안쪽 벽면에는 럼을 이용한 12가지 칵테일 방법이 나와 있으니 알아두었다 숙소에서 직접 만들어 마시는 것도 괜찮겠다.

🚶 럼 박물관과 도스 에르마노스 식당 사이로 난 Sol 가를 따라 골목 안쪽으로 두 블록 우회전해서 한 블록을 가면 비에하 광장이 나온다.

럼 박물관

🏠 Av. del puerto esquina a sol Habana Vieja

🕐 **Open 박물관** 화~일, 09:00~21:00
가이드 투어 월~목, 09:00~17:30,
금~일 09:00~16:30
식당 무휴 09:00~21:00
매장 무휴 09:00~19:00
나이트쇼 월,목,일 21:45~24:00(예약요)

🎫 입장 무료, 가이드 투어 7CUC

📞 861 8051

럼 박물관

비에하 광장 Plaza Vieja 쁘라사 비에하

아바나 비에하의 여러 광장 중 사람들이 가장 많이 모이는 곳이 아닐까 한다. 특별히 유서 깊은 건물이나 명소가 있다기보다는 넓은 광장이 있어 사람들이 모이고, 사람들이 모이다 보니 광장 자체가 명소가 되었다.
이제 유명한 식당이나 전망대를 보기 위해 관광객들이 방문하는 곳이다. 광장 자체의 감흥은 좀 떨어질 수 있지만, 그렇다고 그냥 지나칠 수 없는 시끌벅적한 곳이 바로 비에하 광장이다.

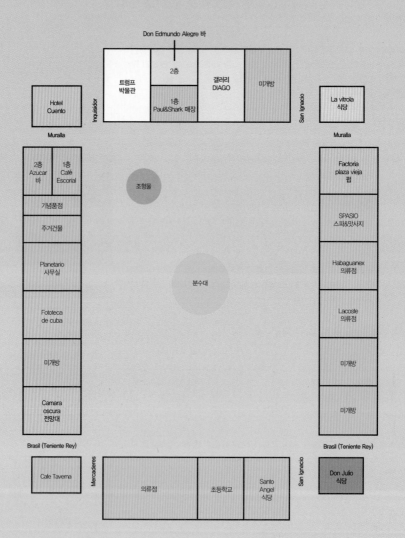

트럼프 박물관
한 때 카지노로 명성을 날리던 도시답게 각종 특징있는 트럼프들을 한곳에 모아두었다. 넓지는 않으니 잠깐 들러볼 만한 곳이다.

갤러리 디아고 DIAGO
강렬하고 흥미로운 유화들을 모아 전시해 두었다.

라 비트롤라 La vitrola 식당
라이브 음악이 자주 들리는 이 식당은 노랫소리를 따라 많은 관광객들이 모여들고 있다.

팍또리아 쁘라사 비에하 Factoria Plaza Vieja

돈 훌리오 Don Julio 식당

까마라 오스꾸라 Camara Oscura 전망대
P. 114 참조

꾸엔또 호텔 Hotel Cuento P. 114 참조

2층 바 Don Edmundo Alegre 와 Azucar
비에하 광장을 내려다보며 간단하게 식사를 하거나 음료를 마시고 싶다면 건물 사이로 나 있는 복도를 따라 계단으로 올라가 보자.

카페 에스꼬리알
Café Escorial

볶은 원두를 파는 가게로 더 유명한 카페 에스꼬리알. 하지만, 볶은 원두가 있는 날보다는 없는 날이 더 많다.

팍또리아 프라사 비에하
Factoria Plaza Vieja

줄을 서 기다려서라도 이 집 맥주를 마시려는 사람들이 있을 만큼 유명한 맥줏집이다. 직접 양조를 하는 곳으로 기다란 맥주 피처가 인상적이다. 비에하 광장에서 사람들이 가장 많이 모여 있는 곳으로 한눈에 찾을 수 있다.

돈 훌리오 식당
Don Julio

비에하 광장 내 식당 가격이 조금 부담스럽고, 멀리 가기에는 너무 배가 고프다면 돈 훌리오로 가자. 35MN 짜리 햄버거 하나와 35MN짜리 부까네로 한 병이면 급한 끼니 정도는 때울 수 있다. 맛은 크게 기대하지 말자.

돈 훌리오 식당

팍또리아 쁘라사 비에하에서는 빈 자리를 찾는 게 쉽지 않다.

까마라 오스꾸라 전망대
Camara Oscura

라틴 아메리카에는 하나뿐이라는 암실 광학 렌즈를 통해 비에하 광장과 주변을 실시간으로 볼 수 있는 흥미로운 기계 장치가 있다. Brasil가와 Mercaderes가의 모퉁이 건물에서 엘리베이터를 타고 8층으로 올라가면 매표소가 있는데, 엘리베이터가 고장 났을 때는 가야 할지 고민해 보자. 레오나르도 다 빈치의 기술로 만들었다는 광학 렌즈 외에도 건물 옥상에서 바라보는 비에하 광장과 라 아바나의 풍경은 입장료의 가치 정도는 한다. 건물 앞에 매표소가 별도로 설치되어 있다.

꾸엔또 호텔
Hotel Cuento

Muralla 거리와 Inquisidor 거리의 모퉁이에 심상치 않은 건물이 보수 공사 중에 있다. 1906년에 지어졌다는 이 건물은 라 아바나의 다른 곳에서 찾기 힘들만한 현란한 장식으로 치장되어 있다. 보수공사가 언제 끝날거 같냐는 질문에 관계자는 '나도 모르겠다.'고 대답한다. 언제가 되었든 공사가 완료되면 라 아바나의 새로운 명소가 될 것은 틀림없다.

🚶 비에하 광장에서 Mercaderes 가를 따라 까마라 오스꾸라가 있는 방향으로 한 블록을 갔다가 우회전하자. 한 블록 너머에 다시 광장이 보일 것이다.

산 프란시스꼬 광장 Plaza de Sán Francisco de Asís 쁘라사 데 싼 프란씨스꼬 데 아시스

라 아바나에서 가장 운치 있는 광장을 꼽으라면, 싼 프란씨스꼬 광장을 꼽겠다. 조금만 걸어나가면 바다가 보이고, 광장도 도로와 면해있어 답답하지 않다. 상공회의소 건물과 싼 프란씨스꼬 교회 건물이 풍기는 고풍스러운 느낌이 광장의 요란함을 무게감 있게 감싸고 있어, 이런 곳에서 누군가를 기다린다면 상대가 약속시간에 좀 늦더라도 근처 커피숍에서 느긋함을 즐기며 기다릴 수 있을 듯하다.

산 프란시스꼬 광장

아시스회 산 프란시스꼬 수도원
Convento de Sán Francisco de Asís
꼰벤또 데 싼 프란씨스꼬 데 아시스

산 프란시스꼬 광장의 무게감을 더해주고 있는 이 수도원은 1730년대 완공되었으며 교회 건물과 수도원 건물이 함께 있다. 완공 이후 정부 공관, 식당, 병원 등 여러 가지 용도로 사용되다가 현재는 박물관으로 운영하여 종교의식에 사용되었던 기념물들을 전시하고 있다. 건물 외부도 마찬가지지만 내부가 화려하게 장식되어 있는 편은 아니다. 건물 안쪽 파티오에 있는 계단을 통해 위쪽으로 올라갈 수 있으며 종탑에도 오를 수 있어 산 프란시스꼬 광장과 일대를 조망할 수 있다.

상공회의소
Lonja del Comercio
론하 델 꼬메르시오

산 프란시스꼬 수도원과 함께 광장의 품격을 더하고 있는 이 건물은 1908년에 완공된 상공회의소 건물로 현재는 여러 회사의 사무실로 이용되고 있다. 건물 내부로는 들어갈 수 있으나 사진 촬영은 금지하고 있다. 건물의 외부에 비하면 현대식으로 일부 리노베이션 하였으나 조화를 이루지 못하는 건물의 내부가 조금 안타까워 보이기도 한다.

아시스회 산 프란시스꼬 수도원

TIP
성당 앞의 조각상

성당 앞의 조각상은 라 아바나에서 유명했던 한 노숙인의 조각상이라고 한다. "El Caballero de Paris"(빠리의 신사)라고 불렸던 이 인물은 자신을 빠리에서 왔다고 소개하며 거리를 돌아다녔고, 라 아바나의 시민들 또한 그를 사랑했었다 한다. 1980년 중반 그가 사망한 후, 한 조각가가 그를 기려 이곳에 그의 조각상을 만들어 놓았다. 그의 수염을 만지고 발을 밟으면 행운이 온다는 말이 있어 그렇게 포즈를 취하고 사진을 찍는 사람들이 많다.

상공회의소

아바나 비에하 인근 ❶

엘 모로 El Morro

모로 요새와 산 까를로스 요새 그리고, 예수상이 이 곳의 볼거리이긴 하지만, 이 곳 엘 모로를 찾아야 하는 진짜 이유는 석양 무렵 이곳에서 바라보는 라 아바나의 아름다운 모습 때문일 것이다. 그런 이유로 이곳을 석양 나절에 방문할 것을 권하긴 하지만, 또 너무 늦으면 모로 요새 매표소가 문을 닫아 입장할 수 없기 때문에 조금 난감하긴 하다. 하지만, 모로 요새와 이곳의 석양도 빠뜨리면 후회할만한 라 아바나의

엘 모로

- 🎫 5CUC / 주간 차량 입장 시 1CUC 추가
- 📍 **버스** P8이나 P11번을 타고 터널을 지나 바로 하차
  배 페리 터미널에서 탑승

산 까를로스 요새 입구

명물이기에 이곳에 두 번 오게 되더라도 둘 다 볼 수 있기를 바라는 마음이다. 지도상에서도 알 수 있겠지만, 모로 요새와 산 까를로스 요새 그리고 산 살바도르 요새는 삼각형을 이루며 만의 입구를 지키고 있는 형상이다. 직접 요새의 높은 곳에 올라서 보면 왜 이곳에 자리를 잡게 되었는지 이해가 더욱 쉬울 듯하다.

라 아바나 항은 스페인 통치 시절 남아메리카에서 모아 온 금을 스페인으로 이동시키기 위한 금 집결지로 활용되었고, 그 때문에 쿠바섬의 남쪽 카리브 해 지역과 이곳 라 아바나 지역에는 해적의 출몰이 잦았다고 한다. '피터팬'이나 '보물섬'의 배경이 된 나라가 쿠바이고, 영화 '카리브의 해적'의 그 카리브 해가 쿠바의 남쪽 바다이니 이 지역이 한때 해적으로 얼마나 유명했을지는 짐작이 가능할 듯하다. 모로 요새와 산 까를로스 요새는 입구가 별도로 나 있고, 입장료도 별도로 지불해야 하며, 산 까를로스 요새에서는 저녁 9시에 포격식을 거행하고 있다.

엘 모로 이동하기

엘 모로 추천 코스

1. 최근에 배를 타고 엘 모로가 있는 까사 블랑카 지역으로 건너갈 수 있는 페리 터미널이 새로 마련되었다. 까사 블랑카로 가는 배와 레글라로 가는 배, 두 노선이 있으니 잘 구분해서 타기 바란다. 배를 타고 까사 블랑카로 이동하자.

2. 배에서 내려 위를 올려다보면 예수상이 보인다.

3. 멀지 않은 곳에 체 게바라의 집을 가리키는 간판도 찾을 수 있을 것이다. 여유가 있다면 둘러보자.

4. 예수상에서 뒤쪽으로 뻗은 길을 따라 왼쪽 방향으로 계속 걷다 보면 산 까를로스 요새의 입구를 찾을 수 있다. 1km 정도로 제법 멀다.

5. 산 까를로스 요새를 나오면 출구에서 엘 모로가 보인다.

6. 엘 모로를 관람하고 나면 바다 방향으로 터널과 도로가 보인다. 도로가 난 방향으로 길을 따라 내려가면 버스정류장을 찾을 수 있다. 이곳에서 타는 버스는 무조건 아바나 비에하를 지나게 되므로 타고 터널을 건너가자.

*전체 여정이 반나절 정도 걸리고, 적어도 3km는 걸어야 하는 길이니 날이 너무 덥거나 몸 상태가 안 좋다면 무리하지 않도록 하자.

아바나 비에하 인근 ❷

예수 성심 교회 Iglesia Del Sagrado Corazon de Jesus

이글레시아 델 사그라도 꼬라손 데 헤수스

쿠바의 교회들은 대부분 수수하고 친근한 디자인이라 실망스러웠을 수도 있다. 그렇다면 이 예수 성심 교회에서 조금 마음을 달래기 바란다. 유럽 굴지의 교회만큼 화려한 장식은 아니라도 구석구석 비어 보이지 않도록 채워진 장식과 스테인드글라스는 당신의 허전함을 조금은 달래줄 수 있을 듯하다. 내부나 외부 디자인, 종탑에 들어간 정성이 아바나 대성당에 뒤지지 않는 데다가 까삐똘리오와 함께 멀리서도 잘 보이는 몇 안되는 높은 건물이기에 충분히 방문해 볼 가치가 있다 하겠다. 단 주변에 이 건물 외에는 다른 볼거리가 별로 없어 마음을 먹고 방문해야 할 듯하다.

예수 성심 교회 이동하기

P4, P11, P12 번 버스가 이곳을 지난다. 프라떼르니다드 공원에서 버스를 탑승 할 경우 아바나 비에하에서 멀어지는 방향의 버스를 탑승해야 한다. 프라떼르니다드 공원에서 도보로는 1km가 약간 못 되는 거리로 20분 정도 걸리겠다. 프라떼르니다드 공원 에서 Simón Bolívar 가를 앞에 두고 섰을 때 오른쪽 방향으로 Simón Bolívar 가를 따라 걸으면 된다.

하자! ACTIVITIES

이 지역의 저녁 거리가 생각 만큼 떠들썩하지 않아서 의아할 수도 있겠지만, 쿠바 사람들은 길거리에서보다는 건물 안에서 놀기를 좋아하는 편이니 여기저기 물어보고 잘 찾는다면 신나는 저녁을 보낼 수도 있겠다. 늦게까지 여는 식당에서 라이브를 해준다면 조용히 즐기기에 그만한 곳이 없다. 좀 더 시끄러운 저녁을 원한다면, 까사 데 라 무지까나 호텔 플로리다를 찾는 것이 가장 좋고, 호텔 빠르께 쎈뜨랄 내부에서는 '부에나 비스타 소셜클럽'의 타이틀로 공연 티켓을 판매하고 있으니 참고하자.

Casa de la Música 까사 데 라 무지까

누가 뭐라 해도 이 동네에서 밤의 챔피언은 까사 데 라 무지까라 하겠다. 단 놀줄 아는 사람들에게는, 10CUC의 입장료는 다른 곳과 비교하면 조금 부담이 되지만, 밖에서는 쉽게 상상할 수 없었던 내부 홀과 쿠바의 다른 곳에서 찾기 힘든 대형 스크린을 보면 '바로 여기구나.'하는 생각이 들기도 한다. 라 아바나에서도 잘 나가는 가수들이 지치지도 않고 2~3시간을 연달아 공연하는 이곳은 오후 5시부터 새벽 3시 사이에 두 번 정도 공연을 진행한다. 본 공연 시작 1시간 전부터 입장이 가능하고, 늦게 갔다가는 자리를 잡지 못할 수도 있으니 그냥 제 시간에 가서 자리를 잡고 기다리는 것도 좋은 생각이다. 음악은 주로 빠른 비트의 살사 음악이며, 종종 일반 댄스 음악을 끼워 넣어 살사를 못 추는 관광객들도 배려하고 있다.

⌂ Cl. Galiano e/ Neptuno y Concordia
근처에서 까사 데 라 무지까라고 하면 누구나 길을 가르쳐 줄 것이다. 중앙 공원 근처로 Neptuno 가가 지나간다. 그 Neptuno 가를 따라서 오비스뽀가 있는 지역의 반대 방향으로 걷다가 다섯 번째 블록에서 우회전하면 간판이 보인다.
🎫 10CUC (공연팀에 따라 변경 가능) ◎ Open 17:00~01:00 사이 2타임 공연(게시판 확인 요)

Bar Asturias 바 아스뚜리아스

잘 찾아지지 않는 아스뚜리아스 바는 저녁 12시 정도는 되어야 활기를 띤다. 제대로 분위기를 타면 좁아서 움직일 틈도 보이지 않는 이곳에 제대로 스텝을 밟아가며 춤을 추는 쿠바 사람들은 정말 대단해 보일 뿐이다. 외국인이 대부분이고 일부 쿠바인들이 찾는다.

⌂ Paseo de Prado e/ Virtudes y Animas
중앙 공원에서 빠르께 쎈뜨랄 호텔의 정면을 보고 호텔의 왼쪽으로 쁘라도가를 따라 두 번째 블록 오른쪽이다.

사자! SHOPPING

사실 쿠바 전역에서 모두 비슷한 기념품을 팔고 있으므로 어느 지역의 특산품을 소개하거나 그곳에서 꼭 사야 할 것을 추천하기 힘든 쿠바이지만, 적어도 이곳에서는 다양한 품질과 다양한 가격대를 만날 수 있다. 큰 규모의 기념품점들이 몇 곳 있어 쇼핑하는 재미를 느낄만 하겠다.

싼 라파엘 시장
Mercado de Boulevard de San Rafael

기념품을 더 싼 가격에 사고 싶다면, 싼 라파엘가로 가보자. 싼 라파엘가는 주로 현지인들이 이용하는 상가로 들어서자마자 오비스뽀와는 확연히 다른 분위기를 느낄 수가 있다. 가격은 더 싸고, 흥정도 하기 나름이지만, 품질은 각자 판단하기 바란다. 시장은 건물 안에 있고 따로 간판이 없으니 거리 명으로 찾아보자.

⌂ Cl. San Rafael e/ Galiano y Aguila
빠르께 쎈뜨랄 건너편 잉글라테라 호텔과 아바나 대극장 사이에 난 길이 싼 라파엘 가다. 그 길을 따라 Aguila 가가 나오면 그다음 블록 오른쪽 하늘색 건물 1층이다.
◎ Open 09:00~18:00 (점포별 상이)

수공예품 정원 Patio de los artesanos 빠띠오 데 로스 아르떼사노스

오비스뽀 거리의 작은 공예품 장터로 산호세 공예 시장까지 가기가 부담스럽다면 이곳에서 물건을 사는 것을 추천한다. 흔히 다른 나라 관광지에서 판매하는 자석이 달린 기념품은 대부분 중국산인 경우가 많지만, 쿠바에서는 확실히 쿠바산이다. 그만큼 손 때 묻은 느낌을 느낄 수가 있지만 아무렇게나 달려있는 자석을 보고 귀찮아하는 예술가의 고뇌와 예술혼을 함께 느낄 수 있으니 물건을 잘 살펴보고 구매하도록 하자. 비교적 다른 기념품점보다는 품질이 좋은 제품을 판매하는 편이다.

🏠 Cl. Opispo, e/ Compostela y Aguacate
라 플로리디따에서 출발해 오비스뽀가를 따라 안쪽으로 걷다 보면 네 번째 블록 오른편이다.
🕓 Open 10:00~18:00

Casa del Ron y del Tabaco
까사 델 론 이 델 따바꼬

시가와 럼을 살 곳은 많이 있지만, 이곳은 꼭 들러서 가격을 비교해보기 바란다. 매장도 비교적 넓은 편이고, 제품의 종류도 다양해 고르기에도 좋을 듯하다. 그리고 시가의 온, 습도를 맞춰가며 보관하는 오비스뽀가에서는 거의 유일한 가게이기 때문에 민감한 구매자라면 더욱 방문해볼 것을 권하겠다.

🏠 Cl. Obispo e/ Bélgica y Bernaza
오비스뽀가 라 플로리디따의 바로 옆이다.

Vueltabajero 부엘따바헤로

고급 시가를 아바나 비에하의 제대로 된 가게에서 사고 싶다면 호텔 내의 매장도 좋다. 온도 조절이 가능한 보관소에 시가를 보관하고 있어 믿을 만하다. 가격은 정가를 받고 있고, 호텔 내부 판매점인 만큼 종류도 많은 편이니 구경만이라도 하고 싶다면 가보자.

🏠 Hotel Parque central, Neptuno, Habana vieja
빠르께 쎈뜨랄 호텔 로비 2층에 있다.
🕓 Open 09:00~20:00(무휴)

산호세 공예 시장
Mercado Artesanal San José

가장 큰 기념품점이다. 크게 고민하고 돌아다니고 싶지 않다면 산호세 공예 시장으로 가는 것이 정답이다. 판매하고 있는 물건은 크게 다르지 않지만, 그림이든 팔찌든 가죽 지갑이든 종류는 이곳에 가장 많다. 8,000㎡의 창고형 건물에는 1CUC 미만의 제품부터 500CUC가 넘는 제품까지, 쿠바가 아니면 살 수 없는 물건들과 굳이 쿠바까지 와서 사지 않아도 될 물건들이 다양하게 진열되어 있다. 벼룩시장처럼 각 부스마다 주인이 다르고 내부에는 간단하게 요기를 때울 수 있는 cafeteria도 있다.

🏠 Av. Del Puerto e/ Cuba y Habana

비에하 광장에서 San Ignacio 가를 따라 오비스뽀 가의 반대 방향으로 계속해서 해변이 보일 때까지 걸으면 해변가에 노란 긴 건물이 보인다.

Palacio de la Artesania
빨라시오 데 라 아르떼사니아

말 그대로 저택 하나를 지금은 기념품점으로 사용하고 있다. 내부에는 스낵 코너도 있으니 들려 쉬었다가도 나쁘지 않다. 판매하고 있는 상품들이 외부와 큰 차이가 있지는 않지만, 호젓한 분위기와 그늘이 있어 다른 곳을 헤매는 것보다는 낫다.

🏠 Cl. Cuba y Cubatacón

조금 복잡한 위치에 있지만, 가장 간단한 길은 플로리디따에서 출발해 오비스뽀가를 걷다가 Cuba가가 나오면 좌회전해서 직진하는 것이다. 여섯 블록 정도를 가면 왼편으로 건물이 보일 것이다.

Casa del cafe 까사 델 까페 La Taberna del Galeon 라 따베르나 델 갈레온

아르마스 광장에서 가까운 이 두 가게는 나란히 붙어서 비슷한 제품을 팔고 있다. 커피도 팔지만 그리 종류가 많지는 않고, 럼과 시가를 많이 팔고 있다. 멀리 가고 싶지 않거나 시간이 없다면 이곳을 이용해도 될 듯하다.

🏠 Cl. Barillo e/ Obispo y Obrapia

아르마스 광장에 있는 산따 이사벨 호텔의 바로 옆이다.

🍴 먹자! EATING

아바나 비에하나 쎈뜨로 아바나에서 관광객이 많이 몰리는 지역에는 고급을 지향하는 음식점들이 많다. 가격대는 10~30CUC으로 다양하고, 음식의 수준이 여느 외국의 레스토랑 같지는 못해도 점점 향상되고 있는 편이다. 관광객용 식당의 비싼 가격이 부담스럽다면 아바나 대극장과 잉글라테라 호텔 사이로 난 산 라파엘 가를 따라 골목 안쪽으로 들어가 보자. 이곳은 현지인들이 주로 이용하는 상업 지역으로 저렴한 먹거리들이 가득하다. 대부분은 피자나 햄버거 등이지만, MN로 저렴하게 판매하는 가게들이 많아 배낭 여행자들에게 소중한 거리라 할 수 있겠다.

차이나타운 Barrio Chino 바리오 치노 C C

그렇다. 그들은 이곳에서도 그들의 자취를 남기고 있다. 차이나타운. 여러 다른 나라에 있는 차이나타운에 비해 규모도 작고, 중국인들도 많은 편은 아니지만, 중국 음식이 그립다면 이곳을 찾아보자. 식당들이 크지도 않고, 중국인이 직접 조리하는 경우는 드문 데다가 많은 식당들이 중국 식당에서 인터내셔널 음식점으로 바뀌어져 있는 상황이라 기대했던 풍경이 아닐 수도 있지만, 여전히 몇 곳은 중식당으로 운영되고 있다. 바리오 치노 Barrio Chino라고 표시되어 있는 구역은 상당히 넓지만, 식당 가는 그중 일부이므로 잘 찾아보도록 하자.

🏠 Cl. Zanja esq. a Rayo

까삐똘리오와 프라떼르니다드 공원 사이의 Dragones가를 따라 까삐똘리오의 뒤쪽 방향으로 걷다보면 길이 두 갈래로 갈리고, 오른쪽 길이 Zanja가이다. 그 길을 따라 두 블록 정도만 가면 중국식 건축물이 보일 것이다.

Crepe Sayu 끄레뻬 사유 C

라 아바나에서 가츠동을? 일본인이 운영하는 작은 식당의 가츠동은 쌀이 조금 다를 뿐 우리가 알고 있는 그 맛과 비슷하다. 라 아바나 식당의 다른 음식들이 입맛에 맞지 않는다면 익숙한 맛을 찾아 이곳으로 가보자. 가격은 아주 저렴해서 쿠바인들도 종종 들르는 곳이다.

🏠 Cl. Aguacate esq. a Obrapia ⏰ Open 10:00~18:00, Close 일요일

플로리디따에서 시작해 오비스뽀 가를 걷다보면 머지 않아 Aguacate 가가 나온다. 우회전해서 Aguacate를 따라가면 그 블록의 끝에 끄레뻬 사유의 간판이 보인다.

La Floridita 라 플로리디따 C C C

어네스트 헤밍웨이가 다이끼리는 이 곳에서 모히또나 다른 곳에서 즐기며 여러 사람을 먹여 살리고 있는 듯 하다. 'MiDaiquiri ...... en el Floridita.' '내 다이끼리 ...... 플로리디따에 있다.' 라는 한 마디 덕에 이곳은 다른 곳보다 음식이든 다이끼리든 1.5배 정도 비싸다. 다이끼리의 맛은? 원한다면 직접 판단해보도록 하자. 내부에는 헤밍웨이의 동상이 설치되어 있어 많은 관광객이 사진을 찍고 있다. 입구 쪽은 바, 안쪽 홀은 레스토랑으로 운영되고 있다.

🏠 Cl. Obispo esq. a Bélgica ⏰ Open 11:00~01:00

중앙 공원에서 오비스뽀를 찾아가면 바로 보이는 첫 번째 집이다.

La lluvia de oro 라 류비아 데 오로 C C C

식사와 함께 음악을 즐기고 싶다면 라 류비아 데 오로를 가보는 게 좋을 듯하다. 건물의 어떤 구조 때문인지는 정확히 모르겠지만, 이 곳이 연주하는 오비스뽀가의 다른 어느 집보다 울림이 좋다. 음식에는 큰 차이가 없지만, 다른 곳과 차별화된 분위기 덕에 많은 관광객에게 이미 유명해진 집이다.

🏠 Cl. Obispo esq. a Habana ⏰ Open 09:00~01:00

플로리디따에서 시작해 오비스뽀가를 따라 걸으면 왼쪽편 코너에 자리 잡은 식당으로 찾기에 어렵지 않을 듯 하다.

Siakara 시아까라

호아끼나 까사와 가까이 있음에도 뜻밖에 한국 여행자들이 잘 모르는 곳 시아까라는 탁월한 분위기와 적당한 가격의 안주로 저녁이면 빈자리 찾기가 쉽지 않다. 저녁에 가끔 벌어지는 라이브 연주가 더해지면 음료 값이 전혀 아깝지 않은 곳

🏠 Calle Barcelona e/ Amistad y Industria

호아끼나 까사에서 나와 Industrial 가를 따라 까삐똘리오 뒤편으로 한 블록만 더 가면 오른편 길에 입구가 보인다.

Caly café 깔리 카페

저렴한 바닷가재 요리로 이미 한국인들에게 유명한 곳 점점 직원들의 서비스가 나빠져 불만이 생기고 있지만, 여전히 저렴한 가격의 바닷가재는 매력이 있다.

🏠 Calle San Martin e/ Galiano y Águila

호아끼나 까사에서 나오면 오른쪽으로 산 San Martin 가를 따라 세 번째 블록 오른편이다.

La Imprenta 라 임쁘렌따

바닷가재 요리를 잘 먹고 싶다면 약간 비싸도 이 곳으로 가자. 향과 분위기로 요리하는 이 식당은 누구와 함께 가도 실패한 적이 없다. 큰 인쇄소를 개조해 만든 이 식당은 쿠바에서 가장 멋진 식당 중 하나다.

🏠 Calle Mercaderes, 208 e/ Lamparilla y Amargura

산 프란시스꼬 광장에서 Amargura가를 따라 한 블럭을 지나고 Lamaparilla가에서 오른편으로 식당 입구가 보인다.

Nippon Shokudo 일본 식당 ©

1년 새에 노리꼬네 식당이 자리를 두 번이나 옮겼다. 최근에 자리를 옮기면서는 콘셉트도 바꿔서 이제는 평균 10 CUC 정도의 식당이다. 메뉴도 다양하고, 맛이 나쁘지 않아 외국인들도 자주 찾고 있는 식당. 더군다나 오다기리 죠가 촬영차 쿠바를 방문해 이곳에서 도시락을 싼 집이다. 직접 보았으므로 틀림없는 사실

🏠 Calle Bernaza e/ Obrapia y Obispo

플로리디따에서 시작해 오비스뽀가를 바라보고, 첫 번째 골목에서 오른쪽으로 돌자. 그 블록 끝 즈음 오른쪽이다.

NAO 나오 ©©©

오비스뽀의 1 번지라는 말이 수식어가 아니라 진짜 오비스뽀 거리의 번지수가 1인 식당이다. 아르마스 광장에서 일행과 조용히 식사하고 싶다면 조금 외진 것이 오히려 매력적인 이 식당을 추천하고 싶다. 대낮에도 환하지 않은 1층, 2층의 아담한 홀에서의 식사 후 좁은 골목 그늘에 놓인, 바다가 보이는 테이블에서의 후식은 여유를 느끼기 안성맞춤이다

🏠 Cl. Obispo 1, Habana vieja

Floridita에서 시작하는 오비스뽀 거리를 끝까지 가면 Hotel Santa Isabel이 나타나고 그 건물 옆에 난 작은길(오비스뽀)로 10m만 직진하면 식당을 찾을 수 있다.

🕐 Open 12:00~24:00(무휴)

La Bodeguita del Medio
라 보데기따 델 메디오 ©©

어네스트 헤밍웨이가 모히또를 마셨다고 유명해진 집인데 최근에 사실이 아니라고 밝혀진 듯하다. 어쨌든 이미 유명해진 후로 건물 외부와 내부가 손님들의 사인으로 가득한 이곳은 이제 지방에도 같은 이름의 바가 생기는가 하면 다른 나라에도 같은 이름으로 장사하는 집이 생겨나고 있다.

🏠 Cl. Empedrado entre Cuba y San Ignacio

아바나 대성당 정문 앞에서 대성당 광장을 보고 선 후 오른편 Empedrado 가를 바라보면 라 보데기따 델 메디오의 간판도 함께 보일 것이다.

Café Paris 까페 빠리스 ©©

오비스뽀 가를 걷다가 지쳐 '이제 좀 쉬어 볼까?'하고 생각하면 아마 근처에 카페 빠리스가 있을 것이다. 오비스뽀 가의 2/3 지점 관광객이 지칠만한 곳에 자리 잡은 데다가 오비스뽀 가에서 처음으로 나타나는 야외 테이블이 있는 카페라서 왠만하면 이곳에서 쉬었다가 가게 된다. 가격도 비싼 편은 아니고, 가끔씩 라이브 공연도 해준다.

🏠 Cl. Obispo esq. a San Ignacio

플로리디따에서 시작해 오비스뽀 가를 걷다 보면 여덟 번째 블록 코너에 있다. 아르마스 광장 두 블록 전이다.

Almacén de la madera y el tabacco
알마쎈 데 라 마데라 이 엘 따바꼬 ©©©

진짜 창고이거나 전시장 쯤으로 보이지만, 안으로 들어가보면 맥주를 직접 만들어 팔고 있는 집이다. 위치도 좋은 데다가 외부를 시원하게 바라볼 수 있게 지어진 건물은 지친 다리를 쉬어 시원한 맥주 한 잔을 마시기에 더 없는 곳이라 하겠다. 안주가 될만한 음식도 함께 팔고 있으니 곁들여도 좋다.

🏠 Av. del puerto y San Pedro,

항만길 Av. del Puerto에 산호세 공예 시장 바로 옆, 빠울라 산 프란시스꼬 교회 건너편에 있다.

Dos hermanos
도스 에르마노스 Ⓒ Ⓒ Ⓒ

항만길 Av. del puerto를 걷다가 시장하다면 도스 에르마노스에 들러 점심 한 끼를 하는 것도 괜찮다. 단, 기다리는 줄이 길지 않다면. 인근에 변변한 식당이 없는 데다가 헤밍웨이와 말론 브란도가 식사를 한 곳으로 알려져서인지 붐비는 편이다. Bar로 더 유명한 곳이라서 식사류가 다양하진 않지만, 점심을 해결할 만한 메뉴에 간단한 햄버거와 샌드위치도 있다.

🏠 Av. del puerto esquina a sol
항만길 Av. del Puerto에 러시아 오소독스 교회와 럼 박물관 사이에 있다. 저녁에는 인적이 없는 도로라서 저녁에 방문할 경우는 걷는 것보다 택시로 바로 가는 것이 좋겠다.

쟈쟈! ACCOMMODATIONS

기본적으로 아바나 비에하와 쎈뜨로 아바나 지역이 환경 면에서 지내기 좋은 곳은 아니다. 숙소의 내부뿐만 아니라 숙소가 있는 지역의 분위기와 청결도 또한 숙소를 정할 때의 중요한 기준이다. 그런 면에서 이 지역은 좋은 점수를 받을 수 없는 것은 확실하다. 하지만 어쩔 수 있겠는가? 이곳은 오래전부터 그래 왔고, 관광객들이 익숙해지는 수밖에 없다. 여러 명소에서 가깝다는 이유로 숙소 가격은 최근에 좀 올랐다. 저렴한 숙소는 15 CUC~20 CUC, 조금 깨끗하다 싶으면 25~30 CUC는 생각해야 한다. 물론 더 비싼 집도 많다. 도미토리도 가끔 찾아볼 수 있는 지역이다.

Hotel Lincoln 호텔 링꼰

인터넷에서 아주 저렴한 가격에 찾을 수 있는 호텔. '이 가격에 호텔이라니.'하고 놀랄 수도 있겠지만, 지내보면 그만한 사정이 있다. 건물 외양과는 달리 조금은 허술한 건물 내부에 실망할 수도 있지만, 이 가격에 허름한 조식이라도 챙겨주는 데다가 조식을 먹는 옥상 테라스의 전망은 여느 전망대 못지않다.

🏠 Cl. Galiano esq a Virtudes
쁘라도 가를 따라서 호텔 빠르께 쎈뜨랄 근처에서 Virtudes 가를 찾아보자. Virtudes 가를 찾았다면 그 길을 따라서 베다도가 있는 방향으로 걷자. 여덟 블록 정도를 걷다 보면 오른편 코너에서 높이 솟은 8층짜리 건물을 찾을 수 있다.

📞 8628061

Casa Joaquina 까사 호아끼나

이미 쿠바 관련 한국인 여행자들 사이에서 유명한 집으로 두 개의 방에서 시작해 최근에는 집의 거의 전부를 도미토리로 만들었다. 이 집이 유명한 건 저렴한 가격에 숙박할 수 있는 것 외에도 이곳을 지나쳐간 한국인들이 남겨둔 정보 북 때문이라 하겠는데, 이제 거의 검은빛을 띠는 페이지 안에는 여행자들이 남긴 이곳저곳의 노하우가 남아있으니 참고하는 것도 좋겠다.

🏠 Cl. San José No.116 e/ Industria y Consulado
아바나 대극장과 까삐똘리오의 사잇길인 San Jose 가에 있고, 아바나 대극장뒤로 두 번째 건물이다. 까사 마크가 낡아 잘 보이지 않지만, 자신감 있게 벨을 누르자. 누군가가 열쇠를 던져 줄 것이다.

📞 8616372 / (mob) 52539442 📧 ficopc@nauta.cu

Casa Omar 까사 오마르

말레꽁을 바라볼 수 있는 또 다른 집 하지만 안타깝게도
이 집에 테라스는 없다. 말레꽁 근처에는 이렇게 세를 놓는
집이 한둘씩 있으니 너무 이 책의 정보에만 의지하지 말고
찾아보는 것도 괜찮겠다. 허름한 틈에서 홀로 단정함을 뽐내는
이 건물에는 성격 탈탈한 아저씨가 살고 있다.

⌂ Cl. Malecon No. 63 alto e/ Genios y Cárcel
쁘라도 가를 따라 말레꽁으로 나와 베다도 방향으로 걸으면
2~3분 내에 왼쪽편으로 조그맣고 단정한 건물이 보일 것이다.
2층에 있는 집이니 잘 찾자.

☎ 8644265

Rosa's House 로사스 하우스

라 아바나의 명물 말레꽁을 매일 마주하는데 5CUC 정도를
더 지불할 수 있다면, 로사스 하우스가 나쁘지 않겠다.
쿠바에서 10년이 넘게 관광업을 해 온 덴마크인 집주인은
당신의 여행에 이모저모로 조언을 해줄 수도 있을 듯하다.

⌂ Cl. Malecon No.259 e/ Galiano y Blanco
쁘라도 가를 따라 말레꽁으로 나와 베다도 방향으로 걸으면 8분
정도 걸린다. Colon 가나 Trocadero 가를 이용하면 더 빨리 갈
수 있지만, 길을 헤맬 수도 있으니 주의하자. 높이 솟아있는 Hotel
Deauville 바로 옆 건물이니 이정표 삼아 찾아보자.

☎ 8635525 / (mob) 52937429
📧 rosamalecon@gmail.com / www.rosamalecon.dk

Casa Faruk 까사 파룩

언젠가 한 번 묵어보고 싶었지만, 일 때문에 몇 번 방문했을
뿐 결국 숙박은 못 해본 집. 터키에서 온 주인은 느린 영어로
의사소통할 수 있고, 약간 낡은 듯한 집의 분위기는 특이 취향을
저격한다. 내부인 듯 외부인 거실도 나름의 매력이 있는 집.
406번지에서 오른쪽 문으로 계단을 올라 2층이다.

⌂ Lamparilla #406 e. Bernaza y Villegas
새로 단장한 끄리스또 광장 Plaza de Santo Cristo을 찾아가면 근처에서
쉽게 찾을 수 있다.

Casa Ana María 까사 안나 마리아

안나 마리아의 집을 소개하는 이유는 딱히 이 집 때문만은
아닌 이 건물에 까사들이 많이 있기 때문이다. 게다가 이
지역의 집들은 그리 비싼 편이 아니므로 4~5개 정도 되는
집을 둘러보고 결정하는 것도 나쁘지 않을 듯하다. 안나
마리아의 방 중에는 에어컨이 없는 방도 있으니 유의해서
살피자.

⌂ Cl. Obrapia No.401apto 11, piso2 e/ Aguacate y
　Compostela
Obrapia 가는 오비스뽀 가의 바로 옆, 평행하게 놓인 도로이다.
Bélgica 가에서 Obrapia 가로 진입하면 네 번째 블록 오른편에 입구가
있다.

☎ 78643840 / (mob) 53241659

Hotel Manzana 호텔 만사나

오랫동안 개보수 중이던 만사나 호텔이 드디어 문을 열었다.
빠르께 센 뜨랄 호텔을 제치고, 동네 최고 호텔의 지위를
단숨에 빼앗은 듯하다. 호텔 체인 캠핀스키에서 운영 중인
호텔로 1층에는 전에는 쿠바에서 찾아볼 수 없었던 상점들이
자리를 잡고 있다. 가격은 당연히 비싸다.

⌂ Calle San Rafael e/Monserrate y Zulueta
일단 빠르께 센뜨랄로 가면 못 보고 지나칠 수가 없다.

Casa Maikel 까사 마이껠

Obrapia가에서 방 2개짜리 집 전체를 세놓고 있다. 깔끔하게 새로 단장된 집은 보기와 다르게 뒤쪽으로 깊어서 4~5명이 그룹으로 움직이거나 가족일 경우 충분히 고려할만한 옵션이라 하겠다. 집주인은 옆 건물의 바로 옆쪽 창문 2층에 살고 있고, 대부분 시간을 근처에서 보낸다고 하니 대문 앞에서 서성이다 보면 어딘가에서 나타나는 그를 만날 수 있을 것이다.

⌂ Cl. Obrapia No.355-A e/ Habana y Compostela

Obrapia 가는 오비스뽀 가의 바로 옆, 평행하게 놓인 도로이다. Bélgica 가에서 Obrapia 가로 진입하면 다섯 번째 블록 오른편에 입구가 있다.

☏ (mob) 52930693

호텔 빠르께 쎈뜨랄 Hotel Parque Central

427개의 객실에 2개의 수영장, 3개의 식당, 4개의 바, 스파, 헬스장 등을 갖춘 가히 아바나 비에하 최대 규모의 호텔이라 하겠다. 전면에 보이는 7층 짜리 건물뿐 아니라 거리 뒤편에는 9층 짜리 신관이 있고, 두 건물은 지하 복도로 연결이 되어 있어 내부로 이동이 가능하다. 1일 숙박료가 300CUC 정도로 규모에 걸맞는 가격을 자랑하고 있다. 투숙객에게 더 많은 혜택이 있긴 하지만, 투숙하지 않는다고 해서 입장이 불가한 것은 아니므로 한 번 돌아보는 것도 나쁘지 않다. 로비 1층의 바에서는 5CUC 정도에 잔잔한 라이브 피아노 반주와 함께 음료를 마실 수 있으므로 한국에 비해 굉장히 비싼 편은 아니다. 지친 발걸음을 쾌적하게 쉬어가기에는 이만한 곳이 없다. 숙박을 할 생각이라면 호텔보다는 캐나다나 쿠바 여행사를 통하는 것이 저렴하다.

⌂ Neptuno e/ Prado y Zulueta

쁘라도 가의 중앙 공원 바로 왼편에 있다. 까삐똘리오에서는 쁘라도 가를 따라 말레꽁 방향으로 가다 보면 오른쪽 중앙 공원 바로 다음 건물이다.

☏ 78606627

www.hotelparquecentral-cuba.com

아바나 비에하 & 쎈뜨로 아바나에 대한 이런저런 이야기

- 유난히 라 아바나가 자세히 나와있는 인포뚜르의 무료 지도는 쉽게 구할 수가 없다. 이 책의 지도가 충분하지 않거든 하나를 구매하는 것도 나쁘지 않을 듯 하다.
- 생필품이 필요할 때는 San Rafael 가를 따라 Galiano 가 까지 가보자. Galiano 가를 따라 몇 개의 대형 수퍼마켓이 있다. 그럼에도 찾지 못했고, 꼭 필요하다면 '까를로스 떼르쎄로 Carlos Tercero'를 물어 택시를 타고 가보자. 인근에서는 가장 큰 수퍼마켓으로 그 곳에서 찾지 못한다면 포기하는 편이 낫겠다.

까를로스 떼르쎄로

- 안경이나 콘텍트렌즈에 문제가 있을 경우는 오비스뽀 가에 '日 Almandares'를 찾아가면 해결책이 있을 수도 있겠다. 물론 한국에서 모두 대비하고 오는 게 최선이다.
- 비록 사진 전문가는 아니지만, 좋은 사진을 찍고 싶다면 관광객들이 다니지 않는 아바나 비에하의 뒷골목과 바람이 드센 날의 말레꽁을 노려보는 것이 좋겠다.
- 이 책에 소개지 않은 좋은 식당들이 이 지역에는 많이 있으므로, 식사에 대해서는 너무 책에 의존하지 말고 직접 찾아다녀 볼 것을 권하겠다. 다리가 너무 아프고 걷기와 더운 날씨에 지쳤을 때는 책을 펴 가까운 곳으로 가자.

Santo Doming

- 저렴한 식당이 필요한데, 오비스뽀가의 분위기도 느끼며 식사하고 싶다면, 카페 빠리스를 지나 대학건물 앞에서 'Santo Domigo'를 찾아보자. 그곳과 그 옆에서 저렴한 식사 거리를 찾을 수 있고, 앞쪽 테이블에서 식사할 수 있다.

LA HABANA

VEDADO

라 아바나 시
베다도

여전히 가난한 쿠바 중산층의 주거 구역.
쎈뜨로와 다른 느낌의 정갈한 거리들.

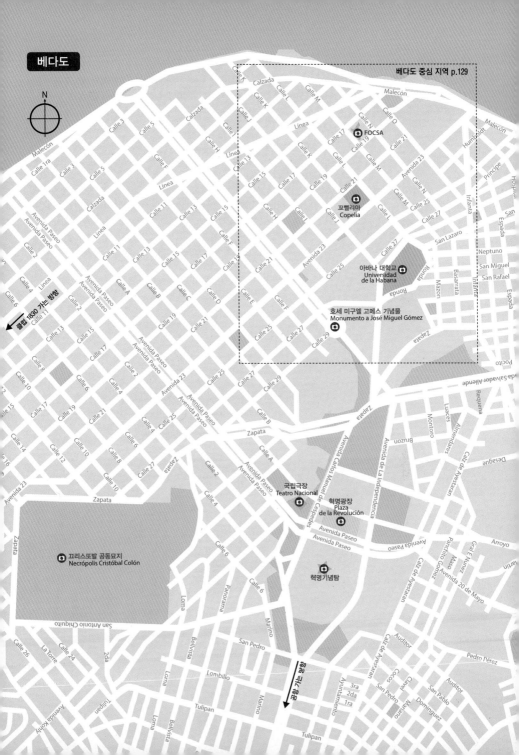

시내 교통

베다도 지역의 교통 중심은 아바나 리브레와 꼬뻴리아가 있는 교차로이다. 이 교차로를 통해서 리니아로 가거나 아바나 비에하 방향으로 또는 미라마르, 공항, 비아술 터미널 등 대부분의 지역으로 이동이 가능하므로 버스나 꼴렉띠보 택시 등은 이 근방에서 이용하는 것이 좋다.

23 y L 교차로

이 교차로에서 교통수단들이 이동하는 방향과 각 방향의 명소들을 간략히 설명하자면 다음과 같다.

1. **아바나 비에하 방향** : 23번 가에서 말레꽁으로 내려가는 방향 (내려가면서 우회전하여 이동한다.) / 아바나 비에하, 아메이헤리아스 병원, 까사 데 라 무지까 등
2. **리니아 방향** : 아바나 리브레 앞 일방도로가 향하는 방향 / 아마데오 롤단, 클럽 1830, 미라마르 무역 센터 등
3. **쁘라야 방향** : 23가에서 말레꽁이 보이는 반대 방향 / 혁명 광장, 끄리스또발 묘지, 공항, 까사 데 라 무 지까 (미라마르) 등

> ### 엣센셜 가이드 TIP
>
> • 최근 미 대사관의 역사적인 개관식으로 베다도 지역이 다시 한 번 주목을 받고 있다. 잊지 말고 미 대사관 건물을 지나보도록 하자.
> • 리니아 Linea, 빠세오 Paseo, 쁘레지덴떼 Presidente 가는 라 아바나에서도 가장 걸어볼만한 길이다. 볕이 강한 한낮은 피해서 여유를 갖고 걸어보는 것도 괜찮겠다.
> • 23가의 Paseo 가와 Presidente 가 사이에 최근에 분위기 있는 식당이 계속 생겨나고 있다. 연인과 분위기 있는 저녁 식사가 필요하다면 도전해보자.

베다도지역의 풍경

베다도 중심 지역

Calle M
Malecón
Calle O
Línea
Calle N
Hotel Nacional
Café California
Malecón
항공사 건물 ●
FOCSA
Casa Doris
Casa Orestes
에펙사
Calle 17
Hotel Capri
Calle K
Calle 19
La Casa del Tabaco
Calle L
Calle 21
Humboldt
라 람빠
Calle M
Calle 25
Avenida 23
La Zorra y el Cuervo
Calle N
El Café de los artistas
Príncipe
Mandarina
기념품 시장
Calle 19
극장 야라
Toke
Calle 21
인포뚜르
Infanta
꼬뗄리아
Copelia
Comercial Caracoal
Calle J
Habana Sí
Calle L
Hotel Havana Libre
Calle 25
Jovellar
Calle J
까데까
Waoo
Vapor
San Lázaro
은행
Jovellar
Espada
Cibo
Locos
San Lázaro
Casa Jorge
Neptuno
Casa Onelio
Casa Martinez
Avenida 23
아바나 대학교
Universidad de la Habana
San Miguel
Calle 25
Basarrata
Infanta
San Rafael
Ronda
Mazon
Café Presidénte
Ronda

N

호세 미구엘 고메스 기념물
Monumento a José Miguel Gómez
Zapata
Zanja
Calle 29
Zapata

📷 보자!

베다도 지역은 관광하기 좋은 지역이라기보다는 생활에 편리한 곳이다. 관광객들의 이동이 적지 않음에도 그리 붐비는 편이 아니다. 여전히 한국인의 평균적인 기준으로는 지저분한 동네이지만, 아바나 비에하에서 이곳으로 이동했다면 '깨끗하다'며 감탄을 할 수도 있을 정도로 비교적 쾌적한 편이다. 쎈뜨로 지역보다 볼거리는 확실히 없지만, 괜찮은 식당도 이곳 저곳을 잘 찾아보면 많이 있고, 가격도 나쁘지 않다. 23번 가와 아바나 리브레 앞의 L가가 만나는 곳을 중심지라 볼 수 있겠다. 명소들 간의 거리가 좀 멀어 걸어 다닐 생각이라면 마음을 굳게 먹는 것이 좋겠다. 쎈뜨로의 중앙 공원이나 L가의 아바나 리브레 오른쪽 블록에서 출발하는 투어 버스를 이용하는 것이 이 지역을 돌아보는 좋은 방법이다.

호텔 나시오날

🏠 Cl. 21 y O
📞 836 3564
⊙ 레스토랑, 바, 수영장, 테니스장
📖 124~1,000CUC
www.hotelnacionaldecuba.com

🚶 말레꽁에 면해있는 호텔 나시오날 건물은 어렵지 않게 찾을 수 있겠지만, 입구는 말레꽁의 반대편에 있어 조금 주의 깊게 살펴야 하겠다. 23번 가와 말레꽁이 만나는 근처로 이동하면 클래식한 건물을 쉽게 찾을 수 있고, 입구를 찾기 위해서는 극장 라 람빠 La Rampa의 옆을 지나는 O가를 따라 라 람빠의 건너편으로 계속 걸어가면 200m 이내에서 찾을 수 있다.

호텔 나시오날 Hotel Nacional

1930년부터 운영되고 있는 호텔 나시오날은 1950년대를 전성기로 화려한 시절을 보냈고, 여전히 많은 관광객이 즐겨 찾고 있는 곳이다. 건물 내부로 들어가면 이곳을 찾은 많은 유명인의 사진을 볼 수 있는데, 윈스턴 처칠, 케빈 코스트너, 에바 가드너 등 각계의 유명인들이 쿠바에 오면 이곳에 묵었다는 것만 봐도 이 호텔이 소위 얼마나 잘 나갔었는지 알 수 있을 테다. 굳이 투숙객이 아니더라도 정문을 들어가 정원 정도는 편하게 거닐 수 있으니 방문해보기를 권한다. 호텔 나시오날의 정원 레스토랑과 바에서는 말레꽁과 멀리 아바나 비에하가 한눈에 보여 시원한 전망을 즐길 수 있다.

🚶 FOCSA 건물도 호텔 나시오날 건물 만큼이나 커서 쉽게 찾을 수가 있다. 나시오날 호텔 정문으로 나와 오른쪽으로 O가를 따라가면 19번 가가 바로 나온다. 그 길을 따라 왼쪽으로 두 블록만 올라가면, FOCSA 빌딩이다. FOCSA 빌딩의 최상층 레스토랑에 가는 입구는 17번 가에 면해있고, 식당 입구의 바로 옆이다.

호텔 나시오날

폭사 빌딩 FOCSA

베다도 어디에서나 잘 보이는 이 121m 높이의 39층 짜리 건물은 크긴 하지만, 사실 저 정도의 건물 짓는 게 뭐 어렵겠나 하는 생각이 들 수도 있다. 그렇다면 이 건물이 1956년에 완공되었다는 점을 생각해보자. 우리나라가 전쟁에서 겨우 벗어났던 시기에 쿠바는 이미 이런 건물을 지었다. 이미 아바나에서 가장 높은 전망대의 타이틀은 빼앗겼지만, 여전히 높은 빌딩의 대명사로 쿠바인들에게 남아있는 건물이 아닐까 한다. 최상층에는 레스토랑과 바가 있어 여전히 쿠바에서는 가장 멋진 전망을 즐길 수 있는 곳 중 하나다.

🚶 FOCSA 건물의 한쪽 면은 M가와 접해있다. FOCSA에서 M가를 보고 오른쪽 방향으로 세 블럭을 지나면 Calzada 가에서 주 쿠바 미국 대사관을 찾을 수 있다.

주 쿠바 미국대사관 Embajada de Estados Unidos

미국대사관이 무슨 관광명소냐고 반박할 수도 있겠지만, 쿠바와 미국의 뒤엉킨 역사를 되짚어본다면 현대사에서 이만큼 사연 많은 곳도 없을 듯하다. 독립전쟁에 대한 미국의 지원, 혁명 과정에서의 미국 소유 부동산 압류, 미국의 쿠바 체제 전복 시도, 구소련의 쿠바 미사일 배치 계획, 피델 까스뜨로에 대한 암살 루머 등등 두 나라의 사연을 드라마로 만들자면 '왕좌의 게임'도 모

미-쿠바 외교 약력

1897년 미국의 독립 전쟁 개입
1898년 쿠바의 독립
1898~1902년
　　　　쿠바에 대한 미군정
1906~1922년
　　　　세 차례에 걸친 쿠바 내
　　　　미군 투입
1959년 쿠바 혁명
1959년 미국의 대쿠바
　　　　무역 제제 강화
1960년 미-쿠바 외교 단절
1961년 꼬치니또만 침공
　　　　(피그만 침공)
1962년 미사일 위기
1963년 미국의 쿠바에 대한
　　　　여행 및 송금 제한
1980년 약 125만,000명의 쿠바인
　　　　미망명
1992년 대쿠바 무역 제제 강화
1999년 미국의 대쿠바
　　　　여행 규제 완화
2006년 라 아바나에 미
　　　　이익 대표부 설립
2009년 오바마 대통령의
　　　　쿠바 개방 언급
2014년 오바마 대통령의 쿠바
　　　　재수교 공식 발표 (12월)
2015년 미 대사관 재수립 (8월)
2016년 오바마 대통령의
　　　　쿠바 방문 (3월)

갈릭스또 가르시아 기념물

아바나 대학교

자랄 판이다. 미국 대사관은 2015년 8월 14일 미 국무부장관 숀 케리가 침식한 정식 개관식을 진행하고 개설되었다. 바다 멀리서 불어오는 바람을 맞으며 힘차게 펄럭거리는 성조기를 보면서 역사가 진행되고 있음을 느낄 수 있을 듯하다.

🚶 미국 대사관의 건물 뒤편에서 왼쪽 사선으로 뻗어있는 길이 L가이다. 그 길을 따라 말레꽁 반대 방향으로 9블럭을 걸으면 아바나 대학교가 나타난다.

아바나 대학교 Universidad de La Habana 우니베르시다드 데 라 아바나

캠퍼스가 그리 크진 않지만, 건물의 구석구석에서 1728년부터 이곳을 지켜온 흔적을 느낄 수 있는 곳이다. 쿠바에서는 가장 오래된 대학교이지만, 의외로 캠퍼스가 넓지는 않다. 대학의 주요 건물만 메인 캠퍼스 안에 자리 잡고 있으며, 주변의 외부 건물에 경제학부, 생물학부, 예술학부 등이 드문드문 펼쳐져 있다. 스페인어 어학원을 내부에 운영 중이며, 주로 중국인 학생들이 대다수를 차지하고 있다. 몇 년 전부터는 한국인 학생들도 몇 명씩 등록하고 있다.

🚶 아바나 대학교 정문으로 되돌아와서 아바나 리브레 방향으로 걷다 보면 오른편에 투어 버스 정류장을 찾을 수 있다. 그 바로 옆(10m 이내)에 일반 버스 정류소가 있고, 그곳에서 27번 버스를 타면 산 끄리스또발 공동묘지에 닿을 수 있다. 공동묘지를 건너뛰고 혁명 광장으로 가겠다면, 꼬뻴리아 앞으로 가서 P12, P16번 버스를 타거나 꼴렉띠보 택시를 타면 된다. 거리는 1.6km 정도다.

끄리스또발 공동묘지

Necropolis de San Sristobal Solon 네끄로뽈리스 데 산 끄리스또발 꼴롱

566,560㎡, 17만 평의 대지에 펼쳐진 공동묘지의 향연. 그것도 도심 한가운데의 평지에 이렇게 펼쳐진 대규모 공동묘지는 분명 익숙한 풍경은 아니다. 8십만 이상의 묘지에 백만 이상의 시신이 묻혀있다는 이곳에는 또 그만큼의 묘지 장식들이 있어 볼거리 일 수도 있겠다.

🚶 이곳에서 혁명 광장까지는 특별한 교통수단이 없어 택시를 타는 것이 좋다. 택시비는 5CUC 이내로 탑승 전에 협의하자.

끄리스또발 공동묘지

혁명 광장 **Plaza de la Revolución** 쁠라사 데 라 레볼루시온

멀리서도 보이는 109m 높이의 혁명 기념탑은 쿠바라는 나라가 '혁명'을 얼마나 중요하게 생각하는지 잘 보여주는 듯하다. 쿠바 대부분의 혁명 광장이 그러하듯 광장 자체에 별다른 시설물은 없다. 광장 옆에 서있는 혁명 기념탑은 이 나라에서 누구보다도 가장 중요하게 선전하고 있는 호세 마르띠를 기리기 위한 시설물이다. 기념탑 앞에는 호세 마르띠를 기리는 동상이 자리 잡고 있다. 기념탑 내부에는 호세 마르띠 박물관이 있고, 호세 마르띠의 탄생부터 마지막까지 그리고 지금의 정부가 호세 마르띠의 정신을 어떻게 잇고 있는지를 전시해두고 있다. 기념탑 꼭대기의 전망대는 라 아바나에서 가장 높은 전망대로 알려져 있다. 하지만, 역시 이 광장에서 가장 유명한 것은 누가 뭐래도 내무부 건물벽에 붙어 있는 체 게바라의 조형물. 'Hasta la Victoria Siempre'(영원한 승리를 향해)는 그가 쿠바를 떠나며 피델에게 쓴 편지의 마지막 구절이다. 체 게바라는 알겠는데, 그 옆에 있는 사람이 누구인지 모르겠는가? 까밀로 시엔푸에고스 Camilo Cienfuegos 역시 피델, 체 게바라, 라울과 함께 혁명 전쟁에서 큰 역할을 한 부대장 중 한 명으로 체 게바라와는 유난히 돈독한 관계를 유지했던 것으로 알려져 있다. 활달하고 잘 생긴 얼굴로 친근한 이미지로 많은 사랑을 받았으나 혁명의 성공 직후 27세의 젊은 나이에 불의의 사고로 실종되었다.

혁명 광장

내무부 건물벽 체 게바라의 조형물

까밀로 시엔푸에고스

🚶 혁명 광장에서 체 게바라를 바라보고 섰을 때 왼쪽 길 건너편에 국립극장이 보인다.

국립극장 **Teatro Nacional** 떼아뜨로 나시오날

아바나 대극장이 수리를 마치기 전까지는 국립발레단이 주로 이용하던 극장이다. 국립극장이라는 거창한 이름을 가진 건물 치고는 생각보다 볼품없는 이 건물은 극장 본관의 왼쪽 뒤로 돌아가면 티켓 창구가 따로 있어 티켓을 구매할 수 있다. 인터넷으로 예매를 하는 시스템도 아니고, 공연 알림도 스페인어로 된 신문이나 방송을 보아야만 알 수가 있어 약간은 외지다고 할 수 있는 이곳까지 여행자가 공연을 보러 온다는 건 사실 쉬운 일은 아니다.

국립극장

🏠 Cl. Paseo y 39
📞 785590
🕐 공연 일정에 따름
✉ http://www.teatronacional.cu
webtnc@cubarte.cult.cu

 하자! ACTIVITIES

베다도 지역의 소개된 호텔에는 모두 캬바레가 함께 운영되고 있다. 아바나 리브레는 꼭대기 층에 Turquino, 호텔 나시오날에는 Parisien이 있고, 본관 내부에 '부에나 비스타 소셜클럽'의 이름으로 공연도 하고 있다. 까쁘리 호텔의 옆에는 'Salon Rojo'가 운영되고 있다. 하지만, 역시 인근의 챔피언은 'Club 1830'이니 웬만하면 방문해서 살사의 충격을 맛보기 바란다.

클럽 1830 Club 1830 클럽 밀 오초시엔또 뜨리엔따

최근에 살사 클럽으로 어디가 제일 잘 나가는가 하고 현지인들에게 물으면 언제나 '클럽 1830'이라는 대답을 듣는다. 명불허전 이 클럽에서 일어나는 살사 물결은 직접 눈으로 보지 않으면 쉽게 상상하기 힘들다. 살사를 출 줄 모른다면 조금 뻘쭘하게 앉아 있어야 하지만, 여기저기 프로 댄서 못지않은 춤꾼들의 살사를 구경하고 있자면 그것만으로도 시간 가는 줄 모르게 되기도 한다. 레스토랑 건물 외부의 정원이 바다와 맞닿은 곳에 자리 잡아 바람도 시원하다. 입장료가 있고, 내부에서 마시는 음료는 별도다. 남자는 긴바지를 입어야 하고, 가방은 입구에서 맡길 수 있는데 여권을 함께 맡겨야 하므로 이런 곳은 웬만하면 간단한 차림으로 가는 것이 좋다.

🏠 Cl. Malecón, esquina 20
말레꽁의 끝 터널로 진입하는 바로 전에 있어 꽤 멀다. 꼴렉띠보를 탈 경우 리니아에서 한 번 갈아타야 하고, 초행이라면 택시를 타는 것이 가장 좋지 않을까 한다.
📞 8383091　◎ Open 화,목,일 22:00~　🍺 3CUC

FAC(Fábrica de Arte Cubano) 파브리까 데 아르떼 꾸바노

쿠바에 전무하다해도 이견이 없을 복합 문화 공간. 폐공장을 개조해 꾸며놓은 건물의 내부에는 스낵바, 클럽, 공연장, 전시장들을 쿠바답지 않게 꾸며놓았다. 덕분에 쿠바의 젊은이들이나 외국 여행자들 가리지 않고 저녁이 되면 모여드는 명소가 되고 있다. 약간은 외진 곳이라 찾아가기 쉽지 않지만, 젊은층에게는 쿠바 최고의 핫플레이스

🏠 Calle 26, esquina 11, Vedado, La Habana
택시를 타자. 초행길에 찾기에는 쉽지 않다.
ⓔ http://www.fac.cu
◎ 목~일 20:00~03:00
(시기별로 휴식기가 있으므로 홈페이지 참고)

La Zorra y el Cuervo 라 소라 이 엘 꾸에르보

베다도의 이 재즈 카페는 쿠바 재즈를 즐기기에 더없는 장소일 듯하다. 20여 개 이상의 밴드를 번갈아가며 섭외해서 일주일 동안 매일 방문한다 해도 매일 다른 공연이 펼쳐진다. 그리 넓지 않은 실내는 잘 보이지 않는 자리도 있고, 외국 관광객들에게도 유명해서 찾는 사람들이 많으니 너무 늦게 가지 않는 것이 좋겠다. 입장은 22시부터 가능하지만, 공연은 23시가 다 되어 시작한다.

🏠 Cl. 23 e/ N y O
23번 가를 따라 아바나 리브레에서 내려가다 보면, 오른편에 전화 부스가 보인다. 그 문을 열고 내려가면 그곳이 라 소라 이 엘 꾸에르보이다.
📞 662402
◎ Open 22:00~01:00
🍺 10CUC (음료 두 잔 포함, 맥주는 별도)

🛍️ 사자! SHOPPING

베다도 지역에서도 마찬가지로 기념품 가게들을 쉽게 찾을 수 있다. 맘에 드는 물건들이 있다면 길에서 사도 전혀 문제없지만, 나름 특색있는 가게를 몇 곳 소개해보겠다.

아바나 리브레 상가 Galería Comercial Habana libre 갈레리아 꼬메르시알 아바나 리브레

쿠바 기념 티셔츠를 사고 싶은데, 거리 상점의 품질이 맘에 들지 않는다면 이곳으로 가자. 단, 더 비싼 중국산이다. 기념품 가게 외에 화장품점, 주류점, 의류점, 스포츠 용품점, 약국 등 라 아바나에서 찾기 쉽지 않은 가게들이 한 곳에 모여 있어 편리하지만, 외부 상점보다 5~10% 정도는 비싸다. 쉽게 구할 수 없는 제품들이고 폭리라 느낄 정도는 아니니 필요하면 이용하는 것도 나쁘지 않다. 주류점에 가면 M&M's와 코카콜라를 살 수 있다.

🏠 Esq. de L y 23, Habana libre
아바나 리브레 입구 1층 오른편에 상가들이 자리 잡고 있으며, 아바나 리브레 오른쪽으로 건물을 따라 돌아 들어가면, 내부 상가도 있다.
◎ Open 09:00~19:00 (무휴)

La Habana sí 라 아바나 씨

흥겨운 쿠바 음악들을 소장하고 싶다면, 가장 손쉬운 방법이 라 아바나 씨에서 구매하는 것이다. 음반 외에도 기념품들과 피델, 체 게바라에 대한 다큐멘터리를 판매하고 있다.

⌂ Esq. de L y 23, Vedado.
아바나 리브레 건너편 23번 가와 L 가의 모서리에 있다.

La casa del tabaco 라 까사 델 따바꼬

시가, 담배, 럼을 판매하고 있다. 호텔이나 아바나 비에하보다 조금 저렴하나 제품들이 많지 않다. 염가의 시가들도 구비하고 있으니 저렴한 시가 선물을 위해서라면 괜찮다.

⌂ Cl. 23/O y P, Vedado.
아바나 리브레 건물의 왼쪽 23번 가를 따라 내려가면 네 번째 블록 오른편에 있다. Ministerio de trabajo y seguridad social 맞은편.

◎ Open 무휴 08:30~21:00

La casa del Habano 라 까사 델 아바노

베다도 내에서는 가장 많은 고급 시가들을 갖추고 있다. 다른 곳에서 쉽게 볼 수 없는 고급 꼬이바들도 찾을 수 있으니 시가 애호가라면 방문해 보기를 바란다. 이곳과 호텔 나시오날의 시가 판매장, 호텔 까쁘리의 매장을 뒤져보면 결국 원하는 시가를 찾을 수 있을 듯하다.

⌂ Esq. de L y 23, Habana libre, Vedado.
아바나 리브레 내부, 1층의 왼쪽 코너에 있다.

◎ Open 09:00~21:00(무휴)

23가 노점 Bazar de calle 23

거리의 상점들과 제품이 큰 차이는 없지만, 30여 개의 노점이 모여 있어 편하다. 흥정도 좀 더 쉽게 통한다.

⌂ Cl. 23/M y N
아바나 리브레 건물의 왼쪽 23번 가를 따라 내려가면 두 번째 블록 오른쪽 공터에 있다.

◎ Open 09:00~18:00, Close 일요일

Yara / La Rampa 야라/라 람빠

베다도의 극장에서는 쿠바 영화 DVD도 함께 판매하고 있다. 한글 자막은 힘들어도 영어 자막을 지원하는 DVD들을 찾을 수 있으니, 국내에 잘 소개 되지 않는 쿠바의 영화가 궁금하다면 들려보자.

⌂ 야라 Esq. de L y 23 라 람빠 Esq. 23 y O
야라는 아바나 리브레의 23번 가 건너편에 있다. 라 람빠는 아바나 리브레 왼편 23번 가를 따라 말레꽁 방향으로 가다보면 네 번째 블록이다.

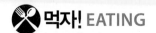

먹자! EATING

© 0~5CUC ©© 5~10CUC ©©© 10CUC~

신도심이라는 말에 왠지 모든 게 비쌀 것 같지만, 오해하지 말고 잘 살펴보자. 적정한 가격에 괜찮은 식당이 의외로 많은 곳이 베다도 지역이다. 아바나 리브레 호텔이나 그 근처에는 관광객을 상대로 하는 식당들이 있다. 가격이 평균에 비해 비싼 편이지만, 아주 비싼 편은 아니니 괜찮을 듯하다. 하지만 바로 근처의 길거리 음식은 터무니없는 가격으로 판매하고 있는 느낌이 없지 않으니 주문하기 전에 가격을 잘 살피자. 아바나 비에하의 산 라파엘 가처럼 싼 음식점이 모여있는 곳은 없지만, 드문드문 알찬 식당들이 많아 발견하는 재미가 있다.

Café Presidente 까페 쁘레지덴떼 ©©©

오늘은 좀 괜찮은 걸 먹어야겠다는 생각이 든다면 'Presidente'가 좋겠다. 사실 맛이나 분위기 면에서 호텔 식당을 제외하면 손에 꼽을 정도다. 넓진 않지만, 중후한 식당 외부와 깔끔한 내부도 나쁘지 않다. 쿠바에서 쉽게 찾을 수 없는 비프 스테이크를 내오는 식당.

🏠 Esq. De los Presidentes y 25 📞 8323091

23번 가를 따라 아바나 리브레에서 말레꽁 반대 방향으로 10분 정도 걸으면 Presidente 가가 나온다. 거기서 좌회전 하여 100m 정도만 가면 왼편에 빨간 그늘막이 보일 것이다.

La Paila fonda 라 빠일라 폰다

갑자기 생기더니 어느덧 주변에서 유명한 식당이 되어있는 라 빠일라 폰다. 야외라도 전체에 그늘이 있어 덥지 않고, 분위기도 좋다. 적절한 가격에 푸짐한 양 덕분에 쿠바 사람들도 점점 많이 찾고 있는 이 식당은 이제 주변에서 제일 특색 있는 식당 중의 하나가 되었다. 메뉴는 고기, 고기, 고기.

🏠 Esquina M y 25, Vedado

아바나 리브레 호텔 오른쪽으로 나 있는 25번가를 따라 말레꽁 방향으로 내려가다 보면 두 번째 블록이다.

Toke 또께 ©

조금 유심히 찾아 들어가야 하는 이 집은 테이블에 앉아서 먹는 메뉴와 테이크아웃 메뉴의 가격이 두 배 정도 차이가 난다. 그렇다고 맛에 차이가 있는 건 아니므로 괜히 앉아서 먹으면 돈 아깝다는 기분 때문에 항상 서서 먹게 되기 쉬운데, 먹을만한 햄버거는 포장해서 주기 때문에 가지고 이동하기도 좋다. 간판이 보이는 곳에서 오른쪽으로 조금만 돌아가면 테이크아웃 해주는 작은 문과 별도의 MN 가격표가 있다.

🏠 Esq. 25 y Infanta

아바나 리브레에서 건너편을 보고 섰을 때 왼쪽에 25번 가가 있다. 이 길을 따라 4블록 정도 내려가면 Infanta 가가 나오고 그 코너에 또께가 있다.

Cibo 시보 ©©©

아바나 길거리에 붙어있는 저렴한 스파게티 가격을 보고 한 번 놀랐다가 저렴한 맛에 두 번 놀라는 면 애호가들이 적지 않을 듯하다. 그렇다. 쿠바 스파게티는 '죽'에 가까운 경우가 많다. 그렇다고 고개를 숙이고 우울해 하지만 말고, 제대로 된 스파게티를 먹고 싶다면 '시보'로 가보자. 면을 삶고 볶는 제대로 된 과정을 거치는 듯 우리가 아는 그 스파게티를 시보라면 찾을 수 있다.

🏠 Cl. L e/ Jovellar y 25

아바나 리브레에서 정면에서 건너편을 바라보면 11시 방향 1층 코너에 있다. 이 집은 건물주가 현관을 열어 놓고 싶지 않아하는 바람에 문이 잠겨있다. 계단을 오르고 'Cibo'가 표시된 벨을 누르면 웨이터가 나와서 문을 열어 준다.

Locos por Cuba 로꼬스 뽀르 꾸바 ⓒⓒ

2층 테라스에서 식사가 가능
하고 가격이 저렴해서 벌써
이곳을 찾는 관광객들이 많다.
벽에는 사인과 외국인들이 남긴
사진이 가득이다. 음식의 맛은
평균 수준이지만, 넉넉하게 주는
편이라 가끔은 남겨야 할 때도
있는 이 집의 현관을 들어가
좁은 계단을 타고 2층으로 올라
가면 나온다. '로꼬스 Locos'는 '미친놈들'이라는 뜻이므로 현지인들에게 길을 물을
때는 주의해서 묻도록 하자.

🏠 Cl. San Lazaro e/ Razon y Basarrate
아바나 대학교 정문에서 아래 방향으로 뻗은 길이 San Lazaro 가이고 그 길을 따라 내려가면
250m 내 오른편에서 식당의 작은 간판을 찾을 수 있다.

Café California 까페 캘리포니아 ⓒⓒ

한국인들의 치맥에 대한 사랑을
알기에 좋은 치맥집을 찾아내야
한다는 것은 취재 내내 은근한
압박이었다. 그래서 소개하는
집이 이곳 카페 캘리포니아이다.
캘리포니아라서인지 카페
여주인의 영어가 유창해 영어가
가능하다면 주문에 전혀 문제가
없을 듯하다. 쎈뜨로 아바나 말레꽁가에도 파란 천막 아래서 장사를 하는 치맥집이
있지만, 이곳 카페 캘리포니아는 좀 더 정돈되어 있는 느낌이 들어 이곳이 좀 더 낫지
않을까 한다. 아쉽게도 바다가 조금 밖에 보이지 않지만, 카페 분위기나 메뉴면에서는
꽤나 훌륭한 집이다.

🏠 Cl. 19 e/ N y O
나시오날 호텔 정문에서 뻗어나가는 길은 21번가이다. 그 호텔 정문에 21번 가를 봤을 때
오른쪽으로 한 블록을 더 가면 19번 가이고, 거기서 좌회전하면 바로 카페 캘리포니아가 있다.
나무에 가려 잘 안 보일 수도 있으니 작은 간판을 잘 찾아보자.

Waoo 와우 ⓒⓒⓒ

아바나 리브레 건너편의 이
식당은 쿠바에서 아주 희귀한
캐주얼한 느낌의 식당이다. 마치
미국의 어느 레스토랑에 들어와
있는 기분이 아주 잠깐 나는
식당에서 창밖으로 내다보이는
길도 유난히 멋있어 보인다.
음식 맛도 평균 이상으로
식당이 주는 활달한 느낌과
식사를 함께 한다면 돈이 아깝다는 생각은 들지 않을 듯하다. 10CUC 전후로 식사할
수 있다.

🏠 Cl. L e/ 23 y 25
아바나 리브레에서 바라보면 바로 맞은편 건물 1층 코너에 있다.

Locos por Cuba 로꼬스 뽀르 꾸바

2층 테라스에서 식사할 수 있고 가격이
저렴해서 벌써 이곳을 찾는 관광객들이
많다. 벽에는 사인과 외국인들이 남긴
사진이 가득하다. 음식의 맛은 평균 수준
이지만, 넉넉하게 주는 편이라 가끔은
남겨야 할 때도 있는 이 집은 현관을 들어
가 좁은 계단을 타고 2층으로 올라가면
나온다. '로꼬스 Locos'는 '미친놈들'이라는
뜻이므로 현지인들에게 길을 물을 때는
주의해서 묻도록 하자.

Gato tuerto 가또 뚜에르또

'애꾸눈 고양이'라는 이름에 건물 외부에는
커다란 애꾸눈 고양이를 상징으로 사용
하고 있다. 이곳은 단순히 식당이 아니라
아래층에서는 라이브 바를 운영하는 곳으
로 10시 즈음에 시작하는 공연에 맞춰
위층에서 식사를 마치고 내려와 공연을
보고 돌아간다면, 그날 저녁 일정은 따로
고민할 필요가 없겠다.

🏠 Calle O e/ 17 y 19, Vedado
나시오날 호텔 정면에서 언덕 아래 방향으로
내려가다보면 왼쪽에 있다.

Burner Brothers Bakery
버너 브라더스 베이커리

굳이 이 곳에서 겨우 몇 개씩 만들어
팔고 있는 조그만 빵들을 사 먹으러 다른
것 아무것도 볼 것이 없는 이 지역으로
방문해 갈 필요는 없다. 그럼에도 쿠바
에서 가장 즐겨 먹었던 디저트를 꼽으
라면 이 곳 버너 브라더스의 도넛과
초콜릿 과자를 꼽겠다. 다시 말하지만,
당신이 이곳까지 갈리도 없고, 그럴
만큼 엄청난 맛도 아니다. 그래도 역시
쿠바에서는 제일 맛있다.

🏠 Calle C e/ Zapata y 29, Vedado
따로이 설명할 만한 랜드마크가 주변에 없다.
혁명 광장에서 그나마 좀 가까운 편이다.

자자! ACCOMMODATIONS

베다도의 까사들은 아바나 비에하 지역보다 약 5CUC 정도 비싼 것이 사실이지만 지역이 상대적으로 깔끔하기에 라 아바나에 오래 머무를 계획이라면 베다도 지역을 추천하겠다. 한국에 비해 깨끗한 편은 아니지만, 라 아바나 내에서는 비교적 깨끗하고 편의시설도 적절히 있어 생활도 편리하며, 가격은 20~30CUC으로 숙박이 가능하다. 이곳의 대형 호텔들은 단순히 규모뿐만 아니라 각 건물이 품고 있는 역사에서도 나름의 특색을 가지고 있어 꼭 숙박하지 않더라도 방문해보면 좋고, 호텔 나시오날이나 아바나 리브레는 내부에 몇몇 이용할 만한 편의시설들이 있어 편리하다.

Hotel Capri 호텔 까쁘리

마피아 영화의 바이블이라 할만한 '대부2'에는 마이클의 형 프레도가 돈 가방을 들고 쿠바의 어느 호텔에 들어가는 장면이 나온다. 아주 빨리 지나가 버리지만, 화면을 유심히 살피면 'Capri'라는 글씨를 확인할 수 있다. 이 호텔은 실제로 유대계 마피아 마이어 랜스키와 밀접한 관련이 있었고, 1950년대에는 마피아에 의해 시설물과 카지노가 운영되었다 한다. 시설은 일반적인 별 4개에 조금 못 미치는 듯하지만 깔끔하게 운영되고 있어 여전히 찾는 관광객들이 많은 곳이다.

🏠 Cl. 21 e/ N y O 📞 8397200
나시오날 호텔 앞의 21번 가를 따라 100여 미터만 낮은 언덕길을 오르면 오른편에 보인다.
🍽 수영장, 카바레, 레스토랑, 바/170~400CUC/영어 가능
📧 reservas1@capri.gca.tur.cu

Casa Doris 까사 도리스

호텔 나시오날의 건너편 건물에는 숙박할 수 있는 까사들이 많이 있다.
나시오날 앞에서 우회전하여 약 50m만 내려오면 'Altamira'라고 이름 붙은 건물이 있다. 여기에는 4, 5개 정도의 까사가 있고 까사 도리스는 그 중 하나이다.

한때는 혁명 전쟁에 참가했었고, 지금은 가끔씩 그림을 그리며 혼자 지내는 도리스 할머니가 관리한다. 깔끔하고 쾌적해서 한 번 투숙해보면 다른 집에 적응하기가 쉽지 않을 수도 있다.

🏠 Cl. O No.58 Edificio Altamira apto 25 e/ 19 y21
나시오날 호텔 정문에서 오른쪽, 바닷가 쪽으로 내려가보면 높이 솟은 Altamira 건물이 보인다.
엘레베이터를 타고 2층에 내려 복도 안쪽으로 들어가면 25호와 까사 마크가 보인다.
📞 8320442 / (mob) 58056760 🍽 방 1개/25~30CUC 📧 baldoris@nauta.cu

Habana Libre 호텔 아바나 리브레

이 지역에서 가장 유명한 랜드마크라 할 수 있는 아바나 리브레 호텔은 1958년에 힐튼 그룹 산하의 호텔로 문을 열었다. 하지만 1년이 조금 지난 시점에 피델의 공산혁명이 성공하고 미국의 모든 부동산들을 압수하였을 때 함께 압수당해 한동안 피델 까스뜨로와 그 정부의 본부로 사용되었다. 지금도 내부에는 피델과 체 게바라의 사진들이 걸려 있어 그 시절을 상상하게 한다. 현재는 다시 호텔로 운영 중이며, 고급 레스토랑과 옥상바, 상가 등의 각 종 편의시설로 관광객들을 불러들이고 있다.

🏠 Esq. 23 y L 📞 8346100
아바나 대학교에서 L 가를 따라 23번 가까이 걸으면 코너에 자리잡고 있다.

🍽 수영장, 레스토랑, 바, 상점가/
100~300CUC
www.hotelhabanalibre.com

Casa Orestes 까사 오레스떼스

까사 도리스와 같은 건물인 Altamira 빌딩 7층에는 전망이 끝내주는 집이 하나 있다. 테라스에 나서면 바다도 시원하게 보이고, 맞은편 호텔 나시오날의 멋진 풍경도 함께 보여 전망에 있어서는 오히려 호텔 나시오날에 묵는 것보다 나을지도 모르겠다.

🏠 Cl. O No.58 Edificio Altamira apto 76 e/ 19 y21

나시오날 호텔 정문에서 오른쪽, 바닷가 쪽으로 내려가다보면 높이 솟은 Altamira 건물이 보인다. 엘레베이터를 타고 7층을 눌러 내리면 바로 엘레베이터 옆의 집이다.

📞 8329780/(mob) 53291324
🛏 방 2개/25~30CUC

까사 오레스떼스에서 보이는 전망

Casa Jorge 까사 호르헤

베다도의 미당발 호르헤의 집은 외국 사이트에 등록이 많이 되어있어 많은 사람들이 찾고 있다. 비록 그 집에서 빈 방을 못 찾더라도 호르헤는 어렵지 않게 주변의 좋은 집을 찾는 것을 도와 줄 수 있을 듯하다.

🏠 Cl. Neptuno No.1218 e/ Mazón y Basarrate

아바나 대학교 정문에서 아래 방향을 보면 쭉뻗어 내려가는 San Lazaro 가가 보인다. 그리고, 그 오른쪽으로 뻗어 내려가는 길은 Neptuno 가 이다. Neptuno를 따라서 150m 정도만 가면 왼편에서 찾을 수 있다. 벨을 누르고 2층으로 올라가야 한다

📞 8707723
🛏 방 2개/20~25CUC/간단한 영어 가능
📧 jorgeroom@gmail.com
www.jorgeroom.wordpress.com

Casa Onelio 까사 오넬리오

아바나 대학교의 옆에 자리잡은 오넬리오는 유럽의 어학 연수생들이 자주 찾는 집이다. 유럽의 어학연수 에이전시와 연계되어 있어 학생들은 이곳으로 오거나, 이곳에서 소개를 받아 근처의 집으로 가게 된다. 아침, 점심, 저녁을 모두 챙겨주고 외국 친구들을 쉽게 만날 수 있어 괜찮을 듯하다. 학생들이 많은 집이기에 나름의 간단한 규율을 정해놓고 있지만, 그리 신경 쓰일 만한 것들은 아니다. 스페인어에 관심이 있다면, 이 집으로 가서 물어본다면 유럽 에이전시를 통하는 것보다 저렴한 가격에 수업을 받을 수 있다.

🏠 Cl. Universidad No.456 e/ J y K

아바나 대학교 정문을 바라보면 오른쪽 대학교 건물 옆으로 난 길이 있다. 그곳을 따라 걸으면 두 번째 블록 중간 1층에 식당이 있고, 그 옆으로 난 내부 계단을 통해 한 층을 오르면 왼쪽에 있는 집이다.

📞 8336850
🛏 25~30CUC/간단한 영어 가능
📧 maite.gomez@infomed.sld.cu

Casa Martinez 까사 마르띠네스

100년이 넘은 집에서 자보고 싶다면, 1909년에 지어진 까사 마르띠네스로 가보자. 천장은 5m에 가깝고, 문과 창문도 색다르다. 의사인 마르띠네스는 영어를 잘하고, 집안의 할머니 마르시아는 다정하고 상냥하다. 층고가 5m인 방에서 자는 경험이 색달라서 쉽게 잠이 오지 않을 수도 있지만, 100년이 넘은 집이라면 흥미롭지 않은가?

⌂ Cl. Neptuno 1221 altos e/ Mazon y Basarrate

아바나 대학교 정문에서 아래 방향을 보면 쭉 뻗어 내려가는 San Lazaro 가가 보인다. 그리고 그 오른쪽으로 뻗어 내려가는 길은 Neptuno 가 이다. Neptuno를 따라서 150m 정도만 가면 오른편에 1221번지를 찾을 수 있다. 건물의 꼭대기에 1909라고 적혀있다. 벨을 누르고 2층으로 올라가야 한다.

☎ 8701246 🛏 방 3개/20~30CUC
📧 marcialb@infomed.sld.cu

베다도에 대한 이런저런 이야기

- 베다도에서 생활한다면 아바나 리브레에 있는 상가 점포를 활용하는 것이 좋다. 물도 그리 비싸지 않고, 와인이나 주류, 코카콜라 등을 갖추고 있어 편리하다.

- 지도에 표시된 23번가와 말레꽁이 만나는 곳에 항공사 건물이 있다. 그 건물에는 Cubana airline뿐만 아니라 Air berlin, Aero Caribean, Aero México 등 많은 항공사 사무실과 여행사들이 자리 잡고 있어 알아두면 좋다. 하지만, 특히 국내선의 경우 수요가 공급에 미치지 못하기 때문에 줄을 서있는 사람들이 많아 일단은 먼저 인터넷으로 확인을 해보고 제대로 안될 경우 사무실을 방문하는 것이 가장 현명할듯하다.

항공사 건물

- 여행에 실제 도움이 되는 여행사들은 각 호텔의 로비에 자리 잡고 있다. 호텔을 방문해서 문의하도록 하자.

- 베다도의 까데까는 아바나 비에하의 까데까보다 확실히 덜 붐비고 일처리가 빠르다. 특히 오후 3시 이후에 방문한다면 줄을 서지 않고 바로 들어갈 수도 있다.

- 근처에서 살사를 배우고 싶다면 까사 데 손 Casa de Son을 추천하겠다. 23번가를 따라 말레꽁까지 간 후 우회전하여 두 블록 정도를 가면 왼쪽에서 가장 높은 건물에 달린 작은 간판을 찾을 수 있는데, 그 건물의 2층에 까사 데 손이 있다. 매일 열지는 않고, 그때그때 원하는 사람이 있으면 개인교습을 하고 있다.

까사 데 손

LA HABANA

MIRAMAR

라 아바나 시
미라마르

쿠바의 외교 중심지.
수많은 대사관들과 한적한 고급호텔들이 자리잡은 곳.

시내 교통

미라마르로 이동할 때는 리니아가나 23번 가에서 꼴렉띠보 택시를 이용하는 방법이 비교적 간편하지만, 쿠바에 처음인 여행자들에게 그리 쉬운 방법은 아닐 듯하다. 리니아가를 지나는 P1번 노선이 또한 미라마르의 1번 가를 지나므로 이용이 가능하겠다.

미라마르에도 관광객을 위한 시설과 식당들이 자리를 잡고 있지만, 꽤 넓은 범위에 드문드문 위치하고 있어서 초행인 여행자가 미라마르로 이동할 때는 택시비를 조금 지출하더라도 택시를 이용하는 것이 가장 권장할 만한 방법이라 하겠다.

대사관 건물들이 집중되어있는 미라마르의 특성상 5번 가는 차량이 정차를 하지 못하도록 되어있다. 택시나 꼴렉띠보 택시를 이용할 때는 항상 1번 가나 3번 가 혹은 7번 가로 이동하여 탑승하자.

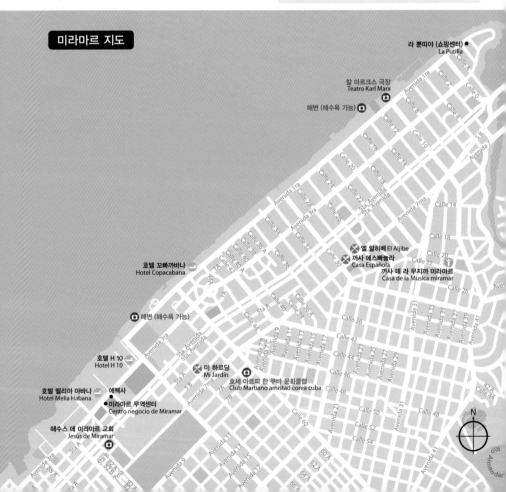

미라마르 지도

미라마르는 관광 구역이라기보다는 주거와 행정(외교)의 중심이고, 지역에 넓게 퍼져있으므로 간략한 설명으로 이 지역을 소개하도록 하겠다

미라마르 무역센터 주변

미라마르 무역센터는 각 나라의 무역협회 사무실이 자리 잡고 있는 곳으로 우리 나라 KOTRA의 사무실도 이 곳에 위치하고 있다. 세 개의 동으로 구성된 무역센터는 쿠바에 한해서는 가장 현대적인 분위기를 풍기는 곳이라 할 수 있겠다. 에떽사와 항공사 사무실들이 많이 자리 잡고 있어 항상 붐비는 곳으로 색다른 쿠바의 모습을 느낄 수 있다. 건너편의 멜리아 아바나는 쿠바의 대형호텔로 400여 개의 객실과 여러 편의시설을 갖추고 영업 중이다.

미라마르 무역센터

무역센터에서 멀지 않은 곳에는 H10 호텔과 중급 규모의 부티크 호텔들이 1번가에 자리잡고 있다. H10 호텔에서 도보로 이동이 가능한 해변은 쿠바인들이 해수욕을 즐길 만큼 해수가 깨끗한 편이고, 인근 공원에서는 저렴한 먹거리도 판매하고 있다.

멜리아 아바나 호텔

1번 가 인근의 해변

1번 가

베다도에서 터널을 지나 오른쪽 방향으로 이동하면 해변과 가까운 1번 가를 찾을 수가 있다. 1번 가의 초입에는 라 뿐띠야와 몇 개의 상가 건물들이 있어 생필품 구매가 가능하다. 쇼핑센터라고 해도 큰 규모는 아니므로 너무 기대하지는 말자. 해변 쪽으로 드문드문 해수욕이 가능한 바다가 펼쳐져 있고, 다양한 공연이 펼쳐지고 있는 칼 막스 Karl Marx 극장도 이 1번 가에 자리잡고 있다. 1번 가를 따라 H10극장으로 이동하다보면 드문드문 작은 레스토랑들을 찾을 수가 있다. 미라마르 지역에 있다 보니 가격이 저렴한 편은 아니지만, 제법 인테리어를 갖추고 영업을 하는 이 식당들은 들러볼 만하다.

5번 가

5번가는 미라마르의 가장 주요한 도로로 많은 외국의 대사관 들이 5번 가에 면해 있다. 가장 눈에 띄는 대사관은 러시아 대사관으로 한 때 긴밀했던 구소련과 쿠바의 관계를 유추해볼 수 있을 듯하다. 이 5번 가에서는 차량이 주정차를 하지 못하도록 되어있어 특정 구간 외에는 5번 가를 지나는 버스나 택시를 찾기가 쉽지 않다. 그럼에도 제법 멋들어진 대사관 건물들과 넓직한 도로 등 아바나 비에하와는 다른 분위기를 풍기고 있어 시원할 때 5번 가를 한 번 걸어보는 것도 나쁘지는 않을 듯하다.

러시아 대사관

7번 가

전체적으로 한산한 분위기의 7번 가이지만, 이 길에는 유명한 日 Aljibe 레스토랑이 자리를 잡고 있으므로 여가가 된다면 방문해보기 바란다. 널찍한 홀과 이국적인 분위기 외에도 외국에는 맛집으로 잘 알려져 있다. 7번 가를 따라 무역센터 근처로 이동하다 보면 한쿠바문화클럽을 방문할 수 있다. 골목의 안쪽에 자리 잡고 있어 찾기가 쉬운 편은 아니지만, 지구 정반대편 의 한 나라에서 한국의 문화와 한국 문화를 사랑해주는 쿠바인들을 만나게 되면 쿠바 사람들과 이런 장소를 마련해준 분들에게 고마움도 느끼게 된다. 매주 토요일에는 한국어 수업이 진행되고 있으므로 평일보다는 토요일 낮에 방문하는 편이 좋을 듯하다.

한쿠바문화클럽

미라마르에 대한 이런저런 이야기

- 한쿠바문화클럽 연락처
  - Cl. 7ma, B e/ 60 y 62, Miramar, La habana, Cuba
  한쿠바문화클럽은 주소를 들고도 유심히 살펴야 찾을 수 있다. 건물 외부에 간판이 없으므로 건물의 안쪽에 붙어있는 명패를 잘 찾아보도록 하자.
- 한국식당 '수'
  - Cl. 40A e/ 1ra y 3ra, Miramar   +53 72063443
  라 아바나에서 맛볼 수 있는 제대로 된 한국 음식. 분위기 좋고, 맛도 좋은 한국 식당. 지친 위장을 매운맛으로 달래보자.
- 라 아바나에서 스쿠버 다이빙을 즐길 수 있는 곳이 두 곳이 있다. 한 곳은 미라마르 서쪽편의 헤밍웨이 마리나이고, 다른 한 곳은 1번 가의 호텔 꼬빠 까바나이다.
- 미라마르의 까사 데 라 무지까는 쎈뜨로 아바나보다 규모는 좀 더 작지만, 좀 덜 번잡스럽다. 취향에 따라 미라마르의 까사 데 라 무지까가 더 낫다고 하는 사람들도 있으므로 방문해보는 것도 좋다.

헤수스 데 미라마르 교회

호텔 꼬빠까바나

한쿠바문화클럽의 내부

LA HABANA

PLAYA SANTA MARIA & GUANABO

라 아바나 시
쁘라야 산따 마리아 & 과나보

라 아바나에서 1시간 내로 닿을 수 있는 가까운 해변.
당일치기로 즐기는 해수욕과 수상 레포츠.

시내 교통

중앙 공원 앞에서 출발하는 투어버스 T-3가 5CUC으로 쁘라야 산따 마리아까지
왕복 이동하고 있어 여행자에게는 가장 접근하기 편한 교통편이라 할 수 있겠다.
하지만, 과나보까지는 이동하지 않으니 과나보로 이동하겠다면 쁘라야 산따 마리
아에서 별도의 교통수단을 이용해야 한다.

바 플로리디따 앞의 Moserrate 가를 지나는 400번 버스가 쁘라야 산따 마리아
인근을 지나 과나보까지 이동하고 있으므로 이곳으로 가는 가장 저렴한 교통수
단이라 하겠다.

그리고, 차이나타운 근처의 엘 꾸리따 공원 Parque el Curita로 가서 꼴렉띠보 택
시를 타고 이곳으로 이동하는 방법도 있다. 1CUC이나 30MN로 이동할 수 있는
이 방법은 엘 꾸리따 공원으로 가서 조금 주의 깊게 승객을 모으고 있는 사람을
찾아봐야 한다. 과나보나 쁘라야 산따 마리아라고 행선지를 밝히면 그곳으로 이
동하는 차량으로 안내를 해주고, 요금은 하차시에 지불하면 된다.

쎈뜨로 아바나로 돌아올 경우에 T-3는 쁘라야 산따 마리아의 뜨로삐꼬꼬 호텔
정문 쪽에 정류장이 있고, 400번 버스는 과나보의 5가를 지나므로 정류장에서
탑승하면 되겠다. 쁘라야 산따 마리아나 과나보 모두에서 라 아바나 방향으로 지
나는 꼴렉띠보 택시를 세우고 쎈뜨로 아바나로 가는지를 물으면 역시 높은 확률
로 이동이 가능하다.

마를린 표지판

마를린 사무실

쁘라야 산따 마리아 Playa Santa Maria

이 지역을 방문하겠다고 일정을 짜기 전에 생각을 좀 해볼 필요가 있다. 물론 이곳도 쿠바의 아름다운 해변 중 하나이지만, 이후의 일정 중에 앙꽁이나 쁘라야 히론 등 쿠바 굴지의 해변으로 향하는 일정이 있다면, 굳이 길지 않은 쿠바 방문 기간 중 하루를 쪼개어 이곳을 방문하는 것보다는 앙꽁이나 쁘라야 히론에서 하루를 더 보내는 게 훨씬 나을 듯하다는 것이 솔직한 마음이다. 라 아바나에서 장기로 체류하고, 그 기간 중에 가까운 해변을 방문하고 싶다면 여기 와보자.

쁘라야 산따 마리아의 현지인 거주 지역은 해변에서 한 발짝 물러나 있고, 해변 가까이에는 호텔과 간단한 식당들이 자리를 잡고 있다. 덕분에 과나보의 해변보다는 이곳의 해변이 덜 붐비는 편이다. 계속해서 길게 이어지는 해안선에는 파라솔, 썬베드 등이 적절하게 놓여있는데, 쿠바의 해양 레포츠 관련 국영 기업인 마를린 Marlin에서 이들을 관리하고 있다. 곳곳에 마를린의 부스와 표지판이 있으므로 찾아 확인해보기 바란다. 해변으로 접근하는 입구가 따로 있는 것은 아니고, 바다 방향으로는 어느 길로나 접근이 가능한데, T-3버스를 타고 이 곳으로 접근할 경우에 호텔 뜨로삐꼬꼬의 정류장이나 가장 마지막 정류장인 라스 떼라사스 정류장에서 내려 바다로 접근할 수 있겠다. 호텔 뜨로삐꼬꼬의 정류장에서 하차할 경우 호텔을 질러 건물을 통과하면 바다와 해변 입구가 바로 눈에 보이고, 라스 떼라사스에서 하차할 경우에는 근처의 Don Pepe라는 식당의 앞길을 따라 해변 쪽으로 진입하면 된다.

양쪽 모두 해변에는 큰 차이가 없으나 라스 떼라사스 쪽이 조금 더 한적하고, 호텔 뜨로삐꼬꼬 쪽에는 저렴한 길거리 음식점이 많아 출출할 때 비교적 편리하게 이용할 수 있다.

쁘라야 산따 마리아

과나보 Guanabo

쁘라야 산따 마리아와 달리 과나보는 현지인 거주 지역이 해변에 맞닿아 있다. 상점, 까데까, 은행, 까사 빠르띠꿀라, 식당들이 주도로인 5번 가에 대부분 자리잡고 있어 편의시설 이용이 쁘라야 산따 마리아보다는 편리하다. 거주지와 가깝기에 이곳을 이용하는 현지인들이 많아 확실히 더 붐비는 편이라 쿠바의 바캉스 기간인 7, 8월 특히 주말은 가급적 피하는 것이 나을 듯 하다. 쁘라야 산따 마리아와 마찬가지로 마를린이 이곳에서 영업하고는 있지만, 선 베드나 파라솔 등은 제대로 갖춰있지 않다. 해변에서 두 블록 정도 떨어져 있는 5번 가에는 특히 저렴한 길거리 음식점이나 식당들이 많이 자리를 잡고 있어 해수욕 외에도 5번 가를 따라 과나보 지역을 둘러보는 재미도 적지 않을 듯하다. 현지인들이 주로 이용하는 이곳의 음식점들은 가격이 저렴해 또한 부담이 없다. 쁘라야 산따 마리아도 마찬가지겠지만, 언제나 붐비는 해변에서는 소지품 관리가 우선이다. 후회하는 일 없이 신경 쓰도록 하자.

과나보 해변

거주지에 맞닿은 해변

5번 가 풍경

생소한 자연과 최고의 담뱃잎

PINAR DEL RIO

삐나르 델 리오 주

PINAR DEL RIO

삐나르 델 리오 주는 어떨까?

쿠바의 서쪽 가장 끝 주(Provincia)인 삐나르 델 리오는 라 아바나에서의 가까운 거리와 유네스코 문화유산으로 지정된 비 날레스 공원 덕분에 많은 관광객이 찾는 곳이다. 지역 내에서는 대부분의 관광객들이 삐나르 델 리오 시(Ciudad) 에 머무 르기보다는 비날레스에 머무르고 있으며, 실제로 삐나르 델 리오 시에는 특별히 볼만한 것은 없다. 지역 내의 다른 관광지 인 마리아 라 고르다 Maria La Gorda나 까요 레비사 Cayo Levisa로의 이동도 삐나르 델 리오 시에서 보다는 비날레스에 서 훨씬 용이하다.

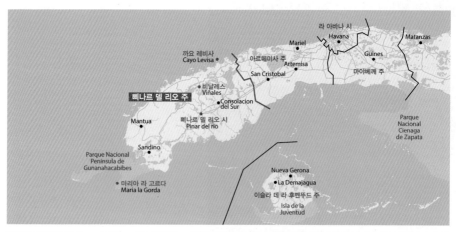

삐나르 델 리오 시 Pinar del Rio 사실 조용하고 깨끗하게 정돈이 되어 있는 곳이라서 시간에 쫓기지 않는 여행자라면 한 번쯤 들러볼만 한 곳이기도 하다. 뜨리니다드 Trinidad나 비날레스 Viñales와 같은 관광 도시처럼 관광객들의 눈을 사로잡는 경치나 유서깊은 건물은 없지만, 동서로 길게 뻗은 Marti가를 걸으며 하루 정도는 보내볼만 하겠다.

비날레스 Viñales 삐나르 델 리오 주의 주인공은 단연 비날레스이다. 유네스코의 문화유산으로 제정되어 보호되고 있는 비 날레스 국립공원의 경치와 그곳의 농장에서 생산되고 있는 세계 최고 품질의 시가용 담뱃 잎은 이곳의 유명세에 큰 비중을 차지하고 있다. 또한, 삐나르 델 리오 주의 인근 관광지를 함께 즐기기에 가장 교통편이 많은 곳이기도 하고, 관광객을 위한 식당이나 숙박시설도 가장 많은 곳이 이곳 비날레스이기 때문에 삐나르 델 리오 주를 여행한다면 비날레스를 거치거나 숙 박하면서 여행을 즐기는 것이 가장 유리한 방법이 틀림없다. 다만, 비날레스가 인기만큼이나 볼거리가 많은 관광지인가 하는 것은 조금 미지수이다. 뒤따르는 지역 설명을 참고로 잘 판단해 보도록 하자.

까요 레비사 Cayo Levisa 삐나르 델 리오 주의 가장 아름다운 해변 중 하나가 북쪽 해변에 있다. 항만에서 배를 타고 20여 분 정도 거리에 있는 섬은 반 이상이 만그로브로 덮여 있고, 그 북쪽 해변의 믿기지 않는 맑은 물빛과 해변의 괴목들이 만들 어 내는 신비한 풍경은 놓치면 후회할 만 하겠다.

마리아 라 고르다 Maria la Gorda 쿠바 섬의 가장 서쪽 끝. 가는 길도 멀고, 교통편을 구하는 것도 그리 쉽지 않아 각오를 하지 않는 이상 마리아 라 고르다를 일정에 넣기는 쉽지 않다. 하지만, 쿠바 서쪽 끝 20여 가구가 사는 조용한 마을과 과나 하까비베스 공원 Parque Guanahacabibes, 한적한 해변의 눈부신 석양 등 일단 방문한다면 시간 가는 줄 모를만한 볼거리 들은 충분하다.

PINAR DEL RIO

삐나르 델 리오 주 미리 가기

스페셜 삐나르 델 리오

1. **까요 레비사** – 개인적으로 비냘레스는 까요 레비사를 위해서 잠깐 들르는 곳이라 생각할 만큼 특별한 경험을 제공하는 해변.
2. **발꼰 델 바예 식당** Balcón del Valle – 맛은 따질 필요없다. 비냘레스 최고의 전망에서 식사하고 싶다면 이 곳이다.
3. **라 바하다 마을** – 쿠바에서 가장 사랑스러운 작은 마을과 사람들 그리고, 바닷가.

삐나르 델 리오 움직이기

주도가 삐나르 델 리오 시임에도 불구하고, 모든 길은 비냘레스로 통한다. 비냘레스를 일정의 중심으로 놓고 움직이는 게 좋겠다. 뜨리니다드에서 비냘레스로 오는 택시도 있지만, 라 아바나에서 비냘레스로 가는 게 일반적이다.
(비냘레스 – 뜨리니다드 간은 비아술버스 편성을 비아술 홈페이지에서 확인하기 바란다.)

라 아바나에서 비냘레스

비아술버스, 꼴렉띠보 택시, 여행사 투어 등 비냘레스로 이동할 수 있는 옵션은 다양하다. 3, 4인 규모로 움직인다면 택시를 활용하고, 혼자라면 비아술 버스가 효율적이다.

비냘레스에서 까요 레비사

비냘레스 광장 앞 여행사에서 까요 레비사 투어를 판매하고 있다. 차량으로 빨마 루비아 항까지 이동했다가 다시 배를 타고 까요 레비사로 가는 여정이기에 여행사 투어를 이용하는 편이 가장 속 편하다.

마리아 라 고르다

대중교통이 정비되지 않은 마리아 라 고르다 호텔이나 라 바하다로 이동하려면, 라 아바나에서 렌트카를 이용해 방문할 것을 추천한다. 비냘레스의 여행사에서 마리아 라 고르다 투어도 판매하고 있지만, 라 바하다 마을에 머무르거나 인근을 둘러보기에는 여러모로 불편하다.

비냘레스 내에서

비냘레스는 작은 마을이라서 마을을 둘러보려면 차량을 이용할 필요가 없지만, 관광 포인트들이 멀찍이 떨어져 있어 뭐든 타고 돌아다녀야 한다.
자전거 – 숙소에 물어보면 직접 대여하거나 대여하는 곳을 알려준다. 하지만, 더운 쿠바에서 비냘레스의 관광 포인트를 자전거로 다니는걸 추천하고 싶진 않다.
투어 버스 – 광장에서 출발하는 투어 버스가 있다.
개별 투어 – 숙소나 광장에서 비냘레스를 투어하는 운전사를 찾을 수 있다. 짧은 시간 동안 가장 효율적으로 돌아볼 수 있는 방법.

숙소

1. 삐나르 델 리오 시에 머무를 때 Alameda기 근처에서 숙소를 정하는 것이 가장 좋겠다. 터미널과도 가깝고 이곳저곳으로 움직이기에 좋은 위치이다.
2. 비냘레스에서는 주도로인 살바도르 씨스네로스 가의 광장을 중심으로 도보로 이동하기에 부담스럽지 않은 곳에 숙소를 정하는 것이 좋다. 식당, 여행사, 교통편 등 모든 것들이 살바도르 씨스네로스 가에서 이루어지기에 멀어지면 멀어질수록 다니기 힘들어진다.

PINAR DEL RIO

PINAR DEL RIO

삐나르 델 리오 주

삐나르 델 리오 시

비냘레스의 그늘에 약간은 맥이 빠진 공기
그 속에서 빚어지는 세계 최고의 시가.

🚌 삐나르 델 리오 시 드나들기

라 아바나에서 비교적 가까운 거리로 삐나르 델 리오 시로 가는 차량을 구하는 것은 비교적 쉽다. 비아술 터미널에서 비아술 버스를 이용하는 것이 가장 일반적인 방법이겠고, 일행이 있을 경우는 터미널 근처에서 꼴렉띠보 택시를 구하는 것도 어렵지 않겠다. 일행이 없더라도 비냘레스 행 버스 출발 시간 즈음에 터미널이라면 비냘레스로 가는 다른 일행들에 섞여 이동도 가능하다.

삐나르 델 리오 시 드나드는 방법 기차

기차 라 아바나발 삐나르 델 리오행 열차를 탑승할 수 있다.
(쿠바 기차 노선도 참고 P. 25)

삐나르 델 리오 시 드나드는 방법 버스

🚌 비아술 버스

라 아바나에서 비냘레스로 가는 비아술 버스가 하루에 2번 삐나르 델 리오를 지나고 있다. 라 아바나 외의 동쪽에 있는 도시들 중에서는 뜨리니다드에서 오는 버스가 시엔푸에고스와 삐나르 델 리오 를 거쳐 비냘레스로 이동하므로 각 도시에서 탑승이 가능하겠다.

삐나르 델 리오 시 드나드는 방법 **03** 택시

꼴렉띠보 택시 비아술 터미널에서 비냘레스 행 꼴렉띠보 택시들이 삐나르 델 리오를 거쳐간다. 비냘레스까지 인당 15~20CUC으로 이동하고 있고, 삐나르 델 리오까지는 더 저렴하게 협의할 수 있겠다.

비아술터미널에서 시내로

비아술 터미널이 중심가에서 1블록 거리로 아주 가까이 있다.

비냘레스에서 삐나르 델 리오 시로 이동할 경우

비냘레스와 삐나르 델 리오 시는 약 30km 거리로 차량을 이용하면 20~30분이면 도착하는 아주 가까운 거리에 있다. 버스터미널에서 비아술 버스를 기다리는 방법도 있고, 역시 터미널에서 비냘레스로 이동하는 꼴렉띠보 택시나 까미옹을 이용할 수도 있다. 에에컨이 없는 현지인들이 이용하는 꼴렉띠보 택시의 경우 외국인이라 해도 요금이 5CUC을 넘는다면 바가지라 생각하면 되겠고, 까미옹의 경우는 10MN로 이동이 가능하지만 승객이 원하는 곳에서 정차하는 완행이고 마을들을 거쳐 돌아서 가므로 시간은 1시간이 넘게 걸린다.

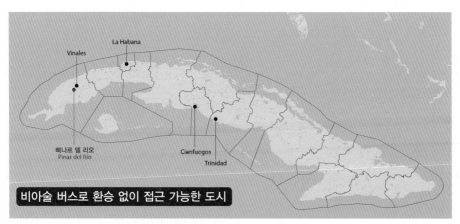

비아술 버스로 환승 없이 접근 가능한 도시

시내 교통

삐나르 델 리오 시 내에서 교통수단을 이용해야 할 일은 없다. 터미널 주변이나 Martí 가와 Colon 가의 교차로에는 호객행위를 하는 택시기사들이 있지만, 쎈뜨로 지역 외에 굳이 돌아다녀야 할 만한 곳이 없어 이용할 일은 없을 듯하다. 필요한 경우 기본요금을 3CUC 정도로 예상하고 거리에 따라 흥정을 하면 되겠다.

도보로 시내를 다닐 경우 항상 중심이 되는 Martí 가의 위치를 인지하고 다닌다면 길을 잃을 일은 없을 듯하다. Martí 가 주변에는 도로명 표지판도 잘 붙어있는 편이고, 중심가도 넓지 않다.

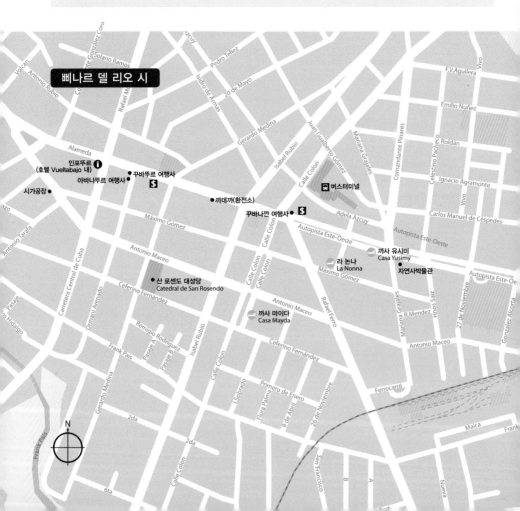

보자!

딱히 소개할만한 명소는 없는 뻬나르 델 리오 시의 간단한 지역 설명이면 충분할 듯하다.

뻬나르 델 리오 시를 걸어서 보고 싶다면 Martí 가에서 시작해 Martí 가에서 끝내는 것이 가장 좋을 듯하다. 그 외 지역은 대부분이 주거 지역이고, 대성당이나 담배 공장이 Martí 가에서 조금 벗어나 있기는 하지만, 그 외에 인상적인 명소는 없다.

동쪽으로 Martí 가를 따라가면, 독특하게 눈에 들어오는 건물이 하나 있다. 많이 닳아있는 현란한 장식의 단층 건물은 자연사 박물관으로 내부에는 여러가지 쿠바 내외의 동식물 박제나 모사품들을 전시해두었다. 쿠바의 박물관 중에서는 다양한 전시물들을 보유하고 있고, 지하층까지 활용하여 동물들의 생활 모습을 세심하게 꾸며놓는 등 노력이 엿보이는 곳이지만, 전시물들이 오래되었고, 전시 부스마저도 오래되어서 얼핏 오래된 고등학교 과학실같은 느낌이 난다. 건물의 빠띠오에 자리잡은 '티라노 사우르스'와 '스테고 사우르스'의 실물 크기 콘크리트 모형은 그런 기분을 더한다.

자연사 박물관에서 Martí 가를 따라서 서쪽 방향으로 밀라네스 극장 Teatro Milanes 사이에는 길 양쪽으로 신경써서 꾸며 놓은 바가 몇개 있고, 까사 빠르띠 꿀라 간판들도 몇 개 찾을 수 있다.

밀라네스 극장을 지나면서 Martí 가를 따라 더 서쪽 방향으로 걸으면 본격적으로 현지인들의 번화가가 시작된다. 까데까, 은행, 상점 등이 계속해서 이어지는데 낮 동안은 이곳이 뻬나르 델 리오에서 가장 붐비는 곳일 듯하다.

낮에 이길을 방문해 열려있는 상점들을 방문해 이들이 사용하는 신발, 옷, 전자제품, 철물 등을 보면 쿠바인들의 생활이 조금 짐작되기도 한다. 대부분이 중국 제품이고, 의류같은 경우 조잡한 제품들이 많지만, 그마저도 이들에게 아직은 쉽게 손이 가지 않는 비싼 상품들이다.

상점가들을 막 지나면, Martí 가가 Gerardo Medina 가와 만나는 길에 작은 공원이 하나 있고, 그 곳에서부터 관광객들을 위한 여행사들이 몇 개 자

밀라네스 극장

리 잡고 있다. 언덕을 약간 오르면 Hotel Vueltabajo 가 보이고, 호텔 내부에 Infotur 가 있으므로, 삐나르 델 리오 지도가 필요할 경우 그곳에서 구할 수 있겠다.

그곳에서부터 언덕 위로 특이할 만한 곳은 없고, 언덕을 다 오르면, 인데펜덴시아 공원 Parque de la independencia이 있다. 크지 않은 공원은 오르내림이 많지 않은 삐나르 델 리오 시에서 그나마 좀 높은 곳으로 탁 트인 전망은 없어도 우리 눈에는 익숙한 소나무가 있어 조금 친숙하고 편안한 마음이 들기도 한다. (Pinar del río라는 지명은 '강가의 소나무 숲이라는 뜻이다.)

그 곳에서부터 계속 Martí 가를 따라 서쪽 방향으로는 주택가들이다. 작은 식당이나 길거리 음식점 등이 종종 있고, 관광객들이 이곳을 지나는 일이 워낙 흔치 않아 생경하게 바라보는 눈초리들을 자주 마주치게 될 듯하다.

산 로센도 대성당 Catedral de San Rosendo은 Martí 가에서 Gerardo Medina 가의 교차로에서 Gerardo Medina 가를 따라 남쪽 방향(공원반대방향)으로 두 블록만 내려가면 나타난다. 대성당 자체도 그리 웅장한 느낌은 없다.

삐나르 델 리오 시에서 가장 유명한 곳은 **시가 공장**이 아닐까 한다. 지역 내에 세계에서 가장 유명한 담배밭을 가지고 있는 삐나르 델 리오 주에서 그 유명하다는 시가를 말고 있는 시가 공장은 그 모습만으로는 정말 세계적인 명성이 있는 게 맞는 건지 의심스럽기까지 하다. 하지만, 꼬히바, 몬떼 끄리스또등 개비당 만 원이 넘어가는 고급시가들이 만들어지고 있는 이곳은 분명 세계굴지의 시가 공장이 틀림없긴 하다. 공장 견학을 위해서는 건너편 상점 내에 자리한 꾸바나깐의 데스크에서 입장권을 구매해야 한다. 입장료는 5CUC이고, 내부에서는 사진 촬영이 불가하다.

시가 공장

- Cl. Antonio Maceo e/ Abraham Lincoln y Antonio Tarafa
- Open 09:00~15:30
- 5CUC

시가 공장 찾아가는 길

Martí 가와 Rafael Morales 가의 교차로에서 남쪽 방향으로 두 블록을 간 후 Antonio Maceo 가를 따라 오른쪽 언덕 위 방향으로 올라가는 것이 가장 찾기 쉬울 듯하다. 경로를 따라 가다보면 그럴 듯한 건물이 하나 보이는 데, 공원과 함께 자리 잡은 그 건물은 관공서 건물이고, 시가 공장은 얼핏보면 그냥 건물과 큰 차이가 없으니 유심히 살펴야 한다.

시가공장 Fabrica de Tabacos 'Francisco Donatién'

🛌자자! ACCOMMODATIONS

인기가 많지 않은 관광지임에도 불구하고, 숙소를 정하는 데 그리 어려움을 겪지는 않을 듯하다. 터미널에서 쉽게 호객행위를 하는 사람들을 찾을 수 있는 데다가, 터미널에서 한 블록 거리인 Martí 가에 몇 곳의 까사 빠르띠꿀라들이 있다. 터미널 근처는 20CUC, 조금 벗어나면 15CUC 정도로 가격을 예상하면 될 듯하고, 혼자라면 일단 15CUC으로 흥정을 시작자.

Casa Mayda 까사 마이다

차분한 할머니 한 분이 사는 이 집에는 옥탑을 별채로 만들어 관광객에게 임대를 하고 있다. 작은 주방, 화장실 등에 입구도 따로 있어 독채라 생각하면 되겠다. 이 집 바로 옆에도 비슷하게 독채로 세를 놓는 집이 있고, 두 곳 모두 거리가 쎈뜨로에서는 약간 거리가 있어 저렴하게 세를 놓고 있다.

🏠 Cl. Isabel Rubio No. 125 e/ Antonio Maceo y Ceferino Fernández

Martí 가에서 Teatro Milanes를 정면으로 보면 오른쪽에 있는 길이 Isabel Rubio 가이다. 극장 옆으로 이 길을 따라서 세 번째 블록 왼편에 단층으로 보이는 주차장이 눈에 띄는 집을 찾을 수가 있다.

📞 752110

La Nonna 라 논나

Maximo Gomez 가의 쎈뜨로 구간에도 까사 빠르띠꿀라 몇 곳이 관광객을 기다리고 있으며, 이 집은 오랫동안 영업을 해오고 있는 집 중 하나이다. 적절하게 장식되었고, 내부도 널찍해 지내기에 부족함이 없을 듯하다.

🏠 Cl. Maximo Gomez No.161 e/ Rafael Ferro y Ciprián Valdés

터미널에서 Colon 가를 바라보고 서서 왼쪽으로 Colon 가를 따라가면 첫 번째 나 오는 길이 Martí 가이고, 그 다음이 Maximo Gomez 가 이다. Maximo Gomez에서 왼쪽으로 두 번째 블록 왼편에서 간판을 찾을 수 있다.

📞 770777, 774335/(mob) 52747248
📧 calb@princesa.pri.sld.cu

Casa Yusimy 까사 유시미

Martí 가의 이 집은 찾기도 쉽고, 관리도 깨끗하게 하고 있어 지내기에는 더할 나위 없겠다. 손님용 거실과 작은 테라스가 별도로 있고, 식당이나 은행 등 편의시설도 가까워 장점이 있다. 가격은 주변보다 조금 비싸다.

🏠 Cl. Martí No.164 e/ Ciprián Valdés y Comandante Pinares

터미널에서 Colon 가를 바라보고 서서 왼쪽으로 Colon 가를 따라가면 첫 번째 나오는 길이 Martí 가이고, 좌회전해서 두 블록만 가면 오른편에 이 집을 찾을 수 있다.

📞 752818
📧 hostalazul.cu@gmail.com

PINAR DEL RIO

VIÑALES

삐나르 델 리오 주

비냘레스

초록에 쌓인 작은 마을.
쿠바 서부 여행의 중심지.

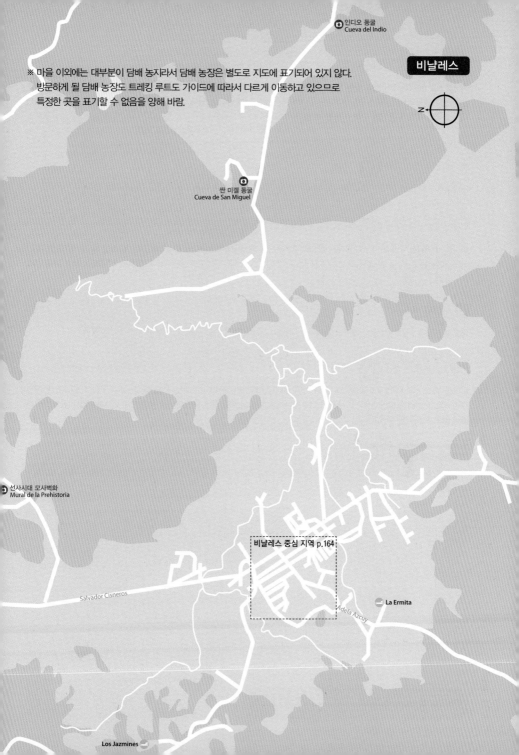

비냘레스

※ 마을 이외에는 대부분이 담배 농지라서 담배 농장은 별도로 지도에 표기되어 있지 않다.
방문하게 될 담배 농장도 트레킹 루트도 가이드에 따라서 다르게 이동하고 있으므로
특정한 곳을 표기할 수 없음을 양해 바람.

인디오 동굴
Cueva del Indio

싼 미겔 동굴
Cueva de San Miguel

선사시대 모사벽화
Mural de la Prehistoria

비냘레스 중심 지역 p.164

Salvador Cisneros

Adela Azcuy

La Ermita

Los Jazmines

🚌 비날레스 드나들기

비날레스는 관광객들이 많이 찾는 인기 관광지이고 라 아바나에서 거리가 멀지 않다 보니 비아술 버스도 하루에 두 번씩 운행하고 있으며, 비날레스-뜨리니다드 간 비아술 버스도 운행하고 있다. 그 외에도 비날레스로 이동하는 꼴렉띠보 택시도 어렵지 않게 동행을 구해 이동할 수 있다.

비날레스 드나드는 방법 **01** 기차

비날레스까지 가는 기차는 없고, 삐나르 델 리오까지 기차로 이동한 후 다른 교통수단을 이용하여야 한다.

비날레스 드나드는 방법 **02** 버스

비아술 터미널로 이동하면 터미널에서 삐나르 델 리오를 거쳐 비날레스로 약 4시간에 가는 버스를 탈 수 있다. 현재 라 아바나에서는 하루 두 번 09시와 14시에 출발하고 있다. 그 외 시엔푸에고스, 뜨리니다드에서도 비날레스 행 비아술 버스가 다닌다.

🚌 여행사 버스

여행사 상품을 구입하면 당일 왕복도 가능하고, 호텔이 포함된 패키지는 숙소까지 여행사 버스로 이동할 수 있다.

비날레스 드나드는 방법 **03** 택시

비아술 버스 시간 이전에 비아술 터미널로 가면 호객행위를 하는 꼴렉띠보 택시기사들을 만날 수 있다. 비날레스로 가는 관광객들 3~5명을 모아 1인당 15~20CUC를 받는데, 그리 나쁘지 않은 방법이니 이용해도 큰 문제는 없겠다. 버스보다 조금 빠르게 도착할 수 있다.

비아술 터미널에서 시내로

비날레스에는 버스터미널이 따로 있지 않고, 광장앞에서 비아술 버스가 선다. 광장이 마을의 중심이므로 별도로 교통비는 들일 필요가 없을 듯하다.

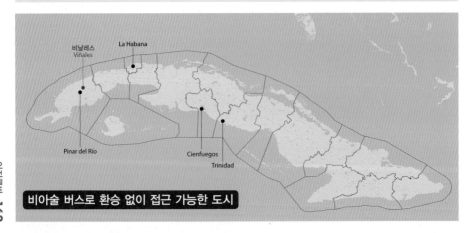

비아술 버스로 환승 없이 접근 가능한 도시

시내 교통

숙소를 비냘레스 마을에 까사로 구했다면, 식사나 편의시설 이용에 별도의 이동 수단이 필요하지 않을 만큼 비냘레스는 작은 동네다. 주도로인 살바도르 씨스네로가를 따라 끝에서 끝까지 15분 정도면 도보로 이동할 수 있고, 대부분의 편의시설이 집중되어 있어 이동은 편리하다. 숙소에서 농장 입구, 인디오 동굴로 이동하거나 외곽 식당으로 이동할 경우는 3CUC를 기본으로 하고 거리에 따라 가격이 달라지는 택시를 타고 이동할 수 있다. 택시는 숙소 주인에게 부탁하거나 살바도르 씨스네로가에서 어렵지 않게 탈 수 있다. 자전거를 대여해서 타고 다니는 것도 좋은 방법이나 인디오 동굴이나 로스 하스미네스 전망대까지 오르막도 있고, 결코 짧은 거리가 아니므로 미리 숙지하기 바란다. 비냘레스를 일주하는 관광버스가 다니고 있으며, 5CUC의 탑승료로 광장 근처에서 역시 탑승이 가능하다. 주요 명소를 모두 순회하니 비냘레스를 돌아보기에 가장 좋은 방법의 하나다.

비냘레스 투어 종류 및 방법

비냘레스 내부 투어는 교통수단에 따라 가격과 내용이 달라지게 된다. 가이드가 있을 경우 대부분 간단한 영어로 투어 진행이 가능하다. 가격은 역시 정가가 없고, 내용도 서로 다르기에 여행사와 까사에서 각각 확인 후 판단하기 바란다.

1. **트레킹 투어** : 도보로 이동하기에 먼 거리를 이동할 수 없어 담배 농장, 짧은 동굴, 호수, 럼/커피 체험관 등을 약 3시간에 걸쳐 돌게 된다. 싼미겔 / 인디오 동굴 / 선사시대 모사 벽화 / 호텔 전망대는 거리가 멀어 포함되지 않는다. 가격은 20~25CUC.
2. **승마 투어** : 말을 타지만, 말을 타고 달리는 것이 아니라 좀 더 편하게 트레킹 코스를 도는 것이라 생각하면 된다. 트레킹은 물웅덩이 좁은 길 등을 질러가지만, 승마로는 그렇게 할 수가 없어 시간은 조금 더 걸리는 편이다. 마찬가지로 싼 미겔/인디오 동굴 등 거리가 먼 곳은 포함되지 않는다. 가격은 30~35CUC.
3. **승용차 투어** : 거리가 먼 싼 미겔/인디오 동굴, 선사시대 모사 벽화, 호텔 전망대 등을 차량으로 이동하며 안내받게 된다. 가격은 20~25CUC.
4. **투어 버스** : 광장 앞에서 5CUC에 주요 관광지를 순환하며 원하는 곳에서 내리고 탈 수 있다.
※ 까요 레비사는 후에 준비한 별도의 페이지(P. 170)를 참고 바란다.

공원 내 동굴

국립공원 내부

담배잎 건조장

비냘레스 중심 지역(쎈뜨로)

Calle Salvador Cisne

Calle Adela Azcuy Norte

Rafael Trejo

Camilo Cienf

Casa Jardin

은행 $
$

El Bario

Polo Montañez

Tapaz

Casa Boris y Mileidi

Rafael Trejo

Plaza

Palmeres

● 비아술 & 꾸바택시 Viazul y Cuba taxi

인포뚜르 Infotur 관광안내소 ①

꾸바나깐 Cubanacan 여행사

아바나뚜르 Havanatur

Rafael Trejo

까데까 Cadeca ●

La Central Pizzeria

● 약국 Farmacia

● 에떽사 Etecs

El Olivo

La Cuenca

Camilo Cienfuegos

Calle Ceferino Fernandez

Benito Hernández Carbrera

Rafael Trejo

Camilo Cienfuegos

Camilo Cienfuegos

Orlando Nordarse

Casa Oscar

Villa La Salsa

Adela Azcuy

Orlando Nordarse

N

엣센셜 가이드 TIP

• 로스 하스미네스 호텔 수영장에서 즐기는 전망은 비냘레스 최고의 경험이 아닐까 생각한다. 호텔에 숙박하지 않더라도 별도의 입장
료로 입장 가능한 수영장을 고려해보기 바란다.

• 도보로 진행되는 국립공원 투어는 그리 만만하지 않다. 뙤약볕 아래서 3시간 이상 걸어야 하므로 미리 준비를 잘하고 출발하는 것
이 좋겠다.

• 개인에 따라 비냘레스에 별로 볼 것이 없다고 생각할 수도 있지만, 인근 관광지로 움직이기에 비냘레스가 가장 좋은 곳임은 틀림없
다. 비냘레스 여행사에서 운영하는 상품을 잘 살펴보자. 그 중 까요 레비사는 후회하지 않을 듯하다.

보자!

추천을 해야 하기에 아주 애매해지는 시점인데, 개인적으로 지인이 비날레스에 가겠다고 한다면 호텔을 예약하여 비날레스의 경치를 호텔에서 감상하고, 저녁 즈음이면 시내로 내려가 식사를 하고 라이브 음악을 즐기며 이틀 정도 보내다 오라고 하고 싶다. 하지만 각 코스에 대한 설명을 곁들여야 하기에 굳이 일주 루트를 소개해본다.

추천 일정

첫째 날

● 비날레스 국립공원

둘째 날

● 로스 하스미네스 전망대
● 산 미겔 동굴
● 인디오 동굴
● 선사시대 벽화

Viñales
첫째 날

비날레스 지역 대부분이 공원이라서 특별한 입구 같은 게 없고, 농장주들이 다니는 길이 입구다. 그렇다고 무턱대고 들어가기에는 너무 넓은 곳이니 여행사 가이드나 까사에서 소개해주는 가이드를 이용해 국립공원으로 들어가는 것이 좋겠다.

비날레스 국립공원 트레킹 코스

국립공원으로 지정된 지역 대부분은 농장으로 이용되고 있다. 공원 내부는 담배 농장이 대부분이며, 일부 커피, 토마토, 고구마, 감자, 유까, 사탕수수 등이 재배되고 있고, 외에도 망고나무 구아바나무 코코아나무 등 다양한 수종들이 서식하고 있다. 내부에는 또 동굴, 자연 저수지 등의 볼거리도 함께하고 있다.

공원 내 호수

▣ 입장료 없음
◎ 상시 개방
부대시설 및 서비스 담배 농장, 럼 체험장

담배 건조장 내부

비냘레스 국립공원 트레킹 코스

국립공원으로 지정된 지역 대부분은 농장으로 이용되고 있다. 공원 내부는 담배 농장이 대부분이며, 일부 커피, 토마토, 고구마, 감자, 유까, 사탕수수 등 이 재배되고 있고, 외에도 망고나무 구아바나무 코코아나무 등 다양한 수종 들이 서식하고 있다. 내부에는 또 동굴, 자연 저수지 등의 볼거리도 함께하 고 있다.

여행사나 각 까사에 문의하면 20~35CUC의 가격에 트레킹이나 승마로 돌아 볼 수 있는 상품을 구입할 수 있고, 자전거를 빌려 돌아보는 것도 한 가지 방 법이다. 인기가 많은 관광 코스이긴 하지만, 비냘레스 국립공원 트레킹이 정 말 볼만하냐고 묻는다면 솔직히 노코멘트하겠다. 사람에 따라 다를 수 있지 만, 내부를 돌아보는 것이 우리나라의 농촌 마을을 돌아보는 것과 크게 차별 화된 경험은 아니며 담배 농장이나 동굴의 감흥도 그리 크지 않다. 단, 말 타 는 것을 좋아한다면 말에 올라 유유자적 3시간 이상 이곳을 돌아보는 것은 색다른 체험일 수 있겠다.

지역 전체가 공원이고 농장은 주변에 산개해 있어 별도의 입구라 할 만한 것 이 없다. 투어를 이용하면 가이드를 따라 다니면 되고, 자전거나 별도로 이 동을 원한다면 까사 주인에게 가까운 농장을 묻는 것이 좋겠다. 단, 계속해 서 마을 방향이 어딘지는 확인해서 돌아오는데 고생스럽지 않도록 할 필요 가 있다.

담배 농장 투어는 담배를 직접 재배하고, 말리는 현장을 방문하는 것으로 재 배 농부가 직접 나와 설명을 해주고, 현재에서 재배한 라벨이 없는 시가를 싼 가격에 직판한다.

럼 및 커피 체험장은 럼칵테일이나 음료를 판매하고 있으며, 전통 방식으로 커피를 내리는 모습 등을 살펴볼 수 있다. 트래킹 투어 중이라면 약간 지친 거부하기 힘든 타이밍에 과라피냐라는 음료를 3CUC에 판매하고 있다.

그 외, 동굴 체험, 호수 방문 등이 가능하다.

비냘레스 국립공원

각 명소 간의 거리가 멀기 때문에 걸어서 다닐 생각은 하지 않는 것이 좋다. 자전거도 언덕이 많아 좋은 생각은 아니다. 숙소에서 택시기사를 섭외하거나 투어 버스를 이용해보자. 명소의 소개 순서는 투어 버스의 루트에 따라 진행토록 하겠다.

로스 하스미네스와 라 에르미따의 전망
Los Jasmines y La Ermita Hotel

생각보다 별로라고 중얼중얼 투덜투덜거리면서도 비날레스의 요지에 자리잡은 두 호텔의 전망에 대해서는 할 말이 없다.

로스 하스미네스

비날레스의 남서쪽에 자리 잡은 로스 하스미네스 호텔에 가면 호텔 외부 주차장 정면으로 조그만 바와 전망대가 있다. 언덕을 오르자마자 바로 시원한 풍경이 보이기 시작하므로 굳이 어디인지 둘러 볼 필요가 없다. 멀리 보이는 모호떼들과 그 주변으로 펼쳐진 시원한 평야를 보고 있으면, 까사 주인에 지친 마음도 지리했던 투어 가이드와의 가격 협상도 모두 잊게 된다. 라 에르미따는 로스 하스미네스보다 동네에 더 가까이 있다. 로스 하스미네스와 달리 전망대가 별도로 있지 않고, 호텔 로비 건물을 거쳐 객실이 있는 앞뜰로 나가면서 이곳의 전망이 시작된다. 일견 스위스나 오스트리아 어디에서 본 듯한 풍경이 눈 앞에 펼쳐지는데 일단 풍경을 보고 나면 돈 아끼겠다고 숙소를 까사로 잡아 놓은 자신이 초라해질 수도 있으므로 주의하기 바란다.

어찌보면 비날레스 투어의 백미라 할 수 있으므로 숙소를 정하기 전에 자신의 예산을 놓고 호텔 숙박을 심사숙고해 볼 것을 권한다. 혹은 숙소를 정하기 전에 수고스럽더라도 호텔을 방문해보고 결정하는 것도 좋겠다.

TIP 각 호텔의 주소 및 이동 관련해서는 P. 168의 설명을 참고하자.

라 에르미따의 전망

○ Open
쌘 미겔 동굴 09:00~19:00
인디오 동굴 09:00~17:00

ⓢ 쌘 미겔 동굴 3CUC 인디오 동굴 5CUC

부대시설 및 서비스 레스토랑, 바, 기념품점

인디오 동굴

쌘 미겔 동굴과 인디오 동굴

Cueva de San Miguel y Cueva del Indio

마을의 북쪽, 관광객들이 자주 찾는 두 곳의 동굴이다. 쌘 미겔 동굴은 노예로 지내던 아프리칸들이 도망쳐 지내던 곳을 재현해 놓았고, 출입구 중 하나인 바 El Palenque de los Cimarrones에서는 저녁 시간에 쇼와 파티를 즐길 수도 있다.

인디오 동굴에서는 동굴 내부를 걸어서 이동하다가 작은 보트로 동굴 끝까지 이동하게 된다. 동굴 내부에서 보트를 타는 색다른 기분을 느껴볼 수 있고, 동굴 체험을 마치고 나면, 기념품점과 바가 있다. 두 동굴 모두 주변에 레스토랑이 있어 이동 중 식사가 가능하다.

쌘 미겔 동굴

○ Open 09:00~18:00

ⓢ 3CUC

부대시설 및 서비스 레스토랑, 승마 체험

선사시대 모사 벽화

Mural de la Prehistoria 무랄 데 라 쁘레이스또리아

스페인어를 그대로 해석하면 '선사시대 벽화'가 되나 굳이 '선사시대 모사 벽화'라고 의역하여 적어 둔 이유는 이 거대한 그림의 탄생 배경에 따른 관광 코스로서의 가치가 애매하기 때문이다. 1960년대에 사람에 의해 그려진 그림으로 결코 선사시대에 그려진 그림이 아니다. 선사시대의 모습을 그려 놓

선사시대 모사 벽화

앉을 뿐 결코 선사시대에 그린 그림이 아니다 보니 결국 남는 이 그림의 관광코스로서의 가치는 크다는 것? 그림 자체의 완성도나 가치는 각자의 취향에 맡기겠다.

내부에서 승마 체험이 가능하고, 식사가 가능한 레스토랑도 있지만, 가이드들이 보통 입구에 들어가기 전 사진 찍기 좋은 곳에서 차를 세운다. 사진을 찍고 나면 '다시 들어갈 것'이냐고 되묻는 경우가 있다.

 하자! ACTIVITIES

작은 마을인 비냘레스에서 놀기 위한 선택권이 다양하지는 않다. 각 호텔은 별도의 프로그램으로 투숙객의 신나는 밤을 위해 노력하고 있으니 호텔에서 확인하기 바라며, 아래에서는 마을에서 몇 안되는 밤놀이터를 소개하겠다.

Polo Montañez 뽈로 몬따녜스

밤이 되면 어디서 소리는 나는데 쉽게 찾아지지 않는 이 집은 광장 안쪽 구석에 흰색 간판만 힘껏 밝혀져 있다. 이 조용한 동네에 신나는 쿠바 음악으로 관광객의 밤을 위해 노력하고 있으며, 라이브 밴드 연주와 살사 파티를 즐길 수 있다. 입장료 별도로 음료를 판매하고 있다.

⌂ La Plaza del Viñales, Viñales, Pinar del rio.
광장의 오른쪽 구석이다.
◎ Open 21:00~01:00
🍶 1CUC

광장 La Plaza

이 조용할 것만 같은 지방 광장에서도 당신이 운이 좋다면 어느 주말 패 늦은 저녁에 9살 꼬마에서부터 50살 할머니까지 온 가족이 몰려나와 온몸을 흔들어대는, 스스로 피 속에 흐른다고 이야기하는 이곳 사람들의 천연덕스러운 댄스 본능을 확인할 수 있을 것이다.

⌂ La Plaza del Viñales, Viñales, Pinar del rio.
비아술 버스가 서는 곳 바로 옆에 광장이 있다.
◎ 주말 저녁 21시 즈음부터 24시까지

Benito Hernández Cabrera 베니또 에르난데스 까브레라

뽈로 몬따녜즈가 조금 소란스럽게 느껴진다면, 이곳 베니또 에르난데스 까브레라도 있다. 춤보다는 공연이 위주이며 별도의 입장료 없이 음료를 판매하고 있다.

⌂ Salvador Cisnero 112A, Viñales, Pinar del rio.
광장 건너편을 바라보며 오른쪽으로 살바도르 씨스네로를 따라가면 두 번째 블록 중간쯤 오른편에 있다.
◎ Open 20:00~ 손님 없을 때까지
🍶 없음

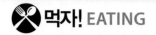 **먹자! EATING**

비냘레스의 식당은 크게 교외 식당 / 주도로가 관광 식당 / 까사에서의 식사 / 현지인 식당의 4가지로 나눌 수 있겠다. 교외 식당도 나쁘지 않으나 접근성이 떨어져서 차가 없다면 쉽게 가지지 않는 데다 일반적으로 조금 더 비싸다. 까사에서의 식사는 까사마다 달라서 모두 비교 확인하기는 힘들지만, 일반적으로 이 또한 크게 맛이 없거나 가격에 비해 빈약하지는 않다. 이곳에서는 주도로의 관광 식당과 현지인들이 이용하는 저렴한 식당을 몇 곳 소개하겠다. 단, 식당 대부분은 주도로인 살바도르 씨스네로스 가에 있어 돌아다니면서 직접 비교해보고 맘에 드는 곳을 고르기도 어렵지가 않으므로 이 추천은 개인적 취향으로 참고하고, 2~30분의 시간을 내서 직접 돌아볼 것을 권한다.

El Barrio 엘 바리오 ⓒⓒ

간단하고 저렴하게 한 끼를 때우고 싶다면, 엘 바리오를 따라올 만한 곳은 없는 듯하다. 4.5CUC면 혼자 먹기 조금 부담스러운 양의 씬피자가 한 판 나온다. 그렇다고 서비스가 거친 것도 아니라서 식사 시간 이곳은 언제나 분주한 편이다. 10CUC 이내에서 식사에 음료 한 잔, 팁까지 계산하고 나올 수 있으니 넉넉지 않은 상황에서 제대로 된 식사를 하고 싶다면 엘 바리오다.

⌂ Salvador Cisnero 58A, Viñales, Pinar del rio.
광장에서 건너편을 바라보고 왼쪽으로 살바도르 씨스네로 가를 따라 걸어가면 100m 정도 후 왼쪽, 은행 전 가게이다. Tapaz 건너편.
ⓞ Open 10:00~23:00

Tapaz 따빠스 ⓒⓒⓒ

간단한 식사 대용도 가능하긴 하지만, 타파스는 엄밀히 말하자면 바이고, 또 엄밀히 말하자면 이곳 비냘레스에서 찾아보기 어려운 본격적인 바이다. 3~10CUC 정도에 다양한 안주거리를 준비하고 있으며, 칵테일은 3~5CUC 정도이다. 밤이 되면 더 화려해 보이는 이곳을 살바도르 씨스네로 가를 걷다보면 못 보고 지나치기 쉽지 않다.

⌂ Salvador Cisnero, Viñales, Pinar del rio.
광장에서 건너편을 바라보고 왼쪽으로 살바도르 씨스네로 가를 따라 걸어가면 100m 정도 후 우회전 길이 있는 코너 가게다.
ⓞ Open 11:00~손님 갈 때까지

Palmares 빨마레스 ⓒ

햄치즈 샌드위치를 1.3CUC에 먹을 수 있는 집. 물론 햄과 치즈뿐인 샌드위치다. 관광 특화된 마을에서 이만큼 저렴하게 한 끼를 때울 수 있는 건 고마운 일이다. 물이나 음료수도 까사보다 싸게 팔고 있으니 필요하면 여기서 사는 것이 좋겠다.

⌂ Salvador Cisnero, Viñales, Pinar del rio.
광장 바로 옆 파란 집 중 하나다.
ⓞ Open 11:00~24:00

La Cuenca 라 꾸엔까 © © ©

이전 비냘레스 식당들은 대부분이 일반 가정집이었던 곳에서 Comida Criolla라는 스페인계들이 먹는 식사나 그 외 피자 스파게티 등을 판매하던 것이 대부분이었는데 이제 점점 본격적으로 식당같은 차림을 한 집들이 생겨나기 시작하고 있다. 이 집도 그중 하나로 맛은 둘째치고, 동네와 어울리지 않게 현대식인 인테리어가 흥미롭다. 식탁도 제법 격식이 있고, 바도 차려 놓았으니 가 볼 만할 듯하다.

🏠 Salvador Cisnero 97, Viñales, Pinar del rio.
광장에서 건너편을 바라보고 오른쪽으로 살바도르 씨스네로 가를 따라 약 70m 정도 걸어가면 나오는 사거리 코너에 있다.
🕐 Open 12:00~22:00

라 쎈뜨랄 피자집 La Central Pizzeria ©

관광 식당이 많은 비냘레스 현지인들은 이곳에서 식사한다. 저렴한 피자가 푸짐한 편이라서 관광객들도 종종 이용하는데, 따로 테이블은 없으므로 그냥 서서 먹어야 한다. 관광객을 보고 장사를 하는게 아니라 비교적 일찍 닫는다. 서두를 것.

🏠 Salvador Cisnero 77, Viñales, Pinar del rio.
광장에서 건너편을 바라보고 오른쪽으로 살바도르 씨스네로 가를 따라 약 50m 정도 걸어가면 건너편에 있다.
🕐 Open 10:00~19:00

El Olivo 엘 올리보 © ©

쿠바에서 난데없는 지중해식이라니, 이건 뭘까 하다가도 또 농장이 많아 채소가 풍부한 비냘레스라면 가능하다고 스스로 납득해버렸다. 유난히 베지테리안 식사가 가능하다는 간판이 많은 비냘레스에서도 좀 제대로 하려는 집.

🏠 Salvador Cisnero 89, Viñales, Pinar del rio.
광장에서 건너편을 바라보고 오른쪽으로 살바도르 씨스네로 가를 따라 걸어가면 나오는 까데까 건너편 집.
🕐 Open 12:00~22:00

🛏️자자! ACCOMMODATIONS

비날레스 숙박 시 고려해야 할 몇 가지.
1. 호텔 숙박에 대해 진지하게 고려해볼 것.
2. 까사 선택 시 살바도르 씨스네로가에서 너무 멀리 떨어지지 말 것.
3. 닭장이 주변에 있는지 살필 것.

앞서 몇 차례 언급한 바와 같이 비날레스의 호텔은 그 경치만으로도 충분히 가치를 하고 있다. 그리고 모든 편의시설이 집중된 살바도르 씨스네로스 가에서 너무 멀리 떨어지면 걸어 다니다 지칠 수가 있다. 그리고 마지막 닭. 이 동네 닭은 유난히 새벽 3, 4시부터 우는 통에 틀림없이 새벽잠을 설치게 된다. 집에서 닭을 키우지 않아도 들리고, 키우기라도 한다면 더 큰 일이다. 꼭 확인하자.

Hotel Los Jasmines 로스 하스미네스 호텔

시설물의 노후나 서비스, 건물에 대해서 따지기 전에 일단 수영장에서 모히또를 마시며, 비날레스 전체를 조망할 수 있다. 그리고 이 지역에서 가장 사진이 잘 나오는 전망대가 바로 수영장 옆이다. 투숙객이 아니라도 수영장은 입장료를 내고 이용이 가능하며, 호텔 내에서 살사강습 등의 별도 관광 프로그램 또한 운영하고 있다.

🏠 Hotel Los Jasmines, Viñales, Pinar del rio.
📞 796123
🛏️ 객실 76개/3가지 타입의 객실 요금이 55~100CUC 사이에서 탄력적으로 운영, 수영장 입장 7CUC
　　레스토랑/바/수영장

Hotel La Ermita 라 에르미따 호텔

로스 하스미네스의 전망이 사진찍기에 좋다면 라 에르미따는 건물들과 경치의 어울림, 배치가 일품이라 하겠다. 완만한 언덕의 정상에 자리 잡고, 중앙 정원과 수영장을 둘러 앉은 건물들 그리고, 그 너머로 보이는 비날레스의 풍경은 그림같다. 역시 수영장은 별도 입장이 가능하다.

🏠 Hotel La Ermita, Viñales, Pinar del rio.
📞 796122
🛏️ 객실 62개/4가지 타입의 요금이 59~94 CUC, 수영장 입장 7CUC
　　레스토랑/바/수영장/테니스장
www.hotel-la-ermita-cuba.com

Casa Boris y Mileidi 까사 보리스 이 미레이디

찾아가는 게 조금 고생스러울 수도 있지만, 찾아가 보면 의외로 넓은 안뜰과 옥상 위 테라스가 넉넉한 집이다. 각 객실이 분리되어 있어 독립적인 공간 이용이 가능하나, 건너 집닭이 단점이라면 단점. 아들이 차량 투어를 영어 가이드와 함께 제공하고 있어 편리하다.

🏠 Camilo Cienfuegos 26 el Juaquin Pérez y Ramón Coro
광장에서 건너편을 바라보고 섰을 때 왼쪽으로 살바도르 씨스네로 가를 따라 걷다가 나오는 첫 번째 오른쪽 골목을 타고 두 블록 이후에 왼쪽으로 100m 가량 들어가면 입구가 길에서 조금 안쪽으로 들어가 있는 초록색 집이다.
📞 전화 5331 1799/5267 1333 ✉️ borisymileidi@gmail.com
🛏️ 방 2개/15~25CUC/영어 가능(아들)
　　간단한 인터넷 사용 가능/레스토랑 겸바, 식사가능

Casa Jardin 까사 하르딘

계속 남의 집을 얻어 자다 보면, 왠지 나이 드신 분들이 운영하는 집이 마음 편할 때가 있다. 아무래도 잇속을 덜 챙기는데다가 정도 더 주기는 하는 듯하다. 나이 많으신 부부가 운영하는 집은 한국인들이 종종 왔었다며 또 환대를 받았다. 안타깝게도 직접 숙박을 못 해 확인을 못 한 부분은, 닭이 근처에 있는 것 같다. 오래된 집이라 소음이 좀 있을 수도 있다.

⌂ Cl. Salvador Cisnero 44, Viñales, Pinar del rio.
광장에서 건너편을 바라보고 섰을 때 왼쪽으로 살바도르 씨스네로 가를 따라 걷다 보면 은행과 엘 바리오 식당이 있는 블록의 끝에서 두 번째 집.
📞 793297
🛏 방 2개/15~20CUC

Casa Oscar 까사 오스까르

찾아가기는 솔직히 어렵다. 입구가 두 집 사이에 나있어 유심히 잘 보고 찾아 들어가야 한다. 막상 들어가면 정말 신경써서 차려 놓은 정원과 식당, 테라스를 확인할 수 있다. 사실은 자매가 붙어 살며 두 집을 운영하고 있고, 까사 오스까르는 그 중 한 집이다. 숙박해 본 결과 닭이 좀 멀리 있다.

⌂ Cl. Adela Azcuy 43, Viñales, Pinar del rio.
광장에서 건너편을 바라보고 섰을 때 오른쪽으로 살바도르 씨스네로 가를 따라 걷다가 나오는 첫 번째 왼쪽 골목을 타고 세 블록 이후에 43번지 집이고, 입구는 그 왼쪽 집 사이에 있다.
📞 4869 5516
🛏 방 4개/20~25 CUC/레스토랑 겸 바, 식사 가능,
✉ oscar.jaime59@gmail.com

Villa La Salsa 비야 라 살사

현재 한 개의 넓은 방을 열성적으로 운영하시는 아주머니는 곧 한 개의 방이 더 준비될 예정이라고 한다. 특별한 계획 없이 비날레스까지 갔더라도 아주머니와 가만히 앉아서 상담을 하다 보면 알아서 일정이 나오고 여기저기 연락을 해준다. 방이 넓고, 닭 울음 소리에서도 좀 자유로운 집이다.

⌂ Cl. Salvador Cisnero 44, Viñales, Pinar del rio.
광장에서 건너편을 바라보고 섰을 때 오른쪽으로 살바도르 씨스네로 가를 따라 걷다가 나오는 첫 번째 왼쪽 골목을 타고 세 블록 이후에 길이 나뉘어지는 곳까지 가다 보면 오른쪽에서 찾을 수 있다.
📞 4869 6984/5248 6933
🛏 방 2개/20~25CUC/식사 가능, 에어컨 있음/간단한 영어 가능
✉ mabel.castillo@nauta.cu

비날레스에 대한 이런저런 이야기

- 짧은 일정으로 쿠바를 찾는 관광객들이 대부분 들르게 되는 곳이면서, 현지인들의 상술이 가장 현란한 곳이 바로 비날레스이다. 비날레스에서는 누구에게나 조금 정신을 차리고 가격을 꼼꼼히 따지고 비교할 필요가 있다.
- 비날레스가 자랑하는 동굴이지만, 이곳의 두 동굴보다는 제주도의 동굴이 훨씬 볼거리가 많다. 둘 다 입장료를 내고 들어가 볼 필요는 없을 듯하다.
- 인근에는 까요 후띠아스 Cayo Jutías는 가볼 만한 해변이 있다.
- 호텔 숙박은 언제나 여행사에 예약하는 것이 저렴하다.

CAYO LEVISA

삐나르 델 리오 주
까요 레비사

쿠바인들에게는 통제된 작은 섬.
특별한 일없이 바라보고만 있어도 좋은 데이 투어.

까요 레비사 드나들기

드나들기 어려운 쿠바의 아름다운 해변 중에서도 까요 레비사는 들어가기가 좀 더 복잡하다. 까요 레비사로 가는 배를 타기 위해서는 빨마 루비아 Palma Rubia의 부두로 먼저 가야하는데, 이곳으로 가는 정규 교통편은 없다. 직접 렌트를 해서 가거나 택시를 이용해야하므로 가장 추천하는 방법은 여행사의 까요 레비사 데이 투어를 이용해서 비날레스로부터 접근하는 방법이다.

비날레스의 까요레비사 데이 투어 : 29CUC(점심 미포함), 35CUC(점심 포함)
비날레스 광장 건너편 여행사에서 신청 가능

보자!

여행사 꾸바나깐에서 단독으로 관리하며 운영하는 이 섬은 덕분에 번잡스럽지도 않고, 섬 내에서 이걸 할까 저걸 할까 고민할 필요도 없다. 섬의 남쪽 대부분은 만그로브 숲으로 덮여 있고, 모래사장이 드러나 있는 북쪽 해안가 일부에 통나무집 형태의 숙소들이 줄지어 자리를 잡고 있다. 선착장에서부터 각 숙소까지 나무 데크로 연결이 되어 있어, 바다에 들어갈 때 외에는 모래를 밟지 않고 이동할 수도 있다.
까요 레비사는 끝에서 끝까지 도보로 한 시간 정도 걸리는 작은 섬이다. 별다른 위락시설도 없는 이 작은 섬이 특별한 이유는 무엇보다도 만그로브 괴목들과 깨끗한 바다가 이루고 있는 신비한 풍경 때문이다.

섬의 동쪽 끝으로 보일 듯 보이지 않는 표지판을 따라 20여 분 정도 숲을 해쳐 걸으면, 동쪽 모래사장과 함께 초라한 바 Bar가 하나 눈에 들어온다. 저녁 5시까지 바텐더 한 명이 외롭게 관리하고 있는 이 바와 모래사장 그리고, 섬 건너편의 풍경이 어우러지는 그림은 어찌 보면 예술적인 한 수 같기도 하고, 어찌 보면 참 쿠바답다는 생각도 든다.
서쪽 방향으로 괴목은 계속 이어지지만 서쪽에는 별다른 시설물은 없다. 선착장의 스쿠버다이빙 센터에 신청을 하면 다이빙과 스노클링이 가능하고, 섬의 해변에는 아쉽게도 스노클링을 할 만한 곳은 없다.

까요 레비사

⌂ Cayo Levisa, Pinar del rio.

▤ 숙박 시 5가지 타입 객실 70~200CUC

부대시설 및 서비스
레스토랑, 바, 스쿠버다이빙센터
1일 투어 신청 비날레스 광장 앞 여행사
(30~50 CUC/교통 포함, 중식 선택)

까요 레비사 숙소

깨끗한 모래사장

섬 동쪽 끝의 Bar

PINAR DEL RIO

MARÍA LA GORDA

삐나르 델 리오 주
마리아 라 고르다

수고로이 찾아 온 발걸음을 보상해주는
조용하고 한적한 바다, 마을 그리고 사람들.

마리아 라 고르다 드나들기

마리아 라 고르다를 이용하는 가장 좋은 방법은 직접 차를 렌트해서 가는 방법이다. 리조트 호텔과 마을의 거리도 꽤 멀고, 아름다운 해안선이며 인근의 들러볼만한 포인트들도 멀찍이 떨어져 있어 자가 교통수단이 있다면 이곳을 즐기기에는 최적이라 하겠다. 렌트가 힘들다면 비냘레스에서 출발하는 여행사의 버스를 이용하는 것이 좋다.

렌트도 하지 않고, 여행사 버스 없이 방문을 하고자 한다면, 일단 삐나르 델 리오에서 산디노 Sandino까지 가는 꼴렉띠보 택시를 탄 후, 산디노에서 마리아 라 고르다까지 개인 영업 택시를 이용하는 방법이 있기는 하다. 산디노에서 마리아 라 고르다까지는 이동하는 사람들이 없어 꼴렉띠보 택시도 없고, 산디노 행으로 영업을 하는 택시도 없다. 그저 동네 사람들에게 묻고 물어서 차 있는 사람이 가격이 맞으면 마리아 라 고르다까지 데려다주는 식이다. (가격 20CUC 정도) 이 방법은 변수도 너무 많고, 일정에 쫓기다보면 결국에 교통비도 더 쓰게 되는 경우가 생기기도 해 추천할만한 방법은 아니다.

 보자!

편의상 마리아 라 고르다 라고 통칭하긴 하지만, 사실 마리아 라 고르다는 이 곳 의 해변과 그 해변에 자리한 리조트 호텔의 이름이다. 그리고, 이 지역에 는 마리아 라 고르다 해변 외에도 과나하까비베스 국립공원 Parque nacional Guanahacabibes과 해안가의 매력적인 작은 마을 라 바하다 La Bajada 등 들러 돌아볼만한 곳이 더 있다.

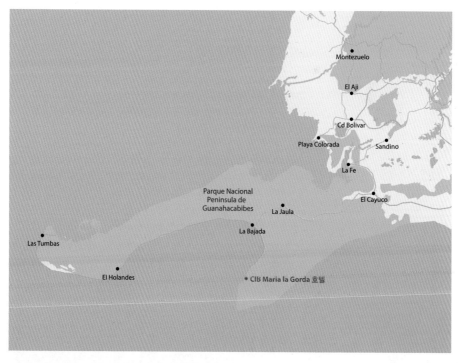

호텔 마리아 라 고르다 극히 한적하고 자연에 지나치게 둘러싸여 자연에 포위된 채로 고립되었다는 느낌까지 드는 이 호텔 마리아 라 고르다는 길게 이어지는 백사장의 가장 좋은 부분을 통제하여 호텔로 이용하고 있다. 부지가 넓고 건물 간의 간격도 넓은 데다가 이용하는 관광객들도 많은 편이 아니라서 세상과 연락을 끊고 휴양을 즐기기에는 더 나은 곳이 없을 듯하다.

마리아 라 고르다 해변 호텔 지역 이외에도 라 바하다 너머까지 바다는 계속해서 이어진다. 호텔 앞 바다 만큼의 넓은 모래사장이 없다 뿐이지 이곳의 바다도 아름답기는 그지없다. 자가 교통수단이 있다면, 종종 나타나는 모래사장 중 좋은 곳을 찾아 자리를 잡고 해수욕을 맘껏 즐기면 되겠다.

라 바하다 La Bajada 20가구 정도가 모여 사는 이 마을에는 4개 정도의 까사 빠르띠꿀라가 있다. 바다와 가장 멀리 떨어져 있는 집이라도 바다와의 거리가 30여 미터 이내인 이 동네의 정취는 글쎄 글로 설명하기가 쉽지 않은데, 마을에 이틀 정도 머물다 보면 동네 사람 대부분과 친구가 되버리는 이 정들기 쉬운 마을에는 편의시설도 부족하고, 교통도 만만치가 않아서 각오를 좀 하고 들어가야 할 듯하다.

과나하까비베스 생태 기지 Estación Ecológica Guanahacabibes 차를 타고 마리아 라 고르다 지역으로 가다 보면 40분 정도 숲을 통과하는 구간이 나오는데 이 구간 전체가 국립공원이다. 공원을 빠져나와 라 바하다와 산 안또니오가 갈라지는 길에 과나하까비베스 생태기지가 있고, 이곳에서 이 공원내로 이동하는 생태 체험 기회를 제공하고 있다.

라 바하다의 한 까사에서 보이는 바다

과나하까비베스 국립공원

쟈쟈! ACCOMMODATIONS

별도의 식당이 없는 이 지역에서는 까사가 식당이며, 숙소이고, 유흥 공간이다. 호텔 마리아 라 고르다는 다양한 시설물과 함께 별도의 레크레이션도 내부적으로 진행하고 있다.

María la gorda 마리아 라 고르다

마리아 라 고르다는 호텔이라기보다는 리조트에 가까운 시설물이다. 103개의 원룸 객실과 3개의 레스토랑 2개의 바를 내부에 운영하고 있으며, 낚시, 스쿠버다이빙, 스노클링 등의 프로그램을 함께 운영하고 있어 이곳을 부러 찾는 관광객들이 있다. 모래사장이 가장 나은 쪽을 통제하여 호텔에서 이용하고 있다. 예약자에 한해 입구에서 입장을 통제하고 있기 때문에 사전 예약을 꼭 하고 방문하는 것이 좋겠다. 비냘레스에서 셔틀버스를 이용하거나 렌터카를 이용해 찾아가는 것이 가장 좋은 방법이다.

⌂ Hotel María la gorda, Cabo de San Antonio,
산디노에서 마리아 라 고르다 방향으로 이정표를 따라오다가 바다가 보이는 갈림길에서 좌회전해서 길 끝까지 간다.
☏ 라 아바나의 여행사에서 예약 가능

Villa del Mar 비야 델 마르

라 바하다에 번지수 같은 건 없다며 가르쳐 주지 않는 이 집은 동네에서 드물게 고풍스러운 가구를 두고 있는 집이며, 객실이 가장 많다.

⌂ La bajada, Cabo de San Antonio, Pinar del rio.
산디노에서 마리아 라 고르다 방향으로 이정표를 따라오다가 국립공원의 끝 바다가 보이는 갈림길에서 해안가 쪽으로 우회전하면 열두 번째 정도 되는 집 다음에 나오는 작은 공터에서 첫 번째 집이다.
☏ 5352 8707

Villa Paraiso 비야 빠라이소

건물만 봐서는 그렇게 멋진 방이 있을 거라고 생각하기 힘들지만, 일어나 테라스 창문을 열면 30m 앞에 펼쳐진 바다는 한참을 그렇게 앉아 지나다니는 사람 구경만 하고 있어도 좋을만큼이다. 동네의 까사들이 모두 바다와 가깝지만 경치는 이 집이 가장 좋은 듯하다.

⌂ La bajada 28, Cabo de San Antonio, Pinar del rio.
산디노에서 마리아 라 고르다 방향으로 이정표를 따라오다가 국립공원의 끝 바다가 보이는 갈림길에서 해안가 쪽으로 우회전하면 열 번째 정도 되는 집으로 간판 없는 흰색 벽이 있는 집이다.
☏ 5278 6033

Villa azul 비야 아술

화려한 입구에 안쪽에는 바 겸 레스토랑을 신경써서 꾸며놨다. (이곳에서 쉬운 일은 아니었으리라 생각된다.) 유쾌한 주인은 이메일 연락처도 있는데다가 영어도 가능하므로 스페인어에 지쳤다면 영어로라도 의사소통할 수 있는 이집이 좋겠다.

⌂ La bajada, Cabo de San Antonio, Pinar del rio.
산디노에서 마리아 라 고르다 방향으로 이정표를 따라오다가 국립공원의 끝 바다가 보이는 갈림길에서 해안가 쪽으로 우회전하면 열두 번째 정도 되는 집 다음에 나오는 작은 공터에서 간판이 보인다.
☏ Yusniel, 5278 2047
ⓔ yusniel.cordero@nauta.cu

찬란했을 물의 도시 그리고, 최고의 휴양지

MATANZAS

마딴사스 주

MATANZAS

마딴사스는 주 어떨까?

마딴사스 주 북쪽을 여행하는 대부분의 관광객은 바라데로의 리조트 호텔에 머물면서 마딴사스를 데이 투어로 즐기고 있다. 라 아바나 만큼의 볼거리는 없다 해도 마딴사스 시외의 큰 강이나 동굴, 해변 등 즐길거리들이 있어 관광객들이 자주 찾는다. 하지만, 많은 관광객이 바라데로에 머물고 있다 보니 마딴사스 시내 중심가는 바라데로에서 관광객들이 버스를 타고 도착했을 때를 제외하고는 관광객들이 뜸한 편이다.

마딴사스 주의 남쪽 사빠따 반도 Península de Zapata 근처의 쁘라야 라르가와 쁘라야 히론이 또한 이 지역에서 빼놓을 수 없는 관광명소인데, 쁘라야 라르가에서 쁘라야 히론까지 이어지는 해변과 해안도로, 그 주변의 명소들은 오늘 다녀왔음에도 잠자리에 누우면 내일 다시 가보고 싶다는 생각이 들 정도로 매력적이고 흥미롭다.

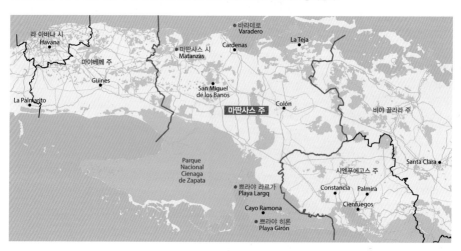

마딴사스 시 Matanzas 두 개의 큰 강을 품고 자리 잡은 마딴사스 시는 쿠바의 여러 도시 중에서도 독특한 분위기를 풍기고 있다. 중심가를 지나는 두 개의 강 외에도 도시와 멀지 않은 거리에서 바다로 흐르는 넓은 강들 그리고, 바다. 마딴사스는 물에 둘러싸여 있는 도시라 해도 과언은 아닐 듯하다. 강 양쪽으로 판자집들이 자리 잡고 있으며, 생활용수들이 흘러들기에 물이 그리 깨끗한 편이 아니라는 점이 아쉽기는 하지만, 중심가를 조금만 벗어나도 곧 깨끗한 물을 찾을 수가 있으니 위안을 얻을 수 있겠다.

바라데로 Varadero 이미 한국 여행자들에게도 서서히 유명세를 얻어가고 있는 쿠바의 간판스타 바라데로는 멕시코의 칸쿤반도와 비슷한 모양의 긴 반도이다. 50여 개가 넘는 호텔들이 밀집해 있으면서도 고층 건물이 없어 한적하고 여유로운 풍경의 바라데로는 비교적 저렴한 가격의 올인클루시브 호텔과 그 깨끗한 바다의 풍경이 인상적인데, 특히나 라 아바나로부터 3시간 거리의 뛰어난 접근성 덕분에 더욱 여행자들의 사랑을 받고 있다.

쁘라야 라르가 & 쁘라야 히론 Playa Largq & Playa Girón 뜨리니다드로 이동하는 여정이고, 일정에 여유가 있을 경우, 왠만하면 이곳은 빠뜨리지 말자. 해변만을 놓고 보자면, 뜨리니다드의 앙꽁 해변보다도 이곳의 해변이 훨씬 다채롭고 흥미롭다. 특히 쁘라야 히론 근처의 깔레따 부에나 Caleta Buena는 이 지역 최고의 해수욕 포인트라 하겠는데, 컴퓨터 그래픽으로 이상적인 바닷가를 만들어 놓은 것 같은 풍경은 직접 보기 전에는 상상하기 힘들 듯 하다.

MATANZAS

마딴사스 주 미리 가기

마딴사스의 경우 주의 북쪽을 여행하는지 남쪽을 여행하는지에 따라 일정이 갈릴 듯 하다. 남북의 거리가 멀어 남북으로 여행하는 일정은 비효율적이다. 일정에 여유가 있어 모두를 들르고 싶다면, 동서로 쿠바를 여행하면서 따로따로 가는 길, 오는 길에 별도로 지나는 것이 나을 듯하다.

마딴사스의 남쪽 해변을 모두 돌아보는 데는 2박이면 충분하지만, 해변은 들어가서 즐기는 곳이지 보고 지나는 곳이 아니기에 지역을 즐기기에 2박으로 충분하다 하기는 힘들다. 비록 일정은 2박3일로 제안하지만, 실제 일정 계획 시에는 3박 정도는 생각하기 바란다. 빠듯한 예산의 배낭여행자에게 쉬운 일은 아니지만, 사실 이곳을 즐기는 최고의 방법은 스쿠터나 차량을 렌트해서 쁘라야 라르가와 쁘라야 히론간의 도로를 직접 드라이브하면서 각 포인트를 방문하는 것이다. 일정 제안도 그에 따라 해보도록 추천한다.

숙소

마딴사스 시내에서 머무를 때는 리베르따드 공원이 중심이다. 숙소도 근처에 정하는 것이 좋다. 바라데로에서 숙소를 정할 때는 먼저 호텔인지 민박인지를 먼저 결정하자. 당연하지만, 관건은 가격과 시설. 여러 가지 면에서 쿠바까지 왔다면 바라데로의 올-인클루시브 호텔을 즐겨보고, 예산이 허락한다면 고급 호텔에 묵어보는 것을 추천한다.
마딴사스주의 남쪽 지역을 방문할 때는 쁘라야 라르가보다는 쁘라야 히론에 숙소를 두는 것이 좋다. 방문할 포인트가 더 많기도 하지만, 무엇보다도 깔레따 부에나 Caleta Buena가 더 가깝기 때문이다.

MATANZAS

MATANZAS

마딴사스 주
마딴사스 시

희미하게 남아있는 한국인의 흔적과
두 개의 강을 수놓는 다리들.

마딴사스 시 드나들기

마딴사스는 라 아바나에서 멀지 않은 거리인데다가 바라데로로 이동하는 차량이 많기에 접근하는데 큰 어려움은 없다.

마딴사스 드나드는 방법 **01** 항공

바라데로와 마딴사스시의 중간 지점에 국제공항이 위치하고 있어 라 아바나를 거치지 않고, 직접 이 지역으로 입국이 가능하다.

마딴사스 드나드는 방법 **02** 기차

아바나발 산띠아고 데 꾸바 행 열차가 마딴사스에 정차한다. (쿠바 기차 노선도 참고 P. 25)

마딴사스 드나드는 방법 **03** 버스

 비아술 버스

라 아바나에서 바라데로로가는 비아술 버스가 하루에 4번 마딴사스를 지나고 있다. 그 외 도시에서는 라 아바나로 바로 향하거나 바라데로로 바로 향하는 노선으로 마딴사스를 거치지 않으므로, 라 아바나 바라데로로 가서 마딴사스로 이동해야 하겠다.

 전세 버스

바라데로로 향하는 여행사 버스가 마딴사스를 지난다. 가격은 비아술 버스보다 조금 비싸지만, 가까운 호텔에서 탑승할 수 있어 편리한 점이 있다. 여행사에 문의하자.

비아술 터미널에서 시내로

비아술 터미널이 중심가에서 10 블록 정도 떨어져 있다. 걸어서는 약 20분 정도 걸리기 때문에 잘 판단하기 바란다. 택시를 이용하면 3CUC 정도에서 중심가로 이동할 수 있겠다.

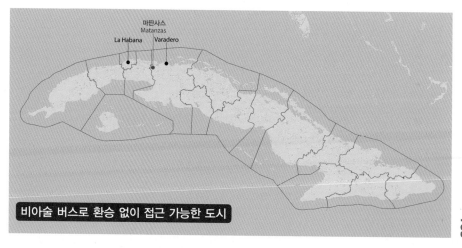

비아술 버스로 환승 없이 접근 가능한 도시

비아술 터미널에서 바라데로로 가는 꼴렉띠보 택시들이 마딴사스 시를 지난다. 바라데로까지 인당 15CUC으로 이동하고 있고, 마딴사스 시까지로 더 저렴하게 협의할 수 있다.

마딴사스 시에서 라 아바나로 이동할 경우

버스터미널의 한 편으로 가면 라 아바나행 꼴렉띠보 택시가 호객행위를 하고 있다. 인당 5CUC으로 이동하고 있으며, 라 아바나의 아바나 비에하 중앙 공원을 지나 혁명 광장 근처 옴니버스 터미널에서 정차한다. 바라데로나 라 아바나의 터미널 에서 운영되는 더 비싼 가격의 꼴레티보는 차내에 에어컨이 있고, 시내의 원하는 목적지까지 데려다주기 때문에 가격과 서비스에는 차이가 있다.

시내 교통

마딴사스 시내에서 터미널이나 다른 명소로 이동 시에는 택시가 가장 활용할 만한 교통수단인 듯하다. 택시는 기본 3CUC 정도를 받고 있고, 그 외에 몬세라떼 언덕과 쎈뜨로 등을 지나는 12번 버스를 활용하는 것도 좋을 듯하다. 하지만, 12번 버스의 경우 노선이 길어 위치에 따라 걷는 것이 빠를 수도 있으니 참고하자. 버스는 20쎈따보MN의 요금을 받고 있다.

도보로 길을 찾아다닐 때, 도로명 표지판에는 번호가 적혀있고, 사람들은 도로의 이름으로 도로명을 기억하고 있어 조금 주의해야 하겠다. 게다가 어떤 곳은 도로의 번호 간격이 4씩인 곳도 있고, 2씩인 곳도 있으니 미리 짐작하지 말고, 도로명 표지판의 번호를 잘 확인하고 다니도록 하자.

마딴사스 시내 – 꼬랄해변 또는 사뚜르노 동굴

어느 쪽을 선택하든 편도 요금은 8CUC 정도이다. 택시로도 20분 정도 가는 거리에다 지나는 버스도 없으므로 다른 방법은 없다. 가는 택시는 찾기 쉬우나 외진 지역인 해변이나 동굴에서 마딴사스로 돌아오는 택시를 잡기가 쉽지 않아서 아예 택시를 원하는 시간 동안 대절을 하는 방향으로 협의하는 것이 좋겠다. 정해진 요금은 없고, 왕복 2시간에 12CUC 정도이고, 4시간에 20CUC이면 적당할 듯하다. 왕복으로 대절을 했을 경우에는 그리 멀지 않은 두 곳을 한 번에 돌아보고 오면 되겠다.

엣센셜 가이드 TIP

- 불레바르드가 따로 없는 마딴사스 시에서는 85번가의 쎈뜨로 구간이 가장 번화한 길이다. 대부분 편의시설과 피자집 등도 그 곳에 모여 있으므로 빠뜨리지 말고 지나보도록 하자.
- 터미널 근처에서 숙소 호객행위를 하는 사람들이 있다. 하지만, 저렴한 가격 덕에 숙소를 터미널 근처로 정한다면, 근처에는 별다른 식당이나 편의시설이 없으므로 조금 불편할 각오는 해두자.

📷 보자!

마딴사스 시내에 명소가 많지는 않고, 또 바라데로에 방문하는 일정이 있다면 바라데로의 호텔에서 제공하는 시내 투어 및 관광 코스를 이용하는 편이 편리하고 효율적일 수 있으므로 어느 곳에서 숙박하고 투어를 즐기는 것이 더 나을지는 비교를 해 보기 바란다. 비용적인 면에서는 마딴사스에 숙박하면서 마딴사스를 둘러보고 바라데로로 이동하여 리조트 호텔을 만끽하는 것이 조금 더 저렴할 수는 있겠지만, 마딴사스에서 각 장소까지 교통수단을 마련하고 흥정하는 과정이 손쉽지는 않으니 취향에 따라 잘 선택하자. 이 책에서는 마딴사스에 머물렀을 경우로 가정하고 명소 이동 일정을 제안한다.

<table>
<tr><td>

추천 일정

첫째 날

- 리베르따드 공원
- 85번 가
- 레네 프라가 공원
- 몬세라떼 전망대
- 사우또 극장
- 강과 바다의 풍경
- 산 세베리노 요새

둘째 날

- 꼬랄 해변
- 사뚜르노 동굴

</td><td>

Matanzas
첫째 날

리베르따드 공원은 주 청사가 위치한 마딴사스의 중심이다. 일정을 시작하기 전에 대단한 걸 보러 간다는 생각보다는 마딴사스 주민들의 생활과 도시를 살펴본다고 생각하는 편이 나을 듯하다. 기대할만한 장소는 이곳에 없다.

리베르따드 공원 Parque de la libertad 빠르께 데 라 리베르따드

도시의 중심이 되는 공원이자 광장이지만, 특별히 볼만한 거리가 있는 곳은 아니다. 주 청사가 공원의 정면에 위치해 있는데, 건물의 회랑에서 살짝 옅보이는 주 청사의 사무실들은 우리가 흔히 기대하는 청사의 모습에 비해 터무니없이 옹색한 사무실의 모습과 커다란 주 청사의 대비가 오히려 볼거리라 하겠다. 공원의 한쪽 편에는 제약 박물관 Museo Farmaceútico 이 있으니 관심이 있다면 방문하기 바란다.

</td></tr>
</table>

🚶 리베르따드 공원에서 주 청사를 보고 섰을 때 오른쪽으로 두 번째 평행한 길이 85번 가이다. 리베르따드 공원에서 주 청사를 보고 288 또는 290번 가를 따라 오른쪽으로 두 블록만 가자.

85번 가

마딴사스에서 가장 번화하다고 할 수 있는 길은 85번가의 쎈뜨로 구간이다. 여행자에게 필요할 만한 대부분의 상점과 여행사의 사무실도 이 곳에 위치해 있다. 그럴듯한 식당이 많지 않은 마딴사스에서 간단한 요기를 때우거나 식사를 할 만한 곳도 이곳에서 좀 더 쉽게 찾을 수 있을 듯하다. 별다른 큰 건물 등의 명소는 없지만, 마딴사스 시민들의 떠들썩한 생활상을 엿볼 수 있는 곳이니 지나보는 것이 좋겠다. 단, 저녁 7시만 되어도 상점들이 문을 닫고 금새 썰렁해지는 거리므로 너무 늦지 않게 가보도록 하자. 현지인들은 이 길을 메디오 Médio 라고 부른다.

🚶 85번 가나 83번 가를 따라서 언덕 위쪽으로 계속해서 올라가자. 레네 프라가 공원까지는 10블록 정도(15분 정도) 걸어야 한다. 85번 가를 따라 걸으면 주변의 현지인들이 이용하는 상점들을 구경하면서, 83번 가를 따라 걸으면 종종 나타나는 오래된 건물들을 감상하면서 지나면 되겠다.

레네 프라가 공원 **Parque René Fraga** 빠르께 레네 프라가

레네 프라가 공원은 주민들이 이용하는 체육 공원이기도 하면서 높은 언덕 위의 전망대 구실도 하는 곳이다. 언덕을 거의 올랐다면 주변에서 바띠도를 팔기도 하고, 물이나 음료수를 판매하는 라삐도 Rápido도 있으니 목을 축이고, 공원에 앉아 시원한 바람을 맞으면서 좀 쉬어가는 것도 좋다.

🚶 레네 프라가 공원에서 언덕 아래쪽을 바라보고 서면 공원 앞을 가로지나는 길이 312번 가이다. 부에나 비스따 Buena vista 가로 불리는 이 길을 따라 왼쪽으로 계속해서 15분 정도 걸으면 몬세라떼 전망대가 보인다.

몬세라떼 전망대 **Mirador de Monserrate** 라도르 데 몬세라떼

마딴사스 시에서 가장 둘러볼 만 한 곳은 바로 이 전망대가 아닐까 한다. 그리 가파르지 않은 언덕을 천천히 오르면 마딴사스 시와 깊숙이 들어와있는 만이 한 눈에 보이는 곳이 나타난다. 언덕 한 편은 쿠바답지 않게 짧은 잔디가 자라고 있어 색다르기도 하다. 유무리강과 주변의 논밭들, 야트막한 산이

몬세라떼 교회

몬세라떼 교회

○ **Open**
화~토 10:00~18:00, 일 10:00~14:00

▤ 1CUC

보이는 풍경은 얼핏 한국의 어느 시골 동네가 생각나기도 한다.

전망대 앞으로는 작은 예배당이 있다. 현재 미사는 열리지는 않고, 종종 콘서트가 열리는데, 파손 이후 개축된 교회는 조금 밋밋한 감이 없진 않지만, 아담한 규모의 예배당과 언덕의 풍경은 쿠바답지 않게 포근해서 한참 머무르고 싶기도 하다. 교회 내부는 열린 문밖에서 보이는 게 거의 전부라서 굳이 들어갈 필요가 있을까 하는 생각이 들기도 한다.

🚶 여기서 다시 내려가는 길은 내리막이라서 그리 힘들지는 않을 듯하다. 천천히 걸어 다시 쎈뜨로까지 가도 좋겠고, 12번 버스를 기다려 타고 내려가도 좋겠다. 다시 쎈뜨로의 리베르따드 공원까지 왔다면, 공원에서 주 청사를 봤을 때 오른쪽으로 바다가 있는 방향으로 뻗어있는 83번 가를 따라 걸어가자. 세 블록을 지나면 정면으로 큰 건물이 보일 것이다.

사우또 극장 Teatro Sauto 떼아뜨로 사우또

쿠바 각 주의 주도에는 중심가 공연장이 하나쯤은 있다. 마딴사스에서는 사우또 극장이 그렇다.

🚶 사우또 극장 앞으로 나 있는 272번 가를 사우또 극장의 정면을 바라봤을 때 오른편 방향으로 따라가면 머지않아 산 후안강이 나온다.

강과 바다의 풍경

마딴사스만이 가지고 있는 가장 독특한 풍경은 바로 강과 바다 그리고 도시
가 어우러져 있는 풍경이다. 지금은 대부분이 철교라서 조금 차가운 기분이
들기도 하지만, 예전에는 이 철교 중 일부가 돌이었고, 물이 조금 더 깨끗했으
리라는 상상을 하면 지금의 어수선함이 더욱 안타까워지기도 한다. 강을 따
라 바다로 나가 바라보이는 풍경도 나쁘지는 않다. 역시 물이 깨끗한 편은 아
니지만, 도시에 맞닿아있는 바다이기에 별다른 수가 없을 듯도 하다. 중심가
를 조금만 벗어나면 곧 다시 깨끗한 물을 만날 수 있으므로 너무 아쉬워하
지는 말자. 같은 도로 272번 가로 반대 방향으로 걸어가면 유무리강에 닿
을 수 있다.

🚶 산 세베리노 요새까지는 거리가 있어 택시를 타야만 한다. 272번 가에서 택시
가 잘 잡히지 않는다면, 사우또 극장 건너편 라 비히아 La Vigia라는 Bar 앞에서 택
시 를 찾아보자. 돌아오는 택시를 잡기가 쉽지 않을 테고, 요새 관람이 그리 오래
걸리 지 않으므로 택시기사와 왕복 6CUC 정도로 협의를 하는 것이 좋겠다.

산 세베리노 요새 Castillo de San Severino 까스띠요 데 산 세베리노

대부분의 해안가 도시들처럼 마딴사스도 그 도시의 오래된 요새를 가지고 있
다. 라 아바나나 산띠아고 데 꾸바의 모로 요새에 비하면 단순하고 간단한 구
조의 산 세베리노 요새는 저층부의 감금시설을 위쪽에서 쉽게 볼 수 있게 만
들어져 있어 이채롭다. 쿠바의 오래된 건물들을 방문하며 아쉬운 점은 건물
들의 복원 과정이 이전의 형태와 분위기를 재현하는 것보다는 활용 가능한
재료로 무너지지 않게 만드는 데 목적이 있는 듯하다는 것인데, 이 요새도 지
금은 대부분이 시멘트로 밋밋하게 덮여있어 예전의 분위기를 느끼기에는 부
족함이 있다. 하지만, 요새를 둘러싼 수로나 건너는 다리 등의 구성은 보는 눈
을 조금은 위로해 주고 있다. 오래된 건축물과 성곽 등에 관심이 있다면 방문
해 볼 만 하겠다. 현재는 박물관으로 이용되고 있지만, 전시물들은 그리 눈길
을 끌지는 못한다.

산 세베리노 요새 박물관
🕐 Open
　화~일 09:00~17:00
🎫 2CUC, 사진 촬영 시 2CUC 추가

강과 바다의 풍경

Matanzas
둘째 날

2일 차 투어를 시작하기 전에 수영복을 잊지 말고 챙기도록 하자. 오늘 방문할 곳은 두 곳 모두 스노클링이 가능한 곳이므로 준비물을 챙기는 것이 좋다. 두 곳 모두에서 별도로 장비를 대여를 하고 있지만, 5CUC와 2CUC의 대여료를 두 곳에서 별 도로 내야하니 미리 개인 장비를 챙기는 편이 낫다.

🚶 정규 교통편은 없으므로 택시를 이용하는 것이 좋겠고, 리베르따드 공원이나 라비히나 앞에서 택시기사들을 찾을 수 있다.
꼬랄 해변은 마딴사스에서 차를 타고 바라데로 방향으로 계속해서 가다가 도로를 벗어나 해안가 쪽으로 나 있는 시멘트 길을 통해 접근해야 하는 곳이다.
지도의 위치상으로는 까르보네라 Carbonera라는 작은 마을의 뒤편이다.

꼬랄 해변 **Playa Coral** 라야 꼬랄

바다를 좋아하는 이들은 모두 알고 있겠지만, 바다가 있다고 해서 스노클링이 모두 가능한 것도 아니고, 좋은 모래사장을 가진 해안은 더욱이 스노클링에 좋은 곳은 아니다. 스노클링을 위해서는 해안가에 적절히 바위들이 깔려 있는 것이 좋고, 파도도 너무 거칠지 않아야 한다. 이곳 쁘라야 꼬랄은 적당한 거리에 바위들이 방파제 역할을 하고 있어서 파도가 비교적 잔잔하고 깊이도 적당해서 아이들도 스노클링을 즐기기에 좋은 곳이다. 해변 바로 앞에서 스노클링 장비를 별도로 대여하고 있다.

🚶 꼬랄 해변의 시멘트길을 벗어나서 공항이 있는 남쪽방향으로 10여 분 정도 차를 타고 가면 사뚜르노 동굴이 나온다.

사뚜르노 동굴
🕐 Open 08:00~18:00
💰 5CUC, 장비 대여 시 2CUC 추가

사뚜르노 동굴 Cueva Saturno 꾸에바 사뚜르노

사뚜르노 동굴을 사람들이 찾는 이유는 동굴에 고인 물에서 즐기는 수영과 스노클링 때문이다. 신비하고 색다른 경험이지만, 이곳은 좀 너무 붐비는 경향이 있다. 수영장만 한 크기의 동굴 웅덩이는 그리 넓지 않은 데 비해 이곳을 찾는 관광객들이 너무 많으니 조금 한적하게 즐기고 싶다면 오전 중이나 오후 4시 이후에 찾는 것이 나을 듯하다. 웅덩이에 전등도 좀 설치하고, 칸쿤의 어느 동굴처럼 해 놓았으면 좋으련만 아직 그런 정도까지 바라기는 무리인 듯하다.

먹자! EATING

마딴사스 시내에는 관광객들을 위한 식당은 거의 없다고 해도 과언이 아니다. 라 비히아 La Vigia만이 조금 그럴듯한 분위기를 풍기고 있고, 대부분은 현지인들을 위한 간단한 식당들이다. 그렇다고 고개를 떨굴 필요는 없다. 현지인들이 자주 다니는 식당이라면 가격이 싸니까. 마딴사스에서 식사를 할 때 조심해야 할 것이 하나 있다면, 대부분 식당이 7시면 문을 닫기 시작하고 8시면 모두 닫는다. 저녁을 굶고 싶지 않다면 조금 서둘러서 식사를 하든지 다른 준비를 해둬야 할 듯하다.

Al 2do 알 세군도 ⓒ

30MN면 한끼를 때우는 동네 사람들의 식당이다. 오랜만에 장을 보러 85번가에 왔다가 이곳에서 점심을 먹고 돌아가는 듯한 사람들이 많다. 메뉴는 세 가지 뿐이지만, 모두 육류와 쌀밥, 간단한 샐러드가 포함되어 있어 식사로는 부족함이 없다. 오후 4시면 문을 닫으므로 방문하고자 한다면 서둘러야 하겠다.

🏠 Cl. 85 e/ 298 y 300
85번 가에서 언덕 위쪽으로 계속 올라가면 왼편에 있다. 리베르따드 광장에 서는 약 4블록 정도 거리이다.

Cafetín El Reencuentro
까페띤 엘 레엔꾸엔뜨로 ⓒ

자세히 보지 않으면 음식을 팔고 있는 곳인지 모르고 지나칠 만한 평범한 건물이다. 길거리 음식 만큼은 아니어도 2CUC 전후의 따꼬 하나면 급한 배는 채울 정도에 다른 음식도 비싼 편이 아니어서 5CUC 정도면 한 끼를 때우고 나올 듯하다. 이런저런 따꼬들을 꽤 신경써서 내오는 집이다.

🏠 Cl. 83 e/ 290 y 292
리베르따스 공원에서 83번 가를 보고 왼쪽으로 83번 가를 따라 첫 번째 블록에 있다.

Cafeteria Libertad 1861
카페떼리아 리베르따드 1861 ⓒ

리베르따드 광장의 한쪽 구석에는 간단히 들려 한 끼를 때우기에 좋은 곳이 있다. 메뉴는 샌드위치뿐이지만, 가장 비싼 20MN짜리를 주문하면 뜻밖에 이것저것 가득 채운 샌드위치가 나오니 한 끼를 간단히 때우기에는 문제 없겠다.

🏠 Cl. 290 e/ 79 y 83
광장에서 주 청사를 바라봤을 때 뒷쪽 코너에 있다.

ACAA ⓒ

ACAA는 쿠바 수공예 예술가 연합회 Asociación Cubana de Artesanos Artistas 이고, 그 연합회가 운영하는 건물 내부에는 작은 카페떼리아가 있어 쉬어가기에 좋다. 분위기 있는 식당이나 카페가 많지 않은 마딴사스에서 그나마 그늘에서 오래 쉬었다 갈 만한 곳이라 하겠다.

🏠 Cl. 85 e/ 280 y282
리베르따드 공원에서 주 청사를 봤을때 288번 가를 따라 오른쪽으로 한 블록을 가고 좌회전해서 걸으면 두 번째 블록 오른편에 있다.

La Vigía 라 비히아 ⓒⓒ

마딴사스에서는 그나마 가장 떠들썩한 곳이 이곳 라 비히아일 듯하다. 넓은 홀에서는 라이브는 없어도 계속해서 음악이 흘러나오고 사람들도 항상 제법 있는 편이다. 싸지 않은 가격에 현지인들이 어떻게 이용하는지는 모르겠지만, 앞쪽을 지나는 도로의 분위기가 좋아 쉬어갈 만한 곳이다. 사우또 극장이 한눈에 보이고, 또 한 쪽 편에는 어쩌면 쿠바에서 가장 멋 진 소방서일지도 모르는 소방서가 자리 잡고 있다.

🏠 Esq. 83 y 272
사우또 극장 건물의 11시 방향에 있다.

스낵바 ⓒ

바닷가를 따라 유무리강을 건너 걷다 보면 약간 돌출된 곳에서 간단한 음식과 음료 등을 파는 곳이 있다. 걷다가 지친 다리를 쉬어갈 만한 곳이긴 하지만, 낮부터 취한 이들이 있을 수도 있어 신경 쓰는 편이 좋겠다. 주변의 물이 그리 깨끗하진 않지만, 과감히 뛰어드는 동네 꼬마들이 종종 있다.

🏠 Vía Blanca
쎈뜨로에서 유무리강 다리를 건넌 후 바닷가 길을 따라 100m 정도 걸으면 철길 넘어 바닷가 쪽에 있다.

🛏️자자! ACCOMMODATIONS

마딴사스에서 숙박을 할 예정이라면 숙소를 미리 정하고 가는 것이 좋을 듯하다. 다른 도시의 쎈뜨로 지역에서 쉽게 눈에 띄는 까사 빠르띠꿀라 마크가 이곳에서는 띄엄띄엄하다. 저렴한 숙소를 원한다면 터미널 근처에서 찾을 수 있겠지만, 쎈뜨로에서 거리가 꽤 머니 미리 인지하기 바란다. 바다를 좀 더 즐기고 싶다면 터미널에서 좀 더 동쪽 방향으로 가서 레빠르또 쁘라야에서 숙소를 찾는 것이 좋겠다. 마딴사스시에서 벗어나도 상관이 없다면, 마딴사스 동쪽으로 25km 정도 떨어져 있는 까르보네라 Carbonera라는 작은 마을에서 숙박한다면 주변의 바다를 더 쉽게 즐길 수 있겠다. 다만 편의시설이 없어 불편할 수 있음은 유의하자.

Hostal Venus 호스딸 베누스

비너스가 스페인어로는 베누스로 읽힌다. 쎈뜨로 인근에 있으면서도 리베르따드 광장에서는 9블록 정도 언덕을 올라야 하기에 거리가 좀 멀어 조금 저렴한 가격에 흥정이 가능한 집이다. 물론 능력에 따라서이다. 혼자라면 20CUC에 조식 포함까지는 가능할 듯 하다.

🏠 Esq. 83 No. 31001 y 310
레네 프라가 공원의 바로 아래쪽 블록에서 83번 가쪽에 있는 집이다.

📞 244963 / (mob) 52952345
📧 joaquin.garcia@umcc.cu /
odalismaria.2012@gmail.com

Hostal Rey 호스딸 레이

적극적이고 친절한 주인이 있어 지내는 데 불편함이 없을 듯하다. 쎈뜨로에서의 거리도 가깝고, 내부도 정갈하다. 아침, 점심, 저녁 식사를 모두 집에서 해결할 수도 있어 변변한 식당이 부족한 마딴사스에서 나쁘지 않다.

🏠 Cl. 79 No. 29014 e/ 292 y 290
리베르따드 공원에서 79번 가를 따라 언덕 위쪽 방향으로 걸으면 바로 첫 번째 블록 왼편에 있다.

📞 294284
📧 amarilisromero@nauta.cu

Casa Leonor 까사 레오노르

새 단장을 마친지 얼마 되지 않은 듯 내부가 깨끗하고 넓다. 침구류와 가구도 새로 다 들여놓은 듯 아직 때를 탄 흔적이 없어 기분이 좀 상쾌해질 듯하다. 파띠오도 방도 넓직넓직한 편이라서 시원하고 쾌적하게 지낼 수 있는 집.

🏠 Cl. 292 No. 8302 e/ 83 y 85
리베르따드 공원에서 83번 가를 따라 언덕 방향으로 한 블록 간 후 좌회전하면 왼편에 집이 보인다.

📞 260101
📧 guillermo.shelton@nauta.cu

Hostal Azul 호스딸 아술

종종 마주치게 되는 본격적인 호스텔로 숙박업을 사업처럼 운영하고 있다. 방도 넉넉하게 있고, 침대가 3개 놓인 방도 있는 데다가 건물 안에 식당 겸 Bar도 운영하고 있다. 건물의 입구에는 그림을 걸어놓고 작은 갤러리처럼 판매도 하고 있다. 이 집에 일단 묵으면 큰 고민할 필요가 없겠다.

🏠 Cl. 83 No. 29012 e/ 290 y 292
리베르따드 공원에서 83번 가를 보고 왼쪽으로 83번 가를 따라 첫 번째 블록에 있다.

📞 242449 / (mob) 52737903
📧 hostalazul.cu@gmail.com

Casa Victor 까사 빅또르

이제는 많이 희미해져 버린 한국인의 흔적을 조금이라도
마주치고 싶다면, 까사 빅또르로 가보자. 집주인 빅또르 씨는
한국인 후손 3세대로 얼핏 보면 어디선가 마주친 적이 있는
호남형 아저씨처럼 보인다. 터미널 근처는 숙소로 정하기에는
조금 애매하긴 하지만, 가격은 저렴하다. 게다가 지내봤던
15CUC 짜리 숙소 중에서는 가장 깨끗하고 쾌적한 집이다. 현재
본집의 공사는 12월경에 마 무리가 되어 손님을 받을 수 있다고
하고, 멀지 않은 곳에 또 숙소가 있어 일단 들르면 방이 없지는
않을 듯하다.

🏠 Cl. 174 No.27618 e/ 276 y 280
터미널 건물을 막 빠져나오면 건물 앞을 지나는 길이 174번 가이다.
왼편으로 계속해서 길을 따라 세 번째 블록 왼편에 이층집이다.

📞 285232/(mob)52916661
ⓔ victor64jo@yahoo.es

마딴사스에 대한 이런저런 이야기

- 마딴사스에 가이드 없이 돌아다니는 관광객이 워낙 없다 보니 인포뚜르나 여행사 사무실은 자기 편한 대로 영업을 하는 듯하다. 너무 기대하지 말도록 하자.
- 여행사 직원들이 제대로 일을 하는 것은 아니지만, 일단 위치는 제대로 알자. 다른 도시처럼 사무실이 따로 있는 것도 아니고, 다른 상점의 내부에 책상만 하나씩 놓고 있다. 그러니 지도에 표시된 위치에서 간판을 찾지 말고, 쇼윈도우를 보고 가비오따 Gaviota나 꾸바나깐 Cubanacan의 피켓을 찾자.
- 한국인의 후손들은 관광 관련 일은 많이 하지 않고, 대부분이 일반적인 직업을 갖고 도시 깊숙한 동네에서 살고 있다고 한다. 혹시 그 흔적을 찾아 여행을 계획하고 있다면 좀 오래 구석구석 다닐 생각을 해야 할 듯하다.
- 택시기사들이 가장 많이 모여있는 곳은 리베르따드 광장과 터미널 앞이고, 라 비히아 근처에서도 조금 찾을 수 있다.
- 마딴사스에도 박물관이 몇 개 있다. 굳이 자세한 설명을 하지 않은 이유는 굳이 방문해야 할 이유는 없을 듯해서 이다. 모두 쎈뜨로 근처이니 관심이 있다면 찾기는 어렵지 않을 듯하다.

MATANZAS

VARADERO

마딴사스 주

바라데로

70여개의 올인클루시브 호텔과 다양한 투어 프로그램을 품은
쿠바 최고의 휴양지.

🚌 바라데로 드나들기

바라데로 드나드는 방법 **01** 항공

바라데로 국제 공항은 호텔 지역에서 약 30㎞정도 떨어져 있다. 택시로 25~30CUC 선에서 이동이 가능하다.

바라데로의 호텔 구역에서 차로 15분 정도 거리에 산따 마르따 Santa Marta에
후안 구알베르 또 고메스 Juan Gualberto Gomez 공항이 있다. 바라데로로 취항
하는 항공사와 기항지는 아래와 같다.

항공사	기항지
Air Berlin	Düsseldorf, Munich, 비상설 : Berlin (이상 독일)
Air Canada	비상설 : Halifax, Ottawa (이상 캐나다)
Air Canada Rouge	Calgary, Montréal, Toronto (이상 캐나다)
Air Transat	Montréal-Trudeau, 비상설 : Calgary, Edmonton, Halifax, Hamilton, London (ON), Ottawa, Québec City, Regina, Saskatoon, St. John's, Toronto, Vancouver (이상 캐나다)
Arkefly	Amsterdam (이상 네덜란드)
Condor	비상설 : Frankfurt, Munich, (이상 독일) Vienna (오스트리아)
Cubana de Aviación	Buenos Aires-Ezeiza (아르헨티나), Montréal (캐나다), Santiago de Cuba (쿠바), Toronto (캐나다)
Eurowings	Cologne Bonn (독일)
Jetairfly	Brussels (벨기에)
LOT Polish Airlines	전세기 : Warsaw (폴란드)
Servicios Aéreos Profesionales	Punta Cana (도미니카)
Sunwing Airlines	Montréal, Ottawa, Saskatoon, Toronto, North Bay 비상설 : Edmonton, Hamilton, Fredericton, London (ON), Québec City, Saint John, Sault Ste. Marie, Thunder Bay (이상 캐나다)
Thomas Cook Airlines	London, Manchester (이상 영국)
Transaero Airlines	Moscow, St Petersburg (이상 러시아)
WestJet	Toronto 비상설 : Calgary, London (ON), Montréal (이상 캐나다)

※ 출처 : 위키피디아 'Juan Gualberto Gómez Airport'

바라데로 드나드는 방법 **02** 버스

🚏 **비아술 버스**

라 아바나 외에도 마딴사스, 산따 끌라라, 뜨리니다드, 상띠 스삐리뚜스, 시에고
데 아빌라, 까마구에이, 라스 뚜나스, 올긴, 바야모, 산띠아고 데 꾸바에서 비아
술 버스를 타고 바라데로에 닿을 수가 있다. 라 아바나에서 비아술 버스는 3시
간 30분 정도 소요되며, 가격은 10CUC 정도 소요된다.

🚏 **여행사 버스**

여행사에서 호텔을 예약할 때 여행사 버스를 함께 예약하면 비아술 버스와 비
슷한 가격에 이동할 수 있다.

비아술 터미널에서 시내로

비아술 터미널은 바라데로의 시작
부분에서 약 3㎞ 지점이고, 호텔존
까지는 또 3㎞ 정도의 거리에 떨어
져 있어 호텔에 숙박할 경우 별도의
차량을 이용하여 이동하여야 할 듯
하다. 호텔에 따라 거리의 차이가 많
지만, 대략 5CUC을 전후로 지불하
면 될 듯하다.

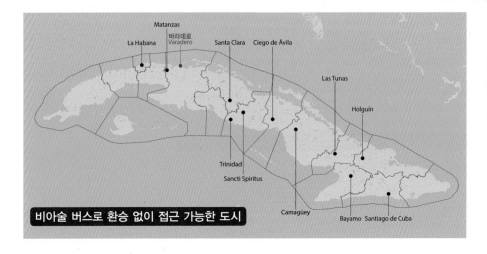

비아술 버스로 환승 없이 접근 가능한 도시

바라데로 드나드는 방법 **03** 택시

라 아바나의 비아술 터미널에서 꼴렉띠보 택시를 구할 수 있고, 바라데로의 버스 터미널에서도 라 아바나행 꼴렉띠보를 구할 수 있다. 인당 15~20CUC로 이동이 가능하다.

시내 교통

올인클루시브 호텔에 투숙한다면 굳이 움직여야 할 일은 없을 듯하다. 다만, 인근 마을의 기념품점을 방문하거나 주변 다른 식당으로 이동할 때 정도는 택시를 이용하는 것이 좋겠다. 기본 5CUC 전후로 택시들이 운영 중이다. 다른 도시와 마찬가지로 투어 버스가 바라데로에도 운영되고 있다. 스쿠터나 차를 렌트할 수도 있다. 스쿠터의 경우는 1일 렌탈이 가능하고, 시간별로 나누어 렌탈도 가능하다.

 보자!

바라데로는 쿠바의 문화나 역사를 즐긴다기보다는 순수하게 쿠바의 아름다운 바다와 휴양을 위해 사람들이 찾는 곳이다. 외국 관광객들의 이곳에 대한 관심은 바라데로로 직접 취항하고 있는 다양한 국제 항공 노선의 수로 알 수 있듯이 매우 뜨겁다. 이들이 바라데로를 이렇게 즐기는 이유는 첫째로는 라 아바나로부터의 접근성이라고 할 수 있겠는데, 보통 일주일에서 열흘 정도의 일정으로 쿠바를 찾는 관광객들이 이틀 정도의 시간을 내서 바라데로에서 휴양하기에 멀지 않은 거리와 편안한 교통편으로 라 아바나에서 쿠바의 음악과 춤, 분위기를 충분히 즐기고, 바라데로에 와서는 푹 쉬었다 가기에 더할 나위 없다 하겠다. 다음 이유로는 바다를 꼽을 수 있을 듯하다. 칸쿤을 방문해 본 여행자라면 칸쿤의 호텔존이 자리 잡은 반도의 인상적인 풍경을 기억할 것이다. 바라데로는 그곳과 비슷한 지형적 특색을 가지고 있다. 길고 좁은 반도는 지역 어느 곳에서나 쉽게 바다로 이동할 수 있고, 모든 호텔은 바다에 면해 있어 언제나 걸어서 바다로 접근할 수 있다. 맹그로브 숲의 풍경이나 코발트 빛으로 찬란하게 빛나는 바다 등 자연 조건으로는 손색없는 휴양지라 하겠다. 2016년까지만 해도 최고의 가성비라고 자랑할만하였으나 방이 없어서 문제인 요즘, 가격은 이미 바라데로의 큰 장점은 아니게 된 상황이다.

바라데로의 거주 지역

거주 지역의 바다라고 해서 호텔 지역과 다를 것은 없다. 같은 바닷물과 같은 모래사장이 반도의 해안선을 따라 계속해서 이어진다. 하지만 아무래도 지역 주민들이 자주 다니는 바닷가라서 소지품이 좀 더 신경 쓰이고, 선베드나 파라솔이 없어 느끼는 불편함이 없지는 않다. 기념품 가게나 식당, 소규모 호텔들이 거주 지역에 자리 잡고 있으며, 아기자기한 분위기의 동네는 한번쯤 돌아볼만하다.

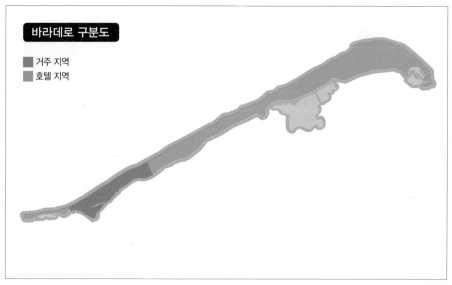

바라데로 구분도

■ 거주 지역
■ 호텔 지역

바라데로의 호텔

바라데로의 호텔은 대부분이 리조트형 호텔이다.

그중 호텔 지역의 호텔은 대부분이 올인클루시브 리조트형 호텔이며, 거주 지역의 호텔 중에는 올인클루시브가 아닌 곳들도 있으므로, 호텔을 선정할 때 제공 서비스를 잘 살피기 바란다.

이곳의 리조트형 비교적 넓은 부지에 저층형 건물들이 많아 한적하고 여유로운 해안가의 분위기를 유지하고 있으며, 야외 수영장, 레스토랑, 풀 바 등의 시설은 기본으로 갖추고 있다. 부지의 형태에 따라 2, 3개 이상의 수영장들을 보유하고 있으며, 레스토랑도 기본 뷔페식 레스토랑 외에 호텔에 따라 이탈리안, 차이니즈 등의 전문 레스토랑을 별도로 운영하고 있다. 각 호텔의 레크리에이션 센터에서는 오전부터 함께 즐길 수 있는 퀴즈나 간단한 스포츠 등 다채로운 레크리에이션을 계속 진행하고 있으며, 살사 수업, 스페인어 수업을 진행하는 리조트들도 있다.

저녁이면 각 호텔에서 준비한 공연단의 춤과 음악 공연이 이어지고, 호텔에 따라 해안가 나이트클럽도 운영하고 있어 젊은 층들이 많이 찾는다. 외에도 테니스장, 배구장 등의 시설을 갖춘 호텔도 많고, 대부분 호텔에서 스쿠버다이빙 센터를 운영하고 있다.

시설물은 호텔의 등급에 따라 차이가 있겠으나 별 3개 정도의 리조트라면 약간 모자라도 기분 좋게 즐기기에 문제가 없다. 외국계 회사에서 공동 운영하는 별 5개의 고급 호텔들은 서비스나 시설 면에서도 훌륭한 수준을 보유하고 있다.

호텔 예약

비교 대상이 다수인 관계로 특정 시기에 어디에서 예약하는 것이 가장 저렴하다고 이야기하기 힘들다. 한국에서 예약하려면 에어텔 상품을 취급하는 중소 여행사들을 접촉해봐야 할 테고, 호텔만 예약하면 되는 상황이라면 여러 해외 사이트들을 계속해서 돌아다니며 비교하는 방법 밖에는 없다.

일반적인 사항이지만, 항공권이든 호텔이든 해외 예약 사이트에서 진행했을 때의 맹점은 문제가 생겼을 때 딱히 하소연할 곳이 없다는 점이다. 해외 사이트에서 진행하게 될 경우라면 문제시 컴플레인이나 환불 절차에 조금 답답함이 있을 수 있으니 미리 조금은 감수하고 진행하는 편이 좋겠다.

일정이 짧다면 어떻게든 예약을 하고 입국하는 것이 좋겠고, 일정에 변동이 심하고 여유 있게 움직이고 싶다면 쿠바에 입국한 후 여행사를 통해야 할 테다. 단, 성수기 바라데로는 호텔에 빈자리를 구하는 게 정말 어렵다. 호텔 가능 여부에 일정을 맞춰도 상관없다고 마음을 먹는 게 좋겠다.

PLAYA LARGA & PLAYA GIRÓN

마딴사스 주

쁘라야 라르가 & 쁘라야 히론

쉽게 잊혀지지 않는 해변과
투명한 에메랄드빛으로 장식된 40km의 해안도로.

🚌 쁘라야 라르가 & 쁘라야 히론 드나들기

비아술 버스는 쁘라야 히론에서 서고 출발하고 있으며, 쁘라야 히론 쪽의 바다가 조금 더 깨끗한 편이라서 숙박은 쁘라야 히론 쪽에서 계획하는 것이 좋을 듯하다.

쁘라야 라르가 & 쁘라야 히론 드나드는 방법 버스

🚌 비아술 버스

하루에 한 번 뜨리니다드로 가는 버스가 쁘라야 히론에 정차한다.
시간표가 시즌별로 변경이 되지만, 보통 아침 일찍 이므로 미리 확인하자.
(현재 아침 7시 출발) 쁘라야 히론에서 시엔푸에고스, 뜨리니다드, 라 아바나로 가는 버스도 하루에 한 대 뿐이니 놓치지 않도록 하자.

비아술 터미널에서 시내로

버스터미널이 따로 없고, 호텔 쁘라야 히론의 앞에서 비아술 버스가 선다. 큰 도로를 따라 약 5분 정도 걸으면 까사 빠르띠꿀라들이 모여있는 마을이므로 별도로 교통수단을 이용할 필요는 없을 듯하다.

쁘라야 라르가 & 쁘라야 히론 드나드는 방법 택시

라 아바나의 비아술 터미널에서 꼴렉띠보 택시를 구할 수 있는데, 인원이 4인이 안 될 경우에는 시엔푸에고스나 뜨리니다드행 택시를 찾아서 합승을 하는 것도 가능하다. 쁘라야 히론까지는 15~20CUC로 협의가 가능하겠다. 4~5인의 그룹으로 이동하지 않는 경우에는 쁘라야 히론에서 다른 도시로 이동하는 꼴렉띠보 택시를 구하기 쉽지 않으므로 유의하자.

비아술 버스로 환승 없이 접근 가능한 도시

시내 교통

정규 교통편이 다니지 않는 데다가 각 포인트 간의 거리가 제법 먼 이 지역에서는 교통편이 조금 골치 아플 수도 있겠다. 가장 간단하고 저렴한 방법은 숙소에서 자전거를 구해서 자전거로 이동하는 방법이지만, 더운 날씨에는 그 또한 쉽지 않고, 쁘라야 히론에서 쁘라야 라르가 간 35km를 자전거로 이동하려고 마음먹었다가는 자전거만 타다가 하루를 보내게 될 수도 있다.

관광 포인트가 비슷한 간격으로 서로 떨어져 있어 이곳에서는 스쿠터나 차를 렌트하는 것이 가장 편한 이동 방법이 될 듯하다. 호텔 쁘라야 히론 앞의 아바나 오토에서 차량 렌트가 가능하다. 택시로 꾸에바 데 로스 뻬세스 Cueva de los Peces 나 뿐따 뻬르디스 Punta Perdiz 등의 각 포인트로 이동할 경우에는 15~25CUC 사이로 왕복 이동 협의가 가능하겠다.

호텔 쁘라야 히론 앞에서 아침 8시 30분에 쁘라야 라르가로 가는 버스가 있다. 이 버스는 오전 4시 30분부터 다니기 시작하는 데, 배차 간격이 일정치 않으니 까사 주인에게 문의하기 바란다.

많지도 않은 이 쁘라야 히론의 편의시설은 대부분이 호텔 쁘라야 히론 앞에 모여있고, 까사들이 모여 있는 동네와 이곳은 도보로는 5분 정도 걸린다.

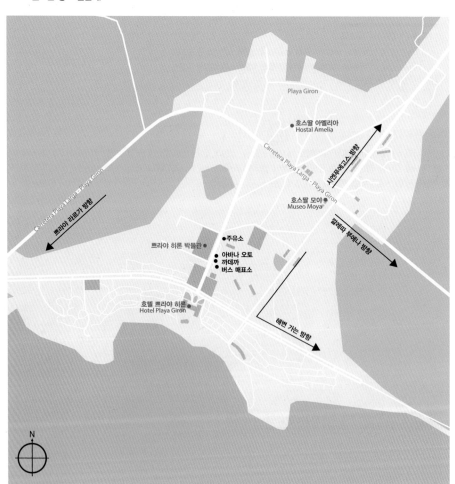

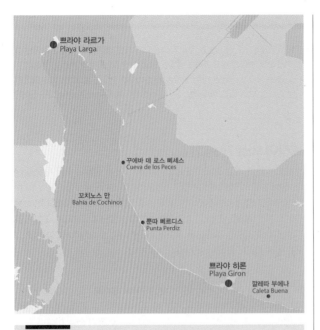

꼬치노스 만
Bahia de Cochinos

쁘라야 라르가
Playa Larga

꾸에바 데 로스 뻬세스
Cueva de los Peces

뿐따 뻬르디스
Punta Perdiz

쁘라야 히론
Playa Giron

깔레따 부에나
Caleta Buena

피그만 침공

쁘라야 히론의 호텔 쁘라야 히론의 앞쪽에는 박물관이 하나 자리 잡고 있다. 워낙 박물관이 많은 나라라 그러려니 할 수도 있지만, 사실 이 박물관은 특별히 〈피그만 침공〉에 대한 자료를 모아놓은 곳이다.

삐델 까스뜨로가 쿠바의 정권을 잡은 이후 쿠바는 계속해서 미국에게 눈엣가시였다. 냉전 시대 턱밑의 공산권 국가이며, 구소련의 동맹국인 데다 혁명 과정에서 미국인의 재산을 국유화함으로써 적지 않은 피해를 보게 된 미국은 급기야 비공식적인 CIA의 지원으로 쿠바에 군사 작전을 시행하기에 이른다. 아이젠하워 대통령 재임 기간에 계획되고, 망명해온 쿠바의 반정부 세력 1,500명을 훈련시켜왔던 미국은 차기 대통령이었던 케네디 대통령의 재임 기간 중인 1961년 4월 15일 이들을 쁘라야 히론으로 상륙시킨다. 하지만, 일단 병력이 상륙을 하게 되면 쿠바 반정부 세력이 동참하리라던 예상은 발빠른 삐델 까스뜨로의 대응으로 무산되고, 폭격기까지 동원하며 요란하게 시작했던 쿠바 공습은 100명 사망, 나머지 전원 생포라는 무참한 결과를 낳게 된다. 결국 쿠바는 미국으로부터 5,300만 달러 상당의 의료품을 지원받고서야 1,100여 명의 포로를 석방하였고, 케네디 대통령은 정치적 타격으로 곤란을 겪게 된다.

Bay of Pigs (피그만)이라는 이름은 바히아 데 꼬치노스 (Bahía de Cochinos 돼지들의 만)라는 스페인 지명을 미국식으로 번안한 것으로 미국에서 사용하는 이름이고, 우리나라에서도 이를 '피그만 침공'이라고 부르고 있다.

📷 보자!

쁘라야 라르가부터 깔레따 부에나까지 약 40km를 이어지는 이 해변은 쿠바의 아름다운 해변 중에서도 세 손가락에는 들 정도로 아름답다. 특히나 이곳의 장점이라면 깨끗하고 청량감이 느껴지는 물빛은 당연하거니와 모래와 바위로 적절히 나뉘어진 해변은 해수욕에도 좋고, 스노클링에도 좋은 데다가 조금만 바다 멀리 나가면 스쿠버 다이빙을 할 수 있는 포인트들도 있어 바다를 좋아하는 사람에게는 그야말로 더할 나위 없는 바다라는 점이다. 단, 인근의 바다가 비교적 깊은 편이므로 주의하자.

쁘라야 라르가

쁘라야 라르가 Playa Larga

꼬치노스 만의 가장 깊숙한 곳에 자리 잡은 이곳은 물빛이 조금 탁하긴 하다. 특히나 쿠바인들의 바캉스철인 7, 8월에는 이 해변으로 몰려드는 인파 때문에 더욱 그렇다. 이 근처에서 숙박하는 일정이라면 쁘라야 라르가에서 쁘라야 히론 방향으로 4, 5km 정도 떨어진 한적한 해변에서 바다를 즐길 것을 권하겠다. 그 정도만 카리브 해 쪽으로 나오면 나도 모르게 입꼬리가 올라가 웃고 있을 정도로 물빛은 깨끗해지기 시작한다.

꾸에바 데 로스 뻬세스 Cueva de los peces

'물고기들의 동굴'이라는 이름을 가진 이곳은 아래쪽으로 갈라져있는 땅 틈으로 물이 가득 차 있는 수중 동굴이다. 고맙게도 입장료가 없는 이 곳은 굉장히 깊은 데다가 안전요원을 기대할 수 없기에 조금 조심해야겠다. 약 40여 미터 정도 길고 좁게 이어지는 물웅덩이에는 적지 않은 물고기들도 살고 있고 물도 깨끗한 편인데, 아래쪽 깊이 물 안쪽을 내려다보면 끝이 보이지 않을 정도로 깊다. 쿠바에서 가장 깊은 수중 동굴이라고 하니 규모가 크진 않아도 꼭 방문해보는 게 좋겠다. 바로 건너편 해안은 또 이 해안에서 가장 좋은 스노클링 포인트다. 파도가 약하고 어종도 풍부해서 수중 동굴과 바다를 왔다갔다 하며 스노클링을 즐기기에 더할 나위 없는 곳이다.

뿐따 뻬르디스 Punta Perdiz

해안선에서 파도가 비교적 약한 일부에 식당과 카페 등을 만들고, 입장료를 받고 운영하고 있는 곳이다. 입장료를 받는다고 하지만, 그냥 양옆으로도 뚫려 있는 바다라서 안으로 들어가 해수욕을 하는데 돈을 받지는 않는다. 단, 식사를 하거나 음료를 마시고 싶을 경우는 15CUC을 내고 편하게 점심과 무제한 음료를 이용하면 되겠다. 파도는 주변보다 약한 편이지만, 물이 제법 깊은 편이므로 안전장비가 없고 수영에 자신이 없다면 조금 위험할 수도 있는 곳이니 주의하자. 선베드와 파라솔들이 내부에 준비가 되어 있다.

쁘라야 히론 Playa Girón

뿐따 뻬르디스

쁘라야 히론에는 호텔 쁘라야 히론이라는 올인클루시브 호텔이 있지만, 그리 추천할만한 곳은 못 되겠다. 더군다나 이 주변의 아름다운 해변 중에서 이 호텔의 앞 바다는 최악의 상태라 할 만큼 물빛이 탁하다. 의도가 그렇지는 않았겠지만, 인공 방파제에 해수가 갇히는 바람에 파도는 약해도 그다지 뛰어들고 싶은 바다는 아니다. 단, 쁘라야 히론에서 깔레따 부에나 사이에 이어지는 바다와 파도, 풍경은 뇌에 하드드라이브가 있다면 동영상으로 찍어 저장해두었다가 울적할 때마다 꺼내 구석구석 다시 보고 싶은 그런 바다다.

군데군데 남아있는 버려진 인공 구조물은 당국의 게으름으로 그저 방치되고 있는 것이 분명함에도 어쩌면 예술적인 선견지명으로 30~40년 전에 만들어 지금껏 의도적으로 버려두고 있는 것은 아닐까하는 생각마저 들게 한다. 아쉽게도 쁘라야 히론의 숙소에서 도보로 접근하기에는 조금 거리가 있기에 최소한 자전거를 이용해 이곳으로 접근해보기 바란다.

👤 마을의 가장 큰 사거리 (도로명이 별도로 없는 곳이다)에서 깔레따 부에나로 가는 방향을 보고 우회전하면 다시 왼쪽으로 크게 꺾어져 비포장도로로 이어지는 길이 나타나는데 이 길에서 깔레따 부에나까지 마음에 드는 곳 어디에나 자리를 잡으면 되겠다. 호텔 앞바다에서 해안선을 따라 왼편으로 계속해서 걸어 깨끗한 해변으로 닿을 수도 있겠다. 이 루트에 있는 파도에 삭아가는 인공 구조물들로 인해 사진 찍을 만한 풍경들이 적지 않다.

깔레따 부에나 Caleta Buena

깔레따 부에나를 향하는 길에 있는 표지판에는 이렇게 적혀있다.
'자연의 낙원, 깔레따 부에나'.
과장이 심하다 생각했다가도 도착해서 깔레따 부에나를 눈으로 보는 순간 낙원이 있다면 실제로 이렇게 생겼을 수도 있겠다는 생각에 고개를 끄덕이게 된다. 천연의 요건으로 만들어진 이 아담한 바다의 수영장은 굳이 물에 들어가지 않고 가만히 보고만 있어도 가슴이 콩닥콩닥해진다. 차마 비루한 문장으로는 이 해안가 낙원을 묘사할 수가 없으니 어떤 곳인지는 직접 가서 확인해보기 바란다. 명민한 쿠바인들은 이곳에 경계를 치고 입장료를 받고 있다. 15CUC를 내야만 입장이 가능하고, 대신 점심과 무제한 음료 제공이다. 주변에 차마 이곳과 비교할 만한 곳이 없어 이 근처에 왔다면 그냥 15CUC은 쓴다 맘 먹고 있는 편이 낫겠다. 스쿠버다이빙 센터도 있어 원한다면 다이빙도 가능하겠다. 택시로 쁘라야 히론에서 깔레따 부에나만 방문할 경우에는 편도 10CUC, 왕복 15CUC 선에서 이동이 가능하다. 왕복의 경우 택시기사가 적당한 시간동안 기다려주기도 하니 잘 협의해보도록 하자. 혹은 까사 주인에게 좀 더 저렴한 교통편을 문의해볼 수도 있겠다. 때에 따라 직접 차량을 운행하는 경우도 있으니 참고하자.

쟈쟈! ACCOMMODATIONS

뽀라야 라르가나 뽀라야 히론이나 큰 길가에 보이는 집은 모두 까사라고 봐도 좋을 정도로 숙소는 부족함이 없으니 숙소 걱정은 접어도 좋다. 별도로 레스토랑이나 식사할만한 곳이 거의 없는 지역이라서 식사도 대부분 까사에서 해결해야 하겠다. 비아술이 정기적으로 정차하고, 깔레따 부에나가 더 가까운 뽀라야 히론 쪽에 숙소를 정하는 것을 추천하므로 이 근처의 숙소 두 곳을 소개한다. 단 주소가 없고, 도로명도 없는 곳이니 설명을 잘 참고해 찾아가기 바란다. 추천하고는 있지만, 이곳의 많은 까사들을 일일이 확인하고 하는 추천이 아니라서 시간에 여유가 있다면 직접 확인하며 알아보는 것도 나쁘지 않겠다.

Hostal Amelia 호스딸 아멜리아

좀 저렴한 집을 찾는다면 이곳이 좋겠다. 혼자서 방 3개를 관리하고 청소하며, 2개를 더 공사 중인 부지런한 아주머니 아멜리아의 집에는 뒤뜰에 조그만 수영장까지 만들어 두었다. 덥고, 일이 많다고 투덜거리면서도 온종일 쓸고 닦는 부지런함 보고 있자면 나도 열심히 살아야겠다는 반성을 할 정도다.

⌂ Playa Girón

뽀라야 히론의 주도로를 따라가다보면 피자집이 하나 있다. 피자집 건너편으로 골목 안쪽으로 두 갈래 길이 있는데, 왼쪽으로 꺾어지는 비포장길을 따라 들어가다가 10m 후에 다시 왼쪽으로 갈라지는 길을 따라 그 길의 끝까지 가면 까사 마크가 있는 물탱크가 보이는 집이다.

☏ 984465

Hostal Moya 호스딸 모야

깔끔하고 편리한 집을 찾는다면, 모야로 가자. 바다내음이 풍기는 주인 아저씨는 한국인이 오면 태극기를 밖에다 게양하고 있다며 태극기를 꺼내 보여준다. 〈이지 쿠바〉 초판 이후로 제법 많은 한국인이 찾고 있지만, 이 숙소에 대한 호불호는 좀 갈리는 편이다. 조금 터프한 집주인의 스타일 때문이 아닌가 한다.

⌂ Cl. Principal No. 392, Playa Girón

뽀라야 히론의 주도로를 따라가면 마을에서 가장 큰 사거리가 하나 있다. 사거리 코너에 있는 집은 아니고, 그 바로 옆집이라서 사거리에서 둘러보며 Hostal Moya라는 표지판을 찾아보면 되겠다.

☏ 984483 / (mob) 52458453

Hostal Luis 호스딸 루이스

인근에서 가장 그럴듯하게 영업을 하는 숙소는 이곳 호스딸 루이스다. 푸짐한 식사와 충분히 넓은 뒤뜰에서 즐기는 여유. 별채로 마련된 숙소동까지 넉넉하다.

⌂ Cl. Principal No.122, Playa Girón

Principal가를 따라 계속 가다보면 사거리가 하나 나오고 사거리 한 모퉁이 옆으로 간판이 보인다.

☏ 984258

방 4개 / 식사 가능

조금은 빛바랜 옛 기억

CIENFUEGOS

시엔푸에고스 주

CIENFUEGOS

시엔푸에고스 주는 어떨까?

시엔푸에고스 주는 뜨리니다드 근처에 자리 잡아 상띠 스삐리뚜스와 함께 많은 관광객이 들러야 할지 말아야 할지 고민하게 하는 도시다. 개인의 취향에 따른 문제라서 단정 짓기 어렵지만, 요트 소유주가 아니고 일정에 여유가 있는 편이 아니라면 다른 지역을 방문하는 것도 괜찮겠다는 게 솔직한 의견이다. 향후 시엔푸에고스가 어떻게 변할지는 모를 일이지만, 지금 당장은 그렇다. 한때 많은 관광객이 찾던 시엔푸에고스는 이제 주변의 더 유명한 도시에 밀려 김이 좀 빠져버린 것 같은 아쉬움을 주는 도시이다. 하지만, 또 이런 빛바래고 조용한 분위기에서 매력을 찾을지도 모르는 일. 일정이 충분하다면 잠깐 들렀다 가자.

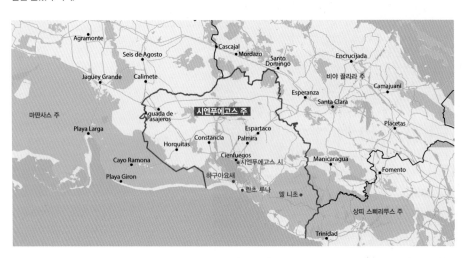

시엔푸에고스 시 Cienfuegos 시엔푸에고스 주의 주도인 시엔푸에고스를 여행자의 시각에서 보자면 호세 마르띠 공원이 있는 쎈뜨로 지역과 뿐따 고르다 지역으로 간단히 나눌 수 있겠다. 관광객을 위한 편의시설들과 주요 명소로 소개되고 있는 시엔푸에고스의 건물들은 주로 쎈뜨로 지역에 모여 있고, 말레꽁을 따라 20여 분 정도를 걸으면 나오는 뿐따 고르다 지역에는 호텔, 수영장, 해수욕이 가능한 해변, 요트 선착장 등이 자리 잡고 있다. 시엔푸에고스 만에 자리 잡아 바다에 닿아있지만, 쎈뜨로 근처의 바닷물이 깨끗하지 못해 해수욕 하긴 힘들다. 뿐따 고르다 지역은 물이 조금 더 깨끗해 해수욕이 가능하고, 경치로 좋은 까사들이 많이 자리잡고 있는데, 요트 선착장의 멋진 풍경 덕분에 쎈뜨로보다 이곳의 까사들은 가격이 조금 더 비싸고 인기도 좋다.

란초 루나 Rancho Luna 인근에서 가장 좋은 바닷가인 란초 루나는 쿠바 전체로 따지면 순위권에 들만 한 해변은 아니다. 모래사장도 넓지 않고, 해초 때문에 물빛도 다른 좋은 바다처럼 찬란한 빛을 띄지는 않고 있다. 해변으로 밀려든 해초가 또 풍경을 조금 해치고 있는 느낌도 있다. 그럼에도 독특한 분위기를 풍기는 저렴한 올인클루시브 호텔이 있어 또 나름의 재미가 있는 곳이기도 하다.

CIENFUEGOS
시엔푸에고스 주 미리 가기

스페셜 시엔푸에고스
호세 마르띠 공원 – 이 지역에서는 호세 마르띠 공원과 인근의 건물들이 최고의 볼거리다.

시엔푸에고스 움직이기

To 시엔푸에고스 시
비아술 버스 – 시엔푸에고스 시는 쿠바를 동서로 가르는 1번 국도에서 조금 벗어나 있어서 라 아바나 – 뜨리니다드를 왕복하는 비아술 버스를 탑승해야 한다.
택시 – 라 아바나나 뜨리니다드에서 시엔푸에고스 시로 가는 택시를 구하는 건 그리 어렵지 않지만, 1, 2명이 여행할 경우 차량의 인원을 채우는 것이 문제다.

In 시엔푸에고스 시
센뜨로 지역은 도보로 다 돌아볼 만한 크기지만, 뿐따 고르다 지역은 약간은 멀리 있다. 도보로는 20분 정도 걸리겠고, 쁘라도 Prado 가에서 '1번 버스'와 'RUTERO 버스'를 타면 역시 쎈뜨로와 뿐따 고르다 사이를 저렴한 가격(1번–40쎈따보MN, RUTERO–1MN)에 이동할 수 있다. 1번의 경우는 멀지 않은 인근의 마을을 들렀다 오고, Rutero는 Prado 가를 따라 왕복한다.

To 란초 루나
란초 루나로 가는 비아술 버스는 없다. 시엔푸에고스 시에서 택시를 이용하는 게 좋겠고, 가격은 7~10CUC 정도가 적당하겠다. 시엔푸에고스의 버스 터미널로 가면 란초 루나로 가는 까미옹 혹은 일반 버스를 탈 수는 있지만, 쉬운 방법은 아니다.

숙소
1. 시엔푸에고스 시내에서는 센뜨로 지역에 머무를지 뿐따 고르다 지역에 머무를지 결정하자.
2. 어느 쪽이든 비아술 터미널에서는 제법 멀다. 거리와 체력을 고려하여 도보로 이동할지 차량을 이용할지 결정하자.
   란초 루나 해변에는 란초 루나 호텔(올–인클루시브)이 있고, 인근에 까사들도 몇 곳이 있다.

주요 관광지까지 거리	거리 분위기	숙소 상태	식당	포인트	위치
인접	보통	저급/중급	인접	호세 마르띠 공원 근처가 좋음	센뜨로
도보 20분 혹은 버스 이용	한적하고, 바다가 가까움	중급 이상	인접해 있는 식당이 많지 않음	해변이 보이는 숙소 가능	뿐따 고르다

CIENFUEGOS

CIENFUEGOS

시엔푸에고스 주
시엔푸에고스 시

예쁘게 화장한 건물들의 도시.
식어버린 산업항의 열기.

시엔푸에고스

N

시엔푸에고스
Cienfuegos

시엔푸에고스 중심 지역
(쎈뜨로) p.217

시엔푸에고스
(뿐따 고르다) p.219

까스띠요 데 하구아
Castillo de Jagua

란초 루나
Rancho Luna

🚌 시엔푸에고스 시 드나들기

시엔푸에고스는 라 아바나에서 뜨리니다드로 가는 길목에 있어 비날레스나 라 아바나에서 비교적 쉽게 이동할 수 있다.

시엔푸에고스 드나드는 방법 **01** 기차

라 아바나에서 기차로 이동이 가능하지만, 매일 다니지는 않으므로 르 꾸브레(라 아바나의 중앙역 근처)에서 미리 확인
하도록 하자.

시엔푸에고스 드나드는 방법 **02** 버스

비아술 터미널에서 시엔푸에고스 행 버스를 하루 세 번 탈 수 있다. 그 외 뜨리
니다드, 비날레스, 삐나르 델 리오에서도 시엔푸에고스로 가는 비아술 버스를
탈 수 있다. 시엔푸에고스 행 버스는 종착지가 시엔푸에고스는 아니므로 기사
님의 말을 잘 듣고, 제때에 내리도록 하자.

루뗴로 버스

시엔푸에고스 드나드는 방법 **03** 꼴렉띠보 택시

시엔푸에고스는 뜨리니다드로 가는 길목에 있으므로 뜨리니다드로 이동하는 차
량과 협의를 해봐도 좋겠다. 시엔푸에고스만 가려는 여행자는 많지 않다. 가격은
비아술 버스와 같거나 2~3CUC 정도 높은 가격으로 흥정하면 되겠다. 돌아오는
꼴렉티보는 비교적 수월하게 시엔푸에고스 터미널에서 찾을 수 있다.

1번 버스 – 똑같이 생긴 버스지만,
1번 버스에는 번호판이 있다.

비아술 터미널에서 시내로

터미널이 쎈뜨로에서 멀지 않아 걸어도 충분한 거리이다. 숙소가 쁘라도 Prado가 주변이나 호세 마르띠 공원 Parque JoseMartí
주변인 경우 지도를 들여다보면 어렵지 않게 찾아갈 수 있다. 숙소를 뿐따 고르다 Punta Gorda 지역으로 정하였고 짐이 만만치
않다면 택시를 이용하는 것이 좋겠다. 2~3CUC 면 이동이 가능하다.

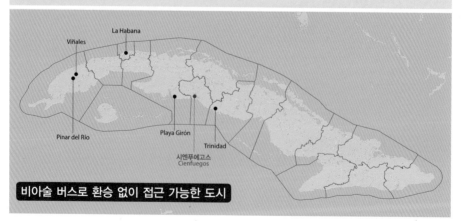

시내 교통

시엔푸에고스에서 교통수단을 이용해야 할 경우는 '쎈뜨로 – 뿐따고르다 간', '시엔푸에고스 – 란초루나' 간으로 볼 수 있겠
다. 쎈뜨로와 뿐따 고르다 각 지역은 넓지 않아 도보로 충분히 돌아볼 수 있다.

시엔푸에고스 중심 지역(쎈뜨로)

1. 쎈뜨로 - 뿐따 고르다 간

도보 말레꽁을 따라 20~25분 정도 걸으면 이동할 수 있다. 중간중간 볼거리도 있어 한 번 정도는 도보로 이동하는 것도 괜찮겠다.

버스 쁘라도 Prado 가에서 '1번 버스'와 'RUTERO 버스'를 타면 역시 쎈뜨로와 뿐따 고르다 사이를 저렴한 가격(1번-40쎈따보MN, RUTERO-1MN)에 이동할 수 있다. 1번의 경우는 멀지 않은 인근의 마을을 들렸다 오고, Rutero는 Prado 가를 따라 왕복한다.

비씨 택시 거리에 따라 2~3CUC를 받는다.

택시 2CUC에 시내에서 이동할 수 있다.

2. 시엔푸에고스 - 란초루나 간

구아구아 버스터미널에서 란초 루나 행 구아구아를 1MN에 달 수 있다. 운이 좋으면 버스, 운이 없다면 까미옹이 기다리고 있겠다.

택시 택시 1대를 5~7CUC의 가격에 대절할 수 있다. 란초 루나로 갈 때는 이 징도의 가격이지만, 시엔푸에고스로 돌아올 때는 7~10CUC로 가격이 다르다.

시엔푸에고스는 격자형으로 도로가 구축되어 있고, 가로와 세로인 도로를 짝수, 홀수 번호로 구분해 두어서 길을 찾기는 아주 쉬운 편이다. 북쪽을 위로 둔 지도상에서 아래에서 위로, 왼쪽에서 오른쪽으로 갈수록 숫자가 커진다.

엣센셜 가이드 TIP

- 뿐따 고르다 지역의 숙소가 쎈뜨로 지역과 비교해 약 5CUC 정도 비싸지만, 해수욕이 가능한 바다, 까사에서의 전망, 한적한 말레꽁 등 장점이 많아 저울질을 잘해볼 필요가 있을 듯하나.

- 까스띠요 데 하구아는 아주 작은 요새다. 요새 자체에 큰 기대를 하지 말고, 배를 타고 가는 길과 요새가 있는 지역의 아기자기한 마을을 같이 즐긴다 생각하고 이동하자.

보자!

열심히 걷는다면 쎈뜨로와 뿐따 고르다 지역 모두 하루면 다 돌아볼 만한 거리에 있다. 선착장에 자신의 요트가 있다거나 윈드서핑을 즐기는 게 아니라면 관광객을 붙잡아 둘만 한 큰 구경거리가 있는 도시는 아니니, 일정을 오래 계획할 필요는 없겠다.

추천 일정(하루)

- 호세 마르띠 공원
- 선착장
- 말레꽁
- 7월 5일 야구장
- 클럽 시엔푸에고스
- 마리나 마릴린
- 빨라시오 데 바예
- 라 뿐따

일정은 호세 마르띠 공원에서 시작해도 좋고, 뿐따 고르다 지역에서 시작해도 좋겠다. 점심이나 저녁을 고려하면 호세 마르띠 공원에서 출발하는 것이 더 나을 듯하니 여정에 대한 설명은 호세 마르띠부터 시작하는 것으로 하겠다. 먼저 호세 마르띠 공원으로 가자.

호세 마르띠 공원은 쎈뜨로 지역의 중심이라 할 수 있어서 찾는 것이 그리 어렵지 않지만, 쁘라도에서 54번 가를 따라 들어가는 것이 낫겠다. 관광객들을 위한 식당이나 상점 등이 불레바르드 Boulevard로 지정된 구역에 밀집해 있으니 필요한 물건을 판매하는 곳이 있는지 둘러보며 이동하는 것도 좋겠다.

호세 마르띠 공원과 주변 Parque Jose Martí 빠르께 호세 마르띠

호세 마르띠 공원 주변을 둘러봤다면, 쎈뜨로 지역 관광을 다 했다고 해도 될 만큼 호세 마르띠 공원은 시엔푸에고스 쎈뜨로 지역의 중심이다. 호세 마르띠 공원의 매력은 공원을 둘러싸고 있는 큰 건물들이 어우러져 자아내는 시원시원함이라 할 수 있겠다. 비교적 넓은 편인 공원 주변에 주 청사, 토마스 테리 극장, 산 로렌조 대학 등등 레고처럼 예쁘게 칠해놓은 큰 건축물들이 있어 답답하지 않고, 볼만한 경치를 만들고 있다. 하지만, 안타깝게도 쎈뜨로 지역의 외양이 보기 좋은 건물들은 대부분 공공기관에서 사용 중이기에 입장이 제한되거나 실상 안으로 들어가 보면 유럽의 현란한 건축물에 단련된 여행자들의 높아진 취향을 당해내기에는 부족한 것이 사실이다. 과감한 붉은색과 푸른색, 민트색, 분홍색으로 화장한 건물들은 확실히 시선을 끌고 사진에 예쁘게 담기기도 하지만, 내용까지 충실하기는 힘들어 역시 잘 나고, 마음도 착한 사람을 찾는 게 쉽지 않다는 엉뚱한 상념에 젖기도 한다.

호세 마르띠 공원 외부에 있지만 방문해볼 만한 건물들의 정보는 공원과 불레바르드 거리 표지판이나 인포뚜르에서 확인할 수 있다. 건축물들을 주요한 관광 포인트로 생각하는 듯, 시에서는 가볼만한 건물들의 이름과 위치, 간단한 설명을 해놓은 게시판을 곳곳에 설치해두었으니 참고하기 바란다.

광장 주변의 건물은 까떼드랄 누에스뜨라 세뇨라 Catedral Nuestra Señora (성모대성당), 토마스 테리 극장 Teatro Tomas Terry, 하르딩 데 우네악 Jardin de UNEAC(우네악 정원), 예술품점 마로나 Marona, 주립 박물관 Museo Provincial 그리고 가장 웅장해 보이는 건물은 산 로렌조 대학이며, 주 청사는 입장할 수 없다. 코너에 자리 잡은 까사 데 라 꿀뚜라를 종종 들러본다면 지역 주민들의 흥미로운 액티비티를 구경할 수 있을지도 모른다.

시엔푸에고스(뿐따 고르다)

Dino's Pizza

Avenida 30

Paseo El Prado

Avenida 26

El Rápido

Calle 39

Avenida 24

Calle 43

Calle 45

Calle 51 A

Calle 55

7월 5일 야구장
Estadio 5 de Septiembre

Avenida 20

Paseo El Prado

Calle 41

Calle 45

Avenida 16

Calle 35

Calle 39

Calle 43

Avenida 14

Avenida 12

Avenida 10

Calle 39

Calle 41

Avenida 10

클럽 시엔푸에고스
Club Cienfuegos

Hostal Náutico

마리나 마를린
Marina Marlin

Hostal La Marina

Calle 35

Paseo El Prado

Guanaroca

Hotel Jagua

Parrillada

Covadonga

바예 저택
Palacio de Valle

Hostal Sunset

La Casa Amarilla

라 뿐따
La Punta

N

까떼드랄

◎ 임의
▣ 무료

까떼드랄은 교회 미사나 내부 공사 일정에 따라 임의로 개방하고 있다. 입장료 없이 입장할 수 있으며, 저녁 미사가 있을 때 열린 문으로 보는 미사의 모습이 아름답다.

토마스 테리 극장

☎ 551772
◎ Open 월~토 09:00~18:00,
　일 09:00~15:30
　공연시 시간은 조정될 수 있음.
▣ 2CUC, 사진 촬영 시 5CUC 추가

토마스 테리 극장은 1889년에 완공되어 아직도 활발히 운영되고 있는 극장으로 화려하게 장식된 천장과 무대 주변이 볼만하다. 내부에 엔리코 카루소, 사라 베른하르트 등 이곳에서 공연했던 유명인들과 당시의 포스터, 신문기사 등을 벽에 장식해두었다. 100년 넘게 자리를 지키고 있는 나무 파티션이나 의자들, 극장 복도에서 보이는 바깥 거리 등으로 당시의 느낌을 조금은 유추해 볼 수 있다.

우네악 정원

◎ Open 월~토 09:00~17:00
　공연시 입장료 및 시간은 조정될 수 있음.
▣ 없음

우네악 정원은 쿠바의 예술가 단체인 우네악 UNEAC에서 운영하는 아담한 바겸 공연장으로 정문에 게시된 포스터와 일정표로 가까운 공연을 확인할 수 있다.

주립 박물관

☎ 519722
◎ Open 월~토 09:00~18:00
▣ 2CUC, 사진 촬영 1CUC 추가

주립 박물관은 정체를 정확하게 이야기하기가 쉽지 않다. 역사 박물관이기도 하고, 예술품 전시관이기도 한 이곳은 시엔푸에고스의 이것저것을 모아 놓았다고 보면 되겠다. 취향에 따라 아주 드물게 맘에 드는 전시물들을 발견할 확률이 있을 듯하다. 전시물보다는 1층에 시엔푸에고스의 역사 설명을 위해 붓과 페인트로 일일이 그려낸 게시물이 인상적이다. 물자의 부족이 일상을 예술로 만드는 쿠바에서 종종 마주치게 되는 순간 중 하나일 듯하다.

🚶 호세 마르띠 공원을 다 둘러 보았다면 29번 가를 따라 주 청사 옆 방향으로 가보자. 보통 기념품을 판매하는 노점들이 늘어서 있고, 드문드문 그림을 그리는 집들도 보이니 가는 길에 눈여겨 보도록 하자. 길을 따라 네 블록을 걸으면 바다가 보인다. 시간이 맞다면 유람선이 보일 수도 있겠다. 선착장 앞까지 가서 뒤로 돌면 1시 방향에 레고 같은 관세청 건물이 보인다. 잠시 머물러 선착장과 관세청을 둘러보자.

토마스 테리 극장

까떼드랄

우네악 정원

주립 박물관

까사 데 라 꿀뚜랄

주 청사

선착장 Puerto 뿌에르또

선착장

⌂ Ave.46 e/29 y 31, Cienfuegos

만 깊숙이 자리 잡은 덕에 시엔푸에고스의 파도는 항시 잔잔하다. 선착장에는 그리 많지 않은 관광객들, 바람을 쐬러 나온 주민들, 찌와 바늘만 달린 낚시줄을 들고나온 낚시꾼 등으로 한산하지만 쓸쓸하지 않은 풍경을 감상할수 있다. 파도는 잔잔하지만, 생활용수와 쓰레기 덕분에 물은 깨끗한 편이 아니라서 선착장이나 말레꽁에서 해수욕을 하기는 힘들며 진하진 않아도 악취가 좀 나는 편이다. 그럼에도 한편으로 잔잔한 파도에 살랑거리는 어선들이나 드문드문 들어오는 정기선들 그리고, 만에 둘러싸여 넓은 호수 같아 보이기도 하는 바다를 찬찬히 바라보고 있으면 해안가 마을의 정취가 물씬 느껴지기는 한다. 선착장 왼편 주택가는 바다와 바로 닿아있어 한결 분위기를 북돋는다. 선착장 바로 건너에 서 있는 관세청 건물은 입장이 불가하다. 사진찍기는 좋으나 사실 그뿐이라 크게 아쉽지는 않다.

🚶 관세청에서 바다 쪽을 바라보면 관세청과 선착장 사이에 난 길이 46번 가다. 46번 가를 왼쪽으로 따라 세 블록을 걸으면 다시 쁘라도가 나오고, 오른쪽으로 쁘라도를 따라 걸으면 다섯 블록 후에 바다가 오른편에 나타난다. 거기서부터 말레꽁이다.

관세청

선착장 풍경

선착장 풍경

말레꽁 Malecón

파도도 잔잔하고, 도로도 좁은 편이라 라 아바나의 말레꽁과는 분위기가 사
뭇 다르다. 바다가 끝없이 펼쳐진 라 아바나의 말레꽁보다 시엔푸에고스의
말레꽁은 만이라는 지형의 특성상 조금은 답답하게 느껴지기도 한다. 그럼에
도 저녁이면 모여드는 연인들의 열기는 라 아바나에 뒤지지 않는다. 좁은 간
격으로 다닥다닥 붙어서 벌이는 시엔푸에고스 연인들의 애정행각은 조금 안
쓰러울 정도지만, 그래도 여전히 뜨겁다.
말레꽁 주변에는 디노스 피자나 엘 라삐도 같은 쿠바의 식음료 체인점이 자
리해 있으니, 점심 때 쯤 이곳을 지난다면 바다를 보며 간단히 한 끼를 때우
는 것도 괜찮겠다.

말레꽁

말레꽁을 따라 걷다가 왼편을 잘 살피자. 멀리 야구장 조명탑이 보이면 발걸음
을 야구장 방향으로 옮겨보자. 주변에 건물이 없어 거리 표지판이 없으므로 조명
탑을 보고 그 방향으로 걷는 수밖에 없다. 야구장의 입구는 20번가에 있으므로 거
리 표지판을 찾게 되면 20번 가를 찾아 길을 따라가자. 멀리서부터 조명탑이 보이
므로 길을 잃을 일은 없다.

9월 5일 야구장 Estadio 5 de Septiembre 에스따디오 싱꼬 데 셉띠엠브레

코끼리도 보면 화들짝 놀랄 만큼 큰 코끼리 상은 시엔푸에고스를 연고로 하
는 '시엔푸에고스 엘레판떼스'의 상징물이다. 시엔푸에고스 엘레판떼스의 홈
구장인 9월 5일 야구장은 시설물은 낙후되었어도 생각보다 깔끔하게 정리되
어 있다. 우리에게는 류현진의 옛 다저스 동료로 알려진 야시엘 푸이그가 뛰
었던 구장으로 평일에 경기나 훈련이 없으면 입장료 없이 둘러볼 수도 있지
만, 이런저런 이야기를 해주며 안내해주는 관리인에게 직당히 팁을 좀 드리
고 나오는 것도 괜찮겠다. 관중 출입구와 경기가 없을 때 들어가는 출입구가
다르다. 입구에서왼쪽으로 야구장을 따라 돌다 보면 관리인들이 모여있는 곳
에서 입장할 수 있는지 물어봐야 한다.

9월 5일 야구장

⌂ Ave.20 e/45 y 51, Cienfuegos
◷ 비정기 개방
🎫 경기 없을 때 무료 / 경기 시 1CUC

👣 야구장에서 20번 가를 따라 다시 말레꽁으로 나와 왼쪽으로 계속 가보자. 말레꽁이 끝나고 같은 길인 37번 가를 따라 네 블록을 지나면 말레꽁의 오른편에 클럽 시엔푸에고스 Club Cienfuegos가 보인다. 벽을 따라 좀 더 걸으면 입구와 관리소가 나온다.

클럽 시엔푸에고스 Club Cienfuegos

해안가에 중후하게 자리 잡은 청록색 지붕의 건물은 수영장과 두 개의 레스토랑, 바, 테니스장, 요트 선착장을 갖춘 클럽 시엔푸에고스의 본관이다. 바에서 바라보는 요트와 바다의 전망이 풍요로워 여행자들의 발걸음을 붙잡고, 3CUC의 입장료를 받는 수영장은 주민들에게도 인기가 많아 주말이 되면 가족단위 방문객으로 붐빈다. 수영장을 여유롭게 이용하고 싶다면 평일에 방문하는 것이 좋겠다. 낮에 내부에 입장하는 것만으로 1CUC의 입장료를 받는 건 조금 이해하기 힘들지만, 저녁 6시 이후에는 입장료가 없으니 석양을 이곳에서 보는 건 문제 없다.

👣 클럽 시엔푸에고스의 왼쪽 옆길인 8번 가를 따라 오른쪽 바다를 향해 50m만 들어가면 파란색 벽의 마리나 마를린이 나온다. 일반인이 출입할 수 있는 입구는 철조망과 벽을 따라 또 50m 정도 가면 6번 가 코너에 나 있다.

마리나 마를린 Marina Marlin

마리나 마를린은 개인 소유의 요트나 관광객이 탈 수 있는 요트들이 정박해 있는 곳으로 선착장에 늘어서 있는 개인 요트들과 여유로운 선주들을 물끄러미 바라보다 보면 '나도 언젠가!'라는 꿈을 꾸게 만드는 곳이다. 여행사에 방문하면 이곳에 정박한 요트를 타볼 수 있는 상품을 팔고 있다. 현재는 인근 관광지인 하구아성에 들를 경우 인당 16CUC, 들르지 않을 경우 인당 12CUC에 판매하고 있다. 2시간 동안 진행되므로 석양이 아름다운 나라 쿠바에서 요트를 타고 석양을 즐겨보는 것도 괜찮은 방법이겠다.

내부에는 작은 바가 있어, 간단한 음식이나 음료를 마실 수가 있다. 배가 정박한 선착장으로는 들어갈 수 없게 해놓았으나, 쿠바에서는 이야기하기 나름이다. 가까이서 보고 싶다면 경비원과 잘 이야기해 보자. 선착장에는 다 삭아 기울어진 채로 정박해있는 낡고 작은 목선이 하나 있다. 언제 치워질지는 모르겠지만, 왠지 유령선 같은 풍모를 풍기고 있으니 기회가 된다면 찾아보자.

클럽 시엔푸에고스

⌂ Cl.37 e/8y12, Punta Gorda, Cienfuegos
☎ 512891 / 526510
⊙ Open 10:00~01:00(무휴)
🎫 1CUC (18시 이후에는 무료 입장 가능)
   수영장 3CUC

마리나 마를린

⌂ Esq. 35 y 6, Punta Gorda, Cienfuegos
☎ 556120
🎫 없음, 내부 바 운영

🚶 마를린에서 나와 다시 가던 방향으로 37번 가를 따라가자. 오른쪽으로 호텔 하구아가 보일 정도로 왔다면, 바예 저택이 멀지 않다. 나무에 가려져 길에서 잘 보이지 않을 수 있으나, 호텔 하구아를 지나쳐 20m만 가면 오른편에 저택이 보일 것이다.

바예 저택 Palacio de Valle 빨라시오 데 바예

설령 바예 저택이 이곳에 있는지 모르고 왔다 하더라도 일단 한번 보면 그냥 지나치기 힘들 정도로 이 오래된 집의 건축적 디테일은 풍성하다. 시엔푸에고스의 자랑거리인 건축물 중에서도 현격한 수준의 장식과 마감을 선보이고 있는 이 건물은, 이전에는 한 유지의 저택이었으나 지금은 레스토랑과 테라스 바로 운영되고 있다. 한때 스페인에 영향을 미쳤던 아랍의 양식이 다시 이곳 시엔푸에고스까지 전파되는 과정을 생각해보면 역사의 흐름과 문화의 전파에 대해 다시금 실감하게 된다. 숨 쉴 틈 없는 외부와 내부의 장식들 계단의 마감 등은 쿠바에서 쉽게 찾기 어려운 수준이라 하겠다. 계단을 따라 계속 올라가면 수려한 테라스도 구경할 수 있으니 놓치지 않기 바란다.

🚶 바예 저택을 나서면 37번 가가 오른쪽 왼쪽으로 크게 굽어진다. 같은 길을 따라 5분 여를 걸으면 뿐따 고르다의 끝 라 뿐따가 나온다.

라 뿐따 La Punta

라 뿐따에는 소박한 Bar와 레스토랑 그리고, 해수욕을 할 수 있는 소박한 모래사장이 자리 잡고 있다. 요란하진 않지만, 항만 지역과 멀리 떨어져 있어 물이 깨끗하고, Bar와 레스토랑을 이용할 수 있어 해수욕을 하는 사람들이 있다. 특별히 대단할 것 없는 시설물이지만 시엔푸에고스에서 바닷물에 몸을 담그고 싶다면 조촐하게 짐을 꾸려서 이곳을 찾는 것도 괜찮겠다. 다만, 해수욕을 위한 물품 보관함이나 샤워실, 탈의실 등은 없으니 유념하자.

바예 저택
🏠 Cl.37 esq. a 0, Punta Gorda, Cienfuego
📞 551003
🎫 없음. (레스토랑과 바로 운영되고 있으나 관람가능)

바예 저택

라 뿐따
🏠 La Punta, Punta Gorda, Cienfuegos
🕐 Open 일~금 09:00~22:00,
　　토 09:00~24:00
🎫 없음. 내부 레스토랑, Bar 운영

라 뿐따

시엔푸에고스 인근 둘러보기

하구아 요새

하구아 요새 Castillo de Jagua 까스띠요 데 하구아

하구아 요새의 원래 이름은 '까스띠요 데 누에스뜨라 세뇨라 데 로스 앙헬레스 데 하구아 Castillo de Nuestra Señora de los angeles de Jagua'이다. 하구아는 지역 원주민들이 사용하던 이곳의 원래 지명이고, 시엔푸에고스에서 '하구아'라고 하면 보통 호텔 하구아로 이해하기 때문에, 하구아 요새에 관해 물어보려면 '까스띠요'나 '까스띠요 데 하구아'라고 이야기해야 한다. 다소 복잡한 이름을 가진 요새는 작고 볼품없어 보이지만, 시엔푸에고스 시에 앞서 1745년에 완공된 아주 나이가 많은 건물이다. 왜 이곳에 요새를 지었는지는 요새의 망루에 올라서 보면 쉽게 이해된다. 요새 윗부분에서는 인근 마을이 한눈에 보이고, 망루에서는 만의 좁은 입구가 보여 만으로 진입하려는 해적선들을 감지하고 진압하기에 아주 좋은 장소였으리라는 생각이 든다. 요새 내부에 입장하면, 요새 내에서 사용하던 식당, 감옥, 집무실을 관람할 수 있고, 당시의 집기 등도 전시가 되어 있다.

집무실 한쪽의 책상을 보면, 1750년대에 스페인에서 이곳으로 부임받은 한 장교의 심정이 아련히 스쳐 가기도 한다. 처음 가족들에게 스페인을 떠나 쿠바의 어느 요새로 가게 되었다고 말했을 때 가족들은 어떻게 반응했을까? 하구아 요새에 가는 방법은 두 가지가 있다. 하나는 하루에 세 번 왕복하는 정기선을 타는 법과 다른 하나는 요트투어 중에 들르는 방법이다. 정기선은 쎈뜨로의 선착장에서 아두아나를 바라봤을 때 왼쪽 방향으로 46번 가를 따라 150m 정도를 걸으면 왼편에서 탈 수 있다. 이곳이 선착장이라는 표시는 전혀 없으나 개찰구 같아 보이는 입구가 있으므로 잘 살펴야 하겠다. 하루 세 번 다니는 정기선은 현재 8시에 첫 배가 출발하나 변동의 요지가 있으므로 현지 인근에서 꼭 확인하는 것이 좋겠다. 내국인에게는 1MN이지만 외국인에게는 1CUC를 받고 있으며, 하구아 요새에 도착하기 전 두 곳에 잠깐 정박하므로 주변 사람에게 도착한 곳이 '까스띠요'인지를 꼭 확인하고 내리도록 하자. 시간은 40분 정도 걸린다. 요트 투어는 하구아 요새를 관람할 경우 16CUC의 가격으로 판매되고 있다. 마리나의 사정에 따라 시간이 조정될 수 있으니 미리 여행사와 협의해두는 것이 좋다. 하구아 요새는 돌아보는 데 시간이 오래 걸리는 것도 아니고, 사실 아주 볼만한 거리는 못 돼서 여러 수고를 들여 정기선을 타고 방문하는 것보다는 요트를 즐기면서 잠깐 들려 둘러보고 오는 것을 추천하고 싶다. 그 외에도 차량으로 방문하는 방법이 있기는 하지만, 배로 오는 것보다 시간이 더 걸리고 크게 돌아오는 길이라 배로 오는 편이 훨씬 낫다.

하구아 요새 뿐만 아니라 오는 길에 보게 되는 해안가 마을의 풍경들과 집마다 하나씩 있는 듯한 작은 보트들이 만드는 풍경도 하나의 볼거리다.

하구아 요새

◎ **Open** 화~일 09:00~18:00
  Close 월요일
▤ 2CUC

 사자! SHOPPING

시엔푸에고스에 특별한 특산품은 없다. 그래도 다른 도시들처럼 노점상에서는 모자, 목공예품, 가죽 공예품 등을 쉽게 찾을 수 있다. 조금 나은 퀄리티의 제품을 찾는다면 호세 마르띠 공원의 한 편에 있는 마로요 Maroyo로 가보자. 그림이나 공예품 등 조금 더 나은 제품들을 찾을 수 있을 것이다. 물론 가격은 조금 더 비쌀 수 있다. 일반적인 기념품은 주 청사 옆 29번가에 노점상들이 모여 있으니 그곳에서 구할 수 있고, 불레바르드가에는 다양한 가게들이 있지만, 딱히 이 지역 특산품이라 할 만한 것은 역시 없다.

하자! ACTIVITIES

테리 극장 카페 Café Teatro Terry

광장의 스산한 밤을 테리 극장 카페는 열심히 달구고 있지만, 광장이 너무 넓어 좀 역부족이긴 하다. 공연은 매일 저녁 10시 30부터 시작하고, 레퍼토리는 카페 앞 게시판에서 확인할 수 있다. 근처에서는 달리 공연하는 곳도 없으니 음악을 듣고 싶거나 저녁이 심심하다면 테리 극장 옆으로 가자. 저녁 10시까지는 일반 카페처럼 운영되다가 10시 30분부터는 입장료를 받는다.

☎ 551772
호세 마르띠 광장의 토마스 테리 극장에 가면 건물 오른쪽에서 카페를 찾을 수 있다.
🕐 Open 카페 09:00~22:00 / 공연 22:30~01:00
💵 2CUC

Tropi sur 뜨로삐 수르

살사를 추는가? 시엔푸에고스에서도 살사를 즐기고 싶다면 뜨로삐 수르로 가면 되겠다. 공연과 파티가 경계 없이 이어지는 이곳에서 진득하게 기다리면 동네 살사 선수들의 살사 자랑을 구경할 수 있겠다. 매일 공연이 있지는 않으므로 요일을 확인할 것.

📍 Cl. 37 e/ 46 y 48
쁘라도를 따라 말레공쪽으로 걷다 보면 오른쪽 편에서 뜨로삐 수르의 게시판과 입구를 찾을 수 있다. 48번 가와 46번 가 사이에 있다
☎ 525488
🕐 Open 목, 금, 토 21:30~02:00/일 19:00~02:00
💵 목, 금, 토 2CUC/일 25MN
(시간과 요일, 입장료는 레파토리에 따라 달라지므로 정문 앞 벽 게시판에서 미리 확인할 것)

Coasta Sur 꼬스따 수르

살사는 별로지만, 밤이 심심할 때는 꼬스따 수르도 있다. 시엔푸에고스의 젊은 여행객들은 여기 다 모이는 듯 해안가에 자리 잡은 꼬스따 수르는 시끌벅적하다. 살사뿐만 아니라 인기 팝 음악으로 인터내셔널한 클럽의 분위기를 풍기는 이곳은 찾기가 쉽지 않다. 겨우 찾아냈다면 오른편 먼 벽에 나 있는 작은 구멍에서 입장권을 사서 들어가자.

📍 Ave. 40 e/ 33 y 35, Cienfuegos
쁘라도에서 40번 가를 따라 해안 쪽으로 깊이 들어가면 녹색 대문이 보인다. 별도의 간판은 저녁에 보이지 않으므로 경비원이 지키고 있는 곳이 있다면 물어보도록 하자.
☎ 525808 🕐 Open 22:00~03:00(무휴) 💵 3CUC

🍴 먹자! EATING

Ⓒ 0~5CUC　ⒸⒸ 5~10CUC　ⒸⒸⒸ 10CUC~

안타깝게도 시엔푸에고스의 식당은 시원치가 않다. 가격은 이상하리만치 비싼 편이고, 서비스도 시원치가 않다. 어쩌면 많지 않은 관광객의 호주머니를 털어내느라 그런 게 아닐까 하는 생각이 들 정도로 다른 도시에 비해 식당이 비싼 편이다. 불레바르드의 식당들은 대부분 인당 10~15CUC 정도는 써야 먹을 만한 수준이고, 쁘라도 거리의 좀 저렴해 보이는 식당들은 저렴한 만큼 서비스에 만족하기가 어렵다. 같은 값을 낼 바에야 차라리 뿐따 고르다 지역에서 경치라도 제대로 감상하며 먹는 걸 추천하겠다. 불레바르드나 쁘라도 거리에는 저렴한 피자나 햄버거, 아이스크림 가게들을 어렵지 않게 찾을 수 있으므로 저렴한 식사를 원한다면 그곳을 이용해도 좋겠다. 하지만 늦어도 6시에는 문을 닫으니 저녁은 좀 서둘러야 하겠다.

Dino's Pizza / El Rápido
디노스 피자/엘 라삐도 Ⓒ

체인 패스트푸드를 먼저 소개해야 할 정도로 시엔푸에고스의 식당 사정은 열악하다. 디노스 피자가 조금 더 비싼 편이지만, 모두 5CUC 이내에서 식사하는 데 문제가 없고, 엘 라삐도에서 간단하게 때우려면 2, 3CUC로도 충분하다.

🏠 디노스 피자 Cl. 37 esq. a 36
　엘 라삐도 Cl.37 esq. a 22 / Cl.35 esq. a 54

쎈뜨로에서 말레꽁으로 걸어가다 보면 디노스 피자는 말레꽁의 중간쯤 왼쪽 편에 엘 라삐도는 끝부분 왼쪽편에 있다. 엘 라삐도는 불레바르드와 35번 가의 교차로에 있다.

🕐 Open 디노스 피자 11:00~22:30
　엘 라삐도 24시간

Las Mercedes 라스 메르세데스 Ⓒ

시엔푸에고스에서 식사하며 유일하게 웃었던 집으로 기억한다. 저렴한 슈퍼 함부르게사에는 패티가 두 장이 깔려서 나오고, 설탕을 듬뿍 뿌려주는 바띠도는 잠시나마 더위를 잊게 해준다. 1~2CUC이면 한 끼를 충분히 때우는 집. 주변에는 피자집들도 많다. 단, 이런 작은 가게들은 금방 생겼다 사라지기도 하니 주의하자.

🏠 Cl. 37 e/ 54 y 56

호세 마르띠 공원에서 54번 가나 56번 가를 따라서 쁘라도로 나오면 54번 가와 56번 가 사이의 길 건너편 블록에 있고, 54번 가에서부터 세네 번째 문이다. (조금 애매하다.) 간판이 밖에서 보이지 않으므로 안쪽에 붙어있는 가게명을 들여다 봐야한다.

🕐 11:00~18:00

Te Quedarás 떼 께다라스 ⒸⒸⒸ

어차피 다 비싸다면 전망이라도 좋은 집에서 먹자. 불레바르드에 위치한 떼 께다라스는 2층 테라스에서 내려다보는 전망도 좋고, 내부 인테리어도 깔끔하다. 게다가 저녁이 되면 이 거리에서 연주와 식사, 전망을 함께 즐길만한 집으로는 거의 유일하다.

🏠 Ave.54 e/35 y 37

불레바르드의 엘 라삐도 건너편 블록의 중간쯤, 2층에 있다.

🕐 Open 11:00~23:00

뿐따 고르다의 세 식당 Ⓒ~ⒸⒸⒸ

뿐따 고르다의 좋은 위치에 세 개의 식당이 모여있는데, 세 곳의 가격대가 각각 달라서 가격대에 따라 선택하기 편하다. 과나로까 Guanaroca는 일종의 패스트푸드 점이다. 음식은 그럭저럭 이지만, 이 근방에서 가장 저렴하다. 한 끼에 2CUC 정도, 안쪽에 위치한 빠리히야다 Parrillada는 10CUC 선에서 먹을 수 있다. 꼬바동가 Covadonga는 조금 비싸서 15~20CUC 정도가 필요하다.

🏠 Cl.37 e/0 y 2

호텔 하구아의 건너편에 세 집이 모여있다.

🕐 Open 과나로까 10:00~22:00
　빠리히야다 10:00~23:00
　꼬바동가 12:00~15:00, 18:00~22:00

🛏️ 자자! ACCOMMODATIONS

시엔푸에고스에서 숙소를 정할 때 결정해야 할 것은 '쎈뜨로냐? 뿐따 고르다이냐?'이다. 쎈뜨로 지역은 협상하기에 따라 싼 가격의 집을 구할 수 있고, 터미널에서 가깝다. 뿐따 고르다 지역은 경치가 좋고 집이 더 쾌적하며, 조금 더 비싸다. 개인 적으로 여유가 있다면 뿐따 고르다 지역에 묵는 것을 추천하겠다. 집 앞뒤 바다로 둘러싸인 집에서 지내는 경험은 쉽게 할 수 없으니까. 저렴한 집을 구해야 한다면 터미널에서 손님을 기다리는 집주인들과 협상을 추천한다. 적어도 2~3명 정도, 비수기에는 더 많은 집주인이 손님을 찾기 위해 터미널로 나와 있을 것이다. 집주인들의 아우성에 당황하지 말고, 최대한 침착하게 호세 마르띠 광장에서 몇 블록 떨어져 있는지, 가격은 얼마인지, 에어컨은 있는지 따져서 고르자. 흥정도 가능하 니 서두르지 말고 침착하게 하자. 흥정에 필요한 간단한 영어는 집주인도 다 알아들을 수 있다.

Melva Hostal 멜바 호스딸

저렴한 집이 필요하다면 멜바 호스딸을 추천한다. 그럭저럭 괜찮은 테라스도 있다. 뜨로삐 수르의 바로 뒤라서 공연이 있는 날 저녁은 조금 시끄러울 수도 있지만, 쿠바에 며칠 있었다면 이제 익숙해졌을 테다. 쎈뜨로나 말레꽁 모두에서 멀지 않다.

🏠 Cl. 35 No.4609 e/ 46 y 48 Altos
뿌라도에서 일단 뜨로삐 수르를 찾으면 이곳을 찾기 쉽다. 뜨로삐 수르의 오른편 48번 가를 따라 골목 안으로 한 블록만 가면 35번 가 2층에 걸려 있는 까사 빠르띠꿀라 마크가 보인다.
📞 519560 /(mob) 52947110
✉️ melba66@nauta.cu
조식 별도 가능/방 2개

Hostal La Marina 호스딸 라 마리나

라 마리나는 클럽 시엔푸에고스와 마리나 마릴린의 선착장이 한눈에 보이는 풍성한 뷰의 테라스를 가지고 있다. 마리나라는 이름처럼 요트가 가득한 바닷가 마을에서 지내는 기분을 느낄 수 있다.

🏠 Ave.6 No.3509A(Altos) e/ 35 y 37, Punta Gorda
클럽 시엔푸에고스에서 라 뿐따 방향으로 37가를 따라 걷다가 다음 블록 끝에서 우회전하면 몇 개의 호스딸들이 모여있다. 마리나라는 표지와 2층으로 올라가는 계단을 찾아 올라가자.
📞 516545 / (mob) 52908134, 52647097
✉️ olimpohostal@yahoo.de, patati@nauta.cu
조식 별도 가능/간단한 영어 가능

Hostal Nautíco 호스딸 나우띠꼬

좋아 보이는 집들이 많은 뿐따 고르다에서도 가장 고급스러워 보이는 집이다. 일단 들러서 깎을 만큼 깎아보고 안되면 돌아서는 것도 방법이다. 흥정을 염두에 두고 가격을 올려서 부르는 여주인의 장사 속에 주의할 것. 시설물은 가장 좋고, 방도 많다.

🏠 Cl. 37 No. 603 e/ 6 y 8, Punta Gorda
클럽 시엔푸에고스에서 라 뿐따 방향으로 37번 가를 따라 걸으면 다음 블록 중간쯤 오른편에 있다.
📞 514064 /(mob) 58110266 ✉️ hostalnautico@hotmail.com
조식 별도 가능/방 5개

Hotel Jagua 호텔 하구아

라 뿐따에 위치한 인근 최고의 호텔이다. 좋은 위치와 호텔다운 서비스로 유럽의 많은 관광객이 이곳에서 숙박을 하고 있다. 가격은 66~180CUC 사이에서 운영되고 있고, 투숙객이 아닐 경우 수영장을 별도의 10CUC로 이용할 수 있다. 수영장 이용 시는 10CUC를 지불하면 8CUC 어치의 음료를 바에서 주문해 마실 수 있다고 하니 참고 바란다.

🏠 Cl. 37 No.1 e/ 0 y2, Punta Gorda
37번가의 라 뿐따 방향 거의 끝이다.
📞 551003 ✉️ reservas@jagua.co.cu
영어 가능/수영장/조식 포함

Casa Sunset 까사 선셋

라 뿐따로 가는 길에 보이는 이 집을 쳐다보지 않고 그냥 지나치기는 힘들다. 나무로 지어진 집은 의외로 깊은 데다가 현관에서 건물 반대편 뒷문으로 바다가 보인다. 이 집이 백미는 건물 앞. 뒤로 보이는 바다 때문이다. 건물 앞뒤로 바다가 보이는 집이 흔하진 않을 것이다. 집주인이 신경 써서 테라스며 방을 꾸며 놓아 지내기 좋은 듯하다. 단지 가격이나, 분위기나 이것이 문제다.

⌂ Cl. 35 No.14 e/ 0 y Litoral, Punta Gorda

37번 가를 라뿐따 방향으로 가다가 호텔 하구아를 지나 우회전 좌회전하면 라뿐따로 향하는 막다른 길이 나온다. 까사 선셋은 그 길의 중간쯤에 있다.

☎ 523330 /(mob) 52472903, 52757289
@ zuniraya@gmail.com
www.hostal-sunset.com
조식 별도 가능

Casa Amarilla 까사 아마릴랴

'아마릴랴'를 번역하면 '노란'이라는 뜻이 된다. 라 뿐따의 바로 앞에 있는 이 집은 색깔 때문에라도 못 찾을 일은 없겠다. 같은 길의 중반에 다른 노란 집도 있으니 유의하기 바란다. 역시 앞뒤로 바다가 펼쳐져 있어 전망이 좋고, 뜰도 널찍해서 여유를 즐기기에 좋겠다. 라 뿐따라면 해수욕을 하는 사람들도 있으니 집 가까운 곳에서의 해수욕도 장점이겠다.

⌂ Cl. 35 No.4 Bajos e/ 0 y Litoral, Punta Gorda

37번 가를 라뿐따 방향으로 가다가 호텔 하구아를 지나 우회전 좌회전하면 라뿐따로 향하는 막다른 길이 나온다. 까사 선셋은 그 길의 중간쯤에 있다.

☎ 516839 /(mob) 52938557
@ jl.casamarilla@gmail.com
조식 별도 가능

기타 시엔푸에고스에 대한 이런저런 이야기

인포뚜르에서 발행한 지도에 ATM 위치를 적어둔 자료가 있어 도움이 될듯 하다.

시엔푸에고스 ATM 위치 (출처. infotur)
 – Cl. 35 e/56 y 58   – Cl. 33 e/54 y 56   – Cl. 31 e/56 y 58   – Cl. 31 e/50 y 52

- 한때 시엔푸에고스에서 명성을 날리던 베니무어 클럽이 요즘은 예전같지 않다고 한다. 분위기도 음침하고, 마약을 하는 사람들도 있다고 하니 주의하는 것이 좋겠다.
- 터미널의 비아술 창구와 탑승구는 저층부의 한편에 따로 마련되어 있다. 유리 문을 열고 들어가면 티켓 창구, 대기실, 탑승구가 별도로 있다.
- 시엔푸에고스에서 라 아바나로 돌아간다면 꼴렉띠보 택시를 탈 수 있는 기회가 있다. 터미널 근처에서 인당 최저 15CUC, 기본 20CUC에 구할 수 있으니 참고하자.
- 란초 루나의 투숙객들은 연령대가 좀 높은 유럽 관광객이나 쿠바의 가족 단위 관광객이 주를 이루고 있다. 한적하고 소용한 옛날 리조트를 원한다면 추천한다.
- 하구아 요새에서 린초 루나로 가는 방법도 있다. 지도 상에서 거리가 멀지 않아 시간도 그리 오래 걸리지 않으니 이용해보는 것도 괜찮겠다. 배를 타고 눈에 바로 보이는 건너편으로 건너간 다음 택시를 타는 방법으로 하구아 요새 선착장이나 선착장 옆 식당에 문의하면 구할 수 있다. 란초 루나를 미리 예약하고, 아침에 하구아 요새에 들른 후 택시로 이동하는 루트도 나름 효율적일 수 있겠다.
- 시엔푸에고스의 식당에서는 특히 계산서를 잘 확인하자. 팁을 이미 계산해서 10%를 넣거나 10% 이상을 계산해서 넣는 곳도 있으니 꼼꼼히 따져보자.

란초 루나
Rancho Luna

시간 여행하듯 돌아가는 오래된 올인클루시브 호텔.
그 때의 건물과 그 때의 가격.

🚌 란초 루나 드나들기

시엔푸에고스에서 란초루나로 이동하는 방법은 아래와 같다.

구아구아(버스 또는 트럭) – 버스터미널에서 란초 루나 행 구아구아를
1MN에 탈 수 있다. 운이 좋으면 버스, 운이 없다면 까미옹이 기다리고
있겠다.

택시 – 택시 1대를 5~7CUC의 가격에 대절할 수 있다. 란초 루나로 갈
때는 이 정도의 가격이지만, 시엔푸에고스로 돌아올 때는 7~10CUC로
가격이 다르다.

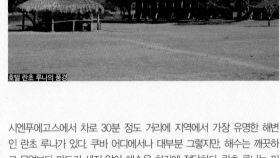

호텔 란초 루나의 풍경

Club Amigo Rancho Luna 숙박 예약

아바나뚜르 시엔푸에고스
⌂ Ave.54 No.2903 e/ 29 y 31
☎ 551677
✉ operaciones@avc.cfg.tur.cu

꾸바나깐 시엔푸에고스
⌂ Cl.37 e/ 50 y 52
☎ 511150
✉ havanatur.cienfuegos@havanatur.cu

시엔푸에고스에서 차로 30분 정도 거리에서 지역에서 가장 유명한 해변인 란초 루나가 있다. 쿠바 어디에서나 대부분 그렇지만, 해수는 깨끗하고 무엇보다 파도가 세지 않아 해수욕 하기에 적당하다. 란초 루나는 퍼블릭 비치와 리조트의 프라이빗 비치로 나뉘는데 경계도 따로 없고, 관리도 허술해 어느 쪽에서 해수욕을 해도 문제는 없다. 실상은 퍼블릭 비치 쪽이 해수욕을 하기에는 더 좋아서 사람들도 굳이 리조트 쪽으로 가지 않는 편이다. 리조트 투숙객은 프라이빗 비치에 준비된 자전거 보트와 비치 베드를 이용할 수 있는 것 외에 크게 차이점도 없다.

리조트 쪽에서 스노클링을 하면 해초 사이로 물고기가 몇 마리 보이기는 하지만, 그리 많은 편은 아니고, 자전거 보트를 타고 해수욕 경계 지주까지 가면 산호초 사이로 좀 더 많은 해양 생물을 볼 수 있을 듯하다. 단, 지급되는 구명조끼도 없고 구조용 모터 보트가 있는 것도 아니므로 수영에 자신이 있다해도 주의를 해야 하겠다. 퍼블릭 비치 쪽에도 레스토랑과 바를 운영하고 있으며, 인근에 까사도 다수 운영되고 있으므로 리조트에 숙박하지 않더라도 란초 루나를 즐기는 데는 문제 없겠다.

이곳의 리조트 '클럽 아미고 란초 루나'는 독특한 캐릭터로 여행객을 맞이하고 있는데, 1970년대에 지어져 아직도 큰 개보수 공사 없이 사용되고 있는 건물은 가끔 시간 여행을 하는 듯한 기분을 주기도 한다. 60~70년대 결혼을 한 한국인들은 이런 리조트로 신혼여행을 갔겠다 싶을 만큼 리조트는 오래되었으나 또 있을 건 다 있다. 여행사에서 예약하면 상당히 저렴한 가격으로 올인클루시브 숙박을 즐길 수 있다. 수영장도 있고, 수영장 Bar, 로비 Bar, 해변 Bar 있을 것은 다 있다. 다만 좀 낡고 서비스가 모자랄 뿐이다. 넓은 대지 일부에만 자리 잡은 건물은 조금 황량한 느낌을 주다가 또 묘한 70년대의 기분을 느끼게 한다.

팔방미인 뜨리니디드가 있는 곳

SANCTI SPÍRITUS

상띠 스삐리뚜스 주

SANCTI SPÍRITUS

상띠 스뻬리뚜스 주는 어떨까?

상띠 스뻬리뚜스 주의 주도는 상띠 스뻬리뚜스 시이다. 하지만, 가장 번화한 곳이 어디냐고 묻는다면 역시 관광객들이 가장 많이 찾는 뜨리니다드라 하겠다. 주도라 하기에는 한적한 상띠 스뻬리뚜스 시는 외려 뜨리니다드를 찾는 관광객들이 패키지로 들르거나 지나가는 길에 들르는 도시로 인식이 되어 관광 수입 면에서는 체면을 조금 구기고 있다. 실제로 그리 볼 만한 거리는 없어서 필수 루트라 하기에는 모자란 도시가 상띠 스뻬 리뚜스 시인 반면 뜨리니다드는 꼭 들러야 할 만큼 인상적인 곳으로 시간이 없어도 어떻게든 일정에 넣어야 하는 곳이다.

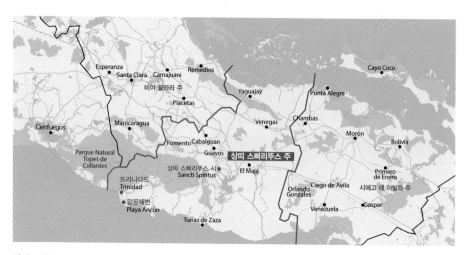

상띠 스뻬리뚜스 시 Sancti Spíritus 그럼에도 뜨리니다드를 지나는 관광객들이 워낙에 많다 보니 지나는 길에 이곳을 찾는 관광객들이 아주 적은 편은 아니다. 하지만, 관광객들이 둘러볼 만한 쎈뜨로 지역은 아주 좁고, 반나절 정도면 모두 다 돌아 볼 정도라서 이곳에 숙박을 하면서 지내는 관광객이 많은 편은 아니다. 사정이 그러하다 보니 이곳에는 인포뚜르도 없고, 버스터미널에는 비아술 창구도 따로 없을 정도다. 쎈뜨로의 일부 지역에 불레바르드와 이런저런 관광 시설들을 설치해 두긴 하였으나 상띠 스뻬리뚜스시에 일정을 오래 계획할 필요는 없을 듯하다.

뜨리니다드 Trinidad 라 아바나를 제외하고 관광객이 가장 즐겨 찾는 곳으로 비날레스, 바라꼬아와 함께 진선미를 겨룰만한 곳이고, 아마 거의 진일 가능성이 높은 곳이 뜨리니다드다. 마을 전체가 유네스코 세계문화유산으로 지정되어 있을 정도로 도시 구석구석이 아름다운 이곳은 그리 높지 않은 산의 남쪽 완만한 경사지에 형성되어 마을의 위쪽에서 바라보는 도시의 정경과 멀리 펼쳐진 바다. 오른쪽으로 보이는 산지가 어우러져 심심할 틈 없는 풍경을 자아내는데, 이 풍경의 유일한 단점이라면 아무리 사진을 잘 찍어봐도 실제보다 못한 기분이 든다는 것. 대부분의 집들이 뜨리니다드 근교에서 나는 붉은 점토로 만들어진 붉은 기와와 붉은 벽돌로 지어져 있어 위에서 보는 붉은 지붕의 물결 또한 아름다운 풍경에 한 몫을 더하고 있다. 뿐만 아니라 앙꽁 해변, 라 보까 마을, 잉헤니오스 농장이나 국립공원 등 즐길 거리가 많아 후회하지 않으려면 일정에 여유를 두고 방문하는 것이 좋겠다. 여행사에서 진행하는 코스들도 알찬 편이라서 조금 돈을 쓰더라도 참여를 고려해보자. 뜨리니다드에 가보면 알겠지만, 이 작은 마을을 찾는 관광객들은 생각보다 훨씬 많고, 지내다 보면 그럴 법하다는 생각이 들 것이다.

SANCTI SPÍRITUS

상띠 스뻬리뚜스 주 미리 가기

스페셜 상띠 스뻬리뚜스

양꽁해변의 '뻬시나 나뚜랄' (뜨리니다드) – 이 동네 좀 아는 사람만 찾아간다는 '뻬시나 나뚜랄'. 양꽁 해변 해수욕 포인트 중에 최고.
까사 데 라 무지까 (뜨리니다드) – 뜨리니다드에서는 이곳을 지나치지 않는 게 더 힘들다. 동네 살사 선수들이 밤마다 모이는 곳.
라 보띠하 식당 (뜨리니다드) – 뜨리니다드를 넘어 쿠바 최고라 할 만한 식당. 푸짐한 양과 라이브 밴드. 대기 줄이 기니 조금 서둘러 가자.

상띠 스뻬리뚜스 움직이기

같은 주 내에 있는 도시지만, 상띠 스뻬리뚜스 시로 향하는 길과 뜨리니다드로 가는 길은 확연하게 나뉜다.

To 상띠 스뻬리뚜스 시

비아술 버스 – 산띠아고 데 꾸바로 가는 비아술 버스가 상띠 스뻬리뚜스 시를 지난다. 이 산띠아고 데 꾸바행 버스는 인기 노선이라서 빠른 예매가 필수다. 뜨리니다드에서 산띠아고 데 꾸바로 가는 비아술 버스도 상띠 스뻬리뚜스 시를 거쳐 간다.
택시 – 인근 도시라면 택시를 구할 수 있겠지만, 라 아바나에서 상띠 스뻬리뚜스로 가는 택시를 구하기는 쉽지 않다.

In 상띠 스뻬리뚜스 시

크지 않은 도시라서 따로 교통편이 필요하진 않지만, 비아술 버스 터미널과 센뜨로까지의 거리가 제법 멀기 때문에 들어오고 나갈 때 택시나 비씨 택시를 이용해야겠다.

To 뜨리니다드

비아술 버스 – 라 아바나, 바라데로 등의 유명 도시에서 비아술 버스를 탈 수 있다. 현재는 비냘레스에서도 뜨리니다드 행 버스가 운행되는데, 시즌에 따라 달라지므로 미리 비아술 버스 홈페이지에서 확인하자. 라 아바나에서 뜨리니다드까지는 비아술 버스로 6시간 정도 걸린다.
택시 – 인원이 4명 정도 된다면, 라 아바나에서 뜨리니다드로 가는 꼴렉띠보 택시를 구하기 어렵지 않다. 까사 주인에게 문의해도 섭외가 가능하고, 최근에는 까사 호아끼나나 까사 요반나에서 대신 택시기사를 연결해주기도 하니 한번 찾아가 보는 것도 좋겠다. 까사 호아끼나와 요반나에서는 인원이 4명이 안되더라도 가능하지만, 출발 시간은 오후 2시 이후다.

In 뜨리니다드

뜨리니다는 그리 작은 마을은 아니지만, 내부는 교통이 통제된 구간도 있어서 다른 교통수단 없이 도보로 돌아봐야만 한다. 도보로 다닐 때 구도로 명과 신도로 명을 꼭 확인하자. 두 개의 도로명이 사용되고 있어서 조금 골치 아프다.
* 뜨리니다드 렌트카 사무실 – Cubacar : Cl.Lino Pérez e/ Francisco Cadahía (Gracias) y Antonio Maceo(Gutiérrez)

숙소

상띠 스뻬리뚜스 시에서 머무른다면 센뜨로 지역에서 숙소를 찾도록 하자. 숙박하는 관광객들 자체가 낮지 않아서 까사도 많은 편은 아니지만, 센뜨로 근처라면 드문드문 까사 간판을 찾을 수 있다. 뜨리니다드에서 좋은 위치의 숙소는 기준은 언덕 위쪽(마요르 광장 기준)에 테라스가 있는 마요르 광장에서 가까운 집이라고 생각하면 될 듯하다. 언덕 위, 아래인지 테라스가 있는지 없는지에 따라서 아침 식사를 하게 될 곳의 전망이 크게 달라질 텐데, 탁 트인 전망의 테라스에서 받는 아침상은 확실히 남다른 상쾌함이 있다.

SANCTI SPÍRITUS

SANCTI SPÍRITUS

상띠 스삐리뚜스 주
상띠 스삐리뚜스 시

뜨리니다드만큼 잘 나가고 싶은 도시
머물지 않는 여행자들.

상띠 스삐리뚜스 시 드나들기

산띠아고 데 꾸바로 가는 길목에 있기 때문에 많은 비아술 버스가 상띠 스삐리뚜스를 지나고 있다.

상띠 스삐리뚜스 시 드나드는 방법 **01** 기차

라 아바나발 산띠아고 데 꾸바 행 열차를 타고 Guayo에서 하차해 다른 열차로 환승해야한다.
(쿠바 기차 노선도 참고 P. 25)

상띠 스삐리뚜스 시 드나드는 방법 **02** 버스

상띠 스삐리뚜스를 지나 시에고 데 아빌라, 까마구에이 등을 거쳐 산띠아고 데
꾸바로 가는 비아술 버스가 하루에 4회 정도, 그 외 쁘라야 산따 루씨아행 버스
가 하루 1회 이곳을 지나고 있다. 비아술 버스를 타고 다른 도시로 가고자 할 경
우 비아술 티켓 창구가 따로 없어서 조금 당황스러울 수도 있지만 차분하게 터
미널 직원에게 '비아술?'이라고 문의를 해보자. 비아술 버스를 담당하는 직원은
차량이 도착하기 30분 전에 나타나 터미널 한쪽의 책상에서 일을 처리한다.

상띠 스삐리뚜스 시 드나드는 방법 **03** 택시

라 아바나에서는 일행이 4명 정도 될 경우 협의가 가능하겠지만, 비아술 터미널
에서 상띠 스삐리뚜스로 가는 동행 승객을 찾는 것은 쉽지가 않다. 뜨리니다드
로 가는 꼴렉띠보 택시를 찾아 기사와 협의를 해보는 것이 좋은 방법일 듯하다.
이 경우 뜨리니다드까지가 15~20CUC 정도 더 지불해야 하겠다.

비아술 터미널에서 시내로

비아술 터미널이 쎈뜨로 지역에서
제법 멀어 걸어갈만한 거리가 아니
다. 그럼에도 택시나 기타 교통 수
단은 많지 않아 쎈뜨로까지 이동하
는 게 사실 수월하지 않다. 터미널
에서 다행히 택시기사를 만났다면
요금을 잘 협의해서 웬만하면 타
고 이동하는 것이 가장 좋다. 요금
은 3~5CUC로 협의하면 되겠다.
쎈뜨로에서 터미널로 반대로 이동
할 때는 비씨 택시나 택시가 많아
이동이 수월하겠고, 비씨 택시는
2CUC 정도로도 이동이 가능하다.

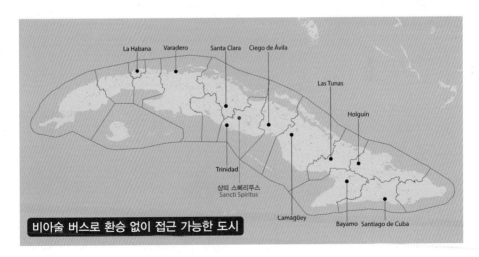

비아술 버스로 환승 없이 접근 가능한 도시

시내 교통

일단 쎈뜨로까지 왔다면 굳이 다른 교통수단을 필요로 할 만큼 중심가가 넓지 않다. 또한 외곽의 주민 거주 지역은 둘러볼
만한 거리는 없어 이동할 필요는 없겠다.

지역 자체가 그리 크지 않고, 명소가 많지 않은 지역이므로 간략한 설명으로 일정 추천을 대신한다.

쎈뜨로 지역

꼴로니알 아트 박물관

⌂ Esq. Pancho Jiménez y Jesús
　 Menéndez

▤ 2CUC

◉ Open 화, 수, 목, 토 09:30~17:00,
　 금 14:00~22:00 / 일 08:00~12:00

꼴로니알 아트 박물관

쁘린시빨 극장

도시의 주요 건물이 있는 세라핀 산체스 공원이 상띠 스뻬리뚜스의 쎈뜨로
이다. 넓고 시원한 풍경의 공원의 한쪽 Independencia 가의 일부를 불레바르
드로 조성하여 주요 편의시설과 상점, 식당 등을 위치해두고 있다. 인터넷 신
호가 그곳에서 잡히기 때문에 저녁이면 핸드폰을 들고나와 외국의 가족들과
영상통화를 하는 주민들의 모습을 볼 수가 있다. 또 광장의 안쪽에는 주립 박
물관과 자연 과학 박물관이 자리를 잡고 있는데, 그리 큰 규모는 아니다.

광장의 안쪽 Maximo Gómez 가를 따라 왼쪽 자연 과학 박물관이 있는 방향
으로 계속 걸어가면, 관광 식당이 조금 자리 잡고 있고, 곧이어 오노라또 광
장과 마요르 교회가 눈에 띈다. 세라핀 산체스 공원의 시원시원함과 오노라
또 광장의 아기자기한 분위기가 이 도시에서 가장 즐길만한 풍경이 아닐까
싶다. 계속해서 길을 따라가면 꼴로니알 아트 박물관을 만나게 되는데, 꼴로
니알 아트라기보다는 도자기 박물관이라 해야 할 만큼 주로 도자기를 전시
해 두었다.

마찬가지로 큰 규모는 아니지만, 굳이 박물관 하나 정도를 들러보고 싶다면
꼴로니알 아트 박물관을 들여다보고 오는 게 나을 듯하다. 길을 계속 따라가
면 멀지 않아 바로 쁘린시빨 극장이 눈에 보인다. 지금은 하늘색으로 도색되
어 있지만, 언제 또 어느 색으로 변할지 모르는 이곳은 밋밋한 건물의 전면부
에 과감하게 칠해진 하늘색의 당당함이 '무슨 유명한 건물인가'하고 보는 사
람을 조금 당황스럽게 하는 건물이다. 하지만, 마을의 극장일 뿐 특이사항은
없다. 앞쪽으로 야야보강 Río Yayabo을 지나는 다리가 보이고, 다리를 넘어가
면 주민 거주 지역이 시작된다. 다리를 건너 걸으면 기차역이 있고, 그 외에
별다른 인상적인 장소는 없는 지역이므로 굳이 돌아볼 필요는 없을 듯하다.

세라핀 산체스 공원

상띠 스삐리뚜스 시

버스터미널

Carretera Central de Cuba
Carretera Central de Cuba
Carretera Central de Cuba

N

Avenida de Los Martires
Avenida de Los Martires
Comandante Fajardo
Carlos Roloff

Cuartel
Lepanto
Carretera Central

Anglona
Lepanto
General Tamayo

Bartomé Masó
Brigadier Reeves

라스 델리시아스 델 빠세오
Las Delicias del Paseo

F F Broche
Agramonte
Pancho Alvarez

호스딸 로스 데피니메스도
Hostal los definimesdo

Adolfo Del Castillo
F E Broche

까사 마리아 떼레사
Casa Maria Teresa

Maceo
Cespedes Sur

Tomé Masó
Brigadier Reeves
Carlos Roloff

세라핀 산체스 공원
Parque Serafín Sánchez

까사 루슬란
Casa Ruslan

Independencia Sur

까데까(환전소)
에쁘사

마요르 교회
Iglesia Parroquial Mayor del Espíritu Santo

Julio A Mella

까사 델 라 뜨로바
Casa de la Trova

오노라또 광장
Plaza Honorato

Agramonte Oeste

s Roloff
Julio A Mella
Silvestre Alonso
Rafael Río Entero
Frank País
Longino Benitez
Comandante Fajardo

Calle Marti
Isabel María de Valdivia
Hernán La Cort
Placido

식민지 미술 박물관
Museo de Arte Colonial

Pancho Jimenez

마세오 공원
Parque Maceo

Cespedes Norte

Calle Marti

Luiz Caballero

Independencia Norte

Candido Calderon

빌 끼에또 까또르체 1514

아바니오또 (벤떼기)
아바루로 여행사

주립 박물관
Museo Provincial

자연과학 박물관
Museo de Ciencias Naturales

메쏭 델 라 쁠라사
Mesón de la Plaza

Honorato

Padre Quintaro

뽈리냐 극장
Teatro Principal

꼴로니알 아르떼 박물관
Museo de Arte Colonial

야보
Yayabo

Calle Marti

Calle Maximo Gomez

Cespedes Norte

Pico

Calle Maximo Gomez

Dolores
Pancho Gomez
M Solano

Bayamo

Frank País

Rio Yayabo

마르띠레스 가 Ave. De los Mártires

터미널에서 쎈뜨로 지역을 이동하다 보면 지나게 되는 마르띠레스가에 특별한 명소가 있는 것은 아니고, 저렴한 식당과 길 양 옆의 골목에 종종 저렴한 까사들이 있어 알아둘 만한 지역이다.

동쪽 주거 지역

이 지역도 관광객이 수고로이 들려야 할 곳은 아니다. 다만, 사회주의 국가의 획일화된 주거 건축물에 관심이 있다면 마르띠레스가를 따라 도시의 동쪽으로 발걸음을 옮겨봐도 좋다. 이런 건축물들이 상띠 스삐리뚜스에만 있는 것은 아니지만, 이렇게 대규모로 같은 듯 다른 듯하다 가까이서 보면 색만 다른 건물들이 늘어서있는 광경은 흔치 않다.

예쁘게 화장한 관광 구역을 벗어나 조금만 깊이 돌아보면 '시멘트의 나라'라는 생각이 들 정도로 시멘트로 만들어진 건물이나 구조물들이 유난히 많은 곳이 쿠바이다. 자칫 쿠바를 스쳐 지나가면 이런 쿠바의 맨 얼굴을 놓치기 쉬운데, 한때는 상점에 신발도 남, 녀 각 한 종류 씩 밖에 없었다는 획일화된 사회의 단면이 아직 건물들에는 남아있어 흥미롭다.

주거 지역이 끝나는 지점쯤에서 멀리 야구장이 보이지만, 거리가 상당히 있으니 정말 궁금할 경우에만 가보는 것이 좋겠다.

야구장

다른 듯 같은 주택

동쪽 주거 지역

ⓨ 하자! ACTIVITIES

Casa de la Trova 까사 데 라 뜨로바

상띠 스삐리뚜스에서는 까사 데 라 뜨로바가 오노라또 광장
인근에서 저녁을 시끄럽게 하고 있다. 여느 까사 데 라 뜨로바처럼
저녁 늦게 시작하므로 너무 일찍 찾아갈 필요는 없을 듯하다.

오노라또 광장의 한쪽 면에 있다.
- ⊙ 게시판 확인요
- 🍽 1~2CUC

⚔ 먹자! EATING

ⓒ 0~5CUC ⓒⓒ 5~10CUC ⓒⓒⓒ 10CUC~

상띠 스삐리뚜스의 쎈뜨로 지역 식당 중에는 관광객 용으로 가격이 좀 비싼 식당들이 있으니 자리에 앉기 전에 미리 메뉴를
확인하도록 하자. 저렴한 길거리 음식은 세라핀 산체스 공원에서 마세오 공원으로 가는 길이나 마르띠레스가에서 종종 찾을
수 있겠다.

Yayabo 야야보 ⓒⓒ

야야보강 바로 옆 지역에서 가장 여유로운 장소가 아닐까 싶다. 식사도
아주 비싼 편은 아니지만, 무엇보다 낮에 잠깐 들러 쉬었다 가기 좋은
곳이다.

- 🏠 Av. Jesús Menéndez e/ Padre Quintero y Río Yayabo
쁘린시빨 극장 바로 옆이다.

1514 밀 끼니엔또 까또르세 ⓒ

이 동네 사람들의 저렴하고도 품격있는 식당은 점심시간과 저녁
시간에만 문을 연다. 시간을 확인하고 방문하도록 하자. 2CUC이면
푸짐하게 식사를 마치고 디저트까지 먹고 나올 수 있는 식당.

- 🏠 Esq. Céspedes a Hernan Laborí
세라핀 산체스 공원에서 Independencia 가를 따라 볼레바르드의 반대 방향으로
걸으면 다시 작은 공원이 나온다. 그 공원의 한쪽 모서리에 식당이 있다.
- ⊙ Open 12:00~14:40 / 19:00~22:00

Mesón de la Plaza 메쏜 데 라 쁠라사 ⓒⓒ

오노라또 광장의 한쪽 면에 단체 관광객들이 자주
찾는 식당이 있다. 가격도 음식도 나쁘지 않아 한끼
식사로는 부족하지 않다.

- 🏠 Esq. Máximo Gómez a Honorato
오노라또 광장의 한쪽 면, 까사 데 라 뜨로바의 바로 옆이다.

Las Delicias del Paseo
라스 델리시아스 델 빠세오 ⓒ

허름해 보여도 저렴한 가격에 넉넉한 차림을
자랑하는 식당이다. 점심·저녁 시간에만 운영하므로
점심은 12시부터 2시 사이, 저녁은 7시 이후에
방문하는 것이 좋겠다. 한쪽에는 저렴한 햄버거 가게
반대편에는 야외 Bar가 있어 취사 선택이 가능한 곳.

- 🏠 Ave. de los Mártires e/ Julio A. Mella y Carlos
Roloff
마르띠레스 길을 따라 쎈뜨로에서 동쪽으로 가다보면 작은
어린이 공원이 있고, 그 반대편에 식당이 있다.

🛏자자! ACCOMMODATIONS

세라핀 산체스 공원 주변으로 'Hostal' 간판을 어렵지 않게 찾을 수 있고, 마르띠레스가의 양쪽 골목에서도 몇 개를 찾을 수 있지만 그리 많은 편은 아니다. 터미널에서 쎈뜨로 지역으로 이동하다 보면 또 호스딸들을 찾을 수 있는데, 그쪽에서 숙박을 하다 보면 아무래도 쎈뜨로까지 이동하는 데 교통비가 들거나 발품을 팔아야 하므로 숙소는 쎈뜨로 지역에 마련하는 것이 여러모로 좋을 듯하다.

Hostal Ruslan
호스딸 루슬란

세라핀 산체스 광장 가까이에 있어 찾기도 쉽고, 지내기에도 좋은 숙소가 있다. 시설도 깨끗하게 정리를 해두어 지내기에도 편리하다. 한 집만 지나면 바로 광장이라서 옥상에 서 바라보는 광장의 전망도 나쁘지 않다.

🏠 Ave. de los Mártires No.2 e/ Céspedes e Independencia

세라핀 산체스 광장에서 마르띠레스 가를 따라 내려가기 시작하면 오른쪽으로 두 번째 집이다.

📞 (mob) 52408513 / 53504813

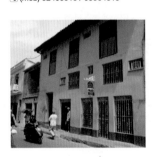

Casa Maria Teresa
까사 마리아 떼레사

방도 테라스도 정성스레 꾸며놓고, 손님맞이 준비를 열심히 해둔 집이다. 주방이 있는 아파트형 독채도 있고, 욕실이 딸린 방도 있어 취향에 맞춰 이용이 가능하다.

🏠 Cl. Adolfo del Castillo No.33 Alto e/Ave. de los Mártires e Isabel M. Valdivia

Ave. de los Mártires에서 Adolfo del Castillo를 찾아 골목으로 들어가면 머지않아 바로 간판이 보인다.

📞 324733

Hostal los delfinesdo
호스딸 로스 델피네스

본격적인 까사로는 이 동네에서 이 집을 따라오기 쉽지 않을 듯하다. 식당이며, 각 숙소의 인테리어는 너무 과한 것 아닌가 하는 생각이 들 정도인 데다가 이 집 화장실의 샤워시설은 웬만한 호텔보다도 더 고급스럽다. 주변에 비해 가격이 조금 비싸긴 하지만, 시설로는 최고.

🏠 Ave. de los Mártires No.209 e/ Julio A. Mella y Adolfo del Castillo

Ave. de los Mártires를 따라 동쪽으로 이동하다 보면 어린이 공원 건너편에서 찾을 수 있다.

📞 321501
✉ losdelfinescuba@gmail.com
www.losdelfinescuba.com

SANCTI SPÍRITUS

TRINIDAD

상띠 스뻬리뚜스 주
뜨리니다드

여행자가 쿠바에 기대하는 모든 것은
뜨리니다드에 있다.

➕ 뜨리니다드 알기

여행자들에게 종합 선물세트 같은 이곳은 그리 높지 않은 산의 남쪽에 형성되어 마을의 위쪽에서 바라보는 도시의 전경과 멀리 펼쳐진 바다, 오른쪽으로 보이는 산지가 어우러져 심심할 틈 없는 풍경을 자아내는데, 이 풍경의 유일한 단점이라면 아무리 사진을 잘 찍어봐도 실제보다 못한 기분이 든다는 것 정도. 대부분 집들이 뜨리니다드 근교에서 나는 붉은 점토로 만들어진 붉은 기와와 붉은 벽돌로 지어져 있어 위에서 보는 붉은 지붕의 물결 또한 아름다운 풍경에 한 몫을 더하고 있다.

유명한 까사 데 라 무지까 계단

대부분 명소와 편의시설이 마요르 광장 Plaza Mayor과 까리히요 광장 Plaza Carrillo 주변에 자리 잡고 있는데, 일반적으로 '쎈뜨로 Centro'라고 하면 시청사가 있는 까리히요 광장을 이야기하지만, 관광객에게 중심지는 마요르 광장이라고 보는 편이 좋다. 지대가 더 높아서 전망 좋은 식당이나 까사들이 많고, 무엇보다도 뜨리니다드의 밤을 지배하는 '까사 데 라 무지까 Casa de la Musica'가 바로 마요르 광장 근처에 있기 때문이다. 마요르 광장에 비하면 다른 지역은 비교적 한산한 편이지만, 마을 전체가 아기자기하게 구성된 뜨리니다드라서 이곳저곳 구석구석 돌아다니며 발견하는 재미가 있으므로 빠뜨리지 말고 골목 구석을 다녀보기 바란다.

숙소를 뜨리니다드에 잡을 때는 같은 가격이면 조금 높은 곳에 전망이 보이는 테라스가 있는 곳으로 잡는 것이 좋다. 언덕 위쪽에서의 전망이 좋으므로 이왕이면 다홍치마를 선택하자. 저렴한 숙소는 마요르 광장에서 좀 오래 걸어야 하니 유념하도록 하자. 떠들썩한 저녁을 좋아하는 게 아니라면 라 보까에 숙소를 정하는 것도 나쁜 생각은 아닐 듯하다. 바다가 가까워 언제라도 카리브 해에 뛰어들 수 있는, 거부할 수 없는 장점이 있는 마을이다. 앙꼰반도의 올인클루시브 호텔도 생각해볼 만하다. 이곳 앙꼰 해변은 쿠바에서도 손꼽히는 해변 중 하나이기에 제대로 즐기고 갈 생각을 하는 것도 좋다.

뜨리니다드에서는 뜨리니다드뿐만 아니라 잉헤니오스 농장이나 국립공원, 해변 등 즐길 거리가 많으니 후회하지 않으려면 일정에 여유를 두고 방문하자. 여행사에서 진행하는 코스들도 알찬 편이라서 조금 돈을 쓰더라도 참여를 고려해보자. 뜨리니다드에 가보면 알겠지만, 이 작은 도시를 찾는 관광객은 생각보다 훨씬 많고, 지내다보면 그럴 법하다는 생각이 들 것이다.

앙꼰 해변

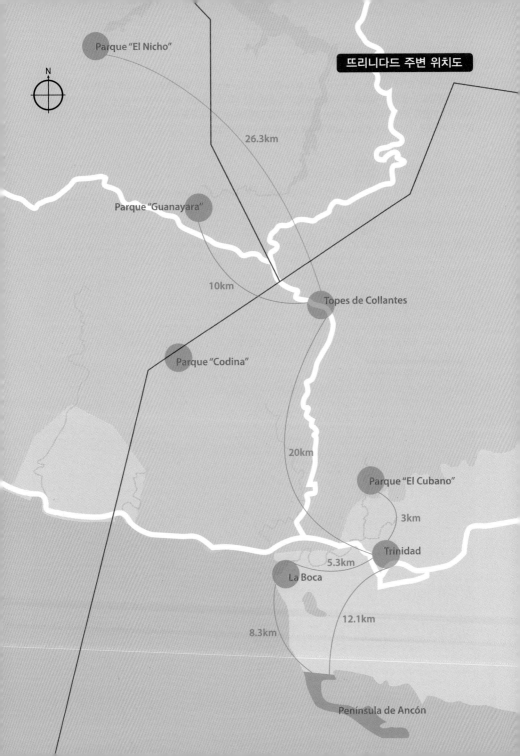

🚌 뜨리니다드 드나들기

인기 관광지이니만큼 이곳을 지나는 비아술 버스 편수가 많다. 비날레스, 바라데로에서도 뜨리니다드로 가는 비아술 버스를 운영하고 있으니 일정을 짜기에도 수월하고 꼴렉띠보 택시도 비교적 쉽게 구할 수 있다. 다만, 비아술 버스를 성수기에 이용할 생각이라면 티켓 예매는 가능하면 며칠 전에 해두는 것이 좋을 듯하다. 근래에는 비수기에도 관광객들이 많아 인기 관광 노선의 경우 원하는 날에 비아술 버스를 타기가 쉽지 않다.

뜨리니다드 드나드는 방법 01 기차

기차로는 뜨리니다드까지 갈 수 없고, 상띠 스삐리뚜스에서 다른 교통 수단을 이용해야 한다.

뜨리니다드 드나드는 방법 02 버스

비아술 터미널에서 뜨리니다드 행 버스를 하루 세 번 탈 수 있다. 그 외 시엔푸에고스, 비날레스, 삐나르 델 리오에서도 시엔푸에고스로 가는 비아술 버스를 탈 수 있고, 바라데로에서 오는 노선도 있다. 뜨리니다드 행 비아술 버스는 시엔푸에고스에 들렀다 오므로 미리 내리지 않도록 주의하자.

뜨리니다드 드나드는 방법 03 택시

라 아바나의 비아술 터미널에서는 뜨리니다드 행 꼴렉띠보 택시를 어렵지 않게 구할 수 있다. 가격은 비아술 버스와 같거나 조금 비싸다. 하지만 매일 상황이 다르므로 너무 안심하지는 말자.

비아술 터미널에서 시내로

터미널이 중심가라 할 수 있는 마요르 광장 근처다. 별도의 교통편은 필요가 없다.

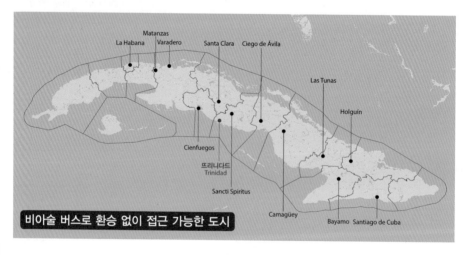

비아술 버스로 환승 없이 접근 가능한 도시

시내 교통

뜨리니다드에서 교통수단을 이용해야 할 경우는 '뜨리니다드 – 앙꽁 해변 간', '뜨리니다드 – 라 보까 간' 정도라 하겠다. 중심 지역은 차량을 통제하는 데다 그리 넓지도 않아서 도보로 모두 이동이 가능하다.

뜨리니다드 ↔ 앙꽁 해변 / 뜨리니다드 ↔ 라 보까 간

🚌 버스

정기 노선은 아니지만, 관광객을 위한 투어 버스가 라 보까와 앙꽁 해변을 거쳐 다닌다. 가격은 인당 2CUC이며, 현재는 9시, 11시, 14시, 17시에 꾸바뚜르 여행사 건너편에서 탑승할 수 있다.

Cubatur : Esq. Antonio Maceo(Gutiérrez) y Francisco Javier Zerquera(Rosario)

🚗 택시

5~6CUC로 앙꽁 해변으로 갈 수 있으며, 라 보까는 그보다 낮은 가격에 흥정할 수 있다. 차 한 대당 가격이므로 인원이 많다면 나누어 내자. 앙꽁은 15분 정도, 라 보까는 10분 정도면 도착한다.

🛵 스쿠터

나름 추천할 만한 방법이다. 1일 25CUC의 가격은 조금 비싼 듯하지만, 스쿠터에 올라 바닷바람을 맞으며 라 보까나 앙꽁 해변을 달리는 기분에는 특별함이 있다. 가는 길도 그다지 복잡하지 않아서 지도를 보고 미리 숙지한다면 가능하다. 쿠바카 Cubacar에 여권과 운전면허증을 가지고 가면 대여할 수 있고, 스쿠터를 대여하기 전 숙소에 스쿠터를 주차할 수 있는 곳이 있는지는 미리 확인하자. 없다면 별도로 2CUC정도를 내고 개인 주차장에 주차해야 한다. 뜨리니다드의 쿠바카 사무실은 아침 8시 30분부터 10시, 저녁 4시부터 5시에만 운영하고 있다.

Cubacar : Cl.Lino Pérez e/ Francisco Cadahía (Gracias) y Antonio Maceo(Gutiérrez)

뜨리니다드는 도보로 다 돌아다닐 만한 도시이지만, 처음 도시에 도착했다면 도보로 돌아다니는 것이 쉽지만은 않다. 길이 정방형으로 돼 있지 않은 데다가 중심가는 더욱 길이 복잡하고 지도에 표시되지 않은 길도 있어 어려울 뿐더러, 같은 이름이 두 개인 길마저 있다. 중심가는 대부분이 구 도로명과 현 도로명을 함께 사용하고 있고, 도로명 표지판에 두 개의 이름을 함께 표기해두었지만, 그것도 중심가뿐이고 외곽에는 표지판이 없는 곳도 많아 여행자를 힘들게 한다. 낮에 주변을 충분히 숙지해 둘 필요가 있겠다.

뜨리니다드 도로 표지판

도로명 표지판의 위쪽은 구 도로명인 'Jesus Maria', 아래쪽은 현 도로명인 'Jose Marti'이다.
화살표는 일방인 도로의 차량 진행 방향을 표시하고 있다.
등은 불을 밝히기 위해 낮에는 쉬고 있다. 표지판을 밝히는 용도라 거꾸로 달린 것처럼 보인다.

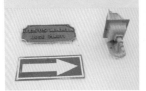

아바나뚜르와 쿠바카 사무실

쿠바뚜르 사무실

뜨리니다드

N

뜨리니다드 중심 지역(쎈뜨로) p.253

Calle San Rafael
Calle San Rafael
Calle Amargura
Calle Nueva
Calle Encarnación
Calle Jurabaina
Calle Pávora
Callejón del Lucero
Boca
Lucas Gunart
Frank País
Calle Cruz Verde
Frank País
Calle Nueva
Calle Encarnación
Calle Gutiérrez

산 프란시스꼬
작은 광장
Plazuela de
San Francisco

Calle Boca
Boca
Calle Jurabaina
Calle La Rosa
Canteria

uaurabo
speranza
Calle Boca

마요르 광장
Plaza Mayor

Calle Buen Retiro
Calle Canteria

Casa Yaisi y Nesti
Calle Gutiérrez
Calle Gloria
Calle Gloria
Calle Gloria
Calle Cristo
Calle Alameda
Calle Colón
Calle Santa Maria
Calle Dolores
Calle Paz
Calle Luz

Calle Santa Ana
Calle Luz

싼따 아나 광장
Plaza
Santa Ana

Frank País
Callejón del Olvido
Calle Desengaño
Calle Gutiérrez
Calle Rosario
Calle Jesús Maria
Calle Colón
Calle Alameda
Calle Gutiérrez
Calle Paz
Calle Guásima
Calle San Procopio
Calle San Procopio

Calle Luz
Calle Santo Domingo

라 보까 방향
Calle Cruz Verde

까리히요 광장
Plaza Carrillo

Calle Gracia
Calle Gracia
Calle Santo Domingo
Manuel Betancourt
Calle Guásima
Calle Vigia
Calle Carret
Calle Santa Ana

Callejón del Aguacate
Circuito Sur
Calle Rosario
Calle Borrell
Calle Colón
Frank País
Calle Jesús Maria
Calle Angustia
Frank Hidalgo Gato
Callejón de San Miguel
Calle Gutiérrez

Calle Esmeralda
Calle Rosario
Circuito Sur
Calle Santo Domingo
Calle Angustia
Calle Jesús Maria
Calle Gracia
Calle Vigia

도자기공의 집
La Casa DelAlfarero
Calle Carret
Calle Guásima
Calle Carret
Calle Lirio Blanco
Calle Ame

기차승강장

공항해변 방향

Calle Angustia
Callejón del Aguacate
Frank País
Calle Vigia
Calle Jesús Maria

Casa
Katiuska

Casa Enma
y Rolando

Calle Gutiérrez
Calle A
Calle Concordia

뜨리니다드 주요 도로명

구 도로명	신 도로명
Aguacate	Pedro Zerquera
Alameda	Jesús Menéndez
Amagura	Juan M Márquez
Angarilla	Fidel Claro
Angustia	Jesús Betancourt
Boca	Piro Guinart
Candelaria	Conrado Benítez
Capada	Patricio Lumumba
Carmen	Frank Pais
Chanzoneta	Fausto Pelayo
Cristo	Fernando Hernández Echerri
Cruz Verde	Clemente Pereira
Desengaño	Simón Bolivar
Encarnación	Vicente Suyama
Gloria	Gustavo Izquierdo
Guaurabo	Pablo Pinch Girón
Gutiérrez	Antonio Maceo
La Rosa	Rafael Arcis
Las Guásimas	Julio A Mella
Lirio Blanco	Abel Santamaría
Luz	Restoy Fajardo
Media Luna	Ernesto Valdés Muñoz
Mercedes	Antonio Guiteras
Paz	Agustin Bernaz
Peña	Francisco Gómez Toro
Real del Jigue	R Martinez Villena
Rosario	Francisco Javier Zerquera
San Antonion	Isidro Armenteros
San Diego	Rubén Batista
San José	Ciro Redondo
San Miguel	Manuel Fajardo
San Proscopio	General Lino Pérez
Santa Ana	José Mendoza
Santiago	Frank Hidalgo Gato
Vigia	Eliopa Paz

이 책에서는 가급적 두 개의 도로명을 함께 표기했다. 인포뚜르에서 배포하는 지도와 같이 구 도로명은 괄호안에 넣어 병행 표기했다. 단, 도로명 표지판에서는 윗쪽이 구 도로명인 것을 기억하자.

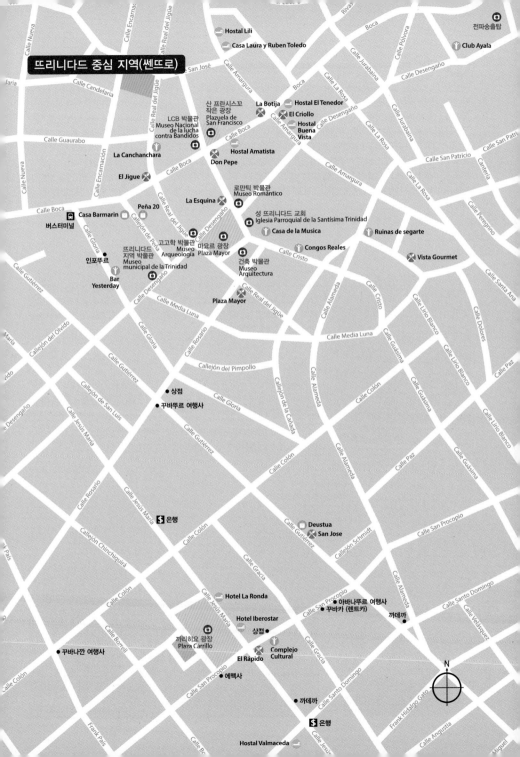

전파송출탑

Club Ayala

Hostal Lili

Casa Laura y Ruben Toledo

산 프란시스꼬
작은 광장
Plazuela de
San Francisco

La Botija
Hostal El Tenedor

El Criollo

Hostal
Buena
Vista

LCB 박물관
Museo Nacional
de la lucha
contra Bandidos

La Canchanchara

Hostal Amatista

Don Pepe

El Jigue

로만틱 박물관
Museo Romántico

La Esquina

Peña 20

성 또리니다드 교회
Iglesia Parroquial de la Santísima Trinidad

Casa Barmarin

버스터미널

Casa de la Musica

Ruinas de segarte

고고학 박물관
Museo
Arqueología

마요르 광장
Plaza Mayor

Congos Reales

Vista Gourmet

또리니다드
지역 박물관
Museo
municipal de la Trinidad

인포뚜르

건축 박물관
Museo
Arquitectura

Bar
Yesterday

Plaza Mayor

상점

꾸바뚜르 여행사

S 은행

Deustua
San Jose

Hotel La Ronda

Hotel Iberostar

아바나뚜르 여행사
꾸바카 (렌트카)

까데까

상점

꾸바나깐 여행사

까리히요 광장
Plaza Carrillo

El Rápido

Complejo
Cultural

예뻭사

까데까

S 은행

Hostal Valmaceda

N

📷보자!

사실 뜨리니다드는 별다른 명소에 대한 소개가 필요치 않은 도시다. 뜨리니다드가 특별한 것은 바닥에서 지붕까지 도시를 구성하는 모든 작은 요소들이 각자 자기 역할을 해내면서 빛나고 있기 때문이지, 사람들을 끌어모을 만한 어떤 특정한 건물이나 장소가 따로 있는 것은 아니기 때문이다. 그런 이유로 뜨리니다드에 도착했다면 특별히 정보책을 뒤적일 것 없이 유유히 걸어다니면서 구석구석을 우연히 만나볼 것을 추천한다. 오래된 마을 도서관, 동네 빵집, 집을 새로 단장하고 있는 사람들, 별일 없이 관광객을 구경하는 노인들, 이제는 문을 닫은 오래된 극장들이 곳곳에 숨어 당신을 기다리고 있다. 그럼에도 길은 잃으면 안 되고, 밥은 먹어야 하고, 잠은 자야 할 테니 간단한 소개와 함께 설명을 남기도록 하겠다.

누군가 지인이 뜨리니다드를 방문한다면 며칠 넉넉하게 지내다 오라고 이야기하고 싶다. 하지만 그래도 명소들을 짧은 시간에 돌아야 하는 사람들을 위해 일정을 남기겠지만, 길을 찾는 데만 참고하고 크게 구애받지 않고 넉넉히 돌아보기를 바라는 마음이다.

추천 일정

● 전파 송출탑
● 마요르 광장
● 산따 아나 광장
● 도자기장인의 집
● 까리히요 광장

🚶 아침 기운을 받으며, 뒷산에 있는 전파 송출탑에 올라보자. 시몬 볼리바르 SimónBolívar(데세가뇨 Desegaño)가나 식당 라 보띠하의 앞쪽 길에서 높은 방향으로 계속 오르면 능선을 걷는 산길이 나온다. 그 길을 계속 따르면, 멀리서부터 보이던 전파 송출탑에 닿을 수 있다.

전파 송출탑

정상에 오르면 혼자서 이 송출탑을 지키고 있는 직원이 있을텐데, 번갈아 근무하는 직원이 누구냐에 따라서 물을 팔기도 하고, 건물 안쪽 전망이 더 좋은 곳으로 안내해주기도 한다. 허락하지 않는데 들여보내 달라고 떼를 써서는 안되겠고, 들여보내 줬다면 물이라도 사먹든지 팁이라도 조금 남기기 온다면 좋을 듯 하다. 원하지 않는다면 처음부터 신경쓰지 말자.

전파 송출탑

전파 송출탑에서의 전경(엘 꾸바노 공원과 잉헤니오스 기차길이 보이는 방향이다.)

산을 오르는 길에 주변을 보면 'Ermita de Nuestra Señora de la Candelaria de la Popa'라는 무척이나 긴 이름의 교회 잔해도 볼 수 있다. 현재는 주변에 공사를 진행하고 있어 가까이 볼 수는 없다. 또한 중간에 지나게 되는 동네는 관광지의 뒤편에서 이곳 사람들이 어떻게 사는지를 보여주는데, 전체를 돌아본 바로는 이곳에 사는 사람들이 마을에서 가난한 축에 속하는 듯해 쿠바에서 자주 느끼게 되는 갑작스러운 대비를 또 한 번 느끼게 한다.

🚶 이제 마요르 광장으로 가보자. 산길을 내려와 Juan M Márquez(Amargura) 가에 닿으면 정면에 라 보띠하 식당이 보이거나 Simón Bolívar(Desegaño) 가가 이어질 것이다. 라 보띠하 앞이라면 왼쪽으로 한 블록 가서 Simón Bolívar(Desegaño)를 따라 내려가고 Simón Bolívar(Desegaño) 가라면 그대로 따라 내려가자. 한 블록만 내려가면 마요르 광장이 보인다.

마요르 광장 Plaza Mayor 쁘라자 마요르

관광객들에게는 이곳 마요르 광장이 뜨리니다드의 중심이 되는 곳이다. 석양을 보는 전망도 좋고, 광장을 둘러싼 보기 좋은 건물들 그리고 무엇보다도 까사 데 라 무지까와 그 앞의 넓은 돌 계단이 관광객들을 이곳으로 모이게 하고 있는데, 그래서 주변은 식당과 바, 기념품점들로 가득하다.

LCB 박물관

로만틱 박물관

성 뜨리니다드 교회

LCB 박물관

◎ **Open** 화~일 09:00~17:00
Close 월요일(일요일 격주 휴무)
🔊 1CUC

LCB 박물관 Museo Nacional de la lucha contra Bandidos

번역하자면 '국립 반군 진압 박물관'정도 될까? 혁명 과정 중에서, 또 혁명 이후에 반대 세력과 치뤘던 전투와 토벌 작전에 대한 기록을 모아 둔 곳이다. 쿠바의 역사에 특별한 관심이 있다면 들러 볼만하겠지만, 대부분의 관광객은 이곳의 전망대에 오르기 위해 입장료를 지불하며 이곳에 들어가는 듯하다. 이곳에는 건물로서 가장 높이 솟은 종탑이 있어 전망대 역할을 하고 있다.

🚶 마요르 광장에서 로만틱 박물관과 교회를 바라보았을 때 사이에 나 있는 Fernando Hernández Echerri (Cristo)가 이다. 그 길을 왼쪽으로 따라 한 블록만 더 가면 작은 공원이 나오고 그 앞이 LCB 박물관이다.

로만틱 박물관

◎ **Open** 화~일 09:00~16:45
Close 월요일(일요일 격주 휴무)
🔊 2CUC, 사진 촬영 시 1CUC 추가

로만틱 박물관 Museo Romántico

19세기에 사용되던 고급스러운 생활용품들을 모아두었다. 전시품도 생각보다는 볼만하고 그와 함께 2층 벽에 손으로 직접 그린 장식이 눈길을 끈다. 그림도 당시에 그려진 것으로 방마다 용도와 사용자에 따라 조금씩 다르게 그려져있다.

🚶 마요르 광장에서 산 정상 쪽을 바라보았을 때 왼편의 건물이 로만틱 박물관이다.

성 뜨리니다드 교회

◎ **Open** 월~토 10:00~13:00
미사 및 교회 행사에 따라 변경 가능.
🔊 없음

성 뜨리니다드 교회 Iglesia Parroquial de la Santísma Trinidad

많은 교회들이 흔적만 남아있는 가운데 자리를 지키고 있는 몇 안되는 교회 중 하나이다. 내부 대부분의 성소가 나무 장식으로 되어 있어 눈길을 끌고 있다. 세밀하게 조각된 나무 장식 때문에라도 들어가 볼만한 교회인 듯하다. 평일 오전 몇 시간 동안만 관광객의 입장이 가능하기 때문에 조금 서두를 필요가 있겠다.

🚶 마요르 광장에서 산 정상 쪽을 바라보았을 때 오른편의 건물이 성 뜨리니다드 교회이다.

고고학 박물관

◎ **Open** 화~일 09:00~17:00
Close 월요일(일요일 격주 휴무)
🔊 1CUC

고고학 박물관 Museo Arqueología

고고학 박물관이다. 왜 이곳에 이런 박물관이 있는지는 모를 일이다.

고고학 박물관

건축 박물관

뜨리니다드 지역 박물관

🚶 마요르 광장에서 산 아래 쪽을 봤을 때 오른쪽 아래편 모서리 옆 건물이다.

건축 박물관 Museo Arquitectura

개인의 취향에 따라 다르겠지만, 그래도 이곳의 박물관 중에서 전시물 자체로 가장 볼만한 곳을 꼽으라면 이곳 건축 박물관이라 하겠다. 1738년에 건축된 사탕수수 농장주의 저택이었던 이곳 내부에는 그 시절부터 사용되어오던 물건들과 문, 문 손잡이 장식, 지붕 시공법 등 주택에 관한 흥미로운 것들을 모아두었다. 특히 1890년대에 사용되었다는 가스등과 온몸으로 물을 뿜어주는 샤워기는 관심을 끈다.

<table>
<tr><td colspan="2">건축 박물관</td></tr>
<tr><td>◎ Open 목~화 09:00~17:00
Close 수요일(일요일 격주 휴무)</td></tr>
<tr><td>🎫 1CUC</td></tr>
</table>

🚶 마요르 광장에서 산 아래 쪽을 봤을 때 왼편 건물이다.

뜨리니다드 지역 박물관 Museo municipal de la Trinidad

뜨리니다드시의 역사와 관련된 전시물들을 모아두었다. 그중에서도 대규모 사탕수수 농장, 벽돌 공장, 과수원을 위해 아프리카에서 강제 이주시킨 노예들과 관련된 기록들이 이채롭긴 하지만, 내부의 전시물보다는 사방이 막히지 않아 시내에서 가장 좋은 전망대가 있어 관광객들의 발걸음을 당기고 있다. 마요르 광장에서 산 아래 쪽을 봤을 때 오른편 옆으로 나 있는 Simón Bolívar(Desegaño)가를 따라 내려가면 두 번째 블록 오른편 중간 쯤에 큰 입구가 있다.

이 아름다운 도시 뜨리니다드에서 인근의 박물관을 소개해야 하는 마음은 조금 착잡하고 안타깝다. 분명히 이 도시의 분위기를 형성하는 데 크게 한 몫을 하고 있는 이 오래된 저택들이 품고 있는 전시물들은 여행자들의 마음에 뚜렷한 기억을 남기기에는 미흡하다는 것이 솔직한 평이라 하겠다. 전시물들보다 입장료를 받는 데스크 직원들의 나른한 표정과 건조한 반응이 오히려 흥미를 돋우는 이 박물관들을 굳이 하나하나 방문할 필요는 없을 듯하다. 그럼에도 박물관이 문을 닫는 월요일과 격주로 닫는 일요일은 관광객도 뜸하고, 도시가 휴식을 취하는 분위기가 난다. 전체 일정을 짤 때 일, 월은 피하는 것도 고려해 볼 일이다.

<table>
<tr><td colspan="2">뜨리니다드 지역 박물관</td></tr>
<tr><td>◎ Open 화~일 09:00~17:00
Close 월요일 (일요일 격주 휴무)</td></tr>
<tr><td>🎫 2CUC, 사진 촬영 시 1CUC 추가</td></tr>
</table>

🚶 산따 아나 광장으로 가는 가장 좋은 방법은 Juan M Márquez(Amagura)를

산따 아나 광장

산따 아나 광장

따라가는 것이다. 왔던 길을 다시 되돌아 Simón Bolívar(Desengaño)를 따라산 정상 방향으로 올라 Juan M Márquez(Amagura)가 나올 때까지 걷자. Juan M Márquez (Amagura)가가 나오면 오른쪽 방향으로 계속해서 7~8분 정도만 걸으면 왼편에 교회의 잔해와 오른편에 작은 공원이 나온다.

산따 아나 광장 Plaza Santa Ana 쁘라자 산따 아나

산따 아나 광장은 나머지 두 광장에 비해 덜 주목받는 곳이고 실제 아주 한적하다. 폐허가 돼가고 있는 건너편의 산따 아나 교회는 아직까지도 그냥 방치되어 있는 수준으로 이렇게 계속 점점 더 폐허가 되어갈 듯하다. 그리 멀지 않으므로 도자기 장인의 집에 가는 길에 지나며 보면 되겠다.

🚶 산따 아나 광장에서 도자기 장인의 집까지는 도로 표지판이 잘 보이지 않을 수 있다. 오던 방향으로 앞으로 다섯 블록, 우회전해서 세 번째 블록까지 가자. 네 번째 블록 오른편을 유심히 살피면 'La Casa del Alfarero'라고 쓰인 작은 간판을 볼 수 있을 것이다.

도자기 장인의 집 La Casa del Alfarero 라 까사 델 알파레로

도자기장인의 집
🏠 Cl. Andrés Berro No.9 e/ Abel Santa María y Julio A. Mella
🕐 개인 공방으로 개인 사정에 따름
🍺 없음, 내부 바 운영
e azariel@hero.cult.cu

뜨리니다드 인근에는 도자기에 적합한 흙이 많아 도자기가 유명하다. 중심가를 돌아다니다보면 다른 도시에 비해 유난히 자기로 된 기념품을 많이 파는 것을 볼 수가 있다. 이곳이 바로 그 자석 기념품과 재떨이를 만들어내는 그곳 중의 하나이다. 산지에 왔음에도 가격이 더 비싼 건 무슨 이유인지 모르겠지만, 이곳에서는 자석 기념품과 재떨이 외에도 신경 써서 만들어진 많은 그릇들을 구경할 수 있다. 더불어 안쪽에 있는 작업장으로 들어가 보면 흙을 모아서 물을 붓고 다시 걸러서 불순물을 제거하고, 말리고, 반죽하고, 그릇을 만드는 모든 과정을 한눈에 볼 수가 있다. 스페인어가 어느 정도 가능하다면 일하고 있는 사람들이 간단한 설명도 더해주니 미소와 함께 접근해보자. 안쪽에는 바가 있어 지친 다리를 잠시 쉬어 갈 수도 있다. 개인 공방이기에 입장료는 없어도 여닫는 시간은 주인 맘이므로 운이 좋기를 바란다.

도자기 장인의 집

🚶 여기서 까리히요 광장까지는 꽤 걸어야 한다. 다리가 아프면, 비씨 택시를 타자. 까리히요 광장을 주민들은 쎈뜨로라고 부르므로 쎈뜨로로 가자고 하면 데려다줄 것이다. 흥정은 잘 하자. 도보로는 오던 방향으로 다음 블록을 지나 학교 건물이 보이면 우회전해서 Antonio Maceo(Gutiérrez) 가를 따라가자. 여섯 블록 정도 가서 갈

시청사

산 프란시스꼬 데 빠울라 교회

야외 극장

림길이 보일 것이다. 작은 공원처럼 보이는 그곳에서 직진하는 방향으로 한 블록을 더 가서 왼쪽을 보면 아바나뚜르와 쿠바카의 간판이 보인다. 좌회전해서 두 블록을 더 가면 까리히요 광장이다.

까리히요 광장 **Plaza Carrillo** 쁘라사 까리히요

주변 풍경

돔형의 철제 구조물이 비록 덩굴은 헐벗었지만, 공원의 전체적인 분위기를 부드럽게 만들고 있는 까리히요 광장은 관광객과 주민들이 적절히 섞여 쉼터같은 분위기를 만들어내는 곳이다. 저녁이 되어도 마요르 광장처럼 부산스러움없이 적절히 조용하다. 시청사와 주민들의 생활에 필요한 은행, 도서관, 까데까, 에떽사 등이 까리히요 광장 주변에 가까이 있어 주민들의 생활 중심은 이곳이 아닐까 싶다. 시청사가 있으므로 주민들은 이곳을 '쎈뜨로'라고 부르고 있다. 이전에는 세스뻬데스 공원 Parque Cespedes으로 불리웠던 이곳은 특별히 들어갈 만한 명소는 없어도 운이 좋으면 문이 열려있는 산 프란시스꼬 데 빠울라 교회 Iglesia de San Francisco de Paula와 공원 대각선 건너편에 자리 잡은 야외 극장, 시청사 건물(시청사는 입장할 수 없다) 등 천천히 눈요기할만한 곳과 엘 라삐도와 가까이 있는 길거리 음식점 등이 있어 넉넉히 쉬었다 갈 만한 곳이다. 천천히 Jose Marti(Jesús María)를 따라 왼쪽(광장에서 이베로스따 호텔을 바라보고 섰을 때)으로 걸어가다 보면 마을 도서관이나 이제는 문을 닫은 까리다드 극장 등 주민들이 사는 모습도 구경할 수 있으니 놓치지 않기를 바란다.

까리히요 광장

뜨리니다드 인근 둘러보기

뜨리니다드 인근 ❶

앙꽁 해변 Playa Ancón 쁘라야 앙꽁

쿠바가 그렇게도 자랑하는 바로 그 '까리베', 카리브 바다. 뜨리니다드의 남쪽에 휘어져 길게 늘어진 앙꽁반도 Península de Ancón의 긴 모래사장을 쁘라야 앙꽁이라고 부르고 있다. 실상은 이 모래사장이 라 보까에서부터 드문드문 이어지므로 결국은 길고도 긴 해수욕장이 눈에 보이는 끝까지 펼쳐져 있는 셈이다.

앙꽁의 모든 해변은 퍼블릭 비치로 누구나 무료로 즐길 수 있다. 리조트 앞바다라고 해서 입장 제한이 되어 있지 않으므로 어느 곳이나 맘에 드는 포인트에서 푹 즐기다가 가면 된다. 하지만, 해변이 너무 길어 모든 곳을 다 직접 보고 결정하기는 힘드니 간단히 설명을 해보자면 다음과 같다. 긴 해변에는 세 곳의 리조트 호텔이 운영되고 있는데, 각 리조트의 옆에 비투숙객들이 좀 더 편히 즐길 수 있는 Bar와 파라솔이 자리 잡고 있다.
앙꽁 호텔 옆 해변 앙꽁반도의 가장 깊숙한 곳에는 앙꽁 호텔이 있으며, 그 옆으로 나무들이 파라솔처럼 우거져 있어 편하게 해수욕을 할 수 있는 곳이 있다. 전망에 막힘이 없어 시원하며, 수심이 곧 깊어진다.

브리사스 호텔 옆 해변
반도의 중간 지역에 자리 잡고 있으며 수심이 그리 깊지 않다. 역시 전망에 막힘이 없어 시원하나, 사람이 많이 모일 경우 파라솔이 부족해질 수도 있겠다. 바다를 바라보고 오른편으로 이동하면 모래사장이 끝나고, 바닥이 돌인 해안이 나타난다. 수심이 많이 얕아 가까운 곳에서는 스노클링이 힘들지만, 조금 멀리 나간다면 가능하다.

앙꽁 해변 리조트 호텔

예약 문의처
꾸바나깐
www.cubanacan.cu
www.hotelescubanacan.com

아바나뚜르
www.havanatur.cu

🗑 **숙박비** 인당 60~80CUC
(호텔과 시기에 따라 다름)
기타 올인클루시브

꼬스따 수르 호텔 옆 해변

교통수단을 타고 가면 가장 처음으로 지나는 곳이 꼬스따 수르 호텔이고, 그 건물 입구 오른쪽으로 난 샛길을 걸어 들어가면 이 해변을 찾을 수 있다. 주민들은 따로 마리아 아길라 María Aguila라고 부르거나 이곳에 있는 특이한 천연 수영장을 가리켜 삐시나 나뚜랄 Piscina Natural이라 부르기도 한다. 바닥에 돌이 좀 많아 조심해야 할 필요가 있지만, 앙꽁으로 간다면 이곳을 가장 추천하고 싶다. 추천 이유는 직접 보면 확인할 수 있으리라 생각된다. 바닥에 돌이 많아 수영은 리조트 앞쪽 돌로 둘러싸여 파도가 더 잔잔한 천연 수영장으로 가서 즐기면 되겠다. 바위들 주변으로 물고기들이 많고, 수심이 아주 깊지는 않아 스노클링을 즐기기에 아주 좋다. (바위 주변에서는 파도에 밀려 부딪힐 수 있으니 조심하자.)

앙꽁 해변의 리조트 호텔

까사 빠르띠꿀라가 없는 앙꽁 해변에는 총 세 개의 리조트가 올인클루시브로 운영이 되고 있다. 뜨리니다드와 가깝고, 적절한 가격에 카리브 해를 즐길 수가 있어 주로 캐나다 관광객들에게 인기를 끌고 있다. 실제로 성수기에는 당일이라면 방을 구하기가 힘들 뿐만 아니라 2~3주 후까지 예약이 꽉 차있으므로 숙박을 원한다면 한 달 전부터 서둘러 예약을 해야 할 필요가 있다. 외국 관광객들은 숙소를 이곳 리조트로 정해놓고, 낮에 뜨리니다드나 잉헤니오스 농장을 둘러보는 일정으로 움직이고 있는데, 이런 방법으로 지역을 즐기는 것도 나쁘진 않을 것으로 보인다.

각 리조트에서는 시간에 따라 관광객이 참여할 수 있는 프로그램을 저녁까지 준비하여 지루할 일이 없도록 하고 있으며, 스쿠버다이빙을 원한다면 리조트 내 여행사와 상의하여 역시 앙꽁반도에 자리 잡은 마리나 마를린 뜨리니다드를 통해 진행할 수 있도록 준비하고 있다. 시설물은 중간 지점에 자리 잡은 브리사스 호텔이 가장 낮고, 다음이 앙꽁, 마지막으로 꼬스따 수르의 순이나. 앙꽁 호텔은 아파트형 건물, 브리사스는 드문드문 지어진 연립 형태의 건물에서 숙박하며, 꼬스따수르는 연립 형태와 독채를 함께 운영하고 있다. 세 곳 모두 200여 개 정도의 객실을 운영하고 있음에도 성수기 당일에 숙소를 구할 수 없는 상황이니 앙꽁 해변의 인기를 짐작할 수 있다.

라 보까 La Boca

강과 바다가 만나는 지점에 자리 잡은 마을 라 보까는 앙꽁반도로 이어지는 모래사장이 시작되는 곳으로 까사 빠르띠꿀라들이 많아 좀 더 저렴하게 카리브 해 바닷가 마을을 즐길 수 있다는 장점이 있다. 퍼블릭 비치가 좁고, 앙꽁 해변보다 모래사장이 드물다는 단점은 있지만, 중간중간 바위와 섞여 있는 조그만 모래사장들은 접근하는 사람들이 많지 않아 조용히 가족 단위로 즐기기에 좋다. 라 보까 마을에서 앙꽁반도 방향으로 해안가 길을 따라가다 보면 나타나는 조그만 모래사장들은 경치도 좋을뿐더러 스노클링을 즐기기에도 좋아 장비가 준비되었다면 라 보까에서는 이런 곳들을 찾아 즐기기를 권하는 바이다. 단, 직접 움직일 수 있는 교통수단이 있어야 한다는 아쉬움이 있지만, 스쿠터를 대여한다면 충분히 가능하니 고려해보기 바란다. 라 보까에서 숙박을 해도 좋겠지만, 역시 뜨리니다드의 저녁을 놓치는 것은 아쉬운 일이니 숙박은 뜨리니다드에서 하고 낮에 방문하는 것을 추천하겠다.

잉헤니오스 농장 Valle de Ingenios 바예 데 잉해니오스

유리창이 없이 뚫린 오래된 기차를 타고 6시간 여를 넉넉하게 다녀오는 잉헤니오스 농장 열차 여행도 이 지역의 인기 관광 코스 중 하나이다. 아쉽게도 기차로 산을 오르거나 굽이굽이 돌아가거나 하는 일 없이 기차는 대부분 반듯하게 놓인 철로를 달려간다. 특별한 이벤트 없는 여행이 6시간을 이어지다 보니 때에 따라서는 지루하게 느낄 수도 있겠지만, 이곳저곳 속속들이 살펴보고 사진을 찍고 한적하게 노니다 보면 또 나름의 맛을 느낄 수 있는 코스다.

기차는 뜨리니다드 남쪽의 기차 승강장을 9시 30분경 출발해서 한 시간 후 Iznaga 역에 도착한다. 이곳은 잉헤니오스 농장에서 일하던 노예들을 감시하던 감시탑이 있는 곳으로 45m에 달하는 높이에서 보아야 할 정도로 넓은 농장의 크기도 놀랍지만, 노예들을 감시하기 위해 이런 탑을 쌓는 수고까지 마다치 않은 당시 스페인계 이주민들의 표독스러움 또한 느껴진다. 기차가 떠나기까지 시간이 넉넉하게 주어지므로 감시탑 뒤의 마을도 한번 짧게 돌아보는 것도 나쁘지 않다. 한 집에 망고나무 두세 그루 씩은 있는 뒷마을에 주렁주렁 달린 망고만 바라봐도 입에 침이 고일 정도다. 마을 안쪽에서 보는 탑은 진입로에서 보는 것과는 또 다른 느낌이다. 마치 영화 반지의 제왕에 나오는 모르도

잉헤니오스 기차 타기

🚏 **승강장 위치** Cl.General Lino Pérez (San Proscopio)를 따라 산 아래 방향으로 계속 내려가면 철로와 승강장이 나온다.

🕐 일 1회, 출발 09:30,
뜨리니다드 복귀 15:00시경

🎫 **티켓** 10CUC.
당일 아침에 승강장 건너편 역사나 아바나 뚜르에서 구매 가능.

감시탑 입장료 1CUC

르 산 정상. 사우론의 눈동자 같은 느낌이 조금 나기도 한다. 내가 노예였다면 피하기 쉽지 않다는 압박감. 30분을 정차한다 했던 기차는 한 시간 가량 지나 다시 움직인다. 기차가 떠나기 전 기적을 울리니 귀를 잘 열어두었다가 기적이 울리면 돌아오자. 기차를 놓쳐 뜨리니다드로 돌아갈 수는 있지만, 당연히 돈이 든다. 다시 움직인 기차는 30여 분 후 지나쳐왔던 Guachinango 역에 정차한다. 이곳에서 한 시간 이상 머무르게 되므로 식당과 화장실이 있는 이곳에서 식사를 하거나 음료를 마시며 넉넉하게 시간을 보내야 한다. 식당에서 멀지 않은 거리에 철로가 지나는 철교가 있다. 식사 생각이 없다면 100년 전에 세워졌다는 이 철교를 카메라에 담아보는 재미도 있겠다.

1975년산 러시아제 기차가 이곳을 달리던 증기 기차를 대신하고 있고, 승강장은 뜨리니다드 남쪽에 있다. 승차권은 10CUC이며, 아바나뚜르 여행사에서 끊거나 기차 승강장 건너편에 있는 기차역에서 같은 가격에 구매할 수 있다. 탑승 인원이 미달이거나 기차에 문제가 있을 경우 운행이 취소될 수도 있어 티켓은 예매를 하지 않고, 당일 아침에 운행이 확정되었을 때 판매하고 있다. 좌석 번호가 별도로 없고, 티켓은 차후에 확인하기 때문에 관광객들은 기차가 서기도 전에 좋은 자리를 차지하려 뛰어오른다. 서로 도와가며 열심히 뛰어오르는 캐나다와 유럽 관광객을 먼발치서 바라보면 '이 사람들 며칠 만에 쿠바 사람 다 되었구나' 하는 생각이 든다. 내가 앉을 자리 걱정도 되겠지만, 최대한 조심해서 기차에 오르도록 하자.

뜨리니다드 인근 ❹

또뻬스 데 꼬랸떼스 Toppes de Collantes

뜨리니다드 여행 선물 세트의 산파트를 담당하는 또뻬스 데 꼬랸떼스. 넓게 펼쳐진 이 공원 지역을 또뻬스 데 꼬랸떼스라고 통칭하지만, 또뻬스 데 꼬랸떼스는 그 중 호텔과 숙박시설이 모여있는 한 마을이다. 이 공원 지역은 엘 니초 공원 Parque El Nicho, 과나야라 공원 Parque Guanayara, 또뻬스 데 꼬랸떼스 Toppes de Collantes, 꼬디나 공원 Parque Codina, 엘 꾸바노 공원 Parque El Cubano 이렇게 총 5개의 트레킹 혹은 승마 코스가 갖춰진 공원들로 구성이 되어있다. 차량을 렌트하면 개인적으로 이동할 수 있으나 길이 좁은 데다가 심하게 굽이치고, 안전시설이 제대로 갖춰져 있지 않아 이곳을 잘 모르는 상태로 직접 운전해서 가는 것은 상당히 위험한 일일 것이다. 스쿠터로는 경사가 심해 이동할 수가 없다. 간혹 자전거로 이곳을 지나는 사람들이 보인다. 가능하지만, 이들은 평소에도 꾸준히 산악 자전거를 타던 사람으로 보이니 쉽게 도전할 생각은 하지 않는 것이 좋겠다. 여행사에서 이곳으로 가는 여행 상품을 판매하고 있다. 현재는 과나야라 공원과 또뻬스 데 꼬랸떼스를 주로 판매하고 있으며, 과나야라는 55CUC(점심 포함), 또뻬스 데 꼬랸떼스는 30CUC(점심 미포함) 정도이다. 지역에서 가장 높은 전망대와 커피 재배에 관한 간단한 전시를 해놓은 커피 하우스를 방문하며, 약 2시간 여의 트레킹 중 폭포와 천연 수영장을 방문한다. 영어가 가능한 전문 가이드가 트레킹 중에 볼 수 있는 새와 나무들에 대한 많은 이야기를 생생하게 전달해주어 베어 그릴스를 뒤쫓아 다니는 느낌이 조금 들기도 한다.

뜨리니다드 시내에서 승마로 호객행위를 하는 많은 사람들은 가장 가까운 엘 꾸바노로 간다. 이 코스는 한 시간 이상 말을 타야하므로 자주 말을 타지 않은 사람에게는 조금 고통스러울 수도 있다. 저렴한 가격으로 말을 타보는 것은 좋으나 아무래도 비공인이다 보니 코스나 시간이 소위 제 맘대로인 경우가 있어 이렇게 개인적으로 진행할 경우는 미리 시간이나 코스, 가격을 꼼꼼히 해둘 필요가 있겠다.

건기에 이곳을 방문하면 수원지와 가까운 엘 니초나 과나야라 외의 공원에서는 폭포를 보기 힘들 수도 있다. 엘 꾸바노로 호객행위를 하는 사람들은 가끔 폭포가 있다고 하다가도 막상 도착해서 건기라서 물이 없다고 딴소리를 하니 출발 전에 폭포에 물이 있는지 꼬집어 물어 보자. 남미의 엄청난 폭포들에 비하기는 힘들지만, 우리나라에서는 쉽게 보기 힘든 20~30m 높이의 폭포는 확실히 아름다운 광경이니 꼭 볼 수 있기를 바란다.

또뻬스 데 꼬랸떼스

아바나뚜르나 꾸바나깐에서 상품 판매

🎫 과나야라 공원 : 55CUC
   또뻬스 데 꼬랸떼스 : 30CUC

🕐 출발 09:00, 복귀 16:00

전망대, 커피하우스, 과나야라는 점심 포함,
폭포, 천연 수영장 (코스별로 미리 확인요)

하자! ACTIVITIES

뜨리니다드의 마요르 광장은 밤에 더 빛을 발한다. 마요르 광장 옆 뜨리니다드 밤의 대통령 '까사 데 라 무지까' 때문이다. 앞 광장이나 계단이 넓어 약속을 하거나 할 일이 없거나 웬만하면 저녁 식사 후에는 다들 마요르 광장으로 모여드는데, 그렇다해서 갈 곳이 거기밖에 없는 것은 아니니 하나 씩 알아보자.

La Canchanchara 라 깐찬차라

라 깐찬차라는 종종 이른 낮부터 시끄러워 들르지 않더라도 지나가며 한 번씩 들여다보게 된다. 하지만, 매일 저녁의 분위기 편차가 커서 어떤 날은 사람이 많고, 어떤 날은 사람이 없어 썰렁하니 너무 한산하면 다른 곳으로 가자. 깐찬차라를 한 잔하며 음악을 들을 수 있는 바이다.

🏠 Cl. R Martínez Villena (Real del Jigue) e/ Ciro Redondo(San José) y Piro Guinart (Boca)
LCB 박물관 건물의 뒤편 블록에 있다.
🕐 Open 10:00~22:00

Ruinas de Segarte 루이나스 데 세가르떼

그냥 좀 조용히 음악이나 들으면서 동행과 이야기를 나누고 싶다면 루이나스 데 세가르떼가 낫다. 귀에 익숙한 잔잔한 쿠바 음악과 함께 조용한 시간을 보내자.

🏠 Cl. Jesús Menéndez(Alameda) e/ Fernando hernández Echerri(Cristo) y Ernesto Valdés Muñoz(Media Luna)
마요르 광장에서 산 쪽을 보고 Fernando hernández Echerri(Cristo)가를 따라 오른쪽으로 한 블록 가서 좌회전하면, 앞쪽에 골목이 보이고, 그 골목의 코너에서 찾을 수 있다.
🕐 Open 08:00~24:00

Casa de la Musica 까사 데 라 무지까

까사 데 라 무지까의 풍경을 사진에 담기란 참 쉽지가 않다. 모든 관광객이 저녁이면 한 번은 지나는 듯 이 앞은 매일 북적인다. 야외 공연장에서 연주되는 곡은 광장 인근을 떠들썩하게 하고 계단 위쪽 무대에서는 춤판이 한창이다. 한때는 클럽 아얄라와 천하를 양분했지만, 지금은 아얄라가 내부 공사로 문을 닫아 혼자서 뜨리니다드의 밤을 지배하는 중이다. 일단 그냥 근처로 가서 판단하자. 입장료 1CUC를 받는 날도 있고, 그냥 들어갈 수 있는 날도 있지만, 춤을 출 생각이 아니라면 어차피 들어갈 필요는 없이 밖에서 즐기면 되겠다.

🏠 Cl.Fernando Hernández Echerri(Christo) e/ Simón Bolívar(Desengaño) y Jesús Menéndez(Alameda)
마요르 광장에서 산 쪽을 봤을 때 1시 방향.
🕐 Open 10:00~02:00

Congos Reales 꽁고스 레알레스

까사 데 라 무지까의 그늘 아래서 꿋꿋하게 자신의 길을 가고 있는 꽁고스 레알레스는 외국인도 많지만, 주민들도 편하게 찾는 곳인 듯하다. 아프로 쿠반 음악을 주로 한다지만, 음악 전문가가 아니라서 정말 그런 것인지는 잘 모르겠다. '진짜 콩고산'이라는 가게 이름도 있으니 그렇지 않을까 생각할 뿐이다. 가만히 듣고만 있어도 어깨가 넘실거리는 타악기 리듬이 듣고 싶다면 이곳으로 가자.

⌂ Cl.Fernando Hernández Echerri(Christo) e/ Simón
　 Bolívar(Desengaño) y Jesús Menéndez(Alameda)
까사 데라 무지까와 같은 블록에 있다.
◎ Open 10:00~24:00

Complejo Cultural 꼼쁠레호 꿀뚜랄

마요르 광장 저 멀리, 까리히요 광장의 한편에서 저녁을 떠들석하게 하려 하지만, 뭔가 역부족인 곳이다. 저녁이 되면 근처에 사람도 뜸해서 영 분위기도 나지 않는다. 다만 낮에는 실사 수업 등이 진행되서 활기차므로 관심이 있다면 들러 구경해보는 것도 좋다.

⌂ Cl. General Lino Pérez (San Proscopio) e/ José
　 Martí(JesúsMaría) y Francisco Cadahía (Gracias)
까리히요 광장에서 이베로 스타를 봤을 때 1시 방향에 있는 블록 General Lino Pérez(San Proscopio) 가에 있다.
◎ Open 10:00~01:30

Bar Yesterday 바 예스터데이

비틀즈라거나 예스터데이라는 이름의 바는 세계 어느 나라에나 있기는 할 테니, 이곳에서 마주쳤다 해도 너무 이상하게 생각하지는 말자. 비틀즈는 우리 모두의 것이니까. 가게를 오픈하는 건 주인 맘이지만, 가게에 가는 건 손님 맘이라 별로 붐비지 않는 이곳은 그래도 살사보다 비틀즈가 편한 손님들이 들러 라이브 공연을 즐기는 바이다. 쿠바 음악에 지쳤다면 가보자.

⌂ Cl. Gustavo Izquierdo (Gloria) e/ Piro Guinart (Boca)
　 y Simón Bolívar (Desengaño)
마요르 광장에서 아래쪽으로 뻗은 Simón Bolívar(Desengaño)를 따라 한 블록 가서 우회전하면 인포뚜르 옆이다.
◎ Open 16:00~24:00

Club Ayala 클럽 아얄라

뜨리니다드뿐만 아니라 쿠바에서 최고의 클럽이라며 동네 사람들이 추켜세우는 자랑거리. 클럽 아얄라는 자정이 되어야 사람들이 모여들기 시작하므로 너무 일찍 방문하지는 말자.

전파 송출탑으로 올라가는 길 중 산길이 시작되는 지점에 있다.

사자! SHOPPING

뜨리니다드는 흙이 좋아 도자기가 유명한 곳이어서 도자기를 파는 집들이 종종 눈에 띈다. 그리고 예전부터 자수가 유명하다 해서 길가에 자수 천을 파는 노점들이 유난히 많다. 박물관에 가보면 유명하다는 그 솜씨가 담긴 자수를 만나볼 수 있지만, 길가에서 파는 자수 천들은 그리 대단한 상품으로 보이지는 않는다. 몰려드는 관광객이 많은 만큼 기념품점은 보고 싶지 않아도 보일 만큼 많으니 따로 소개할 필요는 없을 듯하고, 대신 흥미로운 가게 몇 곳만 간단히 소개해볼까 한다.

Casa Barmarin 까사 바르마린

마치 기계로 찍어 내는 듯 고만고만하게 똑같은 그림의 홍수를 겪으며, 까사 바르마린에 있는 그림들을 한 번 둘러보는 것만으로도 어느 정도 안구가 안정을 찾아간다. 딱히 지역 화가의 그림을 모아 둔 것은 아니고, 각지의 실력 있는 화가들의 그림을 모아 두었다고 한다. 그 때문인지 그림들의 수준이 남달라 보이기는 하다. 까사도 운영하고 있는데, 조금 비싸긴 해도 꾸밈이 남달라 있어 볼 만도 하다.

까사 바르마린

🏠 Cl.Francisco Gómez Toro (Peña) No.21 e/ Piro Guinart
　 (Boca) y Simón Bolívar(Desegaño)
인포뚜르의 뒤 블록에 있다.
📞 (mob) 5237 1644
📧 verdilamil@gmail.com, casa.barmarin@nauta.cu
www.casabarmarin.com

Peña 20 뻬냐 20번지

얼핏 보면 기념품점의 그림과 별다를 것 없는 것 같다가도 계속 눈길이 간다. 따로 이름을 가르쳐주지 않아 그냥 뻬냐 20번지로 알고 있는 이 집은 주인이 직접 그리고 운영하고 있다. 밝은 색감의 선인장 그림은 하나 정도 집에 둬도 괜찮을 듯하다.

🏠 Cl.Francisco Gómez Toro (Peña) No.20 e/ Piro
　 Guinart (Boca) y Simón Bolívar(Desegaño)
인포뚜르의 뒤 블록에 있다.
📞 (mob) 5365 7712 　📧 virgilioss@nauta.cu

Deustua 데우스뚜아

굳이 도자기 장인의 집까지 가지 않아도 예쁜 도자기들을 만나볼 수 있는 곳이 Antonio Maceo(Gutiérrez)가에 있다. 동양의 고급 자기들처럼 세밀하고 정교한 장식보다는 투박하고, 친근하고 가끔 귀여운 느낌을 내는 것이 쿠바 자기의 특징인지 이곳의 자기에서 우리가 흔히 고급 그릇에 기대하는 그런 고급스러움을 느낄 수는 없다. 그래도 나름의 맛에 탐나는 물건들이 있긴 하지만, 문제는 포장. 깨지지 않은 채로 집까지 가지고 갈 수 있을지가 문제다.

데우스뚜아

🏠 Cl.Antonio Maceo(Gutiérrez) e/ Colón y Smith
까리히요 광장에서 이베로스타 호텔을 바라봤을 때 오른쪽으로 나오는 General Lino Pérez (SanProscopio) 가를 따라 산 정상 방향으로 두 블록을 가자. 다시 좌회전해 가면 오른쪽으로 작은 골목 다음 블록에 있다.
📞 (mob)5338 5219　📧 aledeustual@gmail.com

🍴 먹자! EATING

Ⓒ 0~5CUC ⒸⒸ 5~10CUC ⒸⒸⒸ 10CUC~

뜨리니다드는 비싼 식당부터 저렴한 길거리 음식까지 다양한 먹거리들이 있어 여행자들을 또 만족하게 해준다. 저렴한 길거리 음식은 Piro Guinart (Boca)가의 터미널 인근과 General Lino Pérez(San Proscopio)가의 까리히요 광장 인근을 다니다 보면 6~10MN 짜리 피자를 쉽게 찾을 수 있고, Jose Martí(Jesús María)가와 기차역 근처에도 여러 가지 먹거리들이 드문드문 있으니 어렵지 않게 찾을 수 있다. 이 책에서는 나름의 장점이 있는 여러 식당에 대해서 소개해보기로 하겠다.

El Criollo 엘 끄리올료 ⒸⒸ

이 집을 까사로 소개해야 할지, 식당으로 소개해야 할지 조금 망설이다가 그래도 식당에 좀 더 강점이 있는 듯해 식당 편에서 다루기로 한다. Juan M Márquez (Amagura) 가는 지대가 높아 유난히 전망이 좋은 식당과 까사가 많다. 그 중 하나인 이 집은 그 전망과 함께 신선한 음악을 들으며 식사할 수 있는 집이다. 젊은 3인조 여성 보컬과 세션으로 구성된 하우스 밴드가 내는 소리는 꽤나 신선하다. 인당 10CUC 정도로 식사가 가능하며, 20CUC을 받는 숙소도 인기다.

🏠 Cl. Juan M Márquez (Amagura) No. 54 Altos e/ Piro Guinart (Boca) y Simón

까사 데 라 무지까의 뒤 블록에서 찾으면 된다.
Bolívar(Desegaño) Ⓞ Open 10:00~24:00

La Botija 라 보띠하 ⒸⒸ

뜨리니다드에 왔다면 그냥 속는 셈 치고, 라 보띠하에 가서 6.75CUC의 Brocheta는 먹고 가자. 다른 음식들이 싼 편이라서 두 사람이 15CUC 정도면 음료와 함께 식사를 마치고 나올 수 있다. 꼭 가보길 바란다.

🏠 Esq.Juan M Márquez(Amargura) y Piro Guinart (Boca)

Piro Guinart(Boca) 가로 산 정상 방향으로 계속 걷다 보면 작은 광장이 인쪽에 나오고 그 다음 사거리의 코퉁이에 간판이 보인다.
Ⓞ24시간이라고 적혀는 있지만, 적당한 때 열고 적당한 때 닫는다.

Don Pepe 돈 뻬뻬 Ⓒ

식당은 아니고, 흔치 않은 커피 전문점이다. 길거리 커피를 1, 2MN에 마시는 걸 생각하면 1, 2CUC이 비싸게 느껴지겠지만, 한국에서 마시던 4,000~5,000원 짜리 커피를 그 가격에 마신다면 이 또한 즐겁지 아니한가? 라떼, 모카 등등 친숙한 다양한 커피를 즐길 수 있다.

🏠 Cl. Piro Guinart (Boca) e/ Juan M Márquez(Amargura) y Fernando hernández Echerrl(Cristo)

Piro Guinart (Boca) 가의 작은 광장 Plazuela de San Francisco의 바로 맞은 편이다.
Ⓞ Open 08:00~24:00

Plaza Mayor 쁘라사 마요르 © © ©

허기가 져서 한 끼를 단단히 먹지 않으면 안 되겠다 싶을 때는 레스토랑 쁘라사 마요르로 가보자. 점심을 15CUC의 뷔페로 준비하고 있어 일단 한번 음식을 둘러보고 취향에 맞을 때 먹으면 되겠다. 홀이 안쪽으로 광장히 넓고 분위기도 좋다. 뷔페는 점심만 운영하고 저녁에는 메뉴로만 주문을 받는다.

🏠 Esq. R Martínez Villena (Real del Jigue) y Francisco Javier Zerquera(Rosario)
까사 데라 무지까에서 아래쪽으로 나 있는 Francisco Javier erquera(Rosario) 가를 따라 한 블록만 가면 왼쪽 코너에 있다.

🕐 Open 식당 12:00~14:45, 19:00~21:45 / Bar 11:45~22:00

Vista Gourmet 비스따 고르멧 © © ©

뜨리니다드에서 계속해서 전망 좋은 테라스가 있는 집에서 지냈고, 또 전망이 좋은 집들만 돌아다니며 봐왔었지만, 이 식당의 3층 테라스 전망을 보고는 '헉'하는 소리를 살짝 냈던 것 같다. 16.95CUC에 음료 미포함으로 준비되는 조금 비싼 뷔페라도 전망과 함께하는 분위기로는 뜨리니다드 최고다. 연인과 모처럼 온 여행에 의견충돌로 분위기가 안 좋은데, 다행히 경비에 여유가 좀 있다면 시간을 잘 맞춰 석양 무렵에 3층 테라스로 가자. 일단 가서 라이브 연주를 들으며 차분히 풀어보자. 라이브가 없을 때도 있으나 나를 원망치는 말길 바란다.

🏠 Cl. Galdós No.2 e/ Ernesto Valdés Muñoz(Media Luna) y los Gallegos
마요르 광장에서 산 정상 쪽을 보고 Fernando hernández Echerri(Cristo)가를 따라 오른 쪽으로 한 블록 가서 좌회전하면 앞쪽 오른편 블록에 Ruinas de Segarte와 그 옆으로 난 사잇길이 보인다. 그 사잇길 Galdós가를 따라 언덕 위로 20m만 올라가면 왼편으로 식당 입구가 보인다.

🕐 Open 12:00~22:00

San Jose 산 호세 © ©

분위기, 맛, 가격의 삼박자가 고루 갖춰져 외국인 관광객들에게는 이미 유명한 집이다. 저녁 때는 줄을 서서 기다려야 할 때도 있을 정도로 인기가 있는 집으로 내부에 죽 늘어놓은 와인병이 입안을 시름하게 유혹하는 집이다.

🏠 Cl.Antonio Maceo(Gutiérrez) e/ Colón y Smith
까리히요 광장에서 이베로스타 호텔을 바라봤을 때 오른쪽으로 General Lino Pérez(San Proscopio)가를 따라 산 정상 방향으로 두 블록을 가자. 다시 좌회전하면 오른쪽으로 작은 골목 다음 블록에 있다.

El Jigue 엘 히게 © ©

더 비싸보이지만 생각보다 저렴한 집. 쌀밥이 함께 나오는 요리를 7CUC 정도에 먹을 수 있고, 분위기도 훌륭하다. 건물 자체가 동네에서 유명한 집으로 다니다 보면 자주 눈에 띄는 식당이다.

🏠 Esq. R Martínez Villena (Real del Jigue) y Piro Guinart (Boca)
🕐 Open 11:00~21:30

🛏️자자! ACCOMMODATIONS

뜨리니다드에서 숙소를 정하며 중요한 포인트는 '테라스와 가격'이다. 테라스에서 보는 전망이 유난히 아름다운 뜨리니다드라서 그 전망을 한껏 즐기다 오는 것은 여행의 큰 즐거움이 되어 줄 듯하다. 그럼에도 전망은 다른 곳에서 볼 수 있으니 가격을 택하겠다면 마요르 광장에서 좀 먼 곳으로 제법 걸어 다닐 것을 감수해야만 한다. 저녁마다 불나방이 전등에 꼬이듯 까사 데 라 무지까를 들르지 않으면 왠지 찜찜한 기분이 들기 때문에 왔다 갔다 하는 거리를 좀 염두에 두어야겠다. 저렴한 숙소를 구하는 법은 어느 도시에서나 터미널에서 흥정하는 것이 최고인 듯하다. 밀려드는 집주인들 틈에서 치열하게 흥정하면 아침 식사까지 저렴한 가격에 확보할 수도 있으니 차분히 먼저 가격을 확인하고, 마요르 광장에서의 거리도 몇 블록인지 꼼꼼하게 확인해서 고르도록 하자.

Hostal Lili 호스딸 릴리

주변보다 조금 비싼 배짱 있는 가격으로 도도하게 장사하는 집으로 막상 들어가 보면 그럴 만도 하겠다는 생각이 든다. 안뜰을 깨끗하게 관리하며 전망 좋은 테라스도 신경 써서 꾸며놓아 비싼 가격에도 많은 여행자가 찾고 있어 예약하기도 쉽지 않은 집이다.

🏠 Cl.Juan M Márquez(Amargura)
No.108 e/ Ciro Redondo(San José)
y Calixto Sánchez
마요르 광장에서 산 정상을 보고 Juan M
Márquez(Amargura) 가 까지 올라와서
좌회전하고 두 블록을 지나면 오른쪽에 노란
건물이 보인다. 그 건물의 먼쪽 끝 대문이다.
📞 994444/(mob) 5271 1520
📧 lilicuba2011@gmail.com
www.hostal-lili.com

Hostal El Tenedor
호스딸 엘 떼네도르

좋은 위치에 테라스도 있는데, 약간 외진 골목이기에 흥정에 따라 좋은 가격에 묵을 수 있는 집이다. 비록 식당을 함께 하는 집이라 저녁에는 테라스를 쓰기 힘들지만, 일출과 일몰을 볼 수 있다면 충분하지 싶다. 화장실 문이 좀 엉성해 친하지 않은 사이가 함께 묶는다면 좀 불편할 수는 있다.

🏠 Cl. Piro Guinart (Boca) No. 412
e/ Rita María Montelier y B. rivas
Zedeño
마요르 광장에서 산 정상을 보고 Juan M
Márquez(Amargura) 가 까지 올라와서
좌회전하고 한 블록을 지나면 오른쪽에
산으로 가는 소로가 보인다. 15m만 올라가면
오른쪽으로 엘 떼네도르 간판이 보인다.
📞 (mob) 5277 0913
📧 katisk@nauta.cu

Casa Laura y Ruben Toledo
까사 라우라 이 루벤 또레도

집이 넓진 않아도 아기자기하게 잘 꾸며놓았다. 파띠오와 테라스를 이곳 저곳에 마련해 두어서 전망을 바라보며 휴식을 취하기에 편하다.

🏠 Cl. Ciro Redondo(San José) No.
279/Juan M Márquez(Amargura) y
Bartolomé Rivas
마요르 광장에서 산 정상을 보고 Juan M
Márquez(Amargura) 가 까지 올라와서
좌회전하고 두 블록을 지나 다시 우회전하면
왼쪽에 노란 벽에 파란 대문이 보인다.
📞 996337/(mob) 53592631,
52743526
📧 casalauraryruben@gmail.com
www.casalauraryruben.com

Hostal Buena Vista 호스딸 부에나 비스타

근처의 테라스가 다 그렇듯이 전망 좋은 테라스가 있다. 식당도 하지 않으니 테라스는 우리 차지다. 이 집의 숨겨진 장점은 식당 엘 꼬리올료와 테라스가 맞닿아 있어 저녁이 되면 바로 옆에서 공짜 라이브 공연을 들을 수 있다는 것이나. 엘 꼬리올료 주인과는 형제 사이라 별 탈이 있을 리도 없다. 침대가 3개 있는 방이 있어 3명이서 움직인다면 생각해볼 만 하겠다.

🏠 Cl. Juan M Márquez (Amargura) No. 54 e/ Piro Guinart(Boca) y Simón
Bolívar(Desegaño)
까사 데 라 무지까의 뒤 블록에서 찾으면 된다.
📞 993462/(mob) 5377 2744, 5377 2662   📧 hostalcarlosysilvia@gmail.com

Casa Yaisi y Nesti
까사 야이시 이 네스띠

어쩌면 가격과 거리에 있어 가장 좋은 절충안이 될 수도 있겠다. 18CUC에 조식을 포함하고 있고, 앞으로도 가격을 올릴 생각은 없다고 한다. 테라스 공사를 하고 있다지만, 지대가 낮아 전망을 기대하기는 힘들 듯하다. 터미널에서는 4블록, 마요르 광장에서는 6, 7블록 거리로 중심가에서 멀지 않다.

🏠 Cl. Clemente Pereira(Angarilla) No. 169 e/ Piro Guinart (Boca) y Fidel Claro
터미널에서 Piro Guinart (Boca) 가를 따라 산 반대쪽으로 내려오다가 세 블록 후인 Clemente Pereira(Angarilla) 가에서 좌회전 하면 바로 오른쪽 블록의 끝 코너다.

📞 (mob) 53657622
🛏 방 1개/조식 포함 18 CUC/ 간단한 영어 가능
📧 yaisi.r@nauta.cu

Casa Enma y Rolando
까사 엔마 이 로란도

가격이 싸면 거리가 멀지만, 거리가 멀다고 다 가격이 싼 건 또 아니다. 힘들게 방문한 15CUC 짜리 숙소가 참 귀하게 느껴진다. 방도 크게 문제 될 것 없고, 건너편에는 도자기 공방이 하나 있어 구경할 수도 있다.

🏠 Cl. Frank Pais (Carmen) No. 35 e/ Manuel Fajardo (San Miguel) y Eliopee Paz)
까리히요 광장에서 엘 라삐도 앞의 Jose Martí(Jesús Maria) 가를 따라 한 블록을 가면 Camilo Cienfuegos (Santo Domingo) 가다. 우회전해서 두 블록 정도 가면 왼편으로 마리노라는 파란색 야외 식당이 보인다. 거기서 좌회전 후 세 번째 블록 오른편에서 찾아보자.

🛏 방 1개/조식 미포함 15CUC
📞 994836/(mob) 54576619

Casa Katiuska 까사 까띠우스까

거리도 멀고 가격도 싸지 않지만, 큰 방이 있다는 것이 이 집의 장점. 침대를 더 놓으면 6명까지 잘 수 있다는 게 안주인의 설명이지만, 5명 정도가 적당할 듯하다. 그룹이라면 장점이 될만한 큰 방이 있고, 안주인의 영어가 유창하다.

🏠 Cl. Frank Pais (Carmen) No. 36 e/ Manuel Fajardo (San Miguel) y Eliopee Paz)
까리히요 광장에서 엘 라삐도 앞의 Jose Martí(Jesús Maria) 가를 따라 한 블록을 가면 Camilo Cienfuegos(Santo Domingo) 가다. 우회전해서 두 블록 정도 가면 왼편으로 마리노라는 파란색 야외 식당이 보인다. 거기서 좌회전 후 세 번째 블록 왼편에서 찾아보자.

🛏 방 1개/조식 미포함 25CUC
📞 994187/(mob) 5271 1385

Hostal Valmaceda 호스딸 발마세다

로만틱 박물관에 근무하는 안주인이 여행 정보책을 쓰고 있다는 말에 왜 자기 집은 소개를 하지 않냐며 되묻는다. 일단 한번 보자며 찾아온 집에 특장점이 없어 고민이었다. 테라스는 지대가 낮아 고만고만하고, 가격은 25CUC라서 마요르 광장과 떨어져 있음에도 매력적이지 않다. 다행스럽게 집에서 이메일 확인을 할 수가 있고, 벽걸이 에어컨이 조용하다는 장점을 찾았다. 안주인의 쾌활한 성격이 장점이라면 장점 일테고, 이 집에는 사람 몸에 갇힌 천사라는 다운증후군에 걸린 아이가 살고 있다는 것이 또 하나의 장점이겠다.

🏠 Cl. Camilo Cienfuegos (Santo Domingo) No. 180 e/ Jose Martí (Jesús María) y Miguel Calzada(Borrell)
까리히요 광장에서 엘 라삐도 앞의 Jose Marti (Jesús Maria) 가를 따라 한 블록만 가서 우회전하면 왼쪽 블록 중간 쯤이다.

📞 993324/(mob) 5277 0915 🛏 테라스/방 2개/조식 미포함 25CUC

Hotel La Ronda 호텔 라 론다

까리히요 광장 앞에 자리 잡은 호텔로 시설물은 별 세 개 반 정도로 보면 된다.

🏠 Cl. Jose Martí (Jesús María) No. 242 e/Juan M Márquez(Amargura) y Fernando Hernández Echerri(Christo)
까리히요 광장 바로 옆이다.

📞 998538, 998542

Hotel Iberostar
호텔 이베로스타

별을 다섯 개나 붙일 만하지 않은
외양에 들어가 보면 조금 수긍은 하게
된다. 그래도 다섯 개는 좀 후하다
싶지만, 고즈넉하게 꾸며놓은 실내가
까리히요 광장의 분위기와 어울려
차분하다. 20CUC 짜리 점심 뷔페도
운영하고 있으니 잔뜩 주려있다면
생각해보자.

🏠 Cl. Jose Martí (Jesús María) No.
262 e/Juan M Márquez(Amargura)
y Fernando Hernández
Echerri(Christo)
까리히요 광장 바로 옆이다.

📞 996070, 996071
💲 245~470CUC, 별 5개
📧 comercial@iberostar.trinidad.co.cu

Hostal Amatista
호스딸 아마띠스따

테라스가 있음에도 안타깝게 전망이
보이지는 않지만, 꽃으로 예쁘게 장식해
놓아 나름의 멋을 내고 있다. 열정적인
빨간색으로 꾸며진 방은 친구끼리가면
어색해질 수도 있으니 주의하자.

🏠 Cl. Piro Guinart (Boca) No. 366 e/
General Lino Pérez (SanProscopio)
y Colón
터미널에서 Piro Guinart (Boca) 가를 따라 산
정상 쪽으로 올라가다 보면 Plazuela de San
Francisco를 지나 바로 오른쪽에서 찾을 수
있다.

📞 (mob) 5271 1378
💲 테라스/방2개/조식 미포함 25CUC
📧 hostal.amatista@gmail.com
www.hostal-amatista.com

뜨리니다드에 대한 이런저런 이야기

- 현재 인포뚜르에서 발행된 뜨리니다드 지도에는 꾸바나깐 사무실, 도자기 장인의 집 위치가 잘못 나와 있다. 다음 발행 지도에서 정정하리라 생각되지만, 이 책에 수록된 위치와 비교하여 잘 찾아가기 바란다.
- 스쿠터를 빌릴 생각이라면 기름은 하루 2ℓ로 충분할 듯하다. 쿠바카에서는 4ℓ를 넣으라고 하지만, 하루만 대여할 예정이면 2ℓ 정도만 넣고 보자. 기름은 1ℓ에 1CUC을 조금 넘는다.
- 깐찬차라를 마실 때는 충분히 저어서 마시자. 꿀이 아래쪽에 가라앉아 있어 잘 저어주지 않으면 밍밍하다.
- 라 깐찬차라 바로 앞에도 음식을 MN으로 파는 이름없는 가게가 있다.
- 까사 데 라 무지까에 입장하지 않아도 근처의 Piña colada라는 간판이 붙어있는 집에서 칵테일을 사서 까사 데 라 무지까 앞 돌계단에 앉아 음악과 분위기를 즐길 수 있다.
- 터미널의 비아술 창구는 버스 주차장 쪽에 있다. 입구로 들어가 주차장 쪽으로 가거나 외부에서 주차장으로 바로 가면 왼쪽에 있는 두 개의 문 중 하나에 'Viazul'이라고 적혀 있다.
- 말을 탈 생각이라면 슬리퍼는 신지 말자.
- 이런저런 상점들이 많음에도 지도에 별도로 '상점'을 표시해 둔 이유는 그 두 곳은 저녁 9시까지 문을 열기 때문이다. 거의 모든 까사에서 정가 0.7CUC 짜리 물 1.5ℓ를 2CUC에 팔고 있는데, 왠지 찜찜하다면 TDR이라는 표시가 되어있는 상점으로 가면 0.7CUC에 물을 팔지만 오후 5시에 눈을 닫는다. 표시해 둔 상점 중 하나는 1.5CUC, 다른 하나는 1CUC에 팔고 있다.
- 기차 승강장에서 철로를 따라 한쪽 방향을 보면 멀지 않은 곳에 기차가 정차되어 있는 곳이 있다. 그 곳으로 가면이 전에 잉헤니오스를 달리던 증기 기차를 볼 수 있다.
- 터미널 앞에서 라 아바나로 돌아오는 꼴렉띠보 택시를 구할 수도 있다. 요금은 비아술 버스 요금과 같거나 때에 따라 더 싸게도 가능하다.

체 게바라와 까요 산따 마리아

VILLA CLARA

비야 끌라라 주

VILLA CLARA

비야 끌라라 주는 어떨까?

쿠바 중부의 비야 끌라라 주는 산따 끌라라를 주도로 하고 있다. 비야 끌라라는 무엇보다도 체 게바라가 레 메디오스와 산 따 끌라라를 거쳐 가며 치렀던 역사적인 전투로 역사에 기록되고 있는데, 400여 명으로 4,000여 명을 제압한 그의 게릴 라 전술이나 철로를 끊어내 기차를 탈선시킨 스펙타클한 사건들이 이곳을 계속해서 사람들의 입에 회자되게 하고 있다. 인근에는 오래된 도시의 모습을 간직하고 있는 레메디오스가 있고, 빠뜨릴 수 없는 휴양지 까요 산따 마리아가 있어 여행 자들에게 즐거움을 주고 있다.

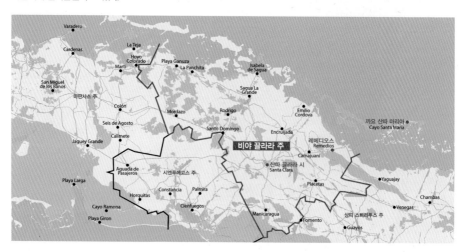

산따 끌라라 Santa Clara 체 게바라의 도시라고 불러도 손색이 없을 만큼 이 도시에는 체 게바라의 기념물이 가득하고, 또 한 적지 않은 관광 수입을 이 도시에 가져다주고 있다. 쿠바 각 주도의 혁명 광장은 특정한 독립 영웅이나 혁명 영웅에 헌정 되어 각 영웅의 동상이나 기념비 등을 세워두고 있는데, 산따 끌라라의 혁명 광장은 체 게바라에게 헌정되어 있고, 규모도 여느 도시보다 크다. 반면 도시 자체는 크거나 체 게바라 기념물 외에 볼거리가 많은 편은 아니기에 다양한 볼거리를 기대했 던 여행자라면 조금 실망스러울 수도 있겠다. 하지만 호객행위가 기타 도시들처럼 호들갑스럽거나 관광객이라 해서 과도한 친절을 보이는 경우가 덜 해서 가끔은 이런 모습이 진짜 쿠바의 화장기 없는 민낯이 아닐까 하는 생각도 해본다.

레메디오스 Remedios 산따 끌라라의 북동쪽, 까요 산따마리아로 가는 길에 레메디오스라는 작은 마을이 있다. 이 마을은 여전히 유지하고 있는 마을 초기의 모습(2014년에 그 설립 500년을 맞이했다)으로 유명한데, 규모가 큰 마을이 아니기에 오 래 머물러 돌아볼 필요는 없을 듯하다. 산따 끌라라나 까요 산따마리아에서 데이 투어를 진행하고 있으므로 여행사와 상의 해 잠깐 들렀다 가는 것이 좋을 듯하다.

까요 산따 마리아 Cayo Santa Maria 바라데로 만큼의 유명세는 없지만, 쿠바에서 언급하지 않을 수 없는 휴양지가 이곳 까요 산따 마리아이다. 여섯 개 정도의 호텔이 올인클루시브로 운영되고 있는 이곳은 접근성은 바라데로보다 떨어지지만, 그 아름다운 풍경은 바라데로보다 나을지도 모르겠다. 때문에 산따 끌라라까지 와서 까요 산따 마리아를 들르지 않고 지나 치는 일정이라면, 식당에 들러 반찬 없이 밥만 먹고 가거나 밥 없이 반찬만 먹고 가는 듯한 일정이 될 수도 있으므로 가급적 이면 잠깐이라도 방문해 그 아름다운 바다를 눈에 담아가기 바란다.

VILLA CLARA

비야 끌라라 주 미리 가기

스페셜 비야 끌라라

까요 산따 마리아 – 쿠바 중부 최고의 휴양지. 쿠바의 아름다운 해변은 다 저마다의 특색이 있어 우위를 정하긴 힘들다.
라 마르께지나 – 산따 끌라라의 까리다드 극장 한편. 저녁이 되면 동네 사람들과 함께 어우러져 흥겨운 한 판이 시작된다.
체 게바라 기념관 – 세계적 아이콘 체 게바라. 그의 무덤과 크게 새겨진 그의 마지막 편지는 감동적이다.

비야 끌라라 주 움직이기

비야 끌라라 주의 주도인 산따 끌라라는 쿠바를 가르는 1번 국도 근처에 있어 접근성이 좋은 편이다.

To 산따 끌라라 시

비아술 버스 – 쿠바 내 도시 대부분에서 산따 끌라라로 향하는 비아술 버스가 연결된다. 뜨리니다드 – 산따 끌라라 – 까요 산따 마리아를 잇는 비아술 노선도 있으니 일정에 참고하고, 비아술 홈페이지에서 확인하자.
택시 – 인기 있는 관광지가 아니라서 택시를 전세 내지 않는 이상 사람을 구해 택시로 이동하는 꼴렉띠보 형식으로는 쉽지가 않은 목적지다. 뜨리니다드를 거쳐 산따 끌라라로 이동한다면 비교적 쉽게 택시를 구할 수 있겠다.

In 산따 끌라라 시

비아술 버스 터미널과 센뜨로까지의 거리가 멀어 별도의 교통수단을 이용해야 하고, 숙소가 많은 센뜨로 지역에서 체 게바라 기념관이 있는 혁명 광장까지의 거리도 제법 멀다. 택시나 마차를 유연하게 활용해야 하겠다. 마차가 대중교통 수단으로 적극적으로 활용되고 있는 도시이다. 오래 지낸다면 마차 타는 법을 알아두면 저렴하게 이곳 저곳 다닐 수 있겠지만, 짧은 일정이라면 필요할 때마다 적당한 가격으로 흥정해 택시처럼 타고 다니는 것이 좋겠다.

To 까요 산따 마리아

비아술 버스 – 라 아바나에서 까요 산따 마리아로 가는 비아술 노선은 없지만, 뜨리니다드에서 산따 끌라라를 거치는 노선이 있다. 단, 비아술의 노선은 시즌에 따라 달라지기 때문에 꼭 미리 확인해 둘 필요가 있다.
택시 – 뜨리니다드나 산따 끌라라라면 까요 산따 마리아까지 가는 택시를 어렵지 않게 찾을 수 있겠다.
여행사 버스 – 라 아바나에서 까요 산따 마리아의 리조트 호텔에 예약한 후 여행사(아바나뚜르, 쿠바뚜르)에 문의하면 까요 산따 마리아로 가는 여행사 버스를 구할 수도 있다. 며칠 전에 예약이 되어야 하고, 배차가 안 되는 날도 있을 수 있으니 미리 여행사에 확인해두자.

숙소

산따 끌라라에서는 민박을 '까사'나 '까사 빠르띠꿀라'가 아닌 오스딸 Hostal이라고 이야기한다. 현지에서 숙소를 구한다면 Hostal이라고 적힌 간판을 찾자. 도시의 유명세에 비해 이곳에서 숙박하는 관광객이 많은 편은 아니다. 그 때문에 민박이 많이 보이지는 않지만, 센뜨로 주변이라면 그리 어렵지 않게 숙소를 구할 수 있겠다. 까요 산따 마리아의 휴양 호텔에서 산따 끌라라 투어를 운영하고 있다. 교통편이나 숙식 등 고민할 거리가 많이 줄어드는 옵션이니 고민해볼 만하겠다.

VILLA CLARA

SANTA CLARA

비야 끌라라 주
산따 끌라라

체 게바라가 바꿔놓은 도시의 운명.
어디에선가는 내 발자국이 그의 발자국과 만나겠지.

산따 끌라라

산따 끌라라 시내 지도(삔쪽 확대) p.281

무장 열차
Toma del Tren Blindado

비달 공원
Parque Vidal

옴니버스 터미널
Terminal de Omnibus

비아술 버스 터미널
Terminal de Omnibus astro y Viazul

체 게바라 기념시설
Complejo Monumental Ernesto Che Guevara

➕ 산따 끌라라 알기

비야 끌라라 주의 주도인 산따 끌라라는 체 게바라의 역사적인 전투를 제외하면 사실
관광지로 매력적인 도시는 아니다. 하지만, 쿠바를 너무 사랑한 나머지 죽은 후에도 관
광객들을 불러들여 쿠바를 먹여 살리려 한다 할만한 체 게바라의 도시이며 인근에 바
라데로 부럽지 않은 휴양지 까요 산따 마리아가 있어 이곳을 찾는 관광객의 수가 적지
만은 않다.

체 게바라의 도시라는 수식어에 어울리게 도시의 가장 큰 명소는 '체 게바라 기념물'과
당시에 습격당했던 5량의 '무장 열차'다. 동상 부분만 6m인 체 게바라 동상은 체가 도시
에 입성할 때처럼 팔에 깁스를 하고 있다.

 산따 끌라라에서는 관광객들이 자주 찾는 다른 관광 도시와는 달리 관광객들에 대한
과도한 호객행위가 확연히 덜함을 느낄 수가 있는데, 아무래도 방문하는 관광객에 비해
이곳에서 숙박하는 관광객의 비중이 적어 비냘레스나 뜨리니다드 만큼의 수입원이 되
어주고 있지는 못한 듯하다. 때문에 다른 도시에서 쉽게 찾을 수 있는 관광객용 식당의

아시스 산따 끌라라 교회

수가 적고, 호객행위도 기타 도시들처럼 호들갑스럽거나 관광객이라 해서 과도한 친절을 보이는 경우도 덜 해 가끔은 이런
모습이 진짜 쿠바의 화장기 없는 민낯이 아닐까 하는 생각이 들게 한다.

산따 끌라라에서 숙박을 한다면 비달 공원 근처의 호스딸들을 둘러보는 것이 좋겠다. 마을 외곽에는 숙소도 많지 않아 굳
이 쎈뜨로 외의 지역으로 다닐 필요는 없을 듯하다.
산따 끌라라에서는 인근 레메디오스 Remedios와 까요 산따 마리아 Cayo Santa Maria로의 당일 투어가 가능하다. 오래
된 건물들과 느리게 변한 생활 양식으로 옛 모습을 아직도 많이 간직하고 있는 레메디오스는 한적하고 아담한 내륙 마을
의 정취를 느낄 수가 있고, 까요 산따 마리아는 역시 쿠바가 자랑하는 카리브 해의 휴양지다운 눈부신 바다와 흥겨운 프
로그램이 우리를 맞이하고 있다.
산따 끌라라는 특히 라 아바나와는 달리 인포뚜르나 여행사, 까데까 등 주말에 쉬는 편의시설이 많으므로 일정을 고려 시
주말에 방문하게 된다면 환전이나 일정 확인 등의 사전 준비가 좀 더 필요하다.

혁명 광장

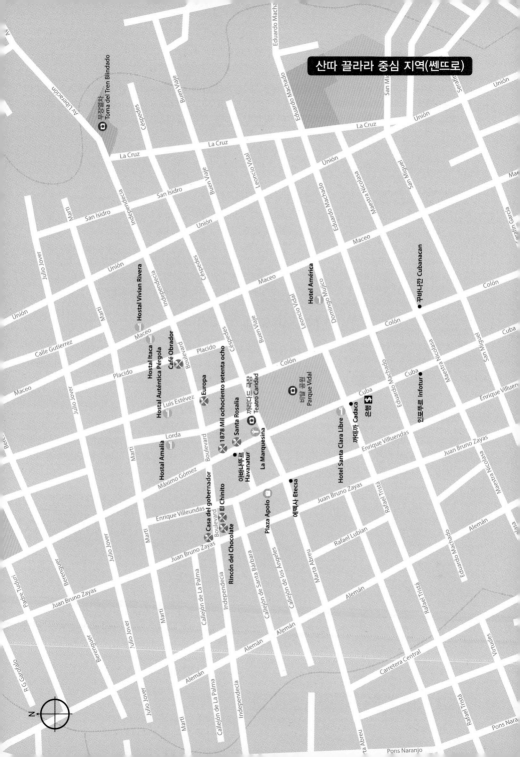

산따 끌라라 중심 지역(쎈뜨로)

무장열차
Toma del Tren Blindado

Av Liberación

Céspedes

La Cruz
La Cruz

Eduardo Machado

Union

San Miguel

Serafín García

Union

La Cruz

San Isidro

Buen Viaje

Union

Leoncio Vidal

Maceo

Maestra Nicolasa

Maceo

Julio Jover

Marti

Independencia

Union

Céspedes

Eduardo Machado

Domingo Mujica

Hotel América

구바나깐 Cubanacan

Colón

Colón

Cuba

Union

Hostal Vivian Rivera

Maceo

Placido

Placido

Maceo

Céspedes

Maceo

Buen Viaje

Leoncio Vidal

Colón

Cuba

San Miguel

Maestra Nicolasa

Calle Gutierrez

Julio Jover

Boulevard

Café Obrador

Hostal Itaca

Hostal Auténtica Pérgola

Europa

Placido

1878 Mil ochociento setenta y ocho

Lorda

Luis Estévez

Santa Rosalia

까리다드 극장
Teatro Caridad

비달공원
Parque Vidal

Enrique Villuenc

인포뚜르 Infotur

Cuba

Eduardo Machado

Maestra Nicolasa

San Miguel

Enrique Villuen

Hostal Amalia

La Marquesina

까데까 Cadáca

은행 $

Maceo

Marti

Boulevard

Máximo Gómez

Havanatur
아바나뚜르

Casa del gobernador

El Chinito

Plaza Apolo

에떽사 Etecsa

Hotel Santa Clara Libre

Juan Bruno Zayas

Enrique Villuendas

Rafael Trista

Juan Bruno Zayas

Alemán

Julio Jover

Marti

Boulevard

Enrique Villuendas

Rincón del Chocolate

Juan Bruno Zayas

Callejón de la Palma

Independecia

Callejón de Santa Bárbara

Callejón de los Angeles

Juan Bruno Zayas

Rafael Lubian

Marta Abreu

Alemán

Eduardo Machado

Rafael Trista

Padre Tudurí

Berenguer

R G Garófalo

Juan Bruno Zayas

Julio Jover

Marti

Independencia

Callejón de La Palma

Alemán

Independencia

Alemán

Alemán

Virtudes

Carretera Central

Rafael Trista

Pons Naranjo

Pons Nara

N

산따 끌라라 드나들기

산따 끌라라부터는 쿠바의 중부다. 택시로 이동하기에는 거리가 부담스러워 스트레칭이라도 할 수 있는 버스가 오히려 편할 수도 있다. 쿠바의 동서를 관통하는 도로가 산따 끌라라 인근을 지나기 때문에 라 아바나에서 산띠아고 데 꾸바나 올긴으로 가는 버스가 산따 끌라라에서 정차하고 있다. 라 아바나에서는 기차로도 이동이 가능하다.

산따 끌라라 드나드는 방법 01 버스

비아술 터미널에서 시내로

산따 끌라라는 터미널이 둘이다. 비아술 버스가 다니는 터미널과 쿠바인들이 이용하는 나시오날 터미널을 혼동하지 않도록 주의하자. 비아술 터미널은 중심가에서 조금 떨어져 있다. 마차, 오토바이, 택시 등은 2CUC, 택시는 5CUC 정도에서 흥정이 가능하겠다. 마차를 합승해서 탈 경우에는 거리에 따라 3~5MN으로 다른 승객들과 합승하여 이용할 수 있다. 터미널에서 나와 오른쪽 방향으로 가는 교통수단을 이용하면 된다.

비아술 버스

비아술 터미널에서 산따 끌라라로 가는 버스를 탈 수 있다. 단, 버스의 종착지가 산따 끌라라가 아니기 때문에 중간에 잘 확인하고 하차하여야 한다. 올긴과 싼띠아고 데 꾸바행 버스가 산따 끌라라에 정차하며, 시간은 4시간에서 4시간 반 정도 소요된다. 현재는 6시 30분, 9시 30분, 15시, 19시 45분, 00시 30분에 각각 출발하고 있으며, 가격은 1인당 18CUC이다. 그 외 바라데로, 마딴사스, 뜨리니다드, 싼띠아고 데 꾸바 등에서도 비아술 버스를 이용해 이동할 수 있다.

여행사 버스

상시 판매되는 산따 끌라라행 여행 상품이 특별히 없어 여행사 버스로 이동하기가 어려울 수 있다. 그룹투어라면 여행사에서 버스를 대절하겠지만, 바라데로나 비날레스처럼 호텔 앞에서 전세 버스로 이동하기는 쉽지 않다.

산따 끌라라 드나드는 방법 02 택시

비아술 버스 시간 이전에 비아술 터미널로 가면 호객행위를 하는 꼴렉띠보 택시기사들을 만날 수 있지만, 인기 관광지가 아닌 이유로 합승 승객을 찾기가 쉽지는 않다. 미리 인원이 구성되어 이동한다면 수월하겠지만, 터미널에서도 산따 끌라라로 선뜻 간다는 기사를 찾기도 쉽지만은 않다.

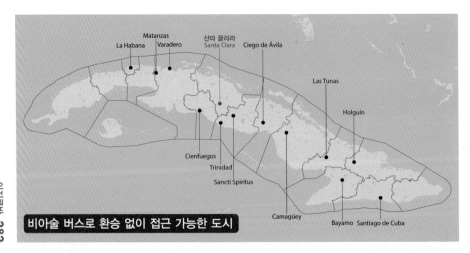

비아술 버스로 환승 없이 접근 가능한 도시

시내 교통

산따 끌라라는 비야 끌라라의 주도이기는 하지만, 큰 규모의 도시가 아니므로 숙소가 많은 비달 공원에서 중심가 주요 명소로는 도보 방문이 가능하다. 시내에서 움직일 때 대부분은 도보로 이동하는 데 무리가 없으나 체 게바라 기념 시설의 경우 개인차에 따라 도보로 20~30분 정도로 조금 멀 수 있으니 미리 지도를 확인하고, 이동 수단을 결정할 필요가 있다.

마차

마차를 합승해서 시내를 이동할 경우 3~5MN 정도이다. 택시 옴니버스 터미널에서 비달 공원까지 5CUC, 그보다 짧은 거리는 3CUC 정도 선에서 흥정해 이동하면 되겠다.

택시

기사들이 시내 투어 호객행위를 하고 있는데, 명소들이 그리 넓게 퍼져 있지 않아 걷는 데 문제가 없다면 여행사의 1일 투어나 택시기사의 투어가 필요할 것 같지는 않다.

엣센셜 가이드 TIP

- 까리다드 극장 한편의 라 마르께씨나에서 저녁마다 벌어지는 라이브 공연은 주민들의 춤사위와 일부 관광객들이 어우러져 자연스럽고 멋들어진 광경을 만들어낸다. 굳이 뭘 마시지 않아도 멀리서 바라보며 음악만 들어도 흥미로운 광경을 놓치지 않기 바란다.
- 산따 끌라라는 장거리를 움직이는 비아술 버스가 반드시 정차해가는 터미널이다. 식사를 위해 30분 정도 정차를 한다면, 재빨리 터미널 정문으로 나가 왼편에 있는 저렴한 길거리 음식점에서 식사를 마치도록 하자.
- 까페 오브라도르의 저렴한 차와 깔끔한 분위기는 산따 끌라라 뿐 아니라 쿠바에서도 찾기에 쉽지 않다. 저녁 식사 후 잠깐 들러 쉬었다 가면 좋을 듯하다.

📷 보자!

이 도시는 휴양을 위해 온 관광객에게 그리 흥미로운 도시는 아니다. 이곳을 들르는 여행객들도 숙박을 하는 경우보다는 까요 산따마리아에서 1일 투어를 오는 경우가 더 많다. 명소보다는 자연스러운 도시가 매력적인 곳이므로 꼭 가봐야 할 곳 몇 곳은 들르되 너무 구애받지는 말자. 비달 공원의 자연스러운 분위기와 비교적 저렴한 먹거리를 즐기며 이틀 정도 묵어도 좋다. 명소는 하루면 모두 돌아볼 수 있으므로 하루 코스를 추천한다.

추천 일정(하루)

- 비달 공원
- 까리다드 극장
- 무장 열차
- 체 게바라 기념 시설

🚶 비달 공원은 도시의 중심이며 대부분의 숙소가 이 근처에 집중되어 있어 찾기에 어렵지 않을 듯 하다.

비달 공원 Parque Vidal 빠르게 비달

관광객들에게 점령당한 라 아바나의 유명 공원들과 달리 이곳 비달 공원은 도시의 중심 공원이면서도 산따 끌라라 사람들의 공원이라는 생각이 든다. 도시의 주요 기관이었던 곳들이 광장을 중심으로 둘러 서 있으며 현재는 도서관이나 문화센터의 기능을 하고 있다. 주변의 Palacio Provincial 입구 한 쪽에는 '피델 까스뜨로가 이곳에서 산따 마리아 주민들에게 이야기했다'라는 문구가 새겨있어 당시의 분위기를 상상하게 한다. 주민들이 새벽까지 이 공원에서 사랑을 속삭이기도 하고, 시원한 밤바람을 쐬기도 한다. 덕분에 주변 핫도그 가게가 24시간 영업을 하고 있으므로 혹여 새벽에 출출하다면 10MN 짜리 핫도그로 출출함을 달래보자. 관광객을 위한 편의시설이나 숙소가 주변에 집중되어 있으므로 산따 끌라라에 도착했다면 일단 비달 공원 근처로 이동하여 일정을 시작하는 편이 좋다.

🚶 비달 공원에서 주변을 둘러보면 흰색 건물에 Teatro Caridad라는 글씨가 보인다.

까리다드 극장 Teatro Caridad 떼아뜨로 까리다드

광장 주변에서 가장 멋진 이 건물은 산따 끌라라의 자산가였던 마르따 아브레우 부인에 의해서 기증된 건물로 도시에서는 그녀의 동상을 비달 공원 한편에 마련하여 그녀를 기리고 있다. 공연이 없는 낮에는 입장료를 내면 극장 내부를 들여다볼 수 있는데, 객석 뿐만 아니라 현재도 활발히 사용되고 있는 극장의 무대, 무대 뒤편, 분장실까지도 관람할 수 있어 색다른 느낌을 느낄 수 있다. 구석구석 나무로 짜여진 객석과 무대, 그 위로 드리워진 오래된 천, 투박하지만 손맛이 느껴지는 장식 등에서는 극장이 처음 세워졌던 1800년대 말의 정취 또한 가볍게 느껴 볼 수 있다.

🚶 무장 열차는 비달 공원에서 한 블록 떨어진 인디펜덴시아가를 따라 마세오가 우니온가 방향으로 직진하면 여섯 번째 블록에 전시되어 있다.

까리다드 극장

📍 Esq, Cespedes y Maxímo Gomez, Santa Clara, Villa Clara.

🕐 Open 월~토 09:00~16:00
Close 일요일

💵 1CUC

무장 열차 Tren Blindado 뜨렌 블린다도

바띠스따의 정부군은 점점 오르는 혁명군의 기세를 잠재우기 위해 산따 끌라라에서 대규모 반격을 계획하고 이를 지원하기 위한 병력과 무기를 열차에 실어 보낸다. 레메디오스에 주둔하던 체 게바라는 산따 끌라라로 진격하여 불도저로 철로를 끊어내고 병력을 매복시킨다. 끊어진 철로를 통과하던 열차는 결국 탈선하여 전복하고 체 게바라는 무장 열차 안의 병력을 제압하고 무기들을 손에 넣음으로 혁명군의 기세는 더욱 등등해지게 된다. 이후 라 아바나 무혈 입성의 계기가 된 '무장 열차 습격'은 체 게바라가 이끌었던 수많은 게릴라 전투 중에서도 가장 중요한 전투로 기록이 되었고, 이를 기념하기 위해 쿠바 정부는 당시 전복되었던 열차 5량을 이곳 산따 끌라라의 바로 그 장소에 불도저와 함께 전시해두고 있다. 열차 내부에는 당시 전투에 대한 기록과 주요 사건들, 탈취했던 무기, 당시의 끊어진 철로 등을 전시해 두었다. 열차 외부에는 당시의 총흔도 표시해두었다.

무장 열차

📍 Tren Blindado, Ave. Liberación, Santa Clara. Villa Clara

🕐 Open 평일 08:30~17:00
Close 월요일

💵 1CUC
사진 촬영 시 1CUC 추가
가이드 1CUC 추가 (영어 가이드 가능)

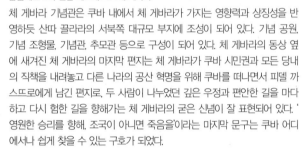

🚶 비달 공원에서 라파엘 뜨리스따 가를 따라 산따 끌라라 호텔 방향으로 약 15블록 정도, 도보로 25분 정도를 걸으면 녹지가 나타난다. 교통편을 이용하려면 마르따아브레우 가에서 택시나 마차를 이용할 수 있다.

체 게바라 기념관
Complejo Monumental Ernesto Che Guevara
꼼쁠레호 모누멘딸 에르네스또 체 게바라

체 게바라 기념관

🏛 Complejo Monumental Ernesto, Che Guevara, Santa Clara. Villa Clara.

🕐 **Open**
공원 상시개방
기념관 평일 09:30~17:00

Close 월요일

체 게바라 기념관은 쿠바 내에서 체 게바라가 가지는 영향력과 상징성을 반영하듯 산따 끌라라의 서북쪽 대규모 부지에 조성이 되어 있다. 기념 공원, 기념 조형물, 기념관, 추모관 등으로 구성이 되어 있다. 체 게바라의 동상 옆에 새겨진 체 게바라의 마지막 편지는 체 게바라가 쿠바 시민권과 모든 당내의 직책을 내려놓고 다른 나라의 공산 혁명을 위해 쿠바를 떠나면서 피델 까스뜨로에게 남긴 편지로, 두 사람이 나누었던 깊은 우정과 편안한 길을 마다하고 다시 험한 길을 향해가는 체 게바라의 굳은 신념이 잘 표현되어 있다. '영원한 승리를 향해, 조국이 아니면 죽음을'이라는 마지막 문구는 쿠바 어디에서나 쉽게 찾을 수 있는 구호가 되었다.

기념 조형물 뒤편 아래로 내려가면 기념관과 추모관을 방문할 수 있다. 오른편의 기념관을 보고 추모관을 보는 순서로 입장이 가능하며, 입장 전에 가방 등 소지품은 왼편 끝의 보관소에 맡겨 두어야 한다. 기념관에는 체 게바라의 유년, 청년 시절의 사진들을 전시해 두었고, 그가 의사로서 사용했던 도구들, 총기, 의류 등을 전시해두었다. 추모관에는 그와 함께 전투를 치렀던 동료들을 추모하는 공간으로 주요 인물들의 이름을 남겨두었다.

이런 시설들과 기념 구호 등은 그 강렬한 표현, 색상 등으로 일면 북한 공산당의 선전물을 떠올리게 하는 것도 사실이다. 하지만, 스스로 자신의 차에 체의 사진을 새기고, 집 벽에 체의 얼굴을 그려 넣는 쿠바 국민들의 체에 대한 진실한 마음을 쉽게 확인할 수 있기에 이 시설의 가치가 비단 선전 용만은 아니라는 생각이 든다. 기념관과 추모관 내부에서는 사진 촬영이 금지되어 있다.

✚ 피델에게 보내는 체 게바라의 마지막 편지

피델에게

지금 이 순간 많은 것들이 기억납니다. 당신을 처음 마리아 안또니아의 집에서 만났을 때와 당신이 처음 나의 합류를 제안했을 때, 훈련 기간 중의 그 긴장감들.

하루는 서로의 사망 시에 누구에게 통보해야 하는지에 대해서 물었었죠. 그리고, 그런 일이 진짜로 일어날 수 있다는 사실을 우리 모두 실감했었지요. 나중에 우리는 혁명 과정 중에서 누군가 승리하거나 죽는다는 것이 현실이라는 것을 알게 되었습니다. 많은 동지들이 승리를 향한 길 위에서 쓰러졌습니다.

우리가 더 성숙해짐에 따라 이제 모든 것들이 그보다는 덜 과격하지요. 하지만 역사는 반복됩니다. 나는 쿠바 내에서 그 혁명을 위해 내게 맡겨졌던 나의 의무를 완수했다는 생각이 듭니다. 또한, 당신과 동지들 그리고, 이제 나의 국민들이 기도한 당신의 국민들에 작별을 고합니다.

공식적으로 당의 지도자로서의 지위와 정부 내의 직책, 사령관이라는 계급 그리고 나의 쿠바 시민권을 반납하겠습니다. 쿠바와 저는 전혀 법적인 연관이 없습니다. 오직 문서 상으로 깨뜨릴 수 없는 다른 성격의 끈만이 남아있습니다.

지나온 나의 삶을 회상해보면, 나는 명예롭게 확고한 혁명의 승리를 위해 기여했다고 믿고 있습니다. 단 하나의 중대한 실수라면 시에라 마에스뜨라에서 당신에 대한 확신을 처음부터 갖지는 못했었다는 것과 당신의 혁명가로서 그리고 지도자로서의 자질을 더 빨리 이해하지 못했다는 것뿐입니다.

나는 숭고한 날들을 살아왔고, 계속되는 카리브해의 위기들을 당신의 곁에서 우리의 국민들과 함께 했음에 자부심을 느낍니다. 그와 같은 시기에 당신 만큼 현명하게 대처할 수 있는 사람은 많지 않을 것입니다. 또한, 주저 없이 당신을 쫓았던, 당신의 사고와 직관 그리고, 위험과 원칙에 대한 판단을 이해할 수 있었던 스스로에 자부심을 느낍니다.

세계의 다른 나라들이 나의 부족한 힘을 필요로 하고 있습니다. 쿠바의 지도자로서의 당신의 책임 때문에 당신이 하지 못하는 그 일을 내가 하려 하며, 우리를 헤어지게 할 그 시간이 다가오고 있습니다.

기쁨과 슬픔의 복합적인 감정인 나를 이해해주기 바라며, 설계자로서의 가장 순수한 희망 그리고, 내가 가장 사랑하는 이들을 남기고 갑니다. 그리고 나를 아들로 받아주었던 이들을 남기고 가며, 깊은 아픔을 느낍니다. 새로운 전장으로 당신이 가르쳐 준 신념들, 나의 인민들의 혁명 정신 그리고, 제국주의가 존재하는 어느 곳에서나 그에 맞서 싸움으로 가장 성스러운 의무를 완수하겠다는 마음가짐을 안고 떠납니다. 나의 깊은 아픔을 이로 치료하고 위로할 것입니다.

다시 한 번 쿠바의 모든 책무에서 벗어남을 밝히며, 다만 좋은 본보기로의 쿠바를 간직하겠습니다. 만약 나의 마지막 순간을 다른 하늘에서 맞이한다면, 나의 마지막 상념은 이 나라의 사람들에 있을 것이며, 특별히 당신을 향할 것입니다. 당신의 지도와 당신의 모범에 감사하며, 나는 내 행동의 마지막 결말에 이르기까지 성실히 임할 것입니다.

나는 우리 혁명의 대외적 정책에 관해 항상 신경을 두고 있었고, 앞으로도 그럴 것입니다. 내가 어디에 있던지 쿠바 혁명의 일부로써 책임을 느낄 것이며, 그에 따라 행동할 것입니다. 나의 아이들과 아내에게 무엇도 남겨주지 못함이 안타깝지는 않습니다. 이를 오히려 기쁘게 생각하며, 내가 요구하지 않더라도 국가가 그들의 필요와 교육에 충분한 것을 제공할 것임을 알고 있습니다.

당신과 우리 인민들에게 더 이야기하고 싶지만, 불필요하리라는 생각이 듭니다. 말로 내가 바라는 바를 표현할 수 없을 뿐더러 졸필로는 의미가 없으리라 생각합니다.

승리의 그 날까지! 조국 아니면 죽음을!

내 모든 혁명적 열정으로 당신을 포옹합니다.

체.

⚀하자! ACTIVITIES

산따 끌라라에서는 관광객을 위한 특별한 공연이나 쇼가 있다기 보다는 주민들이 즐기는 곳을 관광객들이 방문하는 느낌이 더 강하다. 그리 떠들썩한 동네는 아니지만, 역시 쿠바는 쿠바. 관광객들이 많지 않아 더욱 자연스러운 매력이 있는 산따 끌라라의 밤을 밝히는 두 곳을 소개한다.

La Marquesina 라 마르께지나

팔순은 되어 보이는 기타리스트는 기타에 별로 집중하지 않는다. 퍼커션은 다리가 아픈지 연주 중에 자꾸 앉았다 일어났다 하고, 다른 연주자는 어떻게 그럴 수 있는지 모르겠지만, 계속해서 웃는 얼굴이다. 입장료가 별도로 없어 동네 청년들 아주머니들이 밤바람을 맞으러 나왔다가 음악을 듣고 가는 이곳은 비달 광장 바로 옆 까리다드 극장에서 광장으로 밤마다 음악을 배달하고 있다. 음악이 무르익으면 실외 테라스는 자연스럽게 무도장으로 변하고, 동네 사람들과 관광객들이 어우러져 조촐한 살사파티가 열린다. 주로 관광객을 대상으로 하는 라이브 바가 아니라 동네 사람들과 어우러져 음악을 함께 즐길 수 있는 자연스러움이 있는 바이다.

⌂ Esq, Maxímo Gomez y Marta Abreu, Santa Clara, Villa Clara
비달 광장 옆 까리다드 극장 1층 왼편에 있다.
◑ Open 19:00~24:00 🍴 없음, 음료 2CUC 정도

Mejunje 메훙헤

주민 누구에게 물어봐도 메훙헤가 어디 있는지 가르쳐 줄 정도로 동네에서 유명한 클럽으로 살사뿐만 아니라 로큰롤, 재즈 등 매일 프로그램을 바꿔가며 산따 끌라라의 밤을 소란스럽게 리드하고 있다. 특히 매주 토요일 밤은 게이 나이트로 주변 도시의 게이들이 이곳으로 몰려든다.

⌂ Cl. Marta Abreu e/ Juan Bruno Zayas y Alemán
비달 광장에서 까리다드 극장을 바라보고 왼편으로 마르따 아브레우 가를 따라 걸어가면 세 번째 블록의 중간 즘에 있다. 네온사인이 따로 없으니 근방에서 가장 시끄러운 곳에 가서 물어 볼 것.
◑ Open 22:00~01:00 🍴 2CUC

⛍사자! SHOPPING

주의 주도임에도 불구하고, 중심가가 넓지 않고, 관광객이 많지 않아 각 명소나 비달 공원 주변을 조금만 유심히 돌면 기념품점들이 많다. 하지만 아쉽게도 특산품이라 할만한 것은 없다. 그래도 산따 끌라라에서 기념품을 사야 한다면, 쁘라사 아뽈로로 일단 가보자.

Plaza Apolo 쁘라사 아뽈로

기념품점이 모여있는 곳을 찾고 있었다면 쁘라사 아뽈로가 있다. 특별한 점은 없다. 기념품점들이 많이 모여 있으니 혹시 챙이 넓은 모자나 싸게 잠깐 신을 신발 등이 필요하다면 이곳으로 가서 흥정을 해보자. 애가 몇이라거나 사장이 자기를 가만두지 않을 거라는 다양한 핑계와 싸워 끝내 물건을 깎아낸다면 당신은 독하다.

⌂ Erique Villuendas e/M. Prado e Independencia
비달 공원에서 마르따 아브레우 가를 따라 왼쪽으로 한 블록 이동하면 엔리께 빌류엔다스 가가 나오고 거기서 오른쪽 길의 왼편, 블록의 중간쯤 쁘라사를 찾을 수 있다.
◑ Open 09:00~16:00

🍴 먹자! EATING

산따 끌라라 여행의 즐거움 중 하나. 음식이 의외로 싸고, 양도 제법 푸짐하다. 관광 도시라 하기에는 이곳에 머무는 관광객의 수가 많지 않아, 대부분의 식당에는 관광객 뿐 아니라 현지인 손님들이 많다. 덕분에 가격이 싼데, 라 아바나에 뒤지지 않는 분위기에도 절반 가격으로 식사를 할 수 있는 곳도 제법 있다. 관광객을 위해 조성된 듯한 불레바르드 Boulevard 가 주변에 대부분의 식당이 위치하고 있으니 다섯 블록 남짓한 그 길을 천천히 구경하며 맘에 드는 식당을 찾아보는 것도 괜찮을 듯하다.

Café Obrador 까페 오브라도르 ⒸⒸ

이런 분위기의 까페를 산따 끌라라에서 만나게 될 줄은 예상하지 못했다. 카페 주인이 화가이며, 카페 안에 산따끌 라라에서 현재 활동하는 화가들의 원화를 모아 전시하고 있다. 비단 그림뿐만 아니라 계속해서 들려오는 팝 음악이나 이곳을 방문하는 손님들의 면면도 왠지 쿠바의 느낌과는 색달라서 오히려 들러볼 만하다. 저렴한 가격으로 쉬었다 갈수 있는 카페지만, 방문 할 때마다 문을 닫고 공사를 했다가 다시 열었다가 하는지라 방문했을 때 열려 있을 것이라는 장담을 하기는 어렵다.

🏠 Independencia 109, Santa Clara, Villa Clara. ⓞ Open 14:00~22-:00
불레바르드 가와 막시모 고메즈 가의 교차점에 작은 공터가 있다. 불레바르드를 따라 공터 쪽 방향으로 라가면 공원과 같은 블록에 현재는 파랗게 칠해진 건물이 보인다. 아직 간판이 없어 유심히 살필 필요가 있다.

Europa 에우로빠 Ⓒ

현지인들과 관광객이 자연스럽게 섞여 위화감 없이 식사할 수 있다는 것이 에우로빠의 가장 큰 장점이 아닐까? 저렴한 가격은 고마울 뿐이다. 격식을 차린 음식점은 아니지만, 2~3CUC면 음료와 함께 한 끼를 때우기에 부족함이 없다. 야외석에 앉아 지나다니는 사람 구경도 하며 느긋하게 쉬었다 가기 좋은 집.

🏠 Esq. Maceo y Luis Estévez, Santa Clara, Villa Clara.
불레바르드 가와 막시모 고메즈 가의 교차점에 작은 공터가 있고, 그 대각 건너편에 식당이 있다.
ⓞ Open 10:30~23:30

Ricón del Chocolate 링꼰 델 초꼴라떼 Ⓒ

힘든 여행으로 혹시 당이 모자라진 않은가? 링꼰 델 초꼴라떼에서 저렴한 가격으로 당을 리필하자. 단, 쿠바의 당은 과하게 달수도 있다는 것을 미리 경고한다. 초코 머핀이 0.25CUC 정도이고, 다른 초코 제품들도 저렴한 편이다. 쿠바의 초콜릿들은 조금 무석한 기분이 들긴 하지만, 뒷맛은 오히려 깔끔한 편이다.

🏠 Independencia 61, Santa Clara, Villa Clara.
비달 공원에서 막시모 고메즈 가를 따라 불레바르드가에 닿으면 왼쪽으로 두 번째 블록에 왼편에 있다.
ⓞ Open 10:00~22:00

Santa Rosalia 산따 로사리아 ⒸⒸ

넓은 홀과 안쪽에 바를 갖추고 제법 그럴듯하고 양도 푸짐한
편이다. 산따 끌라라의 식당이 라 아바나의 식당보다는 저렴한
편이고 산따 로사리아에서도 알뜰하게 즐길 수 있을 듯 하다.
안쪽 뜰에는 바가 있어 현지 젊은이들이 자주 찾는 장소이며,
월요일을 제외한 저녁에는 바를 클럽으로 운영하기도 하지만,
그리 인기를 끌고 있지는 못한 듯 하다.

비달 공원을 벗어나 막시모 고메즈 가를 따라가면 바로 첫 번째 블록
오른편 중간 정도에 있다.

Ⓞ Open 식당 11:00~23:00,
　　　바 11:00~02:00

1878 Mil ochociento setenta y ocho
밀 오초시엔또 세뗀따 이 오초 ⒸⒸ

비교적 저렴한 세트 메뉴에는 음료와 밥, 메인 요리가 포함되어
있다. 메뉴에는 샐러드나 감자튀김 등을 적어두었지만,
쿠바에서는 한 접시에 같이 올라오는 기본 튀김이나 샐러드도
별도로 표기하는 경우가 종종 있다. 푸짐하게 차려지리라고
기대하지는 말 것. 하지만, 저렴한 가격에 그 정도의 차림은
쿠바에서 쉽게 찾기 어려운 것은 사실이다.

🏠 Máximo Gómez, Santa Clara, Villa Clara.

불레바르드 가와 막시모 고메즈 가의 교차점에 작은 공터가 있고, 그
대각 건너편에 식당이 있다.

Ⓞ Open 점심 12:00~15:45 저녁 19:00~23:00

El Chinito 엘 치니또 ⒸⒸⒸ

비달 공원 주변 유일의 중국 음식점은 조금 비싸다. 쿠바까지
와서 중국 음식을 찾을 필요가 있나 싶겠지만, 워낙에 쿠바
음식이란 게 딱히 뚜렷하지도 않고, 간이 우리 입맛에 맞지
않을 때가 많아 조금 매운 맛이나 중국 음식이 생각 날때도
있다. 주방장은 쿠바 사람이지만, 사장은 중국인인 식당. 기본
요리가 10CUC 정도로 음료나 팁 등을 생각한다면 15CUC
정도는 필요할 듯하다. 매운맛이 생각난다면 '삐깐떼
Picante'(매운)로 요청하자.

🏠 Independencia 53, Santa Clara, Villa Clara.

비달 공원에서 막시모 고메즈 가를 따라 불레바르드 가에 닿으면
왼쪽으로 두 번째 블록에 왼편에 있다.

Ⓞ Open 아침 09:00~11:00/점심 및 저녁 12:00~23:00

Casa del Gobernador 까사 델 고베르나도르 ⒸⒸ

분위기 있는 저녁 혹은 저택의 고풍스러운 저녁 식사를 느끼고
싶다면, 까사 델 고베르나도르를 추천한다. 분위기에 비하면
가격도 10CUC 전후로 크게 부담스럽지 않게 먹을 수 있다.
2층까지 시원하게 트인 홀과 구석구석을 채운 열대 식물들은
정말 고위인사의 저택에 초대받아 저녁 식사를 하는 듯한
느낌이다. 물론 돈을 내고 가야 한다.

🏠 Esq. Independencia y Juan Bruno Zayas, Santa Clara,
　　Villa Clara.

비달 공원에서 막시모 고메즈 가를 따라 불레바르드 가에 닿으면
왼쪽으로 두 번째 블록의 끝 오른편에 있다.

Ⓞ Open 점심 11:00~17:00 저녁 19:00~23:30

자자! ACCOMMODATIONS

산따 끌라라에서는 '까사 빠르띠꿀라' 대신에 '오스딸 Hostal'이라는 용어를 사용하고 있다. 하지만 역시 같은 마크로 숙박할 수 있음을 표시하고 있으니 까사 마크를 쫓아 숙소를 찾으면 문제없다. 유명 관광 도시보다는 까사가 현저히 적은 곳이지만, 비달 공원 주변으로 가면 그리 어렵지는 않겠다. 각종 편의시설도 비달 공원 주변이니 숙소는 그 근방에 정하는 것이 여러모로 편리하다. 레메디오스는 작은 마을이라서 중앙 공원에 도착하면 몇 안 되는 숙소를 바로 찾을 수 있으니 별도 기재가 필요하지 않고, 까요 산따 마리아의 숙소는 여행사를 방문하여 각 리조트의 시설과 가격을 비교해보고 결정하면 되겠다.

Hotel Santa Clara Libre
호텔 산따 끌라라 리브레

비비달 광장 주변에서 가장 높은 10층의 녹색 건물을 어렵지 않게 찾을 수 있다. 까사보다 외려 조금 떨어지는 호텔의 서비스와 내부 시설이지만, 저렴한 가격에 비교적 풍성한 조식 포함. 까사 주인과의 골치 아픈 신경전을 피할 수 있다는 장점 또한 있어서 고려해 볼 만하다. 무엇보다 고층 객실이나 10층 레스토랑에서 볼 수 있는 전망은 낮은 건물이 대부분인 산따 끌라라에서는 쉽게 찾기 어려운 장점이다.

🏠Esq. Máximo Gomez y Rafael Trista
비달 광장에서 주변을 둘러보았을 때 가장 높은 녹색 건물이다.
📞 207548
165개 객실/영어 가능/레스토랑, 바, 인터넷 사용(유료)

Hostal Itac 오스딸 이따까

산따 끌라라의 오스딸 중에서도 가장 흥미로운 이 집은 대학교수 부부가 운영하는 집으로 그리스 신화에서 따왔다는 '이따까'라는 이름부터가 심상치 않다. 부부는 외국에서 온 여행자들과 여러 곳의 역사나 문화에 대해서 이야기하는 것을 즐기고 있어 외국어로 대화가 가능하다면 심심치 않다. 특히나 역사 전공 교수인 안주인에게 산따 끌라라나 쿠바에 대한 여러 가지를 물을 수 있으니 이 또한 장점 중 하나라 하겠다. 요란스럽지 않고, 풍미 있는 저녁을 즐기고 싶다면 추천하겠다.

🏠 Maceo 59, Marti e Independencia,
비달 광장에서 루이스 에스떼베스가를 따라 불레바르드까지 한 블록, 불레바르드에서 오른쪽으로 두 블록, 다시 왼쪽으로 마세오가를 따라가면 왼쪽 블록에 있다.
📞 (Mob) 5836 6079
📧 hostalitaca@gmail.com
방 2개/레스토랑/영어, 불어, 독일어 가능

Hostal Amalia 오스딸 아말리아

한 건물의 두 집이 오스딸 영업을 하고 있어 아말리아를 찾으려면 조금 주의해야 한다. 객실이 5개나 있어 숙박 가능성이 좀 더 높고, 계단이 조금 좁지만 따라 올라가면 멋진 테라스도 있다. 성격 좋아 보이는 집주인은 구김살 없어 보이는 전형적인 쿠반 아프로 청년으로 쿠바에 흔치 않은 벽걸이형 에어컨을 자랑한다.

🏠 Lorda 61 (altos), Marti e Indepedencia,
비달 광장에서 까리다드 극장과 박물관 사이로 난 로르다가를 따라가면 두 번째 블록 왼편에 있다. 건물 입구로 들어가 왼편 계단을 타고 올라가야 한다.
📞 218836, 202296 / (mob) 5350 3223
📧 hostalamalia61@nauta.com.cu
   hostalamalia61@yahoo.es
방 5개/테라스/간단한 영어 가능

Hostal Auténtica Pérgola
오스딸 아우뗀띠까 뻬르골라

루이스 에스떼베스가를 걷다 보면 열린
창틈으로 시원한 실내가 눈에 뜨이는
집이 있다. 내부로 들어서면 바로
이곳에서 묵고 싶다는 생각이 들게
만드는 실내는 외국에 이미 많이 소개가
되어 찾는 사람이 적지 않다. 덕분에
숙박비가 주변보다 5CUC 정도 비싸고,
주인에게서 분주한 업소 주인의 느낌이
나긴 하지만, 그래도 매력 있는 꼴로니알
까사에서 묵고 싶다면 이 집이다. 별도로
테라스 레스토랑을 운영하고 있으니
식사만 하는 것도 가능하다.

🏠 Luis Estévez 61, Marti e
Indepedencia

비달 광장에서 루이스 에스떼베스 가를 보고
왼쪽으로 따라가면 두 번째 블록 내 왼편에
있다.

📞 208686 / (mob) 5376 4634, 5342
7936
📧 carmenrt64@yahoo.es
hostalautenticapergola.blogspot.com
방 4개/테라스/레스토랑 운영/간단한 영어 가능

Hotel América 호텔 아메리까

비달 공원 주변에서는 가장 좋은
호텔이지만, 가격이 아주 비싼 편은
아니다. 중심가에서 가깝고, 내부 시설도
가장 좋은 편이라서 외국 관광객들이
주로 찾는 호텔이다. 비교적 깔끔하고,
외국인을 주로 상대하다 보니 서비스도
부드러운 편이다.

🏠 Cl. Mujica, entre Colón y Maceo
비달 광장에서 Colón 가를 보고 오른쪽으로
따라 한 블록을 지나면 왼편으로 난 골목에
꼬뻴리아 건너편 건물이다.

📞 204513
27개 객실/영어/레스토랑, 바, 인터넷
사용(유료) 가능

Hostal Vivian Ribero
오스딸 비비안 리베로

철제 창살 장식이 현란한 이 집은 17년의
오스딸 경력과 고풍스러운 건물로
주변에서는 꽤 유명하다. 깊고 아늑한
정원, 넓은 거실 등으로 예스러움을
맛보고 싶다면 이 오스딸이 어떨까 한다.

🏠 Maceo 64, Marti e Independencia.
비달 광장에서 루이스 에스떼베스 가를 따라
불레바르드까지 한 블록, 불레바르드에서
오른쪽으로 두 블록, 다시 왼쪽으로
마세오가를 따라가면 오른쪽 블록에 있다.

📞 203781 / (mob) 5248 8462
📧 viviam.rivero@nauta.cu
방 2개/간단한 영어 가능

산따 끌라라에 대한 이런저런 이야기

- 까요 산따 마리아는 쿠바에서도 손꼽히는 휴양지이다. 올인클루시브 호텔에 숙박
해야만 그곳을 즐길 수가 있지만, 사전에 여행 계획을 짤 때 꼭 고려해보기 바란다.
교통비를 줄이기 위해서는 라 아바나에서 미리 예약을 하고 여행사와 교통편을 협
의하는 것이 최선이다.
- 생필품은 비달 공원 주변이나 불레바르드 주변에서 대부분 구할 수 있다.
- 대부분의 식당이 점심과 저녁 시간을 구분해서 중간에 휴식하고 있으니 참고하기
바란다.
- 호텔 산따 끌라라 리브레의 바로 옆에는 까사 데 라 꿀뚜라가 있다. 흥미로운 문화
행사가 진행되고 있을 수도 있으니 들러보기 바란다.
- 까리다드 극장에서 상연하는 공연 중 Humor라고 표시된 것은 코미디극이다. 말이
통하지 않으면 소용 없으니 볼 필요 없겠지만 외에 발레나 음악 공연이 있어 볼 수
있다면 나쁘지 않다.

레메디오스
Remedios

산따 끌라라에서 차를 타고 서쪽으로 40여 분 정도를 가면 레메디오스라는 작은 도시가 나온다. 이 작은 도시에 도착하면 잠깐 혹은 조금 더 길게 옛날 멕시코 배경의 서부 영화에서 본 곳은 아닐까 하는 착각을 하게 된다. 아담한 광장과 광장을 둘러싼 낮은 건물들. 한곳에 모여 나란히 자리 잡은 바, 식당, 호텔. 당장에라도 누군가 말을 타고 와 고삐를 맬 것만 같은 순간에 한쪽에서 진짜 마차가 나타난다. 반나절이라면 마을 전체를 보는 데도 충분하고, 중심가를 돌아보는 데는 한 시간이면 충분한 이 마을은 어디에 뭐가 있다는 자세한 설명이 조금 구차할 정도로 대부분이 마을 중심가에 모여 있다. 잘 못 찾겠다면 광장에서 누군가에게 물어도 두세 블록 이내에서 식당이며, 숙소 등을 쉽게 찾을 수 있다. 대부분의 관광객은 까요 산따 마리아나 신따 끌라라에서 여행사 당일 투어로 이곳을 찾고 있지만, 시간의 여유가 있다면 한가한 광장의 석양을 느끼며 하루 쯤 묵어가는 것도 나쁜 생각은 아닐 듯하다.

🏠 Remedios, Villa Clara.

TIP

산따 끌라라의 옴니버스 터미널에 가면 하루 두 번 다니는 레메디오스 행 완행 버스를 탈 수 있고, 택시기사와 흥정을 하면 15CUC 정도에 레메디오스에 닿을 수 있다.

까요 산따 마리아
Cayo Santa Maria

산따 끌라라에서 한 시간 반, 레메디오스에서 한 시간 정도, 까요 산따
마리아는 산따 끌라라가 주도로 있는 비야 끌라라 주는 아니지만, 교통
접근성이 산따 끌라라에서 오히려 좋아서 관광객들은 주로 산따
끌라라로부터 까요 산따 마리아로 찾아온다. 까요 꼬보스 Cayo Cobos,
까요 라스 브루하스 Cayo Las Brujas, 까요 산따 마리아 Cayo Santa
Maria로 이어지는 이곳 섬들은 얕은 바다를 둑처럼 메워 만든 2차선
도로로 연결되어 바다로 난 길로 섬을 향해가는 길부터 이채롭다.
그중에서도 대부분의 리조트가 까요 산따 마리아에 모여있기 때문에
거의 모든 관광객들은 까요 산따 마리아의 리조트에 숙소를 잡고 인근
지역을 방문하는 여행사의 관광상품을 구매하여 이곳 까요를 즐기고 있다.

약간 깊은 모래사장에 조금 거센 파도로 바람이 세게 부는 날에는 해수욕이 조금 힘들 정도이지만, 보는 것만으로도 눈이 맑아지는
풍경은 굳이 물에 들어가지 않아도 좋을 정도이다. 수영이라면 리조트 수영장에서 해도 될 테니까.

> **TIP**
> --
> 여행사 패키지의 경우 여행사 버스를 이용하여 라 아바나에서 이곳을 방문할 수 있다. 자유여행으로 방문 시 까요 산따 마리아에서 산따 끌라라로 나가는 관광버스 교통편은 여행사를 통해 쉽게 구할 수 있지만, 안타깝게도 산따 끌라라에서 이곳으로 올 때는 비아술 버스나 택시를 이용해야 한다.

6개의 리조트 대부분이 올 인클루시브(숙박, 식사, 음료 모두 포함)로 여행사를 통해 예약을 진행하고 있다. 타 국가의 올–인클루시브 호텔보다 저렴하게 느껴지는 수준이었던 이곳도 점점 찾는 사람들이 많아지며, 가격 이점을 찾기에는 조금 힘들어지고 있다. 리조트마다 수영장, 3~4개의 종류별 식당, 고르게 퍼져 있는 바들을 갖추고 오래전부터 북미와 유럽의 관광객들을 상대로 영업을 해오고 있어 서비스 수준이나 시설 면에서 이용에 불편함이 없다.

각 리조트를 순환하는 투어 버스를 타면 2CUC에 까요 산따 마리아 전체를 돌아볼 수도 있고, 각 리조트의 프런트에 자리 잡은 여행사에서 별도의 당일 여행 프로그램이나 다이빙 상품도 판매하고 있다. 까요 산따 마리아의 해안가에서는 '안전요원 없음'이라는 표지판을 볼 수 있다. 말 그대로 안전요원이 없으므로 해수욕을 할 때는 각자 주의를 해야 하겠다.

까요 산따 마리아

🏠 Cayo Santa Maria

🍽 각 리조트 별로 여행사와 상담요
부대시설 및 서비스 레스토랑, 바,
스쿠버다이빙 센터, 야간 공연 등

📞 Cubanacan
산따 끌라라 지점 205189
Habanatur
산따 끌라라 지점 204001
(라 아바나 사무실에서도 상담 가능)

왕의 정원으로

CIEGO DE ÁVILA

시에고 데 아빌라 주

CIEGO DE ÁVILA

시에고 데 아빌라 주는 어떨까?

주 내에 까요 길예르모 Cayo Guillermo로 부터 까요 꼬꼬 Cayo Coco로 이어지는 걸출한 휴양지를 가지고 있는 시에고 데 아빌라는 북쪽의 그 걸출한 휴양지 외에 다른 특이할 만한 것은 없다. 주도인 시에고 데 아빌라 시는 시라고 하기에도 조금 멋쩍을만큼 한적하고 조용한 도시라서 관광을 목적으로 한다면 굳이 숙박할 이유가 있을까 싶기도 하다.

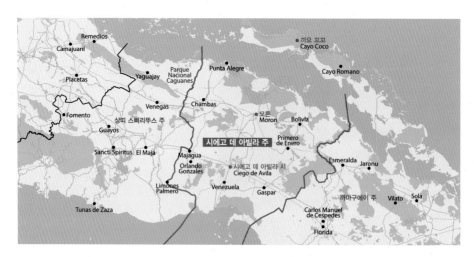

시에고 데 아빌라 시 Ciego de Ávila 주도임에도 조용하고 한적한 도시이다. 관광객들의 방문도 확실히 뜸하고, 관광객들을 끌어들일 만한 볼거리도 변변하지 못한 것이 사실이라서 쿠바인들의 생활을 들여다보기에는 좋겠으나 볼거리를 원한다면 만족할 만한 곳은 못 될 듯하다.

까요 꼬꼬 Cayo Coco 이 북쪽의 길게 이어지는 작은 섬들을 쿠바인들은 특별히 하르딩 데 레이 Jardines de Rey, '왕의 정원'이라고 부르고 있다. 까요 길예르모와 까요 꼬꼬로 계속해서 이어지는 이 '왕의 정원'은 바라데로, 까요 산따 마리아, 까요 라르고와 함께 쿠바가 손꼽아 자랑하는 휴양 지역으로 리조트 호텔들이 영업을 하고 있다.

CIEGO DE ÁVILA
시에고 데 아빌라 주 미리 가기

스페셜 시에고 데 아빌라

까요 꼬꼬 – 바라데로로, 까요 산따 마리아, 까요 꼬꼬 등은 해변 만으로는 딱히 우열을 가리기가 힘든 해변들이다. 바라데로에 사람들이 좀 더 많고, 나머지가 비교적 한적하다는 차이 정도라 하겠다.

시에고 데 아빌라 주 움직이기

시에고 데 아빌라 시까지 가는 길은 그리 어렵지 않겠지만, 까요 꼬꼬까지 대중교통을 이용하기는 힘들다.

To 시에고 데 아빌라 시

비아술 버스 – 라 아바나‒산띠아고 데 꾸바 노선이 시에고 데 아빌라 시를 지난다. 쿠바의 중앙을 길게 관통하는 이 노선에 접하는 도시에서는 모두 시에고 데 아빌라 시로의 접근이 가능하다.

택시 – 인근 도시에서 돈을 주고 가자고 하면 가기는 하겠지만, 택시를 찾기도 흥정을 하기도 쉽지는 않겠다.

마끼나 – 시에고 데 아빌라와 같은 여행자에게 인기가 낮은 도시에서는 인접 도시 간을 이동하는 마끼나를 이용하는 것도 좋은 방법이다. 보통 옴니버스 터미널이나 기차역에 가면 찾을 수 있으니 까사 주인에게 확인해보자.

In 시에고 데 아빌라 시

도시라고 하기에도 어색할 만큼 아주 작은 도시이며, 터미널에서 센뜨로까지의 거리가 조금 애매하긴 하지만, 걸어서 갈만한 거리에 있다. 터미널에는 택시 등 다른 교통수단도 있으니 너무 덥다면 이용하는 것이 좋겠다. 그 외에 시내에서 교통수단이 필요할 경우는 없을 듯하다.

To 까요 꼬꼬

라 아바나에서 까요 꼬꼬 내의 호텔을 예약하면 여행사 전세 버스를 이용할 수 있다. 호텔 로비의 여행사 데스크에 문의하자. 까요 꼬꼬를 즐기는 여행객 대부분은 북미에서 비행기를 타고 까요 꼬꼬 인근에 있는 국제 공항을 이용해 접근하고 있다. 시에고 데 아빌라 시에서 까요 꼬꼬로 갈 때에는 정규 교통편이 없어 택시를 이용해야 하겠다.

숙소

시에고 데 아빌라 시에서 숙소를 찾으려 하는 여행자가 몇이나 될지 모를 일이지만, 이 도시에도 민박이 있기는 하다. 많지는 않지만 일단 마르띠 공원으로 가서 주변을 둘러보자. 까요 꼬꼬 역시 호텔 리조트 단지이니 올‒인클루시브 호텔을 알아보도록 하자.

CIEGO DE ÁVILA

CIEGO DE ÁVILA

시에고 데 아빌라 주

시에고 데 아빌라 시

쿠바 중부의 조용한 도시.
여행자들이 없는 곳에도 쿠바인들은 산다.

시에고 데 아빌라 시

🚌 시에고 데 아빌라 시 드나들기

도시의 규모나 관광지로서의 가치와는 별개로 시에고 데 아빌라는 쿠바를 가로지르는 도로의 길목에 자리 잡고 있어 이 도시를 다니기는 큰 문제가 없을 듯하다.

시에고 데 아빌라 시 드나드는 방법 기차

라 아바나발 산띠아고 데 꾸바 행 열차가 마딴사스에 정차한다. (쿠바 기차 노선도 참고 P. 25)

시에고 데 아빌라 시 드나드는 방법 버스

비아술 터미널에서 시내로

비아술 터미널이 중심가에서 10블록 정도 떨어져 있다. 걸어서는 약 20분정도 걸리고 걷다 보면 그리 멀지 않아서 짐이 많지 않다면 걸어도 좋겠지만, 짐이 많다면 비씨 택시로 1CUC이면 중심가 및 숙소까지 이동이 가능하다.

🚌 비아술 버스

라 아바나에서 산띠아고 데 꾸바나 올긴으로 가는 비아술 버스가 시에고 데 아빌라에 정차한다. 뜨리니다드와 바라데로에서 산띠아고 데 꾸바로 가는 버스들도 이곳에 정차하는데, 새벽에 도착하지 않도록 시간표를 잘 살펴볼 필요가 있겠다.

시에고 데 아빌라 시 드나드는 방법 택시

라 아바나에서는 이곳까지 오는 꼴렉띠보 택시는 탈 수 없고, 인근 도시에서 까미옹이나 꼴렉띠보 택시를 이용할 수 있다.

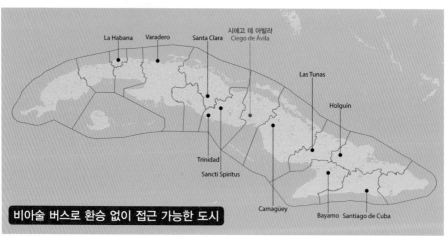

시내 교통

시에고 데 아빌라시를 돌아 보는 데에는 별도의 교통수단이 필요 없을 듯하고, 지쳐서 교통수단이 필요할 경우나 터미널 등으로 이동할 경우 20MN 이나 1CUC이면, 비씨 택시를 이용할 수 있다.

보자!

관광객들의 명소라 할 만한 곳이 거의 없는 도시이기에 간단한 지역 설명을 남기도록 하겠다.

불레바르드

도시의 중앙에는 마르띠 공원이 자리 잡고 있으며, 공원의 한쪽 옆 Independencia 가를 따라 불레바르드가 조성되어있다. 대부분의 편의시설은 불레바르드 혹은 광장 주변에 모여 있으므로 멀리 움직일 필요는 없을 듯 하다. 광장에서 호수 유원지를 향해 가는 길에 커다란 나무가 있다. 도시에 별다른 볼거리가 없어 커다란 나무를 소개해야 하는 마음이 안타깝기는 하지만, 이 나무가 특별히 큰 것은 사실이기 때문에 시에고 데 아빌라 시에 와 있다면 잠깐 들러 본다고 나쁠 것은 없겠다.

호수 유원지

중앙 공원에서 북서쪽을 향해 가다 보면 철길을 지나게 되고 철길을 지나 오른편으로 조금만 걸어 들어가면 호수 유원지가 나타난다. 호수 유원지에는 저렴한 식당들과 조각 공원, 놀이공원 등이 있어 지역 주민들의 쉼터 역할을 하고 있는데, 물이 깨끗하지는 않아도 주변을 걷다가 보이는 낚시꾼들, 산책하는 주민들의 풍경이 작은 볼거리는 되어 줄 수 있겠다.

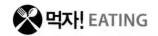 **먹자! EATING**

이 곳의 식당들은 현지인들을 염두에 두고 영업을 하고 있기에 가격은 저렴한 편이다. 모두 점심, 저녁 시간을 별도로 운영하고 있으니 참고하자.

Don Pepe 돈 뻬뻬 Ⓒ

동네에서 유명하고도 저렴한 식당이다. 사람들이 많이 몰리는 곳이므로 식사시간이 되면 조금 일찍 가도록 하자. 점심과 저녁 시간을 별도로 운영하므로 미리 시간을 확인해 두는 것이 좋다.

⌂ Esq.Maceo a Independencia
광장에서 불레바르드를 따라 안쪽으로 걸어 들어가면 두 번째 블록 왼쪽에서 찾을 수 있다.

La Cueva 라 꾸에바 Ⓒ

호수 유원지를 따라 걷다 보면, 간판도 제대로 붙어있지 않은 정체 불명의 동굴을 하나 찾을 수 있다. 호수 유원지를 걷다가 쉬어가기 좋도록 시원하게 에어컨을 틀어주는 식당이니 점심은 이곳에서 먹고 가도록 하자.

⌂ 호수 유원지 산책로
산책로를 따라 유원지 안쪽으로 10분 정도 걸어 들어가야 한다.

La Estrella Azul
라 에스뜨렐랴 아술 Ⓒ

광장 인근에 빨마레스 그룹에서 운영하는 작은 식당이 하나 있다. 몇 개 되지 않아도 야외 테이블이 있고, 인근 식당 중에서는 가장 식사할 만한 곳이 아닐까 한다.

⌂ Esq. Honorato de Castillo a Maximo Gómez
광장에서 인포뚜르 사무실을 바라봤을 때 오른편으로 두번째 블록 코너에 있다.

🛏️ 자자! ACCOMMODATIONS

시에고 데 아빌라 시에서 까사 마크를 찾기는 그리 쉽지 않다. 일단 추천하는 숙소를 찾아 물어보는 것이 좋을 듯 하다.

Casa Lulu 까사 루루

시에고 데 아빌라 시의 터미널에 도착해 Máximo Gómez 가를 따라 쎈뜨로 방향을 향해 가다 보면 가장 처음 보이는 까사 마크가 이 까사 루루의 마크이다. 일단 가격이 저렴하고, 얘기만 잘하면 간단한 아침도 먹을 수 있는 이 집은 손님 방을 지나 뒤뜰로 가는 구조라서 낮에 집주인이 손님 방을 지나가야 할 일이 있다는 게 조금 문제이긴 하다.

⌂ Cl. Máximo Gómez No.85 e/ Abraham Delgado y Narcizo Lopez
터미널에 도착해 Máximo Gómez 가를 따라 쎈뜨로 방향으로 8번째 블록 오른편이다.
📞 200126 / (mob) 53370949

Casa Eduardo 까사 에두아르도

이 집에만 방이 3개, 건너의 다른 가족 집에 또 방이 2개가 있어 일단 이 집을 찾아가면 숙박 걱정을 할 필요가 없을 듯하다. 주방이 별도로 있어 직접 식사를 차려 먹기에도 좋다.

⌂ Cl. Máximo Gómez No.74 e/ Honorato del Castillo y Maceo
마르띠 공원에서 인포뚜르를 바라보고 오른편으로 한 블록 후 좌회전하면 오른쪽에서 찾을 수 있다.
📞 208649 / (mob) 52393995
🅔 jhblanco@nauta.cu

Casa Leidi 까사 레이디

언제나 편의시설을 잘 갖춘 집은 조금 비싸게 마련이다. 깔끔한 주방, 식당, 테라스 등을 갖춘 집은 지내기 불편함은 없겠지만, 5CUC 정도 비싸다. 개별 욕실이나 에어컨은 당연하고, 전자레인지까지 있는 집이 흔치는 않다.

⌂ Cl. Marcial Gómez No.57 e/ MáximoGómez y Libertad
공원에서 Marcial Gómez 가를 보고 왼쪽으로 조금만 걷자.
📞 212712 / (mob) 53371727
🅔 leydilupe@hispavista.com

까요 꼬꼬
Cayo Coco

15개 정도의 리조트 호텔이 영업 중인 까요 꼬꼬와 까요 길예르모 지역은 '하르디네스 델 레이', '왕의 정원'으로 불리기도 한다. 이 쿠바가 자랑하는 바라보는 순간 할 말 없게 만드는 바다들과 까요는 굳이 어느 곳이 더 낫다고 우열을 가리기도 힘들다. 특히나 이 지역은 까요 길예르모에서 시작해 까요 로마노에 이르는 해안도로가 길어 호텔에 숙박한다면, 차량을 렌트해 드라이브를 하는 재미도 있을 듯하다. 라 아바나의 여행사나 시에고 데 아빌라 시의 여행사를 통해서 호텔 예약이 가능하고, 물론 예약 대행 웹사이트에서도 예약을 할 수 있다. 국제 공항이 까요 꼬꼬에 자리 잡고있어 라 아바나 외에도 캐나다 등지에서 직접 까요 꼬꼬를 방문할 수 있다. 종종 캐나다 여행사의 특가 상품을 찾을 수도 있으므로 일정에 따라 인터넷을 뒤적여보는 것도 나쁘지는 않을 듯하다. 당연한 이야기겠지만, 스쿠버다이빙 센터가 운영되고 있고, 다양한 해상 레포츠도 접할 수 있어 바다에서 할 수 있는 놀이는 웬만큼 다 할 수 있다고 보면 되겠다.

TIP

까요 꼬꼬로 이동하는 여행사 버스가 시에고 데 아빌라에 들르기도 한다. 시에고 데 아빌라에 있는 인포뚜르나 여행사에 문의해 이용하도록 하자.

까요 꼬꼬 숙박 예약

꾸바나깐 시에고 데 아빌라
⌂ 광장의 Don Ávila 레스토랑 내부
꾸바나깐 까요 꼬꼬
📞 301338
@ comercial@viajes.cco.tur.cu
라 아바나의 여행사에서도 예약 가능

놓치지 말자. 까마구에이

CAMAGÜEY

까마구에이 주

CAMAGÜEY

까마구에이 주는 어떨까?

시에고 데 아빌라, 상띠 스삐리뚜스 등과 함께 정보도 많지 않아 들를지 말지 망설이게 되는 곳 중 하나가 까마구에이지만, 까마구에이는 웬만하면 놓치지 말자. 중부의 이 아름다운 도시는 자연 환경을 빼고 도시만 놓고 봤을 때는 쿠바에서 가장 아름답고, 다채로운 풍경의 도시라고 해도 과언이 아닐 듯 하다. 거의 골목마다 보인다 싶은 교회와 광장은 카메라 뷰파인더에서 눈이 떨어지게 놔두지를 않는다.

주 북부에는 여섯 개의 리조트 호텔이 쁘라야 산따 루시아에서 올인클루시브로 운영되고 있다. 비교적 가격이 저렴해 쿠바의 휴가철에는 관광객보다 쿠바인이 더 많은 이곳은 쿠바의 A급 바다는 못 되어도 까마구에이와 더불어 바다를 즐기기에 큰 부족함이 없다.

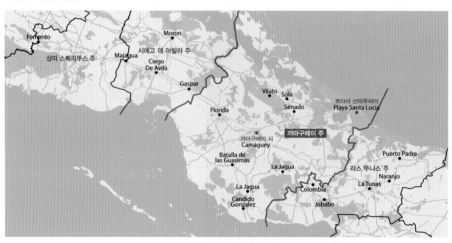

까마구에이 시 Camagüey 라 아바나의 일부를 떼어다가 뜨리니다드를 붙여놓으면 까마구에이가 되지 않을까? 그만큼 까마구에이는 도시 자체를 즐기는 맛이 있다. 비교적 넓게 퍼져있는 쎈뜨로 지역에는 이름도 기억을 다 못할 만큼 많은 광장들이 산발적으로 퍼져 있다. 이 도시가 아름다운 이유 중 하나가 이런 광장들과 교회들이 골목을 돌아설 때마다 기대하지 않았던 장면을 만들어내기 때문이기도 하다. 하나하나 차분히 바라보다 보면 쎈뜨로 지역을 하루 안에 도는 것도 빡찰 수 있으므로 방문 일정에 조금은 여유를 두도록 하자. 쎈뜨로의 남동쪽에는 까지노 깜뻬스뜨레라는 녹지 공원이 비교적 대규모로 펼쳐져 있고, 자연스럽게 혁명 광장과 야구장이 이어지고 있다. 이곳을 지나는 개천이 그리 깨끗하지 않아 오히려 경관을 해치고 있는 듯하지만, 쿠바에서 쉽게 보기 힘든 녹지 공원이므로 방문해보기 바란다.

쁘라야 산따 루씨아 Playa Santa Lucia 까마구에이에서 차를 이용해 북쪽으로 1시간 30분 정도의 거리에 있는 이 해변은 지역 특성상 파도가 얕아 아이가 있는 그룹에게는 좋은 해수욕장이 될듯 하고, 해안에서 멀지 않은 곳에 형성된 산호 지대 덕분에 스노클링이나 스쿠버다이빙에 좋은 곳으로 또한 잘 알려져 있다. 하지만, 이 바다의 여러 가지 장점 중에서도 가장 매력적인 부분은 올인클루시브 호텔의 저렴한 가격이 아닐까 한다. 인당 40CUC 전후로 예약이 가능한 이 지역의 올인클루시브 호텔은 가격이 싸다고 해서 특별히 시설물이 낙후된 것도 아니라서 충분히 매력적이다. 단, 해초가 꽤 자라고 있는 덕분에 풍경은 쿠바의 유명한 바다 만큼은 못 되니 미리 알고 있기 바란다.

CAMAGÜEY

까마구에이 주 미리가기

스페셜 까마구에이

광장과 교회 – 까마구에이 시의 특별함은 끊임없이 이어지는 광장과 교회가 어우러지는 풍경 덕분이다.

까마구에이 주 움직이기

쿠바의 중부에 자리 잡은 까마구에이는 라 아바나에서는 제법 먼 거리다.

To 까마구에이 시

라 아바나에서 버스로 9시간 정도 걸리는 거리. 짧은 일정이라면 이동에 하루를 쓰는 것이 부담스러울 수 있다. 도시 대부분과 연결이 되어있어 의지만 있다면 접근은 쉬운 편이다. 인근 도시에서 택시를 구한다면 닿을 수는 있겠지만, 택시비가 부담스럽다면 역시 현지인들이 이용하는 마끼나를 알아보는 것이 좋겠다. 표를 구할 수 있다면 가장 좋은 방법은 비아술 버스.

In 까마구에이 시

이쪽 저쪽으로 꽤 넓은 까마구에이라서 계속 걷다 보면 조금 지칠 수도 있다. 간간이 비씨 택시를 이용하는 게 방법이겠다. 라 아바나의 비씨 택시처럼 무작정 바가지를 씌우지는 않으니 잘 흥정해보자. 오래된 도시라서 직사각형으로 구획된 도로가 아니니 자신이 어디에 있는지 종종 확인하고 특히 숙소의 위치는 잊지 않도록 하자. 터미널에서 중심가까지 거리가 멀다. 택시나 비씨 택시를 이용하자.

To 쁘라야 산따 루시아

시즌에 따라 산따 루시아행 비아술 버스 편성이 달라지기 때문에 비아술에서 일정을 미리 확인해야 한다. 비아술 버스 편이 없다면 어쩔 수 없이 택시를 이용해야겠다.

숙소

한국인 여행자들에게는 덜 알려졌지만, 까마구에이 시는 이미 많은 여행자가 방문하는 도시이고, 그에 따라 제법 많은 민박이 영업하고 있다. 여행자에게 까마구에이에의 중심은 솔레다드 교회 인근이지만, 까마구에이에는 방문할만한 포인트들이 도시에 넓게 자리 잡고 있어 민박 또한 이곳저곳에 자리 잡고 있다. 어디에 머물러도 크게 문제 되지 않을 듯하지만, 솔레다드 교회 근처가 다니기에는 조금 편하다. 쿠바의 유명 리조트 지역보다는 조금 못해도 쁘라야 산따 루시아는 까마구에이에서 닿을 수 있는 비교적 가까운 해변이며, 올인클루시브 호텔들도 영업 중이다.

CAMAGÜEY

CAMAGÜEY

까마구에이 주
까마구에이 시

쿠바 중부의 자존심이 살아있는 곳.
광장과 교회, 광장과 교회 그리고, 광장과 교회.

🚌 까마구에이 시 드나들기

까마구에이도 쿠바의 중추 도로 상에 있는 도시기에 드나들기에 그리 어렵지는 않다. 다만, 라 아바나에서 바로 가고 싶다면 비아술 버스 외에 특별한 해결책이 없으니 미리 예약을 해두는 것이 좋다.

까마구에이 드나드는 방법 기차

라 아바나발 산띠아고 데 꾸바 행 열차가 까마구에이에 정차한다. (쿠바 기차 노선도 참고 P. 25)

까마구에이 드나드는 방법 버스

🚌 비아술 버스

라 아바나에서 올긴이나 산띠아고 데 꾸바 행 버스가 까마구에이에서 정차한다. 특히 라 아바나에서 바라꼬아로 가는 버스가 까마구에이에서 정차를 하므로 이후 바라꼬아나 관따나모로 이동할 계획이 있다면 유용할 듯하다. 라 아바나에서 올 경우 가격은 33CUC이며, 약 10시간 정도 걸린다.

비아술 터미널에서 시내로

터미널이 중심가에서 멀다. 택시나 비씨 택시를 이용해 이동하는 것이 좋겠다. 비씨 택시는 2CUC 정도로 이동이 가능하고, 택시는 3~5CUC 정도이다.

까마구에이 드나드는 방법 03 택시

시에고 데 아빌라나 라스 뚜나스에서 꼴렉띠보 택시나 까미옹을 이용해 이동이 가능하다.

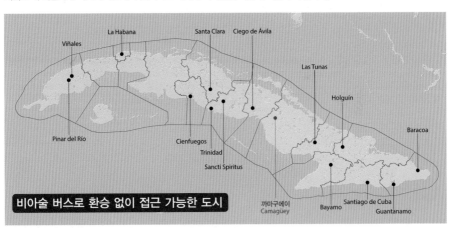

비아술 버스로 환승 없이 접근 가능한 도시

엣센셜 가이드 TIP

- 사진 촬영을 즐긴다면, 도시 북쪽의 기차역 풍경을 제안해볼 수 있겠다. 외부에 노출되어있는 철로와 기차 등은 오랫동안 결코 수월하시 않았던 쿠바인들의 삶을 들여다보는 듯하다.
- 기차역 근처에는 인근 도시로 이동하는 까미옹 터미널이 있다. 까미옹으로 이동하는 걸 즐긴다면, 도전해보자.
- 쎈뜨로의 북쪽, 칠길을 넘어 빅물관이 있는 지역은 비록 관광명소라 할 만한 곳은 없지만, 지역 주민들의 삶이 엿보이는 곳으로 일정에 여유가 있다면 조금 더 깊숙이 다녀 보는 것도 좋다.
- 산 후앙 데 디오스 광장에는 특히 괜찮은 식당들이 많아 일정 중 점심을 그곳에서 해결하는 것도 나쁘지 않다. 다만 관광 식당으로 가격이 저렴한 편은 아니다.
- 아그라몬떼 공원이나 솔레다드 교회를 중심으로 보고 숙소나 일정을 고려하는 것이 좋을 듯하다.

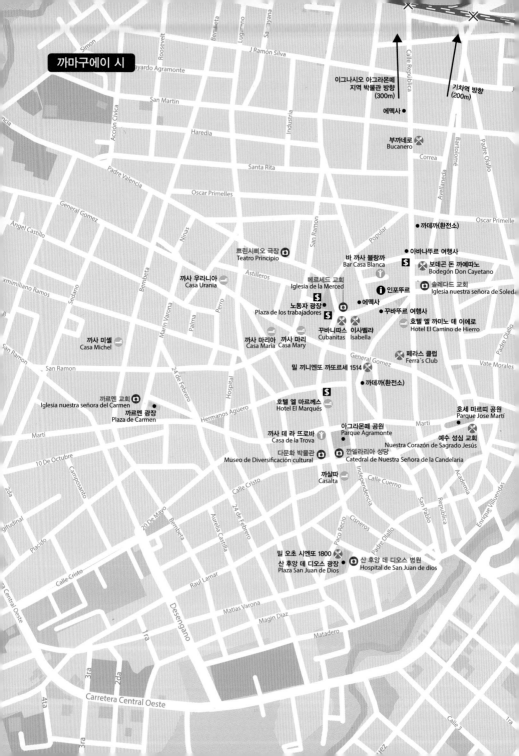

까마구에이 시

J Ramón Silva

이그나시오 아그라몬떼
지역 박물관 방향
(300m)

기차역 방향
(200m)

에떽사 ●

부까네로
Bucanero

Calle Republica

까데까(환전소) ●

쁘린시삐오 극장
Teatro Principio

바 까사 블랑까
Bar Casa Blanca

아바나뚜르 여행사 ●

까사 우라니아
Casa Urania

메르세드 교회
Iglesia de la Merced

보데곤 돈 까예따노
Bodegón Don Cayetano

노동자 광장 ●
Plaza de los trabajadores

에떽사 ●

인포뚜르

솔레다드 교회
Iglesia nuestra señora de Soledad

까사 미셸
Casa Michel

꾸바니따스 이사벨랴
Cubanitas Isabella

꾸바뚜르 여행사 ●

호텔 엘 까미노 데 이에로
Hotel El Camino de Hierro

까사 마리아 까사 마리
Casa Maria Casa Mary

페라스 클럽
Ferra's Club

밀 끼니엔또 까또르세 1514

까데까(환전소) ●

까르멘 교회
Iglesia nuestra señora del Carmen

호텔 엘 마르께스
Hotel El Marqués

호세 마르띠 공원
Parque Jose Martí

까르멘 광장
Plaza de Carmen

아그라몬떼 공원
Parque Agramonte

예수 성심 교회
Nuestra Corazón de Sagrado Jesús

까사 데 라 뜨로바
Casa de la Trova

다문화 박물관
Museo de Diversificación cultural

깐델라리아 성당
Catedral de Nuestra Señora de la Candelaria

까살따
Casalta

밀 오초 시엔또 1800

산 후앙 데 디오스 광장 ●
Plaza San Juan de Dios

산 후앙 데 디오스 병원
Hospital de San Juan de dios

Carretera Central Oeste

📷 보자!

터미널로 이동하거나 까지노 깜뻬스뜨레를 방문하는 경우 외에 특별히 교통수단이 필요할 일은 없겠으나, 까마구에이에서는 명소들을 따라서 걷고 걷다가 보면 어느새 너무 멀리 걸어와 되돌아 걷기에는 부담스러울 때가 있다. 이때는 주변의 비씨 택시를 이용하는 것이 가장 좋다. 기본 요금을 20MN나 1CUC으로 보고, 거리가 좀 멀 경우에 2CUC을 지불하면 된다. 요금은 항상 탑승 전에 결론을 내리도록 하자.

추천 일정

첫째 날
- 노동자 광장
- 솔레다드 교회
- 아그라몬떼 박물관

둘째 날
- 아그라몬떼 공원
- 까르멘 광장
- 산 후앙 데 디오스 광장
- 호세 마르띠 공원
- 까지노 깜뻬스뜨레

메르세드 교회 내부

Camagüey
첫째 날

일정을 시작하게 될 노동자 광장을 쉽게 찾으려면 일단 General Gómez 가를 찾아야 하겠다. General Gómez 가의 쎈뜨로 근처를 걸으며, 만나게 되는 골목 안쪽을 유심히 살피다 보면 심상치 않은 교회를 발견할 수 있을 듯하다. General Gómez 가를 서에서 동으로 이동하고 있다면 왼편 골목을 잘 살피자.

노동자 광장 Plaza de los trabajadores 쁘라사 데 로스 뜨라바하도레스

까마구에이의 광장 중 가장 예쁘장하고, 한적해서 해가 뉘엇해질 때 쯤 귀찮게 하는 사람 없이 시원한 바람을 즐기고 싶다면 노동자 광장이 가장 적당한 곳이다.

노동자 광장이라는 삭막한 이름과 은행, 관공서 등의 딱딱한 성격의 건물들이 자리 잡은 광장임에도 불구하고 이 광장을 둘러싸고 있는 오래된 건물들과 과감한 색으로 덧칠해진 건물의 외벽들은 이곳의 분위기를 무겁지 않게 유지하고 있다. 광장 변에서 즐길 수 있는 바나 식당은 없지만, 골목을 조금만 굽어 돌아가도 식당과 바가 있으니 간단하게 구매해서 광장 벤치에서 쉬어가며 식사를 하는 것도 좋겠다.

광장에 있는 메르세드 교회 Iglesia de Nuestra Señora de la Merced 는 1748년에 터를 잡아 1848년에 개축된 교회로 광장의 분위기를 한껏 돋우고 있다.

🚶 노동장 광장의 한쪽 모서리 메르세드 교회의 옆면에 있는 Ignacio Agramonte 가를 따라 5분 정도 걸으면 솔레다드 교회에 닿을 수 있다. 교회는 사거리의 코너에 있다.

솔레다드 교회 Iglesia de Nuestra Señora de la Soledad
이글레시아 데 누에스뜨라 쎄뇨라 데 라 쏠레다드

교회 자체가 웅장하거나 볼거리가 있다기 보다는 교회와 교차로가 어우러진 풍경 골목에 자리 잡은 오래된 건물들이 아름다워 관광객들이 많이 머물게 되는 곳이다. 교회 옆으로 작은 광장이 있어 관광객이나 쿠바인들이 해가 지면 모여들고, 코너에 있는 호텔과 1층의 식당도 분위기가 있다. 쿠바를 소개하는 안내지에도 자주 등장하는 이 골목은 좁은 골목 쪽에서 바라보는 그림도 아름다워 카메라를 꺼내 들게 한다.

까마구에이 중심가의 북쪽으로 가든 남쪽으로 가든 이 골목을 지나게 되고, 교회 앞으로나 있는 República가를 따라 북쪽으로 향하면, 현지인들이 이용하는 상점 식당 등이 자리 잡고 있어 현지인들의 생활상을 좀 더 엿볼 수 있을 듯하다. 사람들이 많이 모여드는 곳이기에 식당이나 까페떼리아를 쉽게 찾을 수 있고, 여행사나 까데까도 이 주변에 자리 잡고 있다.

골목에서 바라보는 솔레다드 교회

🚶 República가에서 교회 정면을 바라보고 왼쪽으로 길을 따라가야 아그라몬떼 박물관에 닿을 수 있다. 7, 8블록 정도를 걸어야 해서 걷기에 제법 먼 거리지만, 주변의 현지인 상점들을 구경하는 재미가 있으니 천천히 걷도록 하자. 철길이 나오면 철길을 건너 두 번째 블록 오른쪽에 아그라몬떼 박물관이 있다.

아그라몬떼 박물관 Museo Provincial Ignacio Agramonte

무세오 쁘로빈시알 이그나시오 아그라몬떼

수집품들이 좀 오래되긴 했지만, 주도마다 있는 지역 박물관 중에서는 가장 규모가 있는 지역 박물관이다. 게다가 다양하게 준비해 놓은 쿠바 내외의 동물 박제는 쿠바 내에서는 기대하기 어려울 만큼 갖춰두어 박제가 신기하기보다는 쿠바에서 이렇게까지 갖추고 있다는 놀라움이 더하다. 동물 박제 뿐만 아니라 지역에서 발견된 오래된 물건과 식민지 시대의 물건 등을 모아두었기에 한번 들러볼 만한 박물관이다.

2층까지 관람이 가능한 비교적 넓은 공간은 식민시대의 건축양식을 구경하기에도 좋은 곳이라 하겠다. 박물관 뿐 아니라 인근은 관광객들이 잘 들르지 않는 현지인들의 주거지로 까마구에이 사람들이 사는 모습도 구경할 수 있고, 근처에서 조금만 걸으면 들를 수 있는 기차역의 여유로움과 함께 느껴지는 기차역의 부산함은 사진이 취미인 사람들이 특히 좋아할 듯하다.

박물관 주변 철로

기차역 근처의 까미옹 터미널

박물관 주변 골목 풍경

아그라몬떼 박물관

까마구에이 구 기차역사

Camagüey
둘째 날

둘째 날은 첫날보다 좀 더 걸어야 하므로 아침 일찍 나서는 것이 좋겠다. 아그라몬떼 광장을 중심으로 동, 서, 남쪽 방향으로 왕복 이동을 해야 하기에 동선이 겹치지만, 아그라몬떼 공원이 길을 찾기 쉬운 중심가이다 보니 설명을 아그라몬떼 공원 기준으로 하는 것이 나을 듯하다. 길 찾는 데 자신이 있다면 골목길을 이용해 동선을 줄일 수 있을 테니 연구를 해보도록 하자. 아그라몬떼 공원은 노동자 광장에서 남쪽으로 향한 Salvador Cisnero 가를 따라가야 한다. 메르세드 교회의 옆면, 은행 옆으로 나있는 길을 따라 네 번째 블록이다.

아그라몬떼 공원 Parque Ignacio Agramonte
빠르께 이그나시오 아그라몬떼

관광객들이 가장 많이 머물러 있는 곳은 솔레다드 교회 앞이지만, 쿠바인들이 가장 많이 머무르는 곳은 이곳 아그라몬떼 공원이다. 최근에는 공원 근처에서 인터넷 이용이 가능하게 되어 저녁마다 공원으로 나와 있는 쿠바인들이 많다. 덧붙여 까사 데 라 뜨로바, 도서관 등이 이 공원에 면해 있어 쿠바인들에게 생활의 중심은 이 아그라몬떼 공원이라고 보는 것이 맞을 듯하다. 유난히 광장, 공원, 교회가 많은 까마구에이에서도 아담하면서도 풍성한 아름다움을 뿜내고 있는 이 광장의 중심에 서 있는 동상은 이그나시오 아그라몬떼 장군의 동상으로 쿠바 독립 영웅 중 한 명으로 까마구에이 출신이다. 공원 주변으로는 깐다데리아 교회와 다문화 박물관이 자리 잡고 있는데, 박물관의 경우 쿠바의 다양한 인종적 문화적 특징을 설명하고 있으나 규모가 작아 굳이 들어가 볼 필요는 없을 듯하다. 다만, 깐다데리아 교회의 예수상 사진이 박물관 내부에서 잘 찍히기 때문에 필요하다면 입장해보도록 하자.

🚶 아그라몬떼 공원은 Martí 가에 면해 있다. 공원에서 Martí 가를 보고 왼쪽으로 길을 따라 여섯 블록 정도를 걸으면 여섯 갈래로 갈라진 길이 나오고, 거기에서 까르멘 광장으로 가는 표지판을 찾을 수 있다.

다문화 박물관

📍 Parque Ignacio Agramonte

🎫 1CUC / 사진 촬영 시 2CUC 추가

🕐 **Open** 월~금 10:00~18:00,
토 09:00~21:00,
일 08:00~12:00

아그라몬떼 박물관

까르멘 광장

산 후앙 데 디오스 광장

까르멘 광장 Plaza del Carmen 쁠라사 델 까르멘

그리 붐비지 않는 작은 광장이다. 게다가 건물 내부 외에는 볕을 피할 그늘도 없어서 머물러서 쉬기에 좋은 곳은 아니다. 하지만, 아담한 교회의 전면부와 비정방형의 광장, 그리고 주변의 저층 건물들이 어울리는 풍경이 나름의 아름다움을 만들어 내는 곳이다.

광장에 면한 까르멘 교회는 내부를 새로 단장해 깨끗하지만 오히려 여행자들이 선호하는 예스러움을 찾기는 어렵다. 주변으로 기념품점과 식당들이 있어 식사를 하거나 쉬어갈 수 있다. 광장의 한쪽에는 실물 크기의 동상들이 서있는데, 이는 까마구에이의 실제 주민을 모델로 만들어졌다고 한다. 이미 돌아가신 분도 있지만, 현재 생존해 있는 분도 있으시다니 흥미롭지 않을 수 없다. 까마구에이에서도 다른 도시와 마찬가지로 기념품점과 그림을 파는 가게들을 적지 않게 찾을 수 있는데, 그림이나 기념품의 수준이 다른 도시보다는 더 나은 편이다. 찍어내듯이 똑같아 보이는 그림보다는 각자의 주제에 따른 그림이 많아 눈여겨 볼 만하겠다.

🚶 Martí 가를 따라 아그라몬떼 공원까지 되돌아간 후 Salvador Cisnero 가에서 우회전해 Raúl Lamar 가가 나올 때까지 세 블록 정도를 걷자. Raúl Lamar 가가 나오면 한 블록만 더 간 후 우회전 한 번 좌회전 한 번이면 산 후앙 데 디오스 광장이 눈에 들어온다.

산 후앙 데 디오스 광장 Plaza San Juan de Dios

쁠라사 산 후앙 데 디오스

딱히 이유를 꼬집어서 이야기할 수는 없지만, 왠지 산 후앙 데 디오스 광장은 차분해서 다시 찾고 싶어진다. 볕이 넘어가 석양이 지면 생기는 건물 그림자 아래, 광장 한 곳에 놓인 의자든 건물의 턱이든 어디든 앉아서 주민들과 아무 이야기라도 오래 나누고 싶은 마음이 들게하는 조용한 광장이다.

이 광장 주변에 있는 식당들은 외국 관광객들에게는 꽤 유명해서 특히 저녁 식사 시간이 되면 찾는 사람들이 제법 많다. 어떤 곳에서는 라이브를 하기도 하고 어떤 곳은 고풍스러운 분위기로 손님을 맞이하고 있으니 한 끼 정도는 이 근처에서 식사하는 것도 나쁘지 않을 듯하다.

🚶 왔던 길을 따라 다시 아그라몬떼 공원으로 돌아가자. 아그라몬떼 공원에서 Martí 가를 따라 까르멘 광장의 반대편 방향으로 걸으면 네 번째 블록에서 호세 마르띠 공원을 찾을 수 있다.

예수 성심 교회

호세 마르띠 공원 Parque Jose Martí 빠르게 호세 마르띠

광장과 교회의 도시 까마구에이에서도 가장 들를만한 교회를 꼽자면 호세 마르띠 공원의 예수 성심 교회라 하겠다. 세계적인 명소로 삼기에는 부족한 면이 있을 테지만, 쿠바 내의 다른 교회와 비교해 범상치 않게 높은 첨탑과 공들여 만들어진 성소들은 까마구에이 여행자들에게는 방문해야 하는 명소가 되고 있다. 공원 자체는 이동 인구가 많지 않아 온종일 한가한 편이며, 그리 넓은 편도 아니기에 볼거리가 있는 곳은 아니다.

하지만, 멀리서부터 보이는 높은 예수 성심 교회의 첨탑과 이를 찾아 골목골목을 돌아설 때마다 마주치는 색다른 풍경 등은 이 공원을 찾아가는 재미를 더하고 있으니 호세 마르띠 공원을 찾아 나서보기 바란다.

🚶 호세 마르띠 공원에서 어느 길이든 따라서 남쪽 방향으로 가보자. 어느 길을 따르든 남쪽 방향으로 걸으면 강을 가로지르는 다리를 만나게 되어있다. 다리를 건너면 도로의 가운데에 작은 공원이 있고, 공원에서 왼편으로 Casino Campestre라는 표지판을 찾을 수 있다.

까지노 깜뻬스뜨레 Casino Campestre

포커판이 벌어지는 그런 카지노는 아니다. 야외에 마련된 놀이시설을 스페인어로 또한 'Casino' 라고 하며, 이곳은 공원, 동물원, 야구장 등이 자리 잡고 있는 곳이다. 쿠바에서 흔하게 볼 수 없는 잔디 공원을 이곳에서 볼 수 있으며, 주 산책로를 따라 깊이 들어가면 야구장과 혁명 광장에 닿을 수 있다. 공원을 가르는 강물이 깨끗한 편이 아니고, 잔디도 잘 관리되고 있다고 할 수는 없어서 큰 기대는 하지 않는 것이 좋겠지만, 시간에 좀 여유가 있다면 이곳에 들러 정말 흔하지 않은 쿠바의 잔디밭을 구경하도록 하자.

까지노 깜뻬스뜨레

ⓨ 하자! ACTIVITIES

Casa de la Trova 까사 데 라 뜨로바

적지 않은 관광객이 찾는 도시
까마구에이이지만, 저녁이 시끌벅적한
곳은 아니다. 가볼 만한 곳이 없을까 하고
몸이 근질근질하다면 아그라몬떼 공원의
한쪽에 있는 까사 데 라 뜨로바로 가보자.
관광객보다는 현지의 젊은이들이 더 많이 찾고
있는 이곳은 저녁이면 동네에서 가장 붐비는
곳이다. 라이브 공연과 함께 시끌벅적한 살사
파티를 원한다면 이 곳으로 가보자. 문이 닫혀
있더라도 잠시만 문밖에서 기다리면 문을
열어준다.

- ⌂ Cl. Salvador Cisnero e/ Martí y Cristo
- ◯ Open 10시 이후
- 🎫 1CUC

아그라몬떼 공원의 다문화 박물관 바로 옆이다.

Bar Casa Blanca 바 까사 블랑까

까사 데 라 뜨로바가 너무 부산하고 붐빈다면, 까사 블랑까로 가보자. 좀
너무 한산한 거 아닌가 하는 생각이 들 수도 있지만, 실내에서 에어컨
바람과 함께 까마구에이의 밤을 즐기려면 이곳이 좋겠다.

- ⌂ Cl. Ignacion Agramonte e/ López Recio y Repúblic
- ◯ Open 21:00~02:00

인포뚜르의 안 쪽에 있다.

🍴 먹자! EATING

Ⓒ 0~5CUC　ⒸⒸ 5~10CUC　ⒸⒸⒸ 10CUC~

아름다운 도시 까마구에이이지만, 꼭 가봐야 할 식당은 없는 듯하다. 도시 중심가의 곳곳에 관광객들을 위한 식당들이 고
르게 자리 잡고 있으며, 길거리 음식은 General Gómez의 중심이 근처나 아그라몬떼 공원 주변을 돌아보면 찾을 수 있다.

Cubanitas 꾸바니따스 Ⓒ

노동자 광장 근처에서 12시까지 영업을
하는 꾸바니따스는 저녁 늦게 출출할 때
편의점도 없는 쿠바에서 위로가 되어 줄
수 있을 듯하다. 간단한 스낵류와 주로
음료를 판매하고 있다.

- ⌂ Cl. Salvador Cisnero e/ General
  Gómez y Ignacion Agramonte

노동자 광장에서 Salvador Cisnero 가를
바라보면 왼편으로 바로 보인다.

밀 오초 시엔또 1800 ⒸⒸ

산 후앙 데 디오스 광장의 식당 중에서
가장 고풍스러운 분위기를 풍기는
식당으로 밖에서는 별로 그럴듯해
보이지 않지만, 내부로 들어가면 바와
홀 그리고, 빠띠오까지 신경 써서
갖추어 놓았다. 해가 지면 광장에 놓인
테이블에서 식사하는 분위기도 그럴듯
하겠고, 차림도 나쁘지 않다. 10CUC
이내에서 인당 식사가 가능하다.

- ⌂ Parque San Juan de Díos

후앙 데 디오스 광장의 한쪽 면에 있다.

Isabella 이사벨라 ⒸⒸ

이미 꽤 유명해진 이탈리안 식당으로
가격 대비 효율도 좋은 곳이다.
중심가에서 가까워 찾아가기도 쉬울
뿐더러 양도 푸짐해 기분 좋게 식사할
수 있는 곳.

- ⌂ Esq. Ignacio Agramonte y
  Independencia

노동자 광장에서 Ignacio Agramonte 가를
바라보면 한 블록 앞 오른쪽으로 식당이
보인다.

Ferra´s Club 페라스 클럽 ^C

이런 식당은 너무 쉽게 생겼다 사라져서 소개를 하기에도 부담스러운 면이 없지는 않다. 하지만, 아침 식사나 간단한 점심에는 까마구에이에서 이만한 곳이 없으므로 일단 소개토록 하겠다. 햄버거나 간단한 쿠바식 식단을 저렴하게 판매하고 있다.

⌂ Cl. General Gómez e/ Antonion Maceo y República

간판이 없으므로 General Gómez 가에서 주위를 잘 살피고 걸어와 하겠다. 오른편에 소개한 1514에서 그리 멀지 않다.

Bodegón Don Cayetano
보데곤 돈 까예따노^C ^C

관광객들이 가장 많이 머무르는 솔레다드 교회 근처에서 오랫동안 영업을 해 온 곳으로 음료와 간단한

식사를 판매하고 있다. 위치가 좋아 쉬었다 가기는 좋지만, 가격은 조금 비싼 편이니 참고하도록 하자.

⌂ Cl. República e/ Oscar primelles y Ignacion Agramonte

솔레다드 교회의 바로 옆이다.

밀 끼니엔또 까또르세 1514 ^C

저렴하고 품위있는 식당이 필요하다면 1514로. 단, 음식에 큰 기대는 말자. 가격을 생각해 본다면 차림은 정말 훌륭한 편이라 하겠다. MN 식당이지만, CUC로 지불해도 상관없고, 2CUC이면, 배불리 먹고 나올 수 있다.

⌂ Cl. General Gómez e/ Antonion Maceo y San Pablo

General Gómez 가와 불레바르드 (Maceo 가)의 코너에 있으며, 눈에 잘 띄는 편이다.

Bucanero 부까네로 ^C

그다지 훌륭한 점이 있는 식당이라기 보다는 아그라몬떼 박물관 가는 길에 별다르게 앉아 쉬었다 갈만한 곳이 없어 일단 소개하는 곳이다. 관광객을 예상하고 꾸며놓은 듯하지만, 관광객보다는 현지인들이 더 많이 가는 곳으로 가격도 저렴하고, 내부에는 바도 갖추어 놓아 목을 축이기에도 나쁘지 않은 곳이다.

⌂ Cl. República e/ San Martin y Correa

República가를 따라 쎈뜨로에서 아그라몬떼 박물관 방향으로 가다 보면 호텔 꼴론의 전 블록에 오른편에 있다.

🛏️ 자자! ACCOMMODATIONS

광장과 교회가 산개해 있어 그 주변으로 까사 빠르띠꿀라들도 넓게 펼쳐져 있다. 쎈뜨로 지역이 넓다 보니 저렴한 숙소를 찾으러 외곽으로 멀리 갔다가는 도보로 이동하는 데 문제가 있을 듯하므로 숙소는 가급적 쎈뜨로 지역 내에서 찾는 것이 좋을 듯하다. 비아술 터미널에서 택시나 비씨 택시를 운영하는 기사들도 까사 한두 개 정도는 알고 있으므로 그들에게 저렴한 숙소를 묻는 것도 나쁜 방법은 아니다. 다만, 권해주는 집이 맘에 들지 않는 경우 어렵지 않게 거절하는 법도 배워야 할 듯하다.

Hotel El Marqués 호텔 엘 마르께스

까마구에이에는 아담한 부티크 호텔들이 몇 있어 숙박을 고려 해볼 만 하겠다. 단정하고 차분한 실내 분위기도 나쁘지 않고, 쎈뜨로 지역이면서도 쿠바답지 않게 조용하다. 예산에 여유가 있고, 까사가 불편하게 느껴지지 않는다면 이런 곳도 나쁘지 않겠다.

⌂ Cl. Salvador Cisneros No. 222 e/ Hermanos Aguero y Martí

Salvador Cisneros가와 General Gómez 가의 교차로와 아그라몬떼 공원의 사이에 있다.

📞 244937

✉ ventas@ehoteles.cmg.tur.cu

Casa Michel 까사 미셸

꽤 깊고 넓은 집을 할머니와 가족들이 관리하고 있으며, 안쪽으로는 쉴만한 야외 공간도 마련되어 있다. 까르멘 광장에서 가깝지만, 아그라몬떼 공원에서 다소 먼 거리이기는 하다.

🏠 Cl. Bembeta 571 e/ Horca y San Ramon

까르멘 교회의 뒤편에 Bembeta 가가 있고, 그곳에서 두 블록 이내이므로 번지수를 유심히 살펴 찾아보자.

📞 266258 / (mob) 58006311
✉ Sara_michel65@yahoo.it

Casa Maria 까사 마리아

할아버지와 가족들이 쎈뜨로 인근에서 관리하고 있는 이 집은 위치가 가장 강점이라 할 수 있다. 까르멘 광장, 아그라몬떼 공원, 노동자 광장 모두 가까이에 있다.

🏠 Cl. General Gómez No. 257 e/ San Ramon y Principe

Salvador Cisnero 가와 General Gómez 가의 교차로로 일단 간 후 서쪽 방향으로 General Gómez를 따라가면 두 번째 블록 왼편이다.

📞 297281

Casa Urania 까사 우라니아

노부부가 운영하는 집은 분위기가 따뜻해서 좋다. 이 집은 가격도 좀 저렴하게 받는 편이라서 더 좋다. 노동자 광장이나 아그라몬떼 공원에서도 멀지 않아 이동하기에도 큰 문제가 없으니 일단 이곳부터 들러보는 것도 나쁘지 않다.

🏠 Cl. General Gómez No. 308 e/ Lugareño y San Miguel

중심가에서 멀어지는 방향으로 General Gómez 가를 따라 걷다 보면 아주 작은 공원이 하나 보이고 더 걷다 보면 교회가 또

하나 보인다. 까사 우라니아는 그 길의 사이에 있다. 번지수가 잘 붙어있으므로 잘 세며 걷자.

📞 296692

Casa Mary 까사 마리

아담하고 깔끔하게 군더더기가 없어 지내기에는 이런 집이 맘 편할 수도 있다. 이동 동선도 좋고, 가격도 저렴한 편이다. 까사 우라니아와 더불어 추천할 만한 저렴한 숙소라 하겠다.

🏠 Cl.San Ramón No.4 e/ General Gómez y Astillero

Salvador Cisnero 가와 General Gómez 가의 교차로로 일단 간 후 서쪽으로 한 블록만 더 가면 San Ramón가가 나온다. 우회전하면 오른편에서 간판을 찾을 수 있겠다.

📞 255352

Casalta 까살따

까사 알따 Casa Alta (높은 곳에 있는 집) 을 까살따로 줄여 부른다는 2층에 위치한 이 집은 쿠바에서 드물게 모던한 인테리어로 눈길을 끌고 있다. 방까지 그런 느낌은 아니지만, 공동으로 이용할 수 있는 거실도 깔끔하고, 아그라몬떼 공원에서 가까이 있어 이동하기에도 편리하다.

🏠 Cl. Salvador Cisneros No. 160 (Alto) e/ Luaces y San Clemente

아그라몬떼 공원에서 Salvador Cisnero 가를 따라 교회가 있는 방향 (남쪽)으로 70미터만 가면 왼편에서 찾을 수 있다.

📞 274712 / (mob) 54660291
✉ orlandohg@nauta.cu

Hotel El Camino de Hierro
호텔 엘 까미노 데 이에로

호텔, 관공서 등등으로 사용되던 건물이 지금은 호텔로 계속해서 사용되고 있다. 관광객들이 가장 많이 다니는 솔레다드 교회 앞에서 식당과 호텔을 함께 운영 중이며, 그만큼 좀 번잡할 수는 있지만, 분위기는 이만한 곳이 없다. 건물의 외부 만큼 내부가 깔끔한 편은 아니지만, 1800년대의 건물인 만큼 예스러움을 간직하고 있어 이채롭다.

🏠 Plaza de la Solidaridad No.76, e/ Maceo y República

솔레다드 교회가 있는 광장에 면해 있어 쉽게 찾을 수 있겠다.

📞 287264

까마구에이에 대한 이런저런 이야기

- 인터넷을 사용하고 싶다면, 솔레다드 교회 인근이나 아그라몬떼 광장에서 신호를 수신할 수 있다.
- 정방형이 아닌 도로가 까마구에이의 다양하고 아름다운 골목 풍경을 만들고 있지만, 길을 찾기 힘들게 하는 요인이기도 하다. 돌아봐야 할 지역이 워낙 넓은 데다가 종종 도로명 표지판이 없는 곳도 있으므로 주의해서 다니도록 하자.
- 호텔 엘 까미노 데 이에로의 옆 블록에는 아주 저렴한 식당이 있다. 맛은 별로지만, 피자나 스파게티로 허기를 때우기는 나쁘지 않다.
- 까마구에이의 인포뚜르는 사람들이 큰 길가에 있지 않으므로 골목 안을 잘 들여다 보자.
- 지도상에 Antonio Maceo 가로 표시된 거리를 불레바르드로 조성을 해두어 필요한 공산품은 그 근처에서 구할 수 있겠다.

CAMAGÜEY

PLAYA SANTA LUCIA

까마구에이 주
쁘라야 산따 루씨아

아름다운 스쿠버 포인트가 있는 해변과
저렴한 올인클루시브 호텔.

🚌 쁘라야 산따 루씨아 드나들기

뜨리니다드에서 출발해 까마구에이를 거쳐 쁘라야 산따 루씨아로 이동하는 비아술 버스가 있어 가장 좋은 옵션이 될 수 있을 듯하다. 택시로 이동할 경우는 약 30CUC에 이동 할 수 있다.

쁘라야 산따 루씨아 드나드는 방법 버스

🚌 비아술 버스

뜨리니다드에서 출발한 버스는 상띠 스뻬리뚜스 시에고 데 아빌라를 지나 까마구에이와 쁘라야 산따 루씨아에 닿는다. 하지만, 이 버스가 반대로 쁘라야 산따 루씨아에서 출발해 뜨리니다드로 가지는 않고, 까마구에이, 시에고 데 아빌라, 상띠 스뻬리뚜스 그리고, 산따 끌라라를 거쳐, 라 아바나로 돌아가므로 비아술 버스를 이용해 일정을 계획할 때는 주의할 필요가 있겠다.

비아술 버스 이동 경로 및 주의사항

뜨리니다드 → 상띠 스뻬리뚜스 → 시에고 데 아빌라 → 까마구에이 → 쁘라야 싼따 루시아 → 까마구에이 → 시에고 데 아빌라 → 상띠 스뻬리뚜스 → 산따 끌라라 → 라 아바나

구간을 마냥 왕복하는 노선이 아니므로 주의하고, 버스의 앞에 목적지가 붙어있지 않고, 'Flete'(화물)이라고 적혀있는 경우가 있으니 꼭 버스기사에게 목적지를 확인하도록 하자.

쁘라야 산따 루씨아에서 나오는 버스의 경우에는 따로 터미널이 없이 호텔의 앞쪽에서 지나가는 버스를 세워야한다. 숙박하는 곳에서 정류장을 꼭 확인하고, 버스가 출발하는 곳으로 이동하여 탑승하도록 하자.

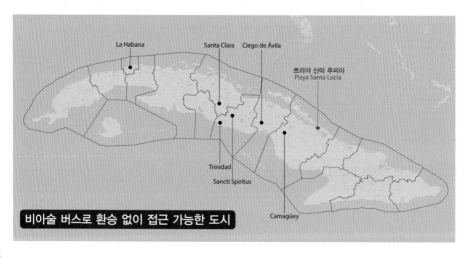

ⓞ보자!

까마구에이에서 오래 머무르면서 바다도 가보고 싶다면 혹은 쿠바에서 제법 유명한 스쿠버다이빙 포인트를 즐기고 싶다면 쁘라야 산따 루씨아로 가보자. 하지만, 일반적으로 바다의 빛깔이나 풍경이 바라데로 급에 미치지는 못 하므로 미리 알아두기 바란다. 왕의 정원이라 부르는 Jardin del Rey가 시작하는 이곳 쁘라야 산따 루씨아는 현지인들이 많이 몰리는 7, 8월 외에는 아주 한적한 편이다. 총 4개의 올인클루시브 호텔이 운영되고 있으며 가격은 인당 40CUC 전후로 아주 저렴한 편이다. 덕분에 7, 8월에는 현지인들이 많아 이 시기에는 이 땅의 주인들에게 자리를 내어주고 여행자는 이들의 바캉스 시즌이 끝나기를 기다렸다 즐기는 편이 나을 듯하다. 어쨌든 쿠바의 7, 8월은 너무 뜨거워 여행을 권할 만한 시기도 아니긴 하다.

쁘라야 산따 루씨아의 해변을 위성 지도로 보면 해변에서 2km 거리의 바다에 자리 잡고 있는 융기 지형을 확인할 수 있다. 바로 그 부분 덕분에 쁘라야 산따 루씨아의 파도는 유난히 잦아 가족 여행객들이 아이들과 함께 즐기기에 좋고, 그곳으로 스쿠버다이빙이나 스노클링을 하기 위해 이동하는 관광객들도 많다. 각 호텔에서 신청이 가능한 스노클링 및 다이빙 투어는 매일 출발하지는 않으므로 호텔 내의 여행사에 미리 확인을 해두어야 하겠다. 인근에 호텔 외의 다른 까사들도 있지만, 올인클루시브 호텔 가격이 저렴해서 웬만하면 호텔을 즐기다 오는 것이 좋을 듯하다.

쁘라야 산따 루시아 호텔 예약

꾸바뚜르 여행사
⌂ Ignacio Agramonte No.421
☎ 254785

아바나뚜르 여행사
⌂ República No.271
☎ 281564

꾸바나깐 여행사
⌂ Plaza Hotel, Van Horne No.1
☎ 297374

호텔 내부 시설물

올인클루시브 호텔 브리사스

해변 풍경

특별하지 않아 특별한, 아름다운 하늘의 마을

LAS TUNAS

라스 뚜나스 주

LAS TUNAS

라스 뚜나스 주는 어떨까?

라스 뚜나스 주에 왔다면, 뭔가 특별한 것을 찾으려고 애쓰지 않는 것이 좋다. 못 찾을 테니까. 라스 뚜나스라는 지역에는
특별한 것이 없다. 싼따 클라라가 받은 체 게바라의 은총도, 비냘레스나 뜨리니다드가 받은 유네스코의 선택도 없었다. 쿠
바 전역에 넉넉하게 내린 인기 관광지라는 단비는 라스 뚜나스를 빗겨 나간 듯 했다. 이 곳에서 만난 한 택시기사는 내게
이렇게 이야기한다.
"올긴이나 바야모에 가면 더 볼게 많을거야."
약간의 미안함이 섞여 있었다고 생각했지만, 내 착각일지도 모르겠다.

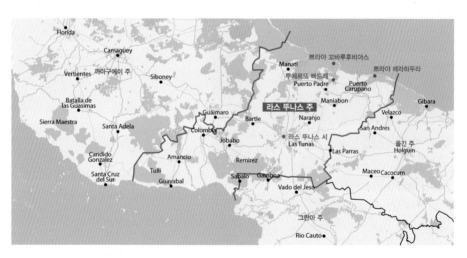

라스 뚜나스 시 Las Tunas 쿠바의 명소들을 탐방하는 일정이라면 라스 뚜나스를 건너 뛰어도 큰 문제는 없다. 하지만, 쿠
바 사람들을 만나고, 그들의 생활을 가까이서 엿보고 싶다면 바로 이런 도시 라스 뚜나스로 가는 것이 좋다. 소개할 명소가
없어 짧은 페이지를 할애할 수 밖에 없지만, 이 작고 깨끗한 도시 라스 뚜나스로 가면, 쿠바 사람들이 어떻게 살고 있는지
관광객들이 밀려들기 전 쿠바는 어떤 모습이었는지를 유추할 수 있을듯 하다. 낮에는 대부분 거리가 비교적 한산한 편이고,
광장 근처에서 모여있는 사람들을 조금 찾을 수 있다. 저녁 9, 10시쯤이 되면 많은 주민이 서서히 광장으로 모여들어 고단한
하루의 일과를 그곳에서 달랜다. 그리고, 땅 위에 자랑할 만한 것이 많지 않아서인지, 라스 뚜나스 인근의 하늘을 유난히 아
름답다.

뿌에르또 빠드레 & 해변들 Puerto Padre & Playas 라스 뚜나스 시에 볼거리가 없다고 해서 인근의 바다도 그럭저럭 일 거
라 생각한다면 오산. 바라데로나 까요들 만큼 국제적으로 이름을 날리지는 못하더라도 무시하면 섭섭한 기막힌 해변들이
라스 뚜나스 주의 북쪽에 자리 잡고 있다. 교통편도 만만치가 않고, 쿠바의 바캉스 시즌(7, 8월) 외에는 붐비지 않는 편이라
이곳 해변은 종종 어느 무인도의 해변 같은 이미지를 풍기기도 한다. 일단 한 번 와봤다면 또다시 찾게 되는 라스 뚜나스 주
북쪽의 기적 같은 해변, 기회가 된다면 이 책과 함께 꼭 들러 보았으면 하는 바람이다. 해안가 마을인 뿌에르또 빠드레는 만
깊숙한 곳에 있어 바다가 깨끗한 편은 아니지만, 아기자기한 건물들과 바다, 언덕이 만드는 풍경이 인상적이다.

LAS TUNAS

라스 뚜나스 주 미리 가기

스페셜 라스 뚜나스

쁘라야 에라하두라 – 어떤 분위기인지는 가본 사람만 알 수 있다. 글로도 사진으로 담기 힘든 해변.
라스 뚜나스의 하늘 – 딱히 어디서 어떻게라고 말하기 힘들지만, 라스 뚜나스 시의 하늘은 특별함이 있다.

라스 뚜나스 주 움직이기

라스 뚜나스에서 쿠바의 동쪽은 쿠바의 동부 지역 '오리엔떼'라고 불린다. 그리고 그만큼 라 아바나에서 멀다.

To 라스 뚜나스 시

여행자들에게 인기가 없는 도시라도 비아술 버스가 정차하고 있다. 라 아바나에서 산띠아고 데 꾸바로 가는 노선 중에 라스 뚜나스에 정차하는데, 이 노선 자체가 여행자들이 많이 타는 노선이라서 표를 구하는 게 어려울 수 있다. 유의하자. 인근 도시인 시에고 데 아빌라나 올긴, 바야모 등에 있다면 마끼나를 이용하는 것이 더 빠를 수 있다.

In 라스 뚜나스 시

걸어 다니기만 해도 충분한 도시. 사실 시내에 꼭 봐야 할만한 포인트도 없어서 많이 걸을 일도 없을 듯하다.

To 해변

인근의 아름다운 해변으로 가는 방법은 현지인들처럼 까미옹을 타거나 택시를 구해서 타거나 둘 중 하나다. 교통편이 여의 치 않을 때는 일단 까사 주인에게 문의하는 것이 최선이다. 거리가 그리 멀지는 않지만, 돌아올 때는 택시기사들이 빈 차로 와야 하기 때문에 그 또한 염두에 두고 계산을 한다. 라스 뚜나스에서 쁘라야 에라하두라까지 약 50CUC 이상은 생각을 해야겠다.

숙소

라스 뚜나스 시 주변에도 민박이 영업하고 있다. 여행자들에게 유명한 도시가 아니라서 많은 편은 아니지만, 솔라르 마르띠 광장에서 Francisco Verona 가를 유심히 따라가다 보면 민박이 있으니 참고하자. 꼬바루후비아스 해변의 호텔은 저렴한 가격과 아름다운 해변으로 가성비로는 최고의 올인클루시브가 될 듯하다. 쁘라야 에라하두라에서는 식사, 음료, 숙박 모두 민박에 의존할 수밖에 없다. 까사 마크를 찾아 숙박하자.

LAS TUNAS

LAS TUNAS

라스 뚜나스 주
라스 뚜나스 시

여행자가 없어 마주하게 되는 낯선 얼굴
진짜 쿠바의 민낯.

🚌 라스 뚜나스 시 드나들기

쿠바의 중심을 동서로 가르는 도로가 라스 뚜나스 시를 지나고 있어 이동은 비교적 간단하다. 하지만, 라스 뚜나스를 들러 더 동쪽으로 이동할 경우에는 길이 크게 갈라지므로 올긴 시 방향으로 갈지, 그란마를 지나갈지 미리 생각해 두어야 한다.

라스 뚜나스 시 드나드는 방법 01 항공

라스 뚜나스에는 현재 운영되는 공항이 없고, 올긴의 공항이 가까이에 있다.

라스 뚜나스 시 드나드는 방법 02 기차

라 아바나발 산띠아고 데 꾸바 행 열차가 라스 뚜나스에 정차한다. (쿠바 기차 노선도 참고 P. 25)

라스 뚜나스 시 드나드는 방법 03 버스

🚌 비아술 버스

라 아바나에서 올긴이나 산띠아고 데 꾸바 행 버스를 타면 라스 뚜나스에서 정차할 수 있다. 그 외 바라데로나 뜨리니다드에서 산띠아고 데 꾸바로 가는 버스를 탈 수도 있다. 산띠 끌라라, 상띠 스삐리뚜스, 시에고 데 아빌라, 까마구에이 등 각 버스의 중간 경유지에서는 모두 라스 뚜나스로 오는 비아술 버스를 구할 수 있지만, 경우에 따라 정차하지 않는 경우도 있으므로 유의하자. 라 아바나에서 올 경우 약 11시간 정도 걸린다.

비아술 터미널에서 시내로

터미널이 중심가에서 멀지 않으므로 걸어서 이동이 가능하고, 짐이 있거나 숙소가 멀 경우 비씨 택시를 이용하면 20MN로 대부분 지역으로 이동할 수 있다.

🚌 전세 버스

아침 6시에 라 아바나에서 출발하는 산띠아고 데 꾸바행 버스가 있다. 가격은 중식 포함 71CUC 정도(라스 뚜나스까지)이다. 여행사에 문의하자.

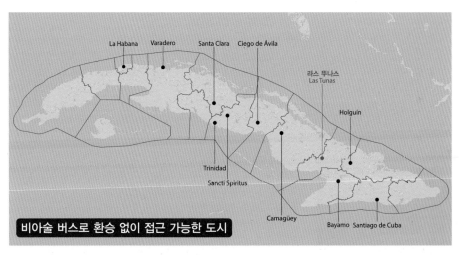

비아술 버스로 환승 없이 접근 가능한 도시

시내 교통

라스 뚜나스 주의 주도이면서도 아주 작은 규모인 이 도시는 관광을 위해서라면 걸어 다니는 것으로 충분하다. 너무 오래 걸었거나 터미널까지 이동 시 짐이 많다면, 비씨 택시를 이용하면 유용할 듯하다. 대부분의 거리는 20MN로 이동하므로 미리 MN를 소지하도록 하자.

 보자!

조용한 동네를 선호하는 사람에게는 추천할 만한 도시이지만, 특별히 소개해야 할 명소가 없는 것은 사실이다.

7월 26일 공원 주변

7월 26일 공원은 시장으로도 쓰이고, 축제 장소로도 쓰이는 다목적 공간이다. 일요일 오전이면 채소나 각종 물품을 판매하는 장이 열린다. 공원 앞 도로에서 시 외곽으로 뻗어가는 방향으로 Vicente Garcia 가를 따라 50여 미터만 가면, Cabaret Taino와 주유소가 보인다. 저녁이면 동네 젊은이들이 모여드는 Cabaret Taino, 이곳 저곳으로 갈리는 교차로와 버스 정류소가 있어 항상 사람들이 모여있는 편이며, 길거리 음식도 몇 곳에서 판매하고 있다.

Vicente Garcia 가

도시의 중앙 도로로 라스 뚜나스에서는 가장 중요한 도로라 할 수 있겠다. 주요 은행이나 상점 등은 대부분이 Vicenter Garcia 가에 위치해 있고, 도로 양 쪽으로 늘어서 있는 정갈한 건물들, 도로와 광장이 이어지는 풍경이 아기자기하다. 저녁이 되면 주민들이 이 길을 따라 걸어서 혹은 자전거로 광장으로 모여든다.

라스 뚜나스 시

Avenida 30 de Noviembre

Avenida 2 de Diciembre

비센떼 가르시아 기념물
Monumental Vicente Garcia

호텔 라스 뚜나스
Hotel Las Tunas

비센떼 가르시아 혁명광장
Plaza de la Revoución
Mayor General Vicente Garcia

Avenida 30 de Noviembre

Francisco Varona

Francisco Vega

Saturno Lora

버스터미널

Frank País

Lico Cruz

Emilio

Lucas Ortiz

Joaquín Agüero

Angel Guardia

Gonzalo de Quesada

마세오 공원
Parque Maceo

비센떼 가르시아 주립 박물관
Museo Provincial General Vicente Grcia

비야 깐다도
La Villa Candado

비야 루안다
Villa Luanda

Marti

Antonio Maceo

하바나뚜르 여행사
라 보데기따
La Bodegita

인포뚜르

쏠라르 마르띠 광장
(현지명) Plaza Solar Marti

Adolfo Villamar

아이 사뽀리
Al Sapori

까사 데 라 꿀뚜라
Casa de la Cultura

바 까딜락
Bar Cadillac

까사 롤란도
Casa Rolando

Francisco Varona

마세오 공원
Parque Maceo

비센떼 가르시아 공원
Parque Vicente Garcia

Julian Santana

Saturno Lora

ntonio Maceo

Adolfo Villamar

Francisco Vega

Julian Santana

Ramon Ortuno

엔 파밀리아
En Familia

Colón

Nicolás Heredia

24 de Febrero

Tony Aluma

Cucalambe

Lucas Ortiz

Lico Cruz

Vicente Garcia

24 de Febrero

13 de Octubre

Angel Guerra

공동묘지

Marti

Libertad

Trista

13 de Octubre

7월 26일 공원
Parque 26 de Julio

Colón

Saturno Lora

N

쎈뜨로

비쎈떼 가르시아 공원 Parque Vicente Garcia, 솔라르 마르띠 광장 Plaza Solar Marti, 마세오 공원 Parque Maceo 이 모여있는 곳으로 다른 도시의 쎈뜨로 구역보다 규모는 작다. 인구가 많지 않아 낮에도 붐비는 편이 아니고, 공원이나 광장에도 볕을 가려줄 만한 시설물이 많지가 않아 낮에는 머무르는 사람이 많지 않다. 도시의 중앙 도로로 라스 뚜나스에서는 가장 중요한 도로라 할 수 있겠다. 주요 은행이나 상점 등은 대부분이 Vicenter Garcia 가에 위치해 있고, 도로 양쪽으로 늘어서 있는 정갈한 건물들, 도로와 광장이 이어지는 풍경이 아기자기하다. 저녁이 되면 주민들이 이 길을 따라 걸어서 혹은 자전거로 광장으로 모여들고, 비쎈떼 가르시아 공원 바로 옆 까사 데 라 꿀뚜라에서는 여러 가지 지역 주민들을 위한 프로그램을 진행한다. 특히 매월 두 번째주 일요일에는 지역 주민들을 주인공으로 조촐한 장기자랑 같은 공연이 열리는데, 까사 데 라 꿀뚜라 공연장의 소박함을 넘어서는 진짜 빈티지한 분위기와 아마추어의 진지함이 어우러져 꽤 매력적인 공연이 진행되기도 한다.

비쎈떼 가르시아 혁명 광장

광장과 기념물밖에 없어 조금 썰렁한 기분마저 드는 곳이다. 방문할 것을 추천하지는 않는다.

 하자! ACTIVITIES

특별히 밤에 꼭 가야 할 곳은 없다. 그저 주민들처럼 9시 즈음에 광장에 나가 앉아있다가 음악이 들리는 곳으로 따라가면 좋을 듯하다.

Casa de la Cultura 까사 데 라 꿀뚜라

매일 다른 프로그램으로 지역 주민을 위해 봉사하고 있다. 공연장은 천장이 일부 뚫려있어 저녁이면 별이 보이고, 조명기 한 대를 그냥 바닥에 놓고 쓰고 있다. 한쪽에는 오래된 기둥들, 반대편에는 미장이 벗겨진 붉은 벽돌벽 그리고, 무대 뒤편 하늘 거리는 비닐 막이 어울려 샴류 컬트 영화를 보는 듯 충격적이게 아름다운 무대를 주민들은 자연스럽게 이용하고 있다. 운영진이 조명기를 몇 대 더 사기 전에 방문하는 것이 좋을 듯하다. 매일의 시간과 프로그램이 다르므로 건물 앞 게시판에서 확인하자.

🏠 Cl. Vicente Garcia e/ Francisco Varona y Francisco Vega ◎ 게시판 확인요
비쎈떼 가르시아 공원에서 Vicenter Garcia 가를 보고서면 정면에 바로 보인다.

🍴 먹자! EATING

ⓒ 0~5CUC ⓒⓒ 5~10CUC ⓒⓒⓒ 10CUC~

이 작은 도시에는 앉아서 먹을 수 있는 식당이 그리 많은 편은 아니다. 길거리 음식은 Vicenter Garcia 가에 드문드문 있고, 7월 26일 공원 근처의 정류소에 또 몇 개가 모여있다. Bulevar로 조성한 Francisco Vega 가의 쎈뜨로 구역에도 식당과 길거리 음식이 있으니 여기저기 다닐 필요는 없을 듯하다. 단, 큰 기대는 말자. 실은 작은 기대도 하지 않기 바란다.

Ai Sapori 아이 사뽀리 ⓒ

불레바르에 있는 아이 사뽀리는 이탈리아 음식점을 지향하고 있다. MN으로 계산이 가능하며, CUC로도 지불할 수 있다. 파스타, 피자, 일반적인 쿠바식 식단이 가능하고 가격은 저렴한 편이다. 홀을 깨끗하게 관리하고 있어 인근에서는 가장 들를만한 식당인 듯하다.

📍 Cl. Francisco Varona e/ Vicente Garcia y Lucas Ortiz
비센떼 가르시아 공원에서 박물관을 바라보았을 때 왼쪽으로 프란시스꼬 바로나를 따라가면 왼편에서 일곱 번째 가게다.
🕐 Open 11:00~23:00

La Bodeguita 라 보데기따 ⓒ~ⓒⓒ

불레바르에서 가장 깨끗하고, 그렇게 비싸지도 않다. 음식 맛이 뛰어나거나 별 장점도 없지만, 길거리 음식에 지쳤거나 좀 깔끔하게 먹고싶다면 그래도 인근에서는 라 보데기따가 가장 나을 듯하다. 저렴한 편이다.

📍 Cl. Francisco Varona e/ Vicente Garcia y Lucas Ortiz
비센떼 가르시아 공원에서 박물관을 바라보았을 때 왼쪽으로 프란시스꼬 바로나를 따라가면 왼편에서 첫 번째 가게다.
🕐 Open 12:00~15:00, 19:00~23:00

En Familia 엔 파밀리아 ⓒ

열려 있어야 하는 시간에 찾아갔음에도 문이 닫혀있는 이 식당가를 소개해야 할까 하는 생각이 들긴 하지만, 엔 파밀리아라는 이곳에는 디노스 피자나 디또와 같은 패스트푸드점이 모여 있어 간단한 식사에 유리할 듯하다.

📍 Cl. Vicente Garcia e/ Ramon Ortuno y Julian Santana
비센떼 가르시아 공원에서 비센떼 가르시아를 따라 7월 26일 공원 방향으로 두 번째 블록 왼쪽이다.
🕐 Open 09:00~23:00

Bar Cadillac 바 까딜락 ⓒⓒ

호텔 까딜락에 딸린 레스토랑 겸 Bar로 24시간 운영하고 있다. 저렴한 샌드위치 등을 판매하고 있고, 저녁이나 주말에는 Bar만 운영하고있다. 광장 근처에서는 나름 동네 명소라서 낮에 가도 이곳에 진을 치고 앉아 있는 사람들을 쉽게 볼 수 있다.

📍 Cl. Ángel Guardia e/ Francisco Vega y Francisco Varona
비센떼 가르시아 공원에서 찾을 수 있다.
🕐 Open 24시간

자자! ACCOMMODATIONS

라스 뚜나스에서의 숙소 포인트는 가격일 듯하다. 어쨌든 비인기 관광지이다 보니 다른 도시에 비해 비교적 저렴하게 묵을 수 있다. 쎈뜨로 이 외의 지역에 그리 볼일이 없을 테이므로 비쎈떼 가르시아 공원 근처에서 숙소를 정하는 것이 좋겠다. 다른 지역보다 가격은 저렴한 편인데다가 까사 주인들도 손님을 많이 받아보지 않아서인지 가격은 이야기하기 나름이라는 집이 많다.

Villa Candado 비야 깐다도

비아술 터미널과 비쎈떼 가르시아 공원 사이에 확연하게 눈에 띄는 집이 하나 있다. 쎈뜨로와도 가깝고, 시설도 나쁘지 않아 다른 도시라면 25CUC이라도 수긍하겠지만, 이곳은 라스 뚜나스이므로 가격 협상을 잘 해보기 바란다. 조리가 가능한 시설도 있어 봉지 라면이라도 들고 다닌다면 편하게 끓여 먹을 수 있겠다.

- ⌂ Cl.Francisco Varona No.266 e/ Nicolás Heredia y Saturnino Lora
- ✆ 342260/(mob) 53411343
- e juliocm@nauta.cu

비쎈떼 가르시아 공원에서 비아술 터미널 방향으로 프란시스꼬 바로나를 따라가면 세 번째 블록 코너에 잘 보이는 집이 있다.

Villa Luanda 비야 루안다

명랑한 성격의 안주인은 가격이 얼마인지 정확하게 이야기할 수가 없다고 한다. 얘기를 잘하면, 15CUC에도 재워주고 아침밥도 주겠다고 하니 얘기를 잘 준비해서 가보자.

- ⌂ Cl.Francisco Varona No.262 e/ Nicolás Heredia y Saturnino Lora
- ✆ 373253

비쎈떼 가르시아 공원에서 비아술 터미널 방향으로 프란시스꼬 바로나를 따라가면 세 번째 블록 중간 쯤 간판이 보인다.

Casa Rolando 까사 로란도

주방이 딸린 독채를 쓰고 싶다면 이런 집도 있다. 주변보다 5CUC 정도 비싸게 받을 수도 있지만, 넓은 주방 겸 거실에 방도 널찍하다. 특별히 좋은 식당이 없는 라스 뚜나스에서 식사를 직접 해먹으며 경비를 아끼는 것도 나쁜 생각은 아닐 듯하다.

- ⌂ Cl. Nicolas Heredia No. 49 Alto e/ Francisco Vega y L.Ortiz
- ✆ 340409/(mob) 52563743

비쎈떼 가르시아 공원에서 비아술 터미널 방향으로 프란시스꼬 바로나를 따라가다가 두 번째 블록을 지나면 Nicolas Heredia 가가 나온다. 우회전하여 두 번째 블록 왼편에서 외부 계단이 있는 집을 찾아 계단을 올라가자.

라스 뚜나스에 대한 이런저런 이야기

- 라스 뚜나스의 비아술 터미널은 건물 왼편에 조그맣게 창구가 별도로 있다. 올긴행 버스는 타는 사람이 별로 없어 창구에서 미리 판매하지 않고, 당일 아침에 구매가 가능하다.
- 인포뚜르의 지도에 나와 있는 명소들을 굳이 찾아다닐 필요도 없다. 고생해서 찾는다 해도 틀림없이 실망할 테니까. 게다가 어떤 곳은 토박이 주민들도 모른다.
- 택시기사는 까사 주인에게 묻거나 터미널 근처에서 알아보면 되겠다.
- 쁘라야 헤라두라가 가장 손꼽히는 해변이긴 하지만, 더 안쪽에 있는 해변들도 사진을 찍기에는 좋다. 사진촬영을 위한 여행이라면 모두 들러보는 것도 괜찮을 듯 하다.
- 관광객이 많지 않은 도시의 까데끼는 주말에 영업을 하지 않는다. 미리 염두에 두자.

뿌에르또 빠드레 & 해변들
Puerto Padre & Playas

🚌 뿌에르또 빠드레 & 해변들 드나들기

뿌에르또 빠드레까지 이동하는 까미옹이나 꼴렉띠보 택시는 있다. 하지만, 꼬바루후비아스나 인근의 다른 바다를 방문
하려면 택시를 한 대 대절하는 수밖에는 손쉬운 방법이 없다.

라스 뚜나스 - 뿌에르또 빠드레 간(53km)
구아구아 버스 터미널에서 탈 수 있으며, 인당 2MN.
꼴렉띠보 택시 버스 터미널 건너편에서 동행이 있다면, 인당 2CUC.
택시 20CUC에 한 대로 이동할 수 있다.

라스 뚜나스 - 브리사스 꼬바루후비아스 간(72km) / 라스 뚜나스 - 쁘라야 헤라하두라 간(85km)
택시 40CUC에 한 대로 이동할 수 있다.

라스 뚜나스에서 쁘라야 헤라하두라를 향하는 길에 뿌에르또 빠드레에 잠깐 들러 머물다 가는 것도 좋은 방법이다. 뿌에르
또 빠드레는 분위기 있는 마을이지만, 오래 머물러 있을 이유까지는 없으므로 택시 기사와 흥정을 할 때 미리 확실히 이야기
하도록 하자.

뿌에르또 빠드레 Puerto Padre

뿌에르또 빠드레는 라스 뚜나스에서 차로 1시간 정도 거리의 마을로 만의 깊숙한 안쪽에 자리잡고 있다. 바다 쪽으로 경사진 곳에 지어진 마을이라서 아래쪽으로 펼쳐 보이는 바다가 아기자기한 건물들과 어우러져 아름답다. 안타깝게도 인근 사탕수수 공장과 생활용수 때문에 바닷물이 깨끗한 편이 아니라 마을에서 해수욕을 할 만한 곳을 찾기는 힘들지만, 멀지 않은 곳에 해수욕이 가능한 멋진 해변들이 많으니 크게 걱정할 필요는 없을 듯하다. 까사 빠르띠꿀라들도 적지 않아 숙박도 가능하지만, 작은 마을이기에 오래 머무를 이유는 없을 듯하다. 만의 안쪽에서 만의 입구를 수비했던 작은 요새가 있고, 기념물이나 동상들을 만들어 두었으나 작은 마을이라서 찾기에 어렵지 않을뿐더러 굳이 찾아다녀야 할 만큼 볼만하지도 않을 듯하다. 라스 뚜나스처럼 마을 전체가 풍기는 느낌이 고즈넉한 동네이다.

호텔 브리사스 꼬바루후비아스 Hotel Brisas Covarrubias

아름다운 해변가 깔끔한 리조트 호텔의 올인클루시브가격은 아마 쿠바에서 가장 저렴할 것이다. 그냥 지나치기힘든 가성비를 보여주는 이 호텔의 단 하나의 문제는 교통편이다. 여느 해변들처럼 연한 사파이어 빛으로 찬란하게 넘실거리는 파도와 주변의 산, 맹그로브 숲과 어우러지는 풍경은 쿠바에 있음을 새삼 상기시켜줄 듯하다. 초호화는 아니어도 리조트로서는 크게 손색이 없는 시설물또한 풍경과 잘 어울리고 있다. 별도의 요금과 함께 보트

로 다이빙 포인트로 이동하여 36개의 포인트에서 스쿠버다이빙이 가능하다. 아바나 뚜르나 쿠바나깐 등의 여행사를 통해서 예매할 수 있고, 캐나다 패키지 상품을 통해 올긴으로 입국해 준비된 버스로 편안하게 오는 것도 고려해볼 만한 옵션이겠다.

라스 뚜나스 인근의 해변들

접근성이 떨어짐에도 역시 라스 뚜나스도 쿠바 이기에 아름다운 해변은 있다. 단지 정규 교통 편이 없어 교통비가 은근히 많이 들어가거나 좀 고생해서 트럭을 타고 들어가야 할 뿐이다. 라스 뚜나스에서 뿌에르또 빠드레를 들렀다가 오른 쪽으로 차로 40여 분을 계속해서 가면 쁘라야 에라하두라, 라 랴니따, 뿐따 또마떼, 라 보까 등 아름다운 해변을 차례대로 만날 수가 있다. 뿌에르또 빠드레에서 라 보까, 쁘라야 헤라하두라 로 이어지는 해안도로는 계속해서 정비하는 중 이라서 접근성은 갈수록 나아질 듯 하다. 이 인 근에서 숙소를 정하려면 쁘라야 헤라하두라에 서 묵는 것이 가장 좋다. 점점 소문이 나고 있는 해변으로 찾아오는 관광객들을 위해 민박들이 늘어나고 있고, 해안 도로를 타고 동서로 이동 하기에도 유리한 위치에 있다. 하지만, 항상 쿠

라 보까

라 랴니따

뿐따 또마떼

라보까

쁘라야 헤라하두라

바의 작은 마을에 들어갈 때 주의해야 할 것은 그 마을을 빠져나오는 교통편을 서둘러 확인해야 한다는 것이니 도착하자마자 일정에 맞춰 부지런히 나가는 교통편을 수소문해 두도록 하자.

이 해변들의 정경을 어떻게 설명해야 할까? 쁘라야 에라하두라는 태어나서 처음 보는 풍경만 같고, 뿐따 또마떼는 어느 무인도의 해변에 와있는 것 같다. 라 라니따는 길고 황량해서 오히려 비현실적인 해변이고, 라 보까는 현지인들의 생활과 맞닿아 있으면서도 청정함을 자랑하고 있다. 개인차가 있겠지만, 단연 압권은 쁘라야 에라하두라로 말굽 (Herradura)라는 지명처럼 작은 만 형태의 지형에 깊지 않은 물이 성인의 가슴 높이 정도로 차있고, 말굽 형태의 지형 덕에 파도도 거세지 않아서 해수욕에 더할 나위 없는 곳이라 하겠다. 놀기에만 좋은 것이 아니라 그 맑은 물에 작은 어선들이 떠 있는 모습과 에메랄드빛 바닷물은 정말 보고도 믿을 수 없는 그림 같은 풍경이다.

관광객의 손이 많이 타지 않은 거의 천연 상태의 해변들이다 보니 아직 주변에 편의시설들이 마련되어 있지 않다. 꼭 필요한 물건들은 미리 근 도시에서 사서 들어가기 바라며, 식사는 대부분 까사에서 해결해야 함을 염두에 두도록 하자.

오리엔떼의 활기 넘치는 상업 도시

HOLGUÍN

올긴 주

HOLGUÍN

올긴 주는 어떨까?

드넓은 분지에 반듯하게 자리 잡은 올긴은 인근에서 가장 규모 있는 도시라 해도 과언이 아니다. 올긴주는 동서로 길게 뻗어 라스 뚜나스 주, 그란마 주, 관따나모 주, 산띠아고 데 꾸바 주 등 오리엔떼 지역의 모든 주들과 경계를 두고 있으며, 인구는 쿠바 제2의 도시인 산띠아고 데 꾸바 주와 큰 차이가 없다. 인근의 규모있는 상업 도시인 올긴이기에 유동 쿠바 인구가 많아 실제로 올긴을 방문해보면 외국인 관광객이 많지 않음에도 분주함을 느낄 수 있고 유난히 활기찬 도시의 분위기를 느낄 수 있을 것이다.

올긴 공항이 국제 공항인 덕분에 라스 뚜나스주에 있는 브리사스 꼬바루후비아스 호텔도 이곳에서 방문이 가능하다. 무엇보다도 쁘라야 헤라두라는 라스 뚜나스 시보다 올긴 시에서 더 가까이 있기 때문에 라스 뚜나스를 건너 뛰고 올긴에서 쁘라야 에라하두라만 다녀오는 일정을 만드는 것도 나쁘지 않겠다.

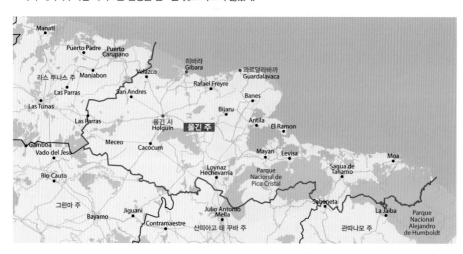

올긴 시 Holguín 유동 쿠바 인구도 많고, 관광을 목적으로 올긴 시를 찾는 쿠바인들도 많지만, 외국인 관광이 접근할만한 명소가 많지 않아 외국인들에게 크게 환영받는 도시는 아니다. 외국인 관광객들은 북쪽 과르달라바까의 호텔에 숙소를 정하고 데이 투어를 이용해 올긴 시를 둘러보는 경우가 대부분이다. 그럼에도 올긴은 두고 보면 볼수록 점점 매력을 느낄 수 있을 만한 도시이다. 북쪽 알씨데스 삐노의 자연과 어우러진 소박한 마을 풍경, 큰 도시의 분주함, 대단하지 않아도 은근한 볼거리가 되어주는 몇몇 명소들 덕에 빠뜨리고 가기에는 좀 아쉬운 도시가 바로 올긴 이다.

히바라 Gibara 굳이 숙박을 하면서까지 머물러야 할 마을은 아니고, 해수욕을 할 만한 해변도 그리 대단치가 않다. 하지만, 바람이 힘차게 부는 날 히바라의 파도는 보는 사람이 상념에 젖게 하는 마력을 발산한다. 또한, 올긴 시에서 히바라까지 가는 길에도 푸른 볼거리들이 있으므로 여유가 있다면 반나절 정도 시간을 내 드라이브 간다는 생각으로 돌아보고 오는 것도 좋겠다.

과르달라바까 Guardalavaca 다른 주에 비해 유난히 긴 해안선을 가지고 있는 올긴 주는 그만큼 많은 호텔 리조트를 보유하고 있어 휴양객들을 끌어모으고 있는데 그 중 쁘라야 과르달라바까 Playa Guardalavaca 의 호텔들이 잘 알려져 있고, 비교적 접근이 쉬운 편이다. 많은 캐나다 관광객들이 올긴 공항을 통해 입국한 후 과르달라바까로 이동해 이 지역을 즐기고 있다.

HOLGUÍN

올긴 주 미리 가기

스페셜 올긴

로마 데 라 끄루스 – '십자가의 언덕'을 오르는 가파르고 만만치 않은 460개의 계단. 도전하겠는가?

쁘라야 꼬바루후비아스 – 최고는 아니라도 역시 쿠바의 해변.

쁘라야 에라하두라 – 라스 뚜나스 주에 속한 쁘라야 에라하두라도 올긴 시에서 닿을 만한 거리에 있다.

올긴 주 움직이기

라 아바나에서 산띠아고 데 꾸바까지 이어지는 길이 라스 뚜나스에서 올긴과 바야모로 나뉜다. 쿠바 일주 중이라면 동선을 고민해야겠다.

To 올긴 시

라 아바나에서 올긴발로 출발하는 비아술 버스가 있다. 1번 국도 근처의 주요 도시들을 지나니 참고하자. 인근 도시에서 마끼나를 구해타고 접근하는 방법도 있겠다. 마끼나는 보통 옴니부스 터미널이나 기차역에서 출발하니 알아보자. 바라꼬아에서 모아를 거쳐 올긴까지 가는 까미옹 노선이 있다. 바라꼬아에서 올긴으로 비아술을 타면 크게 돌아야하기 때문에 간간히 여행자들이 이용하고 있는데, 까미옹을 선택하기 전에는 미리 충분히 고민과 각오를 해둘 필요가 있다. 올긴 국제 공항을 통해 입국도 가능하다.

In 올긴 시

소가 센뜨로 지역이라면 굳이 별도의 교통수단을 필요로 하진 않겠다. 센뜨로 지형은 대부분 평지라서 비씨 택시도 많이 다니는 편이니 힘들다면 이용하자. 숙소를 알씨데스 삐노 등 다른 지역으로 잡았다면 마차 활용법을 잘 알아두면 도움이 되겠다. 이 지역의 마차는 대중교통 수단으로 정해진 구간을 일정한 금액으로 이동한다. 보통은 2MN지만, 변할 수 있으니 요금은 다시 확인해두자.

To 꼬바루후비아스

택시를 타거나 호텔 예약 후에 여행사 버스에 대해 문의해보자. 정기 노선이 아니니 확인해둘 필요가 있다.

* 세 개의 터미널

큰 도시 올긴에는 터미널도 세 개다. 비아술 터미널이 별도로 있고, 바야모/라스 뚜나스로 이동하는 몰리엔다 터미널과 지역 내의 작은 마을로 이동하는 다고베르또 터미널이다. 당연히 비아술 버스는 비아술 터미널로 다니고, 다른 터미널은 버스나 까미옹 등을 위한 터미널이다. 몰리엔다 터미널로 가면 외부에 인근 도시로 이동하는 마끼나들이 모객을 하고 있다. 바야모나 라스 뚜나스로 간다면 활용하자.

숙소

쿠바 동부의 규모 있는 도시 올긴에는 민박 숙소도 꽤 많이 영업하고 있다. 숙소는 역시 센뜨로로 정하는 게 이동에는 편리하겠다. 센뜨로에서 조금 벗어나 알씨데스 삐노 지역에 묵는 것도 재미있는 경험이 될 것이다. 언덕 지형에 아기자기하게 자리 잡은 쿠바의 마을에서 센뜨로까지 마차를 타고 다니는 것도 또 색다른 재미. 꼬바루후비아스 호텔 역시 올인클루시브로 운영되는 리조트 호텔이다.

HOLGUÍN

HOLGUÍN

올긴 주
올긴 시

오리엔떼의 대도시.
떠들썩한 도시를 굽어보는 오래된 나무 십자가.

쿠바 내 규모 있는 도시 중 하나인 올긴은 다양한 방법으로 인근 도시에서 접근할 수 있다.

올긴 시 드나드는 방법 **항공**

올긴의 공항으로 국내선 뿐 아니라 국제선을 통한 접근도 가능하다.

올긴 시 드나드는 방법 **02** **기차**

라 아바나발 산띠아고 데 꾸바 행 열차가 올긴에 정차한다.
(쿠바 기차 노선도 참고 P. 25)

올긴 시 드나드는 방법 **03** **버스**

🚌 **비아술 버스**

라 아바나에서 올긴이나 산띠아고 데 꾸바 행 버스를 타면 올긴에서 정차할 수 있다. 그 외 바라데로나 뜨리니다드에서 산띠아고 데 꾸바로 가는 버스를 탈 수도 있다. 산따 끌라라, 상띠 스삐리뚜스, 시에고 데 아빌랴, 까마구에이 등 각 버스의 중간 경유지에서는 모두 라스 뚜나스로 오는 비아술 버스를 구할 수 있지만, 경우에 따라 올긴에서 정차하지 않는 버스가 있으므로 유의하자. 라 아바나에서 올 경우 약 12시간 정도 걸린다.

🚌 **전세 버스**

아침 6시에 라 아바나에서 출발하는 산띠아고 데 꾸바 행 버스가 있다. 가격은 중식 포함 75CUC 정도(올긴까지)이다. 여행사에 문의하자.

올긴 공항 (프랑크 빠이스 공항 Frank Pais aero puerto) 직항노선 취항지

국내선 라 아바나, 산띠아고 데 꾸바

국제선
캐나다 정기 – 몬트리올, 토론토, 퀘벡, 위니펙그, 바꿋빌
캐나다 비정기 – 할리펙스, 오타와, 샬럿타운
네덜란드 정기 – 암스테르담
이탈리아 정기 – 밀란
독일 정기 – 프랑크 프루트
영국 정기 – 런던, 맨체스터

TIP **주의**

올긴에는 터미널이 세 개다. 도시의 중심가가 남북으로 길게 형성이 되어 중심가를 사이에 두고 양쪽으로 세 개의 터미널이 있는데 그 중 인테르 쁘로빈시알 떼르미날이라고 불리는 곳이 비아술 터미널이다. 다른 두 곳에서는 각각 인근 도시나 올긴 주변의 작은 마을로 가는 차들이 운용되고 있으니 여정에 참고하도록 하자.

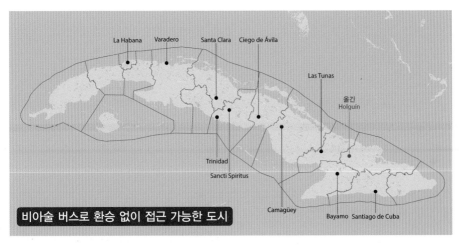

비아술 버스로 환승 없이 접근 가능한 도시

올긴 시 드나드는 방법 04 까미옹 / 꼴렉띠보

인근 도시인 라스 뚜나스, 바야모, 산띠아고 데 꾸바에서 좀 더 저렴한 현지 교통편을 이용할 수 있다. 그뿐만 아니라 관따나모 주의 바라꼬아에서 모아를 지나오는 루트도 가능하긴 하지만, 한 번에 올 수는 없어 고생스러울 수 있겠다.

비아술 터미널에서 시내로

비아술 터미널이 중심가에서 약간 떨어져 있다. 택시를 이용하면 3~5CUC로 이동이 가능하고, 비씨 택시를 이용하면 20MN으로 이동이 가능하다.

시내 교통

올긴 내에서는 마차와 비씨 택시를 활용하는 것이 좋다. 정해진 구간을 왕복하는 마차를 시도해볼 만한 가장 좋은 구간은 쎄스뻬데스 공원 Parque Céspedes 이나 어린이 공원 Parque Infantil 에서 출발해 레빠르또 알씨데스 삐노 Reparto Alcides pino 로 가는 구간이다. 2MN이면 한 구간을 갈 수 있고, 각 구간에서 더 멀리 갈 경우에는 다른 마차로 갈아타야 한다. 비씨 택시는 20MN이면 중심가의 대부분 지역으로 이동할 수 있다. 단, 쎈뜨로 지역에서 혁명 광장을 갈 때나 알씨데스 삐노 방향으로는 좀 더 지불해야 한다.

엣센셜 가이드 TIP

- 레빠르또 알씨데스 삐노 근처에서 마차를 타고 시내로 움직이는 동선은 은근한 재미가 있다. 마차가 지나는 길목도 색다른 풍경이므로 숙소를 쎈뜨로에서 조금 멀리 정하는 것도 고려해볼 만하다.
- 동쪽 방향으로 쿠바 일주를 하고 있다면, 올긴에서 바야모 Bayamo로 갈지, 바야모를 건너뛰고 산띠아고 데 꾸바 Santiago de Cuba로 갈지를 결정해야 하겠다. 이어지는 바야모 페이지를 확인하고 고민해보자.
- 로마 데 라 끄루스 Loma de la Cruz는 전망이 좋아 올라보는 것이 좋겠지만, 만만하게 보지 않는 것이 좋다. 오전 중 힘이 남아 있고, 볕이 강해지기 전에 다녀오는 편이 낫다.

🎥 보자!

올긴에 역사적 명소나 꼭 봐야 할 건물이 있는 것은 아니다. 대신 활기찬 거리와 사람들이 있어 시끌벅적한 동부 도시의 일상을 맛보기에는 올긴만한 곳이 없을 듯하다. 산띠아고 데 꾸바에는 관광객들이 너무 많고, 라스 뚜나스는 너무 한산하다. 올긴에서 움직이다 보면 불레바르드 일부를 제외한 대부분 지역 상점이나 식당이 관광객보다는 현지인들을 위해 운영되고 있다는 것을 느낄 수 있을 것이다.

추천 일정

첫째 날

- 어린이 공원
- 쎄스뻬데스 공원
- 깔릭스또 가르시아 공원
- 뻬랄따 공원
- 공동묘지
- 호세 마르띠 공원

둘째 날

- 로마 데 라 끄루스
- 오르간 공장
- 혁명 광장
- 깔릭스또 가르시아 야구장

Holguin(Ciudad)
첫째 날

동선이 일직선으로 반듯해서 길을 잃을 일은 없을 듯 하다. 어린이 공원 Parque infantil은 대부분의 마차나 택시가 들러 지나가는 곳이다. Maceo 가나 Libertad 가를 따라 멀리 로마 데 라 끄루스(이하 로마)가 보이는 방향으로 가다 보면 어렵지 않게 찾을 수 있다.

어린이 공원**Parque infantíl 빠르께 인판틸**

어린이 공원이 명소는 아니다. 그저 아이들이 놀 수 있는 놀이기구들이 모여있고, 한쪽은 공터로 비어 있는 곳이다. 다만 대부분 택시나 마차가 이곳을 지나기 때문에 위치를 확인해 둘 필요가 있는 교통 요지라 할 수 있겠다. 평일 낮 공원 주변에는 아이들의 간식거리를 파는 노점들이 많이 열린다.

🚶 어린이 공원에서부터 호세 마르띠 공원까지는 Maceo 가나 Libertad 가를 바르게 따라 내려가면 된다. Maceo 가와 Libertad 가의 분위기가 서로 조금은 다르니 갈 때와 올 때 서로 다른 길을 이용하면서 주변을 둘러보는 것이 좋겠다. 쎄스뻬데스 공원은 로마가 보이는 반대 방향으로 세 블록을 직진하면 된다.

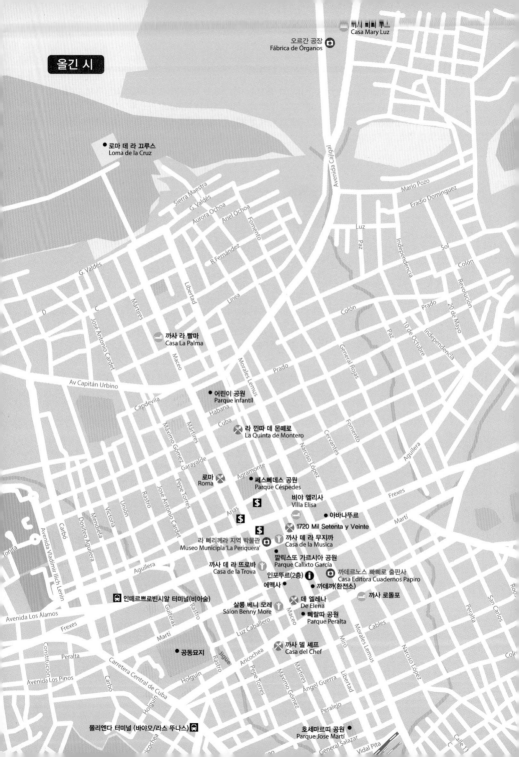

올긴 시

까사 메리 루스
Casa Mary Luz

오르간 공장
Fábrica de Órganos

로마 데 라 끄루스
Loma de la Cruz

까사 라 빨마
Casa La Palma

어린이 공원
Parque infantil

라 낀따 데 몬떼로
La Quinta de Montero

로마
Roma

쎄스뻬데스 공원
Parque Céspedes

비야 엘리사
Villa Elisa

아바나뚜르

1720 Mil Setenta y Veinte

까사 데 라 무지까
Casa de la Musica

라 뻬리께라 지역 박물관
Museo Municipla 'La Periquera'

까사 데 라 뜨로바
Casa de la Trova

깔릭스또 가르시아 공원
Parque Calixto García

인포뚜르(2층)

에땍사

까데노스 빠삐로 출판사
Casa Editora Cuadernos Papiro

까데까(환전소)

까사 로돌포

인떼르쁘로빈시알 터미널(비아술)

살롱 베니 모레
Sálon Benny More

데 엘레나
De Elena

빼랄따 공원
Parque Peralta

공동묘지

까사 델 셰프
Casa del Chef

몰리엔다 터미널 (바야모/라스 뚜나스)

호세마르띠 공원
Parque Jose Marti

Camino Militar

Avenida Nicio García

Avenida XX Aniversario

Avenida Nicio García

ienio Almaguer

Rubén Bravo

Frexes

Reyes

triana Grajales

Marcos Campañas

26 de Julio

Avenida XX Aniversario

● 혁명 광장
Plaza de la Revolucíon

Avenida Jorge Dimítrov

● 깔릭스또 가르시아 경기장
Estadio Calixto García

Avenida de los Libertadores

na

7ma 5ta 3ra

🚌 다고베르또 터미널 (히바라 및 인근)

E. González

Juan Moreno

Carralero

Avenida de Los Internacionalistas

N

쎄스뻬데스 공원

산 호세 교회

쎄스뻬데스 공원 Parque Céspedez 빠르께 쎄스뻬데스

차분한 이 공원은 그나마 그늘이 좀 많은 편이라서 낮에 나와 앉아 있는 사람들이 조금 더 많은 편이다. 그렇다고 해서 볼거리가 많은 곳은 아니고, 그저 공원의 일부를 차지하고 있는 산 호세 교회 Iglesia San José가 광장의 분위기를 차분하게 조성하고 있다 하겠다. 두 가지 색깔로 교회 내부를 다채롭게 꾸며놓은 산 호세 교회는 신경 써서 관리를 하는 듯 정갈함이 있어 방문해 볼만 하겠다.

🚶 계속해서 남쪽 방향으로 두 블록을 지나면 깔릭스또 가르시아 공원이 나온다.

깔릭스또 가르시아 공원 Parque Calixto García
빠르께 깔릭스또 가르시아

라 뻬리께라

◎ Open
화~토 08:00~12:00, 12:30~16:30
일 08:00~12:00
Closed 월요일

▤ 1CUC, 사진 촬영 시 5CUC

라 뻬리께라

올긴에서 가장 붐비는 곳은 이 깔릭스또 가르시아 공원과 그 주변이다. 각종 편의시설과 고급 식당, 상점 등도 대부분 이곳 근처에 있어 관광객에게나 현지인들에게나 이 공원이 가장 중심지라 할 수 있겠다. 그늘이 많지 않아 더운 낮에는 그냥 지나치는 사람들이 많지만, 그럼에도 주변의 건물들에는 사람들이 많은 걸 확인할 수 있다.

해가 서서히 저가면 사람들이 하나, 둘씩 모이고, 늦은 밤이 되면 가장 시끄러운 곳도 이곳 깔릭스또 가르시아 공원이다. 까사 데 라 꿀뚜라, 까사 델 라 뜨로바, 까사 데 라 무지까가 모두 이 근처에 있으므로 천천히 둘러보며 시간을 보내기 바란다. 공원의 정면에는 '까사 꼰시스또리알 Casa Consistorial'

이라는 이름이 붙은 건물에 '라 뻬리께라 La Periquera'라는 박물관이 하나 있다. 볼품 없는 올긴의 몇몇 박물관 중에서 둘러볼 만한 박물관이니 방문해 보기 바란다. 지역 박물관으로 지역의 유명 인사 예술품 생활상 등을 모아 전시하고 있다.

🚶 깔릭스또 가르시아 공원에는 Martí 가가 지난다. 공원에서 Martí 가를 봤을 때 왼쪽으로 두 블록 간 후 우회전하면 블록의 오른편 중간 쯤 열려있는 문들을 살펴 보면 종이와 기계들이 놓여있는 까르데노스 빠삐로스가 보인다.

까데르노스 빠삐로 출판사 Casa Editora Cuadernos Papiro
까사 에디또라 까데르노스 빠삐로스

건물 외부에 표식이 아무것도 없어 내부를 잘 들여다 봐야 한다. 이곳에서는 폐지를 수거해다가 직접 종이를 만들기도 하고 아주 오래된 활자 기계를 가지고 아직도 아날로그 방식으로 책을 만들고 있다. 폐지를 잘게 부수고 물에 불리고, 체로 거르는 등 모든 과정을 직접 손으로 하고 있어 하루에 만들어내는 재생 아트지는 100장 남짓이라고 한다. 또 100년 가까이 된 활자 기계들은 아직도 건재히 작동하고 있어, 생활이 역사 박물관인 쿠바의 면모를 다시 한 번 발견하게 된다. 입장료는 없고, 한가할 때는 모든 과정을 친절히 설명해 준다. 넓지 않고 대단한 곳도 아니라서 바쁘면 건너 뛰어도 아무 상관 없는 곳이지만, 입장료도 없으니 시간이 남으면 들러 구경할 만하겠다.

까데르노스 빠삐로 출판사

🚶 왔던 길을 다시 돌아 깔릭스또 가르시아 공원으로 가서 공원에 닿으면 우회전해서 로마가 있는 곳의 반대 방향으로 한 블록만 가면 뻬랄따 공원이 나온다.

뻬랄따 공원 Parque Peralta 빠르께 뻬랄따

아담한 이 공원도 떠들썩하지는 않다. 낮이라면 더욱 차분하지만, 비씨 택시 운전사들이 이곳에서 호객행위를 많이 하고 있고, 공원 한쪽에 자리 잡은 아이스크림 가게에는 항시 손님들이 줄을 서 있는 편이라서 붐비는 것처럼 보이기는 한다. 마찬가지로 낮 시간에 특별한 이벤트는 없다.

🚶 계속해서 오던 방향에서 아이스크림 가게가 있는 길 Luz Caballero에서 좌회전 하자. 멀리 공동묘지의 입구가 보일 것이다. 다섯 블록 정도 걸으면 입구에 닿는다.

공동묘지 Cementerio 쎄멘떼리오

마침 공동묘지가 가까운 곳에 있어 쿠바인들의 장묘 문화나 묘비석의 장식 등을 둘러볼 좋은 기회가 될듯하다. 관광객들에게는 구경거리 일지라도 쿠바인들에게는 고인이 묻혀있는 엄숙한 장소이므로 가급적 예의를 지키고 차분한 마음으로 돌아보도록 하자. 라 아바나의 공동묘지처럼 가늠할 수 없는 넓이는 아니므로 20분 정도면 모두 돌아볼 수 있다.

공동묘지

🚶 왔던 길을 다시 따라 빼랄따 공원으로 간 후 우회전하여 세 블록을 지나면 호세 마르띠 공원이 나온다.

호세 마르띠 공원 Parque Jose Martí 빠르께 호세 마르띠

실망하기 쉬운 이 공원은 보수공사 중이다. 보수 공사가 끝난다 하더라도 위치나 규모를 고려하면 그다지 볼만한 공원은 못 될 듯하다는 생각이 든다. 공원은 공공 의료시설과 담을 마주하고 있으므로 조금 돌아가면 창문 틈으로 이곳의 병원 시설이 어떤지 엿볼 수 있겠다.

호세 마르띠 공원

Holguin(Ciudad)
둘째 날

멀리서도 잘 보이는 로마 데 라 끄루스는 만만한 높이가 아니므로 각오를 하자. 올긴의 중심가에서 북쪽을 바라보면 가장 높은 곳에 로마 데 라 끄루스가 보인다. 깔릭스또 가르시아 공원에서는 Maceo 가를 따라 쎄스뻬데스 공원, 어린이 공원 방향으로 계속해서 20분 정도 걸으면 로마 데 라 끄루스의 아래쪽 계단이 나타난다.

로마 데 라 끄루스 Loma de la Cruz

'십자가의 언덕'이라는 뜻의 로마 데 라 끄루스는 말 그대로 정상에 오르면, 나무 십자가 하나를 찾을 수가 있다. 허름하고 그다지 볼품없는 십자가지만, 1790년대부터 이 자리를 지키며 올긴을 굽어보는 십자가로 올긴 주민들에게는 고장의 상징이라 할 수 있다. 흔히들 '로마에 올라가지 않았으면 올긴에 다녀온 게 아니다'라고 할 정도로 이 곳은 올긴에서 가장 유명한 장소다.

아래에서 위를 올려다 보면 느껴지겠지만, 정상으로 오르는 460개의 계단은 절대 만만치가 않다. 성인 남자가 쉬지 않고 걸어서 올랐을 때 7분 정도 걸리지만, 쉬지 않는다는 게 쉽지 않을 만큼 꽤 숨 가쁜 계단이다. 정상을 오르면 가끔 현지인들이 '몇 분 걸렸어?' 하고 물어오기도 하니 시간을 재고 도전을 해보는 것도 재미있겠다.

정상에는 간단한 음료를 판매하는 곳이 있고, 올긴 시내를 한눈에 볼 수 있는 있어 꼭 들러볼만한 곳이다.

🚶 로마를 오르느라 힘이 들었으니, 마차를 타고 이동하도록 하자. 어린이 공원 옆으로 가보면 기다리고 있거나 지나가는 마차들이 있다. 대부분이 알씨데스 삐노 방향으로 가는 마차들이니 방향이 맞는지 확인하고 오르도록 하자. 마차가 큰 도로로 이동하다 작은 도로로 살짝 우회전에 들어갈 때가 있다. 아주 작은 삼각형 모양의 공원이 나오니 그때 마차에서 내리면 되겠다. 마차에서 내린 후 큰 도로를 따라 오던 방향으로 계속 위쪽으로 10분 정도 걸어 올라가다 보면 오른쪽에 'Fabrica de Organo' 라고 적힌 오르간 공장을 찾을 수 있다. 건물의 크지 않으니 잘 살펴 다니도록 하자.

오르간 공장 Fábrica de Organo 파브리까 데 오르가노

◎ Open 월~금 07:00~16:00

目 1CUC

오르간과 오르간 장인, 안내원

이곳에서 만드는 오르간은 발판을 구르고 건반으로 연주하는 오르간이 아니라 피아노만 한 크기에 공기 펌프와 각 악기의 소리를 내는 여러 개의 관을 달고 타공된 커다란 종이를 넣어 핸들을 돌리면 타공에 따라 음악을 연주하는 오르간을 만드는 곳이다. 오르골을 생각하면 더욱 쉽게 이해가 가능할 듯하다. 제법 커다란 오르간 안에는 트럼본, 트롬본, 바이올린 등의 소리를 담당하는 다양한 관들이 들어가 있는데, OMR 카드 같은 두꺼운 악보만으로 연주되는 음악은 아무리 다시 들어봐도 신기하다. 뒤쪽으로 공장이 있어 직접 제작하고 있고, 관광객에게 직접 돌려볼 수 있게도 해준다.

좀 허름해 보이지만, 현재는 라틴 아메리카에서 유일하게 이런 종류의 오르간을 만드는 공장이라고 한다. 경쾌한 소리가 듣기 좋아 들러볼 만하다.

🚶 혁명 광장은 오르간 공장에서 멀리 떨어져 있다. 비씨 택시를 타면 2CUC 정도, 일반 택시를 타면 3CUC 정도에서 택시비를 협상하면 되겠다. 걷거나 마차를 타고 쎈뜨로까지 와서 비씨 택시를 타면 1CUC 정도에 광장까지 갈 수 있다.

혁명 광장 Plaza de la Revolucíon 쁘라사 데 라 레볼루시온

올긴의 혁명 광장은 커다란 조형물 뒤편으로 기념 공원이 마련되어 있다. 칼릭스또 가르시아라는 독립 전쟁 영웅과 그의 어머니를 위한 기념 공원이지만, 역시 이런 역사 기념물이 한국인에게 얼마나 잔상이 남을지는 미지수라 하겠다.

🚶 혁명 광장 입구에서 나와 11시 방향을 살피면 야구장의 전광판이 보인다.

깔릭스또 가르시아 야구장 Estadio Calixto Garcia

에스따디오 깔릭스또 가르시아

올긴 지역 팀의 홈구장이 근처에 있으므로 들러보는 것도 좋겠다. 쿠바의 야구장은 시설물은 비록 오래되었다 해도 잔디나 관리 상태가 나쁘지 않은 편이라서 보는 것으로 조금 기분전환이 되는 면이 있으니 궁금하다면 살펴 보도록 하자.

👤하자! ACTIVITIES

올긴에는 관광객들만을 위한 공연장이나 나이트클럽이 많지 않다. 대부분의 시설이 현지인들을 염두에 두고 함께 운영이 되고 있다 보니 아무래도 현지인들의 비율이 높은 편이다.

Casa de la Musica 까사 데 라 무지까

올긴의 까사 데 라 무지까 건물 앞에는 게시판이 붙어있다. 게시판에는 까사 데 라 무지까 외에도 까사 데 라 뜨로바나 바로 옆의 바 떼라사 등의 일정이 함께 나와 있으니 잘 살펴보면 좋겠다. 다만 관광객보다는 현지인들을 위한 공연이 운영되고 있다 보니 보통 기대하는 어쿠스틱 라이브연주보다는 빠른 비트의 곡이나 디제잉을 위주로 하고 있다.

⌂ Cl. Frexes e/ Maceo y Libertad
깔릭스또 가르시아 광장의 한쪽 구석이고, 라 뻴리께라 박물관과 같은 블록 이다.
🗐 게시판 확인요

Casa de la Trova 까사 데 라 뜨로바

낮시간에 올긴 쎈뜨로를 배회하다 라이브 음악과 함께 다리를 좀 쉬고 싶다면 까사 데 라 뜨로바가 가장 좋은 곳이다. 사실 올긴에 다른 옵션은 거의 없다. 생맥주는 맹물 맛이 나고, 내부가 조금 지저분해 보여도 또 그만의 운치가 있으니 건물의 안쪽으로 들어가 보기 바란다.

⌂ Cl. Maceo e/ Frexes y Martí
깔릭스또 가르시아 공원의 한쪽 면이다. 밖에서는 내부의 공연장이 잘 보이지 않으므로 유심히 살펴보면 되겠다. 라 뻴리께라 박물관 앞에서 광장을 바라봤을 때 오른쪽 블록 중간쯤이다.
🗐 게시판 확인요

Salón Benny Moré 살롱 베니 모레

영어로는 '베니 무어', 스페인어로는 '베니 모레'이다. 쿠바 출신의 재즈 뮤지션의 이름을 붙인 곳이지만, 그리 붐비지는 않으니 게시판과 내부 분위기를 먼저 잘 살피기를 바란다.

⌂ Esq. Maceo y Luz Caballero
삐랄따 공원의 한쪽 모서리이다. 공원에서 로마 방향을 봤을 때 10시 방향 코너에 있다.
⊙ Open 14:00~19:00, 21:30~02:00 / 공연 시간은 게시판 확인 요.
🗐 1CUC (공연에 따라 달라질 수 있음)

Gabinete Caligari 가비네떼 깔리가리

가비네떼 깔리가리는 가보라고 추천하는 곳이라기보다는 궁금할까 봐 알려주는 곳이다. 밤에 깔릭스또 가르시아 광장에 있다 보면, 어딘가에서 음악 소리는 들리는데 어디인지 확실하지 않을 때가 있다. 이곳 가비네떼 깔리가리에서 나는 소리일 확률이 높은데, 이곳은 현지의 젊은이들이 모이는 곳으로 계단을 올라보면 불빛도 없는 그냥 옥상에서 간단한 음료를 팔고, 분위기를 내고 있다. 조금 위험해 보이기도 해서 추천하는 곳은 아니다.

⌂ Cl. Maceo e/ Frexes y Martí
깔릭스또 가르시아 공원에서 로마가 있는 방향을 봤을 때 7시 방향에 있는 건물의 옥상이다.
⊙ Open 21:00~01:00
🗐 5MN

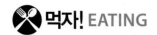 **먹자! EATING**

Ⓒ 0~5CUC ⒸⒸ 5~10CUC ⒸⒸⒸ 10CUC~

올긴에 다닐 만한 좋은 식당이 많은 편은 아니다. 쎈뜨로 지역의 Maceo가를 다니다 보면, 피자나 음료수 등의 저렴한 먹거리를 파는 곳들이 드문드문 있고, Libertad 가에 조성된 불레바르드에도 몇 곳이 있다.

La Quinta de Montero 라 낀따 데 몬떼로 ⒸⒸ

밖에서 보면 작은 피자집 같지만, 들어가 보면 그럴듯한 레스토랑이다. 가격도 합리적인 편이어서 올긴에서는 가장 들러볼 만한 식당이 아닐까 싶다. 야외 빠띠오에 마련된 홀은 요리하는 모습을 직접 볼 수 있고, 양이 푸짐한 편이라서 배불리 먹을 수 있겠다.

⚘ Cl. Libertad e/ Cuba y Garayalde

Libertad 가를 따라 어린이 공원에서 쎄스뻬데스 공원 방향으로 걷다 보면 오른쪽에서 찾을 수 있다.

Mil sietecientos y veinte
밀 시에떼시엔또스 이 베인떼 ⒸⒸⒸ

품격있는 식사가 필요한 경우 쿠바에서는 이렇게 년도를 이름으로 사용하는 식당으로 가면 배불리 먹을 수 있다. 물론 가격은 주변보다 조금 비쌀 수 있다.

⚘ Cl. Frexes e/ Miro y Libertad

깔릭스또 가르시아 공원에서 까사 데 라 무지까가 있는 방향으로 Frexes 가 를 따라 한 블록만 가면 된다.

Casa del Chef 까사 델 셰프 Ⓒ

셰프의 집이라서 훌륭한 맛을 기대하면 훌륭한 가격으로 대답해주는 집이다. 음식은 주변에서 흔히 찾을 수 있는 정도의 맛이지만, 40MN 정도면 단백질로 한 끼를 때울 수 있는 고마운 집이다.

⚘ Cl. Aricochea e/ Máximo Gómez y Mártires

깔릭스또 가르시아 공원에서 Aricochea 가를 따라 공동묘지가 있는 방향으로 걷다 보면 왼편에서 곧 찾을 수 있다.

Roma 로마 Ⓒ

올긴에서 가장 명물인 식당은 바로 여기 로마가 아닐까 싶다. 식사 시간이 되면 2시간 정도는 기본으로 기다려야 하는 이 식당은 맛이 그만큼 기막혀서라기보다는 가격이 저렴해서 사람들이 줄을 서서 기다리는 식당이다. 길거리 음식을 길거리 음식 가격으로 레스토랑에서 서빙을 받아가며 먹을 수 있다는 게 2시간의 가치가 있는 것인지는 각자 판단하기로 하자. 들어가고 싶다면 식사 시간을 약간 지나서 도전해보는 게 그나마 기다리는 시간을 줄일 수 있는 방법일 듯하다.

⚘ Esq. Maceo y Agramonte

쎄스뻬데스 공원에서 보면 구석에 사람들이 줄을 서 있는 건물이 보일 것이다.

De Elena 데 엘레나 ⒸⒸ

먹을 만한 음식을 조용한 식당에서 먹고 싶다면 뻬랄따 공원의 데 엘레나가 좋겠다. 종업원도 친절하고 가격도 그리 비싸지 않아서 기분 좋게 식사를 마칠 수 있을 듯하다.

⚘ Cl. Luz Caballero e/ Maceo y Libertad

뻬랄따 공원에서 로마가 있는 방향을 보면 정면 왼쪽에 조그만 간판을 찾을 수 있다.

자자! ACCOMMODATIONS

올긴에서는 쎈뜨로나 조금 떨어진 알씨데스 삐노에 숙소를 정하면 될 듯하다. 쎈뜨로에서 로마 데 라 끄루즈 근처로 가면 좀 더 나은 집들이 있지만, 가격이 조금 비싸진다. 알씨데스 삐노 쪽이 멀어도 조금 저렴한 숙소를 구할 가능성이 더 높겠다.

Casa Mari Luz 까사 마리 루스

알씨데스 삐노에 있는 이 집은 거리가 조금 멀다는 단점보다는 장점이 더 많은 집이다. 옥상에 마련된 옥탑방이 손님 용이고, 한편으로 오두막도 만들어 놓아서 분위기도 즐길 수가 있다. 동네의 높은 곳에 있어 주변의 집과 나무들이 어우러진 알씨데스 삐노만의 풍경도 즐길 만하겠다. 안주인 마리 루스는 수완도 좋아서 필요한 것이 있다면 상세히 알려주니 계획 없이 갔다 하더라도 큰 걱정할 필요가 없다.

🏠 Cl. Comandante Fajaro No.36 (Altos) e/ 6 y 8
터미널에서 이곳을 찾아가기가 쉽지 않다. 택시를 타면 3~5CUC 정도로 주소를 보고 데려다줄 것이다.
📞 441506
✉ cl8rfv@frcuba.co.cu

Villa Elisa 비야 엘리사

올긴에서 본격적으로 전문 까사 빠르띠꿀라로 운영을 하는 집이다. 올긴 지역 방송국의 예술 감독인 쎄뇨라 엘리사는 투숙객에게 방송국 구경도 시켜주고, 살사, 탱고 레슨에 스페인어 레슨도 가능하다며 열정적으로 설명해준다. 가족 중 하나가 직접 그렸다는 방의 장식들은 조금 과한 느낌이 들긴 하지만, 전체적인 분위기가 나쁜 편은 아니다.

🏠 Cl. Aguilera No. 205 e/ Miro y Moreales Lemus
Libertad 가를 따라 쎄스뻬데스 공원에서 깔릭스또 가르시아 공원으로 가는 길에 Aguilera 가가 나온다. 우회전하면 오른편에 독특하게 생긴 집과 간판이 보일 것이다.
📞 425050 / (mob) 52582943
✉ elisarosa@nauta.cu

Casa La Palma 까사 라 빨마

Maceo 가를 따라 로마 데 라 끄루즈를 향해 열심히 걷다 보면 까사 빠르띠꿀라 마크가 있는 멋진 집을 하나 찾을 수 있다. 꽤 큰 방은 4명까지 잘 수도 있고, 멋진 집의 분위기 때문에 인기도 제법 있는 까사이다.

🏠 Cl. Maceo No.52 e/ 16 y 18
Maceo 가를 따라가다 보면 어린이 공원과 로마 데 라 끄루즈 사이에 있다.
📞 424683
✉ lapalmaenrique@nauta.cu

Casa Rodolfo 까사 로돌포

가족적인 분위기로 어느 집보다도 지내기 편할 듯하고, 쎈뜨로에서 몇 블록 떨어져 있어서인지 가격도 조금 저렴하다. 주방도 따로 있어 요리를 할 수 있고, 시즌에 따라 조식 포함도 가능하다고 한다.

🏠 Cl. Luz Caballero No.69 e/ Morales Lemus y Narciso López
뻬랄따 공원에서 Luz Caballero 가를 따라 공동묘지 반대 방향으로 걷다가 세 번째 블록의 왼편에서 찾을 수 있다.
📞 427016
✉ hormilla,rodolfo@gmail.com / hormilla@nauta.cu

올긴에 대한 이런저런 이야기

- Maceo 가에는 이런 저런 박물관들이 더 있긴하지만, 그리 추천할 만한 장소는 아닌 듯 하다.
- 마차의 앞자리에서는 종종 말이 대변 보는 광경을 보게 되어 앞자리를 선호하지 않는 승객들도 있다. 냄새도 그렇고, 잘못하다 튈 수도 있어 좋은 자리는 확실히 아니다.
- 마차가 손님이 타고 내리는 걸 충분히 기다리지 않는 느낌이 있다. 타거나 내릴 때는 조금 서두르도록 하자.

히바라
Gibara

🚌 히바라 드나들기

올긴 시의 다고베르또 터미널로
가면 히바라를 향하는 까미옹을
탈 수 있지만, 정해진 것 없는 까
미옹을 타겠다고 맘을 먹었다면,
하루를 꼬박 히바라에 투자를 하
거나 히바라에서 숙박을 하게
될 각오도 해야겠다. 올긴 시에
서 까사 주인을 통해 섭외 하면
20CUC 정도로 히바라까지 가는
사설 데이 투어 차량을 섭외할
수 있다.

히바라가 작은 마을이긴 하지만,
걸어서 돌아보기에는 넓고 언덕
도 꽤 높이 있으니 염두에 두도
록 하자. 필요하다면 히바라의 하
나뿐인 호스텔 근처에서 스쿠터
를 렌트하고 있으니 참고하자.

올긴에서 차로 40분 정도 걸리는 곳에 있는 히바라라는 마을은 유난히 바람
과 파도가 거세다. 아주 작은 마을이라서 마을의 전망대에 오르면 모든 마을
이 다 내려다보이는 이곳에는 수영이 가능한 조그만 해변과 호스텔, 까사 데
라 무지까 외에는 특별한 것이 없는 대신에 바람과 파도가 있다. 관광객에게
아주 인기 있는 곳은 아니지만, 한적함과 바람을 찾아 이곳까지 와서 숙박하
는 관광객들이 있는 듯하다.

따로 공들여 설명해야만 할 만한 명소가 없고, 차로 한 바퀴 돌고, 맘에 드는 포인트에서 바다를 바라보다 돌아오면 되는 곳인 데다가, 바람과 파도가 얼마나 아름답더라고 애써 설명하는 것은 왠지 허풍 치는 기분이기에 길게 이야기하지는 않겠지만, 확실히 심란하거나 답답한 마음에는 치료제가 될만한 곳이므로 잘 생각해보도록 하자. 마을 위쪽 언덕에 자리 잡은 전망대에는 작은 바와 식당이 있다. 저렴한 MN 식당이므로 출출하면 인근에서 잡은 생선 요리를 즐겨보는 것도 좋겠다.

과르달라바까
Guardalavaca

🚌 과르달라바까 드나들기

올긴 시에서 호텔을 예약하면 버스 예약이 가능하다. 가장 효율적인 이동 방법이라 하겠다.

과르달라바까 해변 Play Guardalavaca 쁘라야 과르달라바까

올긴에서 1시간 정도를 차로 이동하면 6개의 리조트 호텔이 운영되는 과르달라바까 해변에 닿을 수 있다. 바라데로보다는 저렴한 선에서 올인클루시브로 운영되는 이곳의 호텔들은 국제 공항인 올긴 공항을 통해 입국하는 캐나다 관광객들이 많이 찾고 있다. 올긴이나라 아바나의 여행사를 통해서도 예약할 수 있고, 캐나다의 여행사를 통해 인터넷으로 숙박권을 구매해도 된다. 캐나다의 패키지에는 교통편까지 포함되어 있고, 올긴에서 숙박권을 예매할 때는 버스를 이용해 호텔까지 갈 수 있다.

올긴 여행사

📞 **꾸바나깐** 430226, 430646
꾸바뚜르 421679
아바나 뚜르 429707, 468091

아름다운 광장과 만만치 않을 여정

GRANMA

그란마 주

GRANMA

그란마 주는 어떨까?

일정에 따라 빠르게 움직인다면 그란마를 건너 뛰어도 큰 문제는 없겠다. 주도인 바야모에는 유난히 아름다운 공원이 있지만, 공원만을 위해서 2, 3일을 쓴다는 건 그리 추천할 만한 일정은 아니다.

일정에 그란마 주를 넣었다면 바야모와 함께 삘론을 들러 산띠아고 데 꾸바로 향하거나 산띠아고 데 꾸바에서 삘론을 거쳐 바야모를 향하는 루트가 유익할 듯하다. 시에라 마에스뜨라의 서쪽 끝자락 해안가에 자리 잡은 마을 삘론은 산과 바다가 어우러지는 그 차분한 풍경으로도 들러볼 만 하겠고, 저렴한 가격의 리조트 호텔이 있어 여행자를 달래 줄만 하겠다. 삘론에서 치비리꼬를 지나 산띠아고 데 꾸바로 향하는 길에 차로 3시간 동안 이어지는 해안가 도로는 이 루트의 또 다른 장점 중 하나이다. 도로가 다소 위험하고, 여행자가 접근 가능한 이 길을 잇는 교통수단이 현재로는 까미옹이나 택시뿐이지만 모험을 즐기는 배낭여행자라면 조금 힘들더라도 지나 볼만한 가치는 있겠다.

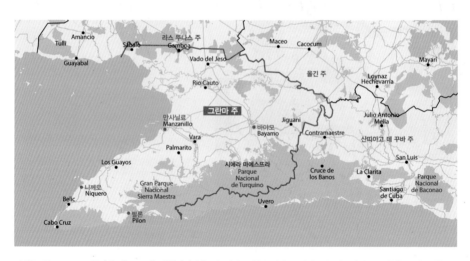

바야모 시 Bayamo 쿠바의 어느 도시, 마을에나 있는 중심가 공원 중에서도 바야모의 쎄스뻬데스 공원은 단연 순위권에 드는 아름다움을 뽐내고 있다. 너무 넓지도, 너무 작지도 않은 적당한 크기. 적절하게 심겨 있는 나무들과 시원하게 하늘로 뻗어있는 야자나무의 조화. 공원 주변은 항상 깨끗하게 관리되고 있고, 공원을 둘러싸고 있는 주변의 건물들도 아름답다. 쎈뜨로 주변에서 쎄스뻬데스 공원과 이어지는 국가의 광장 (Park of National anthem)과 다른 공원들과의 조화와 풍경도 나무랄 것이 없다. 그리고 안타깝게도 바야모에 대해서는 공원 외에 이야기할 거리가 많지 않다.

해안도로 (삘론 – 산띠아고 데 꾸바) 해안선이 긴 쿠바에는 마음이 상쾌해지는 드라이브 코스들도 많다. 그란마 주의 남서쪽 모서리에 자리 잡은 삘론에서 산띠아고 데 꾸바로 이동하겠다고 맘을 먹었다면, 그 드라이브 코스 중에서도 가장 길고, 역동적인 해안도로를 지나보는 것도 나쁘지 않다. 비록 비아술 버스도 관광버스도 아니라서 힘든 이동이 될 것은 뻔하지만, 3시간을 이어지는 이 해안도로의 풍경은 지쳐있는 다리의 고통을 잠시 잊게 해줄 것은 분명하다.

GRANMA

바야모 주 미리 가기

스페셜 바야모

쎄스뻬데스 공원 – 그리 대단하지는 않다. 그래도 바야모에서 특별한 것을 찾는다면 조용한 이 공원이 좋겠다.

바야모 주 움직이기

위치상 라스 뚜나스, 산띠아고 데 꾸바, 올긴에서 직접 접근이 가능하다.

To 바야모 시

라 아바나에서 산띠아고 데 꾸바 발로 출발하는 비아술 버스가 바야모를 지난다. 인기 노선이니 미리 표를 예매해두자. 역시 인근 도시에서 택시나 마끼나 등을 이용해 이동할 수 있다. 특히 비아술로 이렇게 중간에 정차하는 도시를 향하는 경우에는 도착 시간과 그에 따른 대응을 미리 생각해두어야 하겠다. 저녁에 도착하는 상황에서 예약된 숙소도 없다면 밤늦게 낯선 도시에서 난감한 순간을 맞이할 것이 뻔하므로 생각을 좀 해두자.

In 바야모 시

쎈뜨로 지역을 크게 벗어날 일이 없고, 도보로 다니기에 문제가 없다. 터미널 이동 시에만 택시 등을 이용하면 되겠다.

To 삘론 등

혹시 바야모의 작은 동네들을 방문할 계획이라면, 까미옹을 각오해두어야 하겠다. 바야모 동쪽의 터미널로 가보자.

숙소

바야모 시는 작은 도시 규모에 비해 이곳 저곳에 숙소가 꽤 있는 편이다. **Donato Mármol** 가로 가면 좀 더 쉽게 구할 수 있을 테다. 쎄스뻬데스 공원에서 가까운 편이 움직이기에는 좋다.

GRANMA

BAYAMO

그란마 주
바야모 시

일정을 고민하게 하는 아담한 곳.
쿠바인들에게 남다른 애국의 도시.

바야모 드나들기

비아술 터미널이 중심가에서 조금 떨어져 있다. 택시를 이용하면 3~5CUC 정도로 이동할 수 있다. 꼴렉티보 택시나 까미옹이나 마끼나를 타고 이동했을 경우에는 바야모의 기차역에서 내리는 것이 낫다. (대부분 차량이 기차역 근처를 종착으로 하고 있다.) 기차역에서 Jose A. Saco 가를 따라가면 걸어서도 쎈뜨로에 닿을 수 있는 거리이다.

바야모 드나드는 방법 기차

라 아바나발 산띠아고 데 꾸바 행 열차를 타고 가다가 까마구에이를 지난 후 Marti에서 기차를 바꿔 타야 한다. (쿠바 기차 노선도 참고 P. 25)

바야모 드나드는 방법 **02** 버스

🚌 비아술 버스

라 아바나와 바라데로에서 출발하는 산띠아고 데 꾸바 행 버스가 바야모를 지난다. 뜨리니다드에서 출발하는 버스를 타도 바야모에 닿을 수 있다. 항상 이렇게 정차하는 도시에서 내려야 할 경우는 차가 설 때마다 어디인지 잘 확인하자. 장시간을 가는 버스라서 자다가 다른 곳에 서게 될 수도 있다. 라 아바나에서 바야모까지는 13시간 정도 소요된다.

바야모 드나드는 방법 **03** 까미옹/꼴렉띠보

인근 도시 라스 뚜나스 올긴, 산띠아고 데 꾸바에서 꼴렉띠보 택시나 까미옹을 이용할 수 있다.

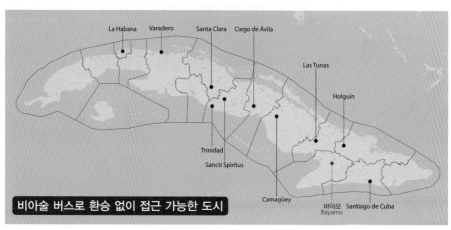

시내 교통

터미널과 쎈뜨로 지역 간 이동 외에 바야모에서는 별도의 교통수단을 이용할 필요는 없을 듯하다. 쎈뜨로 외에 굳이 꼭 가야 할 만한 곳은 없다. 도시를 더 둘러보고 싶다면 다른 도시와 마찬가지로 비씨 택시가 영업을 하고 있으며 가격은 1CUC 내외로 생각하면 되겠다.

아름다운 광장은 가지고 있지만, 그 외 특별한 볼거리는 없는 바야모. 간단한 지역 설명을 시작해본다.

쎈뜨로 지역

쎄스뻬데스 공원과 그 주변으로 이어지는 유역의 풍경은 쿠바 어느 도시의 중심가보다도 조화롭고 예쁘다. 번잡하지도 않고, 관광객을 귀찮게 하는 호객꾼들도 훨씬 덜해서 한가로이 시간을 보내기에 그만한 공원은 없을 듯 하다. 쎄스뻬데스 공원에서 이어지는 Maceo 가의 양쪽으로 작은 공원이 각각 이어지는데 왼쪽으로 이어지는 국가의 광장은 쿠바의 국가가 처음으로 연주된 곳이다. 처음에는 바야모를 위한 노래였지만, 지금은 쿠바의 국가로 사용되고 있다. 교회의 Maceo 가 반대편으로 가 보면 중심가에서 멀어지는 방향으로 이어지는 소로, 빠드레 바띠스따 Padre Batista가 나타나는데 이곳에도 작은 공원이 있다. 언덕에 생긴 작은 절벽에 담을 쌓아 공원을 만든 이곳에서는 강과 숲을 보며 휴식을 취할 수 있겠다. 쎄스뻬데스 공원에서 반대편 방향으로 불레바르드를 따라가면 여러 상점과 편의시설들을 찾을 수 있다. 워낙에 작은 도시라 번화하다고 말하기 힘들지만, 확실히 이 도시에서 가장 번화하고 사람들이 많이 다니는 곳은 이 불레바르드 근처이다. 몇 개의 박물관이 불레바르드 근처에 자리 잡고 있고, 아바나뚜르 여행사와 까데까도 불레바르드에서 멀지 않은 곳에 자리 잡고 있다.

바야모

혁명광장 Plaza de la Revolucion

티미넬(바야모/나시시오날)
티미넬(까마외)

바르께 레따블로 델 로스 에로에스
Parque do retablo de los héroes

까사 리디아 이 리오스
Casa Lydia y Rios

까사 비비안
Casa Vivian

라 까사 델 쉐프
La Casa del Chef

밀 끼니엔또 뜨레쎄
1513

아꾸아리오
Aquana

고고학 박물관
Museo Arqueología

밀랍인형 박물관
Museo de Cera

이바나부르

기차역

라 까사 데 라 뜨로바
Casa de la Trova

까사 데 라 꿀뚜라
Casa de la Cultura

까싸데요(환전소)

공원

산 살바도르
San Salvador

돈 그릴
Don Grill

인포뚜르

국가 공원
Plaza del Himno
Nacional

라 보데하
La Bodega

지역박물관
Museo Provincial

쎄스뻬데스 공원
Parque Céspedes

N

기념 공원 지역

'빠르께 레따블로 데 로스 에로에스'가 중심이 되는 이 지역은 오래된 공동묘지터와 쿠바의 독립 영웅, 혁명 영웅의 기념비들이 모여있는 곳으로 동상들 외에 크게 볼거리는 없다. 사실 쿠바의 역사를 공부하거나 크게 관심이 있지 않은 이상 이렇게 쿠바사에서는 의미가 있겠지만, 세계사적으로 그다지 알려져 있지 않은 인물들의 기념비를 방문한다는 게 의미가 있을 듯 하지는 않다. 바야모에서 시간이 남는다면 방문해도 좋겠지만, 일정이 넉넉하지 않다면 굳이 고생을 할 필요는 없을 듯하다.

혁명 광장 지역

각 도시의 혁명 광장 지역에는 유명한 인물의 기념비라도 있기 마련이거늘, 바야모에는 정말 광장 외에는 아무것도 없어 당황스럽기까지 하다. 넓은 공터 한쪽의 잔디밭에는 아이들이 축구나 야구를 하고 있고, 한쪽에는 바야모극장이 있다. 쎈뜨로 지역에서 걷기에는 조금 거리가 있어 비씨 택시를 이용하는 편이 좋다. 특히나 이 근처를 방문하겠다면 도로명 표지판이 제대로 붙어 있지 않으니 길을 찾을 때 유의하도록 하자.

먹자! EATING

ⓒ 0~5CUC ⓒⓒ 5~10CUC ⓒⓒⓒ 10CUC~

오래 머무르지 않는다 해도 먹기는 해야 할 테다. 대부분 식당은 쎈뜨로 근처에 있고, 길거리 음식도 근처에서 찾을 수 있다. 조금 걸어 기차역 근처로 가면 철로 옆에 길거리 음식 노점들이 모여 있는 곳이 또 있다. 현지인들이 자주 이용하는 곳이지만, 분위기는 좀 썰렁하다. 크게 고민하기도 싫고, 좀 비싸도 가까이에서 먹고 싶다면 쎄스뻬데스 공원 근처의 식당에 그냥 들어가자.

San Salvador 산 살바도르 ⓒⓒ

현지 가이드들이 자주 소개하는 관광객들이 자주 들르는 식당이다. 무얼 먹어야 할지 고민이 많다면 고민은 그만하고 그냥 이곳으로 가자.

🚶 Cl. Maceo e/ José Martí y Donato Marmol

쎄스뻬데스 공원에서 이어지는 Maceo 가를 오른쪽으로 따라가면 바로 작은 공원이 나온다. 공원의 한 쪽 면에서 식당을 찾을 수 있다.

La Bodega 라 보데하 ⓒⓒ

바야모에서 관광객들이 가장 많이 찾는 식당은 이곳 라 보데하이다. 잘 차려진 음식 외에도 건물의 안쪽 테라스에서는 멀리까지 펼쳐지는 숲과 강의 풍경을 보며 식사를 할 수 있다. 단, 테라스 바로 아래가 그리 깨끗한 편은 아니니 내려다보는 것은 삼가자. 굳이 식사하지 않더라도 더위에 지친 몸을 시원한 맥주 한 캔으로 달래고 지나기에 좋은 장소이다.

🚶 Esq.Padre Batista y Maceo

국가의 광장 한쪽 편에 있다.

Don Grill 돈 그릴 ⓒ

쎄스뻬데스 공원 근처에서 좀 저렴하게 먹고 싶지만, 서서 먹기 싫을 때는 돈 그릴로 가자. 저렴하게 한 끼를 떼울 수 있겠다.

🚶 Cl. J. Palma e/ Maceo y Vicente Aguilera

국가의 광장에 있는 교회 건물의 뒤편에서 11시 방향에 있다.

La Casa del Chef 라 까사 델 셰프 ⓒ

쿠바의 셰프들은 맛있게 요리를 해서 유명하다기보다는 싸게 요리를 만들어서 유명한 걸까? 이곳 까사 델 셰프도 저렴한 가격으로 현지인들이 많이 찾는 식당이다. 한 끼를 배불리 먹고 갈 수 있으니 잊지 않도록 하자.

🚶 Cl. Jose A. Saco e/ Rio Rosado y M. Capote

불레바르드에서 Jose A. Saco 가를 찾아 기차역이 있는 방향으로 가다 보면 세 번째 블록의 왼편에 있다.

1513 밀 끼니엔또 뜨레쎄 ⓒ

1513의 현관에는 이렇게 적혀 있다. '친애하는 고객님. 저희 식당에서는 소매 없는 재킷, 티셔츠, 반바지, 슬리퍼, 레깅스, 샌들의 착용을 금하고 있습니다. 자주 찾아주세요.' 쿠바에는 저렴한 식당들이 가끔 이렇게 복장 규정을 적용하는 경우가 있다. 그들의 문화이니 존중하고, 괜한 억지 부리지는 말자. 가격은 성말 저렴하다.

🚶 Cl. General García e/ General Lora y Perucho Figerero

쎄스뻬데스 공원에서 불레바르드를 따라 네 블록 정도를 걸으면 오른편에서 찾을 수 있다.

🛏️ 자자! ACCOMMODATIONS

쎈뜨로 근처에 숙소가 종종 있지만, 적당한 숙소를 찾기가 쉽지만은 않을 듯하다. 쎈뜨로 외의 지역에 숙소를 정할 필요는 없을 듯하고, 가격은 15~20CUC 선에서 협상을 하면 되겠다.

Casa Vivian 까사 비비안

쎈뜨로에서 네 블록 정도 떨어져 있어 그다지 멀지 않고, 온 가족이 친절한 편이라서 지내기 편하겠다. 특장점은 없어도 큰 단점이 없는 집을 찾기가 쉽지 않은 동네라서 나쁘지 않은 선택.

🏠 Cl. Zenea No.257 alto e/ Jose A. Saco y Perucho Figueredo

기차역 사무실에서 앞으로 뻗은 길이 Jose A. Saco 가이다 그 길을 따라 걷다가 6번째 블록에서 좌회전하면 이층집에 작은 간판이 보일 것이다.

📞 428263/(mob) 54403666
📧 yoansam@nauta.cu

Casa Lydia y Ríos 까사 리디아 이 리오스

주방이 딸린 독채를 쓸 수 있는 집이 있다. 가족이 이동하고 있거나 그룹으로 이동한다면 나쁘지 않은 옵션이다. 필요할지 모르겠지만, 차고가 별도로 있고, 입구도 따로 이용할 수 있다.

🏠 Cl. Donato Marmol No.323 e/ Perucho Figueredo y General Lora

불레바르드의 바로 옆길이 Donato Marmol 가이다. Donato Marmor 가 를 따라 쎄스뻬데스 공원에서 기념 공원 방향으로 세 번째 블록 오른편에서 찾을 수 있다.

📞 423175, 422950
📧 mjrg11@gmail.com

바야모에 대한 이런저런 이야기

- 기차역 사무실에서 Cl.Linea를 따라 혁명 광장 방향으로 계속 따라 걸어가면 기차길 양 옆으로 철책 없이 주택가가 이어지는 재미있는 풍경이 나타난다.
- 쎈뜨로 지역 외에는 대부분 도로명 표지판이 없다. 걸어 다닐 때 주의하고 방향 감각을 잃지 않도록 하자.
- 녹지의 바로 옆 Máximo Gómez가를 따라 걸으면 까사 빠르띠꿀라들이 몇 있기는 하지만, 멋진 풍경을 기대하고 숙소를 정한다면 조금 곤란할 듯하다. 절벽 아래에 쓰레기가 많아 냄새와 모기가 심히 염려된다.
- 바야모의 비아술, 아스뜨로 터미널 옆에는 까미옹들이 다니는 터미널이 별도로 있다. 이용에 참고하자.

해안도로
(삘론 – 산띠아고 데 꾸바)

해안도로로 가기 위한 첫 번째 관문은 〈삘론에 도착하기〉이다.

🚌 삘론 드나들기

삘론으로 가는 길은 그리 쉽지 만은 않다. 택시를 이용하면 50CUC 이상 요구하기 때문에 각오를 해야 하겠고(바가지를 씌우다기보다 거리가 그만큼 멀고 길이 굽어 있다.) 까미옹을 이용하려면 바야모에서 만자닐로 Manzanillo나 메디아 루나 Media Luna, 니께로 Niquero 까지 가서 다시 까미옹을 갈아타고 이동해야 한다. 까미옹을 이용하면 훨씬 저렴하게 이동할 수 있겠지만, 배낭과 함께 사람이 가득한 까미옹을 타는 것노 만만치는 않고, 까미옹은 정규 노선이 아니라 언제 올지 모르기 때문에 삘론에 언제 도착하게 될지도 기약이 없고, 일이 틀어지면 당일에 도착하기 힘들 수도 있다. 일행이 충분하고, 삘론을 기필코 가봐야겠다면, 택시를 이용해 가는 것이 가장 편한 방법이다. 미리 까사의 주인이나 버스터미널 근처의 택시기사들과 협의해보도록 하자.

삘론 Pilón

쿠바섬의 남단 해안가 마을은 평화롭기 그지없다. 바야모에서 만사닐료, 메디아 루나 등의 마을을 지나면 나타나는 삘론은 길이 순탄치 않아 차로는 3시간 정도 걸리고 교통수단도 여의치 않다. 그럼에도 삘론에 가볼 만한 이유를 몇 가지 꼽자면 다음과 같겠다.

리조트 호텔 예약
쎄스뻬데스 공원의 로얄뜬 호텔 내 여행사 부스나 불레바르드의 아바나뚜르에서 예약이 가능하다.
일정에 따라 캐나다 여행사의 인터넷 판매를 알아보는 것도 도움이 되겠다.

시에라 마에스뜨라와 마을 그리고 바다의 풍경
쿠바에는 높은 산이 많지 않다. 최고봉인 삐꼬 뚜르끼노도 2,000m가 채 되지 않는다. 해서 이렇게 산과 바다가 어우러지는 풍경은 쿠바에서는 흔하지 않을뿐더러 야자나무로 덮인 산이 바다와 만나는 풍경은 쉽게 볼 수 있는 풍경은 아니다. 한쪽으로는 산, 한쪽으로는 바다 그 사이의 작은 마을이 이루는 풍경은 삘론으로 향하는 길의 마지막 능선을 넘을 때 가장 아름답게 보이므로 놓치지 않기 바란다.

저렴한 리조트 호텔
아주 저렴한 가격으로 하루 동안 재워주고, 먹여주고, 음료수도 마음대로 마시게 해준다. 그것도 카리브 해변의 리조트 호텔에서. 삘론으로 가기가 힘들어서 그렇지 일단 삘론에 가기로 마음 먹었다면 이 리조트 호텔에 숙박할 것을 추천하겠다. 시설물이 최신이거나 놀거리가 많은 리조트 호텔은 아니지만, 조용하고 한가롭게 말이 풀을 뜯고, 누군가는 망고를 따고 있으며, 해변은 북적대지 않아 나름의 즐거움이 있다. Hotel Farallon의 정확한 가격은 직접 확인해보자.

해안도로
3시간을 이어지는 해안도로를 겪어보고 싶다면 삘론에서 산띠아고 데 꾸바로 가자. 해안도로에 대해서는 바로 다음에 다시 설명하도록 하겠다.

해안도로 (삘론 – 산띠아고 데 꾸바)

삘론 – 치비리꼬 – 산띠아고 데 꾸바로 이어지는 해안도로는 관광객들이 쉽게 지나기는 힘든 여정이다. 하지만, 3시간여를 해안선을 따라 어떤 곳은 바다와 2, 3m 거리를 두고 이어지는 도로에서 나타나는 다양한 풍경은 한 번쯤은 도전해 볼 만한 길이 아닐까 싶다.
삘론까지 오기도 쉽지 않았을 테지만, 삘론에서 산띠아고 데 꾸바로 가는 길도 만만치는 않다.

삘론에서 산띠아고 데 꾸바까지 이어지는 해안도로는 예전에는 관광버스들이 다녔지만, 태풍으로 도로가 유실되고 난 후에 현재는 이곳을 자주 다니는 까미옹 운전사들과 택시들만 이곳을 지나고 있다.
차를 렌트해 직접 운전해서 지날 수도 있겠지만, 굽이가 많고 유실 부분이 있는 도로는 초행으로 지나기에는 위험하다. 게다가 도로 폭은 겨우 2차선이 될까 말까 하고 중앙선 표시도 제대로 되어있지 않다.
삘론의 중앙 공원으로 가면 치비리꼬 Chivirico까지 가는 까미옹이 있다. 9MN면 치비리꼬까지 태워주지만, 2시간여를 까미옹에서 굽이치며 가는 길은 만만치 않으니 미리 줄을 서 좌석을 잡도록 하던지, 운전사에게 돈을 조금 더 주고 조수석 탑승을 협의해보자. 서서 가기는 쉽지 않다.
치비리꼬에서 다시 산띠아고 데 꾸바로 가는 까미옹을 바꿔 타야 한다. 이 까미옹은 20MN를 받고 있으며 1시간 30분 정도를 더 가서 산띠아고 데 꾸바에 닿는다.
택시를 이용하려면 100CUC 정도를 요구하기 때문에 이 길을 지나는 최고의 옵션은 까미옹의 조수석일 수 있겠다. 앉을 수만 있다면.

쿠바가 시작된 곳

SANTIAGO DE CUBA

산띠아고 데 꾸바 주

SANTIAGO DE CUBA
산띠아고 데 꾸바 주는 어떨까?

쿠바의 옛 수도. 춤의 도시. 시에라 마에스뜨라를 점령하는 자가 쿠바를 점령한다는 바로 그 시에라 마에스뜨라를 깊게 품고 있는 곳. 우리가 쿠바 여행을 하면서 산띠아고 데 꾸바를 방문해보아야 할 이유는 많다. 거기에 산따 끌라라가 체 게바라의 도시였다면, 이곳은 가히 피델 까스뜨로의 도시라 할 만큼 피델 까스뜨로와 인연이 깊은 곳이다. 최초로 정부군을 습격했고, 또 혁명 과정 중 그는 시에라 마에스트라 산채에서 모든 것을 지휘했었다. 정치적 견해를 뒤로하고라도 세계 역사에 가볍지 않은 자취를 남긴 그의 흔적을 쫓아 보는 것도 여행의 흥미로운 테마가 될 수 있을 듯하다.

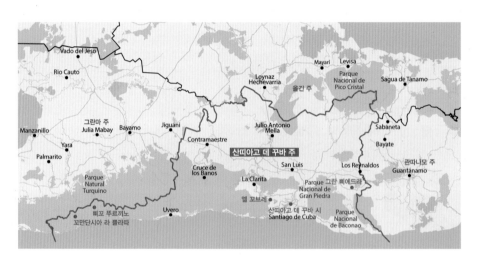

산띠아고 데 꾸바 시 Santiago de Cuba 시에라 마에스뜨라가 바다와 맞닿은 곳에 자리 잡은 도시라서 오름과 내림이 많은 산띠아고 데 꾸바는 세스뻬데스 공원이 있는 쎈뜨로 지역이 중심이라고 볼 수 있지만, 이곳 저곳 볼만한 곳들이 넓게 펼쳐져 있어 일정에 여유를 두는 편이 좋겠다. 많은 관광객이 쎈뜨로 지역에 숙소를 정하고 쎈뜨로 지역에서 주로 지내다 돌아가고는 하는데, 영역을 조금 넓혀 동쪽의 페레이로 공원 Parque Ferreiro 근처에서 산띠아고 데 꾸바를 즐기는 것도 나쁘지 않은 방법으로 보인다. 매연이 심하고 조금 북적이는 쎈뜨로를 벗어나 한결 여유롭고, 정돈된 산띠아고 데 꾸바의 다른 얼굴도 빠뜨리지 않고 보고 갔으면 하는 바람이다.

쿠바여행사 코스들 아바나뚜르나 꾸바나깐, 에꼬뚜르에서 산띠아고 데 꾸바 주를 즐길 수 있는 몇 가지의 코스들을 제안하고 있다. 그란 삐에드라 Gran Piedra나 꼬만단시아 라 쁠라따 Comandancia la Plata 등 대부분의 투어 코스들이 당일로 운영이 되고 있고, 쿠바의 최고봉인 삐꼬 뚜르끼노 Pico Turquino의 경우에는 가이드와 함께 이동하는 3일 정도의 일정을 예상해야 하겠다. 빠듯한 예산으로 여행할 경우에는 그리 저렴하지 않은 투어이지만, 다른 지역에 비해 해변이 출중하지 않은 지역이라서 해안을 방문하는 일정 대신에 여행사의 코스들을 생각해보는 것도 좋을 듯하다.

SANTIAGO DE CUBA

산띠아고 데 꾸바 주 미리 가기

스페셜 산띠아고 데 꾸바

산띠아고 데 꾸바 대성당 – 하늘색과 흰색으로 산뜻하게 꾸며진 실내는 쿠바에서 가장 매력적인 실내 장식일 듯.
라 뽈라따 사령부 – 체 게바라와 피델 까스뜨로가 어떤 고생을 해가며 혁명을 이뤘냈는지 궁금하다면 가 보자.
쎈뜨로의 저녁 – 어둑한 산띠아고 어디선가 음악 소리가 들린다면 가 보자. 흥겨운 춤판이 벌어지고 있다면 더욱 좋겠다.
여름의 산띠아고 데 꾸바 – 7~8월의 산띠아고 데 꾸바는 너무 뜨거울 수 있으니 방문할지 충분히 생각해보자. 심각하게.

산띠아고 데 꾸바 주 움직이기

To 산띠아고 데 꾸바 시
라 아바나에서 산띠아고 데 꾸바로 향하는 길은 언제나 인기 노선이어서 항공편이든 비아술 버스든 미리 준비하는 것이 좋겠다.
비아술 버스 – 라 아바나, 바라데로, 뜨리니다드, 바라꼬아에서 출발하는 노선이 산띠아고 데 꾸바로 향하고 있으며, 버스가 정차하는 모든 도시에서 산띠아고 데 꾸바로 닿을 수 있다. 이 구간은 15시간이 걸리는 장거리 노선이며, 중간중간 휴게소에 정차하기는 하지만 확실히 만만치 않은 여행이다. 거기에 더 유의해야 할 점은 버스가 산띠아고 데 꾸바에 도착하는 시간이다. 아침 일찍이나 저녁 늦게 도착하는 경우가 있다. 숙소 예약이 되어있지 않다면 골치 아픈 상황이 펼쳐진다.
비행기 – 이 지역을 방문하기로 했다면 왕복 중 적어도 한 번은 항공편을 이용하는 것이 어떨지 고민해보자. 15시간의 장거리 버스를 두번이나 타야 하는 건 역시 쉽지 않으니까. 쿠바나 항공 사무실이나 웹사이트에서 항공권을 구매할 수 있지만, 사무실로 방문하는 것이 역시 확실하다. 인기 노선이니 미리 확보해두는 것이 좋겠다.
택시 – 인근 도시에서라면 택시를 구할 수 있겠지만, 라 아바나에서 출발하겠다면 꼴렉띠보처럼 인원을 모아서 가는 택시는 쉽지 않겠다. 라 아바나라도 적당한 가격을 지불하면 가겠다는 택시기사는 있겠지만, 꽤 비쌀 것으로 예상된다.

In 산띠아고 데 꾸바 시
쎈뜨로 지역만 보면 그리 넓지 않으나, 혁명 광장이나 페레이로 공원 근처를 가려면 걷기는 좀 먼 듯하고, 택시를 타기에는 또 좀 가까운 듯하다. 오름과 내림이 많은 지형이라 마차나 비씨 택시가 많지 않아 관광객의 주 교통수단은 택시가 도맡고 있다. 모로 요새는 거리가 멀고 대중교통이 닿지 않아 택시를 이용해서 가는 수밖에는 없다.
101번 버스 – 관광객이 가장 활용할만한 버스 노선이다. 페레이로 공원과 마르떼 공원 간을 이동하고 있는 버스로 20쎈따보MN만 있으면 걷는 거리를 훨씬 줄일 수 있다. 마르떼 공원이 한 방향의 종점이고, 페레이로 공원을 넘어 시 외곽으로 나가므로 잘 보고 내릴 필요가 있겠다.
24번 버스 – 혁명 광장에서 페레이로 공원을 지나 Victoriano Garzón을 따라 오다가 Los libertadores를 따라 다시 혁명 광장 방향으로 이동한다. 쎈뜨로를 가깝게 지나지는 않지만, 잘 활용하면 역시 도움이 될 듯하다. 요금은 20쎈따보MN이다.

To 모로 요새, 그란 삐에드라
모로 요새 – 정규 교통편이 없어 택시로 이동하는 편이 낫다. 15~20CUC로 왕복 이동하며, 관람하는 동안 기다려준다.
그란 삐에드라 – 여행사의 투어를 이용할 수도 있고, 택시를 개별적으로 고용할 수도 있다. 택시 이용 시에는 50~70CUC로 왕복 및 택시기사에 따라 간단한 가이드도 해준다.

숙소

산띠아고 데 꾸바 시에서는 확실히 쎈뜨로 근처에 민박 숙소가 많다. 다니기에도 역시 인근이 편하다. 산띠아고 데 꾸바 시에서의 중심은 쎄스뻬데스 공원으로 보는 것이 좋고, 공원과 숙소의 거리가 가까울수록 좋겠다. 쎈뜨로와 가깝지 않더라도 Victoriano de Garzón가가 근처에 있다면, 대중교통을 타고 쎈뜨로 근처로 쉽게 이동할 수 있다.

SANTIAGO DE CUBA

SANTIAGO DE CUBA

산띠아고 데 꾸바 주
산띠아고 데 꾸바 시

자존심 어린 쿠바의 옛 수도
더위, 춤, 음악으로는 어디에도 지지 않을 곳.

산띠아고 데 꾸바 드나들기

산띠아고 데 꾸바는 관광객들에게 인기 있는 관광지인지라 비교적 다양한 방법으로 접근할 수 있다. 다만, 거리가 멀어라 아바나에서 산띠아고 데 꾸바로 바로 갈 생각이라면 하루를 이동에 투자할 각오를 해야한다.

산띠아고 데 꾸바 드나드는 방법 항공

라 아바나에서 1시간 30분 정도 비행기를 타면 산띠아고 데 꾸바에 닿는다. 버스로 14시간이나 걸리는 거리라서 이곳까지의 비행은 확실히 고려해볼 만한 옵션이다. 왕복에 여유가 없다면, 편도라도 생각해보는 게 나쁘지 않다. 다만, 산띠아고데 꾸바 – 라 아바나 구간의 항공권은 국내선 임에도 수요가 많아 2주 전에 구매를 해두는 것이 좋을 듯하다. 그 외 외국에서는 마드리드(스페인), 파리(프랑스), 뽀르또쁘랭스(아이티), 산또 도밍고(도미니카 공화국) 등에서 직항 국제선이 운영되고 있으니 참고하도록 하자.

산띠아고 데 꾸바 드나드는 방법 기차

라 아바나에서 출발하여 주요 도시를 거쳐 산띠아고 데 꾸바에 도착하는 기차를 이용할 수 있다. 그러나 이 구간은 거리가 멀고, 여행자에게 굳이 기차 이동을 권장하지 않는다.

산띠아고 데 꾸바 드나드는 방법 버스

🚌 비아술 버스

라 아바나의 비아술 터미널에서 산띠아고 데 꾸바 행 버스를 탈 수 있으며, 하루네 번 출발하고 있다. 중간에 거치는 각 주도에서는 모두 산띠아고 데 꾸바로 갈수 있으며, 별도로 바라데로와 뜨리니다드에서도 산띠아고 데 꾸바로 가는 비아술 버스를 탈 수 있다. 라 아바나에서 산띠아고 데 꾸바까지는 14시간이 걸리므로 장시간 버스 이동에 미리 대비해야 하겠다. 가격은 51CUC이다.

🚌 관광버스

여행사나 Transtur, Transgaviota 등에 문의하면 점심 포함 약 80CUC에 산띠아고 데 꾸바로 떠나는 관광버스에 탑승할 수 있다. 비정기적으로 아침 6시에 출발하고 있으며, 2일 전에는 예매하는 것이 좋다.

공항에서 시내로

산띠아고 데 꾸바의 공항은 남쪽으로 10Km 정도 떨어져 있다. 10~15CUC 사이로 산띠아고 데 꾸바 시내로 이동할 수 있다.

비아술 터미널에서 시내로

터미널은 중심가에서 다소 거리가 있는 혁명 광장 인근에 자리 잡고 있다. 3~5CUC 사이로 숙소가 있는 지역으로 이동이 가능하다.

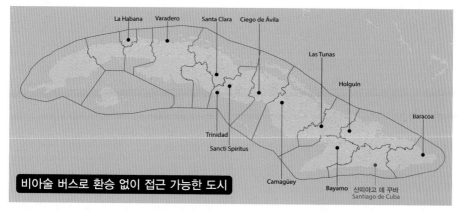

비아술 버스로 환승 없이 접근 가능한 도시

산띠아고 데 꾸바 주변 위치도

Bayamo
Jiguani
Santa Rita
Charco Redondo
Contramaestre
Oriente
Julio Antonio Mella
Chamarreta
Puerto Escondido
Avenida Juan Gualbe
1ra
La Ayua
Chile
San Luis
Alto Songo
Los Reynaldos
Comecará
Matías
Cruce de los Banos
Vicet La Lata
La Clarita
El Plátano
Colon
Chivirico
Uvero
El Cobre
Santiago de Cuba
Poblado de Sevilla
La Gran Piedra
El Morro
Siboney
El Verraco

Paseo De Marti
e Marti
Paseo De Marti
Rizal
Grifhan
Avenida Patricio Lumumba
Jobito
Diez de Octubre
Corona
Santo Tomás
General Lacret
Cisneros
que José
Vargas
Calle 2
Calvario
Peralejo
Paseo De Marti
Los Maceo
Los Maceo
Calle Nueva
Los Maceo

산띠아고 데 꾸바 중심 지역 (쎈뜨로) p.385

공원
아벨 산따마리아 역사 공원
Parque Histórico Abel Santamaría

General Portuondo
General Portuondo
Paraiso

San Francisco
San Francisco

프란시스꼬 교회
Iglesia San Francisco

공원
San Francisco

마르떼 광장
Plaza de Marte

José Antonio Saco
José Antonio Saco

돌로레스 광장
Plaza de Dolores

쎄스뻬데스 공원
Parque Céspedes

Heredia
Heredia

Santa Rita
Santa Rita
Santa Rita

Avenida Jesus Menendez
Avenida 24 de Febrero

안또니아 마쎄오 장군 기념물
Monumento Mayor General Antonio Maceo

버스 터미널 🚌

혁명광장 🏛
Plaza de la Revolucion

Avenida de Los Desfiles

에레디아 극장 🏛
Teatro Heredia

산띠아고 데 꾸바

N

Gomez

Calle 9

Avenida Las Américas

Avenida de Los Libertadores

Calle 3

Habana

Calle 6

Las Villas

Calle A

Calle B

Carlos de La Torre

길예르몬 몬까다 야구장 🏛
Estadio Guillermón Moncada

Avenida Las Américas

Calle E

Calle 6

Avenida de Céspedes

Calle A
Calle B
Calle C
Calle D

Avenida de Céspedes

Calle E

Calle F

Calle G

Calle I

Calle J

Calle K

Calle L

Avenida Las Américas

Calle L

M

B

Calle 4

Carretera del Caney

Calle 6

Paseo De Marti

Calle E
Calle F
Calle G
Calle H
Calle I

Paseo De Marti

Calle J

Calle K

Calle L

아바나뚜르 ● Café Palmares
✳

Hotel Meliá Santiago de Cuba

Hotel Los Américos

Avenida Manduley

La Fortaleza 🏛

Calle 5

Calle 8

몬까다 박물관 🏛
Museo de Moncada

El Barracón 🏛

Avenida Victoriano de Garzón

은행 💲

Avenida Victoriano de Garzón

Restaurante chino Beijing ✳

은행 💲

꾸바뚜르 ●

페레이로 공원 🏛
Parque Ferreiro

Rock Café 🏛

Calle 3

Calle 10

Escario

Escario

Cambute

Madre Vieja

Nueva

Aguilera

Aguilera

Aguilera

Calle 10

Avenida de Raúl Pujols

Bitiri

Casa Adalberto 🏛

General Carlos Roloff

Prudencio Martínez

4ta

East

L. Mon..

D

A

Calle 10

General Julio S..

시내 교통

산띠아고 데 꾸바는 다소 애매한 크기의 도시이다. 쎈뜨로 지역만 보면 그리 넓지 않으나, 혁명 광장이나 페레이로 공원 근처를 가려면 걷는 좀 먼 듯하고, 택시를 타기에는 또 좀 가까운 듯하다. 오름과 내림이 많은 지형이라 마차나 비씨 택시가 많지 않아 관광객의 주 교통수단은 택시가 도맡고 있다. 모로 요새는 거리가 멀고 대중교통이 닿지 않아 택시를 이용해서 가는 수밖에는 없다. 기타 시내버스와 트럭들이 왕성하게 손님들을 실어나르고 있지만, 노선과 이용법을 잘 모르는 관광객들이 손쉽게 타기는 어렵다.

101번 버스 관광객이 가장 활용할 만한 버스 노선이다. 페레이로 공원과 마르떼 공원 간을 이동하고 있는 버스로 20쎈따보MN만 있으면 걷는 거리를 훨씬 줄일 수 있다. 마르떼 공원이 한 방향의 종점이고, 페레이로 공원을 넘어 시 외곽으로 나가므로 잘 보고 내릴 필요가 있겠다.

24번 버스 혁명 광장에서 페레이로 공원을 지나 Victoriano Garzón을 따라 오다가 Los libertadores를 따라 다시 혁명 광장 방향으로 이동한다. 쎈뜨로를 가깝게 지나지는 않지만, 잘 활용하면 역시 도움이 될 듯하다. 요금은 20쎈따보MN이다.

택시 시내 대부분을 3~5CUC 사이로 생각하면 된다.

모로 요새 가기 모로 요새는 정규 교통편이 없어 택시로 이동하는 편이 가장 낫다. 15CUC로 왕복 이동하며, 관람하는 동안 요새 밖에서 기다려준다.

그란 삐에드라 가기 그란 삐에드라는 여행사의 투어를 이용할 수도 있고, 택시를 개별적으로 고용할 수도 있다. 택시 이용 시에는 50CUC로 왕복 및 택시기사에 따라 간단한 가이드도 해준다.

쎈뜨로 지역은 걸어서 다니기에 그리 복잡하지 않다. 정확한 정방형은 아니어도 대부분의 도로가 직교하고 있고, 도로명 표지판도 잘 붙어있는 편이다. 단 뜨리니다드처럼 두 개의 도로명을 혼용하고 있어서 좀 번거로움이 있고, 페레이로 공원 근처의 Manduley 가 안쪽 블록으로 다닐 경우는 도로명 표지판이 잘 눈에 띄지 않으므로 방향을 인지하며 다닐 필요가 있다.

엣센셜 가이드 TIP

- 음악과 춤을 사랑하는 여행자라면 일정을 좀 넉넉하게 고려하여 느긋하게 즐기다 가는 것이 좋겠다.
- 8월에 벌어지는 '불의 축제'는 국제적으로 널리 알려진 유명축제 중 하나이다. 일정을 맞춰 방문하는 것도 좋겠지만, 방문자들이 많다 보니 해당 기간에는 숙박 요금, 식비 등이 일시적으로 오른다.
- 사계절이 여름인 나라 쿠바에서도 산띠아고 데 꾸바의 여름은 특히 맹렬하기로 유명하다. 더위를 버틸 자신이 없다면, 11월 ~ 1월 사이에 방문하는 것이 좋겠다.

📷 보자!

산띠아고 데 꾸바를 제대로 즐기기 위해서는 확실히 지금의 쿠바가 만들어진 역사를 조금 알아야 할 필요가 있다. 몬까다 병영의 역사적 의미나 라 쁠라따 사령부 Comandancia la Plata가 왜 그렇게 중요한 곳인지 이해하지 못한다면 그곳을 방문했을 때의 감흥이 덜할 수밖에 없는 것은 확실하다. 마르떼 광장에서 시작해 세스뻬데스 공원을 중심으로 하는 쎈뜨로지역은 대부분의 박물관과 방문할만한 건물들이 모여있는 곳이다. Heredia 가나 Jose A Saco 가 주변으로 볼만한 상점이나 식당들이 많지만, 다른 지역보다 덥고 매연도 심한 산띠아고 데 꾸바라서 오랜 시간 다니다 보면 쉽게 지치므로 너무 무리하지 않는 편이 낫겠다. 혁명 광장 구역에는 야구장, 에레디아 극장 등 운이 좋아 경기가 있거나 공연이 있으면, 오래 머무르면서 둘러볼 만한 곳들이 있고, 페레이로 공원 근처 Manduley 가에는 웅장하지는 않아도 예쁜 건물들이 많아 시간이 허락한다면 차분한 산책을 하기에 좋다. 산업항이기에 말레꽁은 그리 감흥이 없고, 쎈뜨로는 매연이 심해 산책로는 Manduley가 만한 곳이 없다. 추천 일정은 3박 4일 일정으로 정리를 해보았고, 개인의 기호에 따라 가감하여 그란 삐에르다나 해변을 방문해도 좋을 듯하다. 숙소가 쎈뜨로의 안쪽이라면 첫날 일정을 거슬러서 이동해도 괜찮겠다.

추천 일정

첫째 날

- 마르떼 광장
- 돌로레스 광장
- 카니발 박물관
- 럼 박물관
- 바까르디 박물관
- 세스뻬데스 공원
- 호텔 까사 그란다
- 산띠아고 데 꾸바 대성당
- 시대상 박물관
- 산 프란시스꼬 교회
- 벨라스께스 발코니
- 빠드레 삐꼬 계단
- 지하 투쟁 박물관
- 모로 요새

둘째 날

- 몬까다 박물관
- 길예르몬 몬까다 야구장
- 에레디아 극장
- 혁명 광장
- 페레이로 공원
- 만두레이가

Santiago de Cuba
첫째 날

긴 여행 끝에 지난 저녁 산띠아고 데 꾸바에 도착해 푹 쉬었기를 바란다. 더워지기 전에 첫째 날은 조금 서둘러 마르떼 광장으로 이동해 쎈뜨로 지역을 돌아보자. 101번 버스가 마르떼 광장에서 서고, 택시기사들도 모두 마르떼 광장이 어디인지는 알고 있다.

마르떼 광장 **Plaz de Marte** 쁘라사 데 마르떼

마르떼 광장은 방문해야 할 곳이라기보다는 랜드마크로서 알아두어야 할 장소이다. 광장에서 이벤트를 진행하는 경우도 있지만, 낮에도 머무는 사람보다는 지나는 사람이 많고, 저녁에도 그리 흥겨운 분위기는 아니다. 하지만 위치를 설명할 때나 택시를 탈 때 기준으로 역할을 하는 곳이므로 꼭 알아두는 편이 좋겠다.

쎈뜨로지역 골목 풍경

🚶 마르떼 광장에서 Francisco Vicente Aguilera 가를 따라 돌로레스 광장으로 이동하자. 경사져 있는 지형의 낮은 쪽에 있는 길이 Francisco Vicente Aguilera 가이다. 광장에서 Libertad 호텔을 바라보고 오른쪽으로 길을 따라 세 블록을 지나면 내리막과 함께 돌로레스 광장이 나온다.

돌로레스 광장 **Plaza de Dolores** 쁘라사 데 돌로레스

돌로레스 광장은 식당가라고 생각하면 좋을 듯하다. 광장을 둘러 곳곳에 자리잡은 식당들은 관광객을 기다리고 있고, 현지인들은 광장 그늘에 있는 벤치에서 시간을 보낸다. 추천할 만한 식당은 없지만, 지친 발걸음을 음료 한 잔과 함께하며 쉬어가기에는 나쁘지 않은 곳이라 하겠다. 하지만 관광명소가 있는 곳은 아니고 역시 지나는 길목으로서의 성격이 많은 곳이라 그리 붐비는 편은 아니다.

🚶 Francisco Vicente Aguilera 가의 돌로레스 광장 끝에서 좌회전 한 번, 우회전 한 번을 해보자. 오른편에 카니발 박물관이 바로 붙어있어 간판이 제대로 보이지 않을 수도 있지만, 오른편 블록의 계단을 따라 조금 올라가면 카니발 박물관의 입구를 찾을 수 있다.

쎈뜨로지역 골목 풍경

👁 Cl. Heredia No.303, esq. Carnicería

📞 626955

🕐 Open 월 14:00~17:00,
토 14:00~22:00
화~금/일 09:00~17:00
공연 일정은 박물관내 게시판 확인

🎫 1CUC, 사진 촬영 시 5CUC 추가

카니발 박물관

👁 Cl. San Basilio No. 358, esq. a San Félix

📞 628884

🕐 Open 월~토 09:00~17:00

🎫 2CUC

럼 박물관

👁 Carnicería, esq. Aguilera

📞 628402 / 651708

외부 보수 공사가 진행 중인 주청사 건물

카니발 박물관 Museo del Carnaval 무세오 델 까르나발

전시물 자체가 눈길을 끌지는 않지만, 이곳에서 진행되는 댄스 프로그램은 산티아고 데 꾸바의 춤을 느껴볼 수 있는 좋은 기회이다. 상설 공연은 없고, 공연팀과 박물관의 일정에 따라 시간이 변경되므로 공연을 관람하기 위해서는 박물관을 방문해 게시판의 일정을 체크해야 하겠다.

🚶 카니발 박물관을 나와 반대편 블록을 바라보고 서서 오른쪽에 처음으로 나오는 교차로에서 좌회전해 한 블록만 내려가자. 교차로가 나타나면 오른편 멀지 않은 곳에 럼 박물관이 보일 것이다.

럼 박물관 Museo del Ron 무세오 델 론

술의 제조법, 종류 등에 관심이 많다면 이 럼 박물관을 놓쳐서는 안 될 듯하다. 규모가 크지는 않지만 럼의 역사, 사탕수수를 증류시키는 법 등 럼을 제조하는 방법을 상세하게 설명해주고 있다. 우리나라에도 '바카디'로 소개되고 있는 럼은 선원들이 사랑하는 술, 그리고 해적의 술로 유명하다. 내부 관람 중에 한 잔의 럼도 무료로 제공하므로 원한다면 맛볼 수 있겠다. 산티아고 데 꾸바의 럼이나 사탕수수가 특별히 다른 곳에 비해 탁월하다기보다는 한 때 수도였던 도시의 중요도와 예전에도 지금도 산띠아고 데 꾸바는 쿠바의 주산업 항이기에 바까르디사의 창립자인 에밀리오 바까르디의 자취가 많이 남아 있어 이 박물관이 이곳에 자리 잡게 된 듯하다.

🚶 이미 지나왔던 Carnicería 가를 따라 왔던 길을 거슬러 두 블록을 가면 정면에 주청사 건물이 보이고, 왼편으로 바까르디 박물관을 찾을 수 있다.

에밀리오 바까르디 모레오 지역 박물관

Museo Municipal Emilio Bacardí Moreau 무세오 무니시빨 에밀리오 바까르디 모레오

줄여서 바까르디 박물관은 에밀리오 바까르디가 1899년 설립한 곳으로 지역의 역사와 예술품을 소개하는 박물관으로 사용되고 있다. 다른 도시들처럼 산띠아고 데 꾸바에도 역시 여러 박물관이 자리 잡고 있는데, 제2의 도시이니 만큼 그 전시물들이나 전시 상태 등이 나쁘지 않은 편이다. 기회가 된다면 산띠아고 데 꾸바의 규모 있는 박물관은 들러보는 편이 낫다.

에밀리오 바까르디 모레오 지역 박물관

세스뻬데스 공원

🚶 바까르디 박물관과 주 청사 사이에 난 길이 Francisco Vicente Aguilera 가 이다. 박물관에서 주 청사를 바라봤을 때 왼쪽으로 그 길을 따라 두 블록만 가면, 세스뻬데스 공원이 나온다.

세스뻬데스 공원 Parque Céspedes 빠르께 세스뻬데스

산띠아고 데 꾸바의 중심지는 단연 세스뻬데스 공원이라고 할 수 있지만, 막상 공원 자체는 그리 붐비는 곳은 아니다. 볕이 뜨거운 낮에는 그늘이 없는 이 공원에 나와 앉아있는 사람도 별로 없지만, 까사 그란다 호텔이나 인포뚜르, 멀지 않은 곳의 까사 데 라 뜨로바 등의 명소 덕에 관광객의 이동량이 많기 때문에 호객행위를 하는 택시기사나 식당 바람잡이들이 주변 그늘에 가장 많이 모여있는 곳이 세스뻬데스 공원 근처이다. 모로성이나 터미널로 택시를 타야 할 일이 있다면 이곳에서 택시기사와 협상하는 게 가장 빠르고 손쉽다.

🚶 공원에 바로 면해서 Hotel Casa Granda라는 간판을 찾을 수가 있다.

호텔 까사 그란다 Hotel Casa Granda

호텔 까사 그란다를 굳이 일정에 넣어 설명하는 이유는 인근에서 가장 전망이 좋은 옥상 바 때문이다. 5층 높이에 있는 옥상 바에 오르면 대성당 천사상

호텔 까사 그란다 전망

호텔 까사 그란다

과 종탑이 눈앞에 보일 뿐 아니라 멀리 언덕 아래 컨테이너가 쌓여있는 만의 모습도 한눈에 들어온다. 쎈뜨로 지역에서 이정도로 넓고 높은 시야를 찾기가 힘들기 때문에 이곳 바는 꼭 방문해 볼 만한 곳이다. 호텔 측도 이를 알고 있어서인지 옥상 Bar를 위해 별도의 입장료를 받고 있다. 레스토랑 운영시간에 식사를 하면 이곳 전망대에서 식사를 할 수 있는데 점심, 저녁 시간을 나누어 운영하고 있으므로 시간을 미리 보고 방문하는 것이 좋겠다. 적당한 가격에 전망과 식사를 함께할 수 있어 유난히 바가지를 씌우려는 주변 식당보다는 훨씬 나은 선택이 될 수 있다.

🚶 광장이나 전망대에 있다면 대성당 건물을 봤을 테다. 대성당에 들어가기 위해서는 건물 양 옆의 계단을 이용하면 된다.

산띠아고 데 꾸바 대성당 Catedral 까떼드랄

참고 문헌마다 이름이 달라 어떤 이름이 옳은 것인지 알기가 힘들다. 'Catedral Nuestra Señora de la Asunción'이 가장 자주 언급되는 이름인 이 대성당을 지역주민들은 그냥 '라 까떼드랄'이라고 부른다. 1522년 같은 자리에 처음 자리를 잡았고, 지금의 건물은 1922년에 완공이 되었으니 아주 오래된 건물은 아니다. 하지만 하늘색과 백색 그리고, 정교한 조각들로 장식된 성당의 내부는 어쩌면 쿠바에서 가장 아름다운 건물 내부라고 해도 좋을 만큼이다. 관광객을 위한 별도의 입장 시간은 없으나 이 책을 보고 산띠아고 데 꾸바를 방문하는 모든 이들에게 행운이 있어 내부를 볼 기회가 있기를 간절히 기원한다.

🚶 공원의 한쪽 편 은행 옆, 검은 테라스 창이 있는 건물이 다음 행선지인 시대상 박물관이다.

산띠아고 데 꾸바 대성당

시대상 박물관 Museo de Ambiente Histórico 무세오 데 암비엔떼 이스또리꼬

솔직한 감상으로는 좀 억지스럽게 박물관으로 만들어진 듯한 느낌이 들지만, 나름의 역사적 의미를 가지고 있는 건물과 오래된 내부의 가구들을 유지, 관리하기 위한 쿠바 관광 당국 나름의 방식이라 생각할 수도 있겠다. 1522년에 완공된, 쿠바에서 가장 오래된 저택 중 하나인 이 건물은 개보수를 거쳐 비록 당시의 벽이나 천장은 아닐지언정 옛 모습을 그대로 재현하기 위한 노력이 녹아있다.

가구나 당시의 집기, 마차 등 당시에 사용하던 물건들을 모아 두었지만, 공간을 모두 채우지는 못해 조금 허전한 기분은 든다. 500년 전 생활상이나 스페인 건축양식의 석조 건물이 궁금하다면 들러보는 것도 좋겠다.

디에고 벨라스께스라는 이 집의 첫 번째 주인은 스페인에서 쿠바 점령과 통치를 위해 식민 초기에 파견된 인물이라고 한다. 500년 전에 이곳에 와서 이만한 집을 지어내는데 들었을 수고가 놀랍기도 하다.

🚶 다시 Francisco Vicente Aguilera 가를 따라 한 블록, 세스뻬데스 광장에서 먼쪽으로 간 후 우회전해서 Mariano Corona가를 따라 네 블록을 지나면 아주 오래된 교회가 나타난다. 산 프란시스꼬 교회다.

시대상 박물관

산 프란시스꼬 교회 Iglesia San Francisco 이글레시아 산 프란시스꼬

낡은 건물이 주는 애잔한 느낌을 좋아한다면, 산 프란시스꼬 교회를 빠뜨리지 말자. 이 교회는 이 정도면 문을 닫고 보수공사를 해야 하는 거 아닌가 하는 생각이 들 정도로 낡았다. 외벽도 헐어 붉은 벽돌이 들여다보일 정도이고, 내부는 진정한 빈티지 인테리어란 무엇인지 한 수 가르쳐주는 듯 멋들어지게 낡았다. 게다가 이런 건물에서 여전히 미사가 진행되고 있다. 쎈뜨로에서 몇 블록 떨어져 있지 않은데도 관광객들이 거의 다니지 않는 거리의 칠이 벗겨져 가는 낡은 교회는 새롭고 깨끗하게 단장한 다른 교회들보다 더 다채로운 여운을 남길 수 있으므로 방문해 보도록 하자.

쿠바 산띠아고 데 쿠바 주 · 산띠아고 데 쿠바 시
CUBA

시대상 박물관

🏠 Cl. Santo Tomás, esq. a Aguilera
📞 652652
🕐 Open 일~목 09:00~1700,
금 13:30~17:00
💲 2CUC

산 프란시스꼬 교회

🚶 Mariano Corona 가를 따라 왔던 길을 거슬러 여섯 블록을 걸으면 왼편에 건물 입구처럼 보이지만, 입구만 있는 건축물이 벨라스께스 발코니이다.

벨라스께스 발코니 Balcón de Velázquez 발꽁 데 벨라스께스

별다른 특징은 없는 말 그대로 전망대이다. 입장료는 없고, 사진을 찍는다면 1CUC을 받고 있는데, 이곳이라고 해서 특별히 멋진 사진이 나오지는 않을 듯 하지만, 스스로 보고 판단하도록 하자. 산띠아고 데 꾸바에서 가장 볼만한 전 망은 이곳보다는 까사 그란다에서의 전망이지만, 지나는 길에 있으므로 들러 보도록 하자.

벨라스께스 발코니

🚶 발코니의 옆, Bartolomé Masó 가를 따라 내려가는 방향으로 한 블록 가서 좌 회전 하면 조금 멀리 빠드레 삐꼬 계단이 보인다.

빠드레 삐꼬 계단 Escalera de Padre Pico 에스깔레라 데 빠드레 삐꼬

산띠아고 데 꾸바에서 뮤직비디오를 찍으면, 꼭 등장한다는 이 계단을 그냥 지나치기는 섭섭한 듯하다. 일단 뮤직비디오 포즈로 사진을 한 장 찍고, 어디 선가 뮤직비디오가 나오면 유심히 한번 살펴보도록 하자.

빠드레 삐꼬 계단

🚶 계단을 다 올라 오른쪽을 보면 언덕길이 보이고, 언덕 위에 테라스를 두르고 있는 심상치 않은 건물이 보일 것이다. 그곳이 비밀 투쟁 박물관이다.

지하 투쟁 박물관

Museo de la Lucha Clandestina 무세오 데 라 루차 끌란데스띠나

이 건물은 쿠바의 역사에 나름의 의미를 가지는 건물이다. 1956년 11월 30일 쿠바 내부의 반 바티스타 게릴라들은 삐델 까스뜨로의 쿠바 상륙에 대한 정부군의 주의를 돌리기 위해 당시 경찰서였던 이곳을 습격한다. 몬까다 병영과 더불어 산띠아고 데 꾸바에 남아있는 쿠바 현대 역사의 흔적이라 하겠다. 건물이야 그렇다 치지만 이런 류의 많은 박물관에서 모르는 이름과 스페인어가 난무하는 내부 전시물들을 유심히 바라보다 보면 스웨덴 사람이 독립 기념관을 방문한다면 이런 기분일까 하는 생각이 조금 들기는 한다. 전망이 나쁘지 않아 전망대의 역할도 하고 있으며 내부에는 혁명 시기의 게릴라 활동에 대한 자료들이 전시되어 있다.

🚶 이제 모로 요새를 갈지 말지 선택을 해야 한다. 모로 요새는 저녁 7시까지 개방하고 있으므로 시계를 보고 판단해야 하겠다. 모로요새까지는 쎈뜨로에서 택시를 이용해야 한다.

지하 투쟁 박물관

모로 요새 Castillo de San Pedro del Morro 까스띠요 데 싼 뻬드로 델 모로

얼핏 도로 쪽에서 보면 별거 없어 보이는 외양이지만, 내부로 들어가 보면 단순하지 않고, 재미있는 공간 구성으로 포를 쏘는 요새라기보다 공주나 왕자가 살 법한 성 같은 느낌이 들기도 한다. 1600년대 중반에 지어진 이 건물은 그 모습 그대로 아직도 남아있어 당장에라도 어느 구석에선가 제복을 입은 스페인 병사가 걸어 나올 듯한 느낌이 들기도 한다. 라 아바나의 요새와는 달리 성 내부에 식당이나 노점상도 없고, 주변도 떠들썩한 편이 아니라서 그 시절의 분위기를 떠올려보는 데에는 오히려 라 아바나의 요새보다 나은 듯하다. 요새임에도 오밀조밀하게 예측이 쉽지 않고 의외성이 있는 공간 구성은 이곳 저곳의 계단을 타고 올라가서 보는 전망과 함께 모로 성 관람의 재미를 더하고 있다.

쎈뜨로 지역에서 택시기사와 협의를 하면 15–20CUC 정도로 왕복 교통편을 제공한다. 관람하는 동안 알아서 시간을 때우며 기다려주니 초조해할 필요는 없다.

모로 요새

Santiago de Cuba
둘째 날

숙소에 따라 접근법이 다르겠지만, 몬까다 박물관을 가는 길은 Victoriano Garzón 가를 따라가는 것이 가장 쉽다. 마르떼 광장에서 Victoriano Garzón 가를 따라서 쎄스뻬데스 공원 반대 방향으로 약 3분 정도 걸으면 좌측에 큰 병원 건물이 보인다. 그 앞의 교차로를 직진하여 지난 후 왼편으로 나 있는 첫 번째 길 Ave. Moncada를 따라가면 건물의 옆을 지키고 있는 경비들이 보인다. 박물관은 건물의 한쪽 끝에 자리 잡고 있다.

몬까다 박물관 Museo Moncada 무세오 몬까다

체 게바라가 산따 끌라라에서 혁명 전쟁을 결정지었다면, 피델 까스뜨로가 그 전쟁을 시작한 곳이 바로 몬까다 병영이다.

미국과 유착했던 정황이 짙은 당시의 대통령 바띠스따는 반정부 세력에 대해서는 혹독한 탄압과 고문을 아끼지 않았다. 쿠바는 점점 미국의 유흥지로 변해가고 있었고, 쿠바의 국부는 불평등한 미국과의 거래로 갈수록 유출되고 있었다. 이에 1953년 7월 26일 변호사 피델 까스뜨로는 100명의 저항 세력과 함께 몬까다 병영을 습격하지만, 실패로 끝나고 이후 피델 까스뜨로는 투옥되었다가 멕시코로 추방되기에 이른다.

혁명 과정의 첫 번째 무장 투쟁이라는 중요한 상징성을 띠는 몬까다 병영 습격일을 기념하기 위해 쿠바 정부는 7월 26일을 국경일로 지정하고 있고, 이곳 몬까다 병영은 7월 26일이라는 이름의 학교로 운영하고 있다.

당시의 탄흔은 아직도 건물 외부에 남아있으며, 박물관 뿐만 아니라 이 지역 일대가 국립 기념물로 지정되어 관리되고 있다. 전체 건물의 왼쪽 일부를 사용하고 있는 박물관에는 7월 26일 습격 당시의 상세한 정황과 당시에 사용된 무기들 그리고, 그 이후의 이야기들을 자세히 전시하고 있다. 전시물 상태도 훌륭하기에 건물뿐만 아니라 박물관 내부도 둘러볼 만하겠다.

몬까다 박물관

🏠 Ave. Moncada y Gral. Portuondo
⊙ Open 화~토 09:00~17:00
　　일/월 09:00~13:00

👣 여기서 몬까다 야구장이나 혁명 광장까지는 거리가 좀 멀다. 걷는데 자신이 없다면 택시를 타도록 하자. '쁘라사 데 라 레볼루시온'이나 '에스따디오 몬까다'로 데려다 달라고 하면 되겠다. 걸어서 가려면 몬까다 박물관 건물의 11시 방향으로 뻗어있는 E 가를 찾자. 그 길을 따라 여덟 블록을 걸으면 붉은색의 야구장 건물이 길 건너편에 보일 것이다.

몬까다 박물관

길예르몬 몬까다 야구장

Estadio Gillermón Moncada 에스따디오 길예르몬 몬까다

요즈음은 영 힘을 쓰지 못하고 있다는 산띠아고 팀의 홈구장인 이곳은 쿠바
답게 화려하게 도색되어 있다. 어느 도시에서나 야구를 좋아하는 쿠바 남자
들은 한국 국가대표를 강팀으로 기억한다. 한국팀은 좋은 팀이라고 추켜세우
긴 하지만, 쉽게 꺾지 않는 쿠바의 야구 자존심. 그 상징인 야구장을 산띠아
고 데 꾸바에서도 한번 느껴보기 바란다.

야구장에서 그 앞으로 난 Las Americas 가를 보고 서서 오른쪽으로 5분 정도
만 따라가다 보면 오른편의 에레디아 극장이 아주 잘 보인다.

에레디아 극장 Teatro Heredia 떼아뜨로 에레디아

극장 벽면의 조형물은 아마도 유명한 음악가일 거로 생각하겠지만, 후안 알메
이다라는 혁명 당시의 지휘관이다. 'Aquí no se rindenadie' (여기서 누구도 항
복하지 않는다.)라는 문구를 극장 건물에 새겨넣은 것은 참 쿠바답다 하겠다.
바로 앞이 혁명 광장이니 아주 어색하다고 할 수는 없겠다. 건물 자체도 큰
편이지만, 뒤쪽의 공원까지 생각한다면 극장이라기보다는 복합 문화 공간에
가깝다. 산띠아고 데 꾸바에서 가장 큰 현대식 극장이며 여러 가지 크고 작은
행사들이 이곳에서 진행되고 있으므로 관람을 위해서는 건물 외부의 행사일
정을 미리 확인해야 하겠다. 축제와 춤의 산띠아고 데 꾸바이니 만큼, 일정이
맞아 공연을 보고 운이좋았다고 생각하는 것보다, 공연을 못 봤을 때 운이 없
었다고 생각하는 게 오히려 말이 된다.

에레디아 극장 공연

에레디아 극장

🚶 에레디아 극장 정면으로 혁명 광장과 조형물이 바로 보일 것이다.

혁명 광장 **Plaza de la Revolucíon** 쁘라사 데 라 레볼루시온

건너편의 거대한 조형물 외에 혁명 광장에는 특이할 만한 점이 없다. 안또니오 마세오라는 독립 전쟁 영웅의 거대한 조형물은 에레디아 극장과 어울리며 이 일대의 경관을 형성하고 있다.

혁명 광장

🚶 혁명 광장에서 페레이로 공원까지는 도보로 약 25분 정도 걸린다. 야구장이나 대학교, 멜리아 호텔 등이 있어 걷는 길이 심심하지만은 않다. 혁명 광장과 에레디아극장 사이로 나 있는 Los Americas 가를 따라 야구장이 있는 방향으로 계속해서 걸으면 페레이로 공원이 나온다. 같은 방향으로 24번 버스를 타면 역시 페레이로 공원에 닿을 수 있다.

페레이로 공원 **Parque Ferreiro** 빠르께 페레이로

멜리아 산띠아고 데 꾸바 호텔과 로스 아메리꼬스 호텔이 인근에 있는 이곳 페레이로 공원 일대도 관광객들을 위해 조금 꾸며놓기는 했지만, 관광객의 활용도는 그리 높지 않은 편이다. 관광객보다 현지인의 비율이 높고, 교통의 요

페레이로 공원

쿠바 산띠아고 데 꾸바 주 산띠아고 데 꾸바 시

CUBA

지이기에 버스를 기다리는 사람과 교통량도 많은 이곳은 그럼에도 괜찮은 식당들과 상대적으로 쾌적한 공기가 있어서 한 번 들러볼 만한 곳이다.

만두레이 가 Avenida Manduley 아베니다 만두레이

다시 산띠아고 데 꾸바를 방문한다면 개인적으로 만두레이가 인근에 숙소를 정하고 근처를 더 향유하며 지내겠다. 쎈뜨로 지역 만큼 큰 건물들은 없지만, 종종 눈에 들어오는 볼만한 건물들과 합리적인 가격의 식당들, 맑은 공기는 쎈뜨로와 전혀 다른 모습의 산띠아고 데 꾸바라고 할 수 있을 정도다. 만두레이가에서 왼편 골목으로 조금만 들어가면 나타나는 주택가는 각기 적당한 정원들이 있어 한적한 분위기를 자아내고 있다. 까사 빠르띠꿀라들도 많이 있으므로 산띠아고 데 꾸바에 오래 머무를 생각이라면 잘 생각해보기 바란다. 쎈뜨로를 오가는 101번 버스는 타는 것도 그리 어렵지 않다.

만두레이가 인근의 풍경

만두레이 가

하자! ACTIVITIES

쎈뜨로의 밤이 생각보다 시끄러운 편은 아니다. 세스뻬데스 광장 외의 지역은 특별한 축제 기간이 아니면 조금 휑하므로 평일에 방문한다면 큰 기대를 하지 않는 것이 좋겠다. 까사 그란다 호텔 옆의 Heredia가가 가장 부산한 편이고, 페레이로 공원 근처에서는 일찍부터 소규모 공연이 시작되어 10시 정도에 끝나므로 참고하도록 하자.

Casa de la Trova 까사 데 라 뜨로바

산띠아고 데 꾸바의 밤에는 까사 데 라 뜨로바가 가장 바쁘다. 현재는 내부 공사로 입장 가능한 인원에 제한이 있지만, 공사가 끝나고 위층이 개방되면 한 층 더 분위기가 올라오리라는 생각이 든다. 관광객이 몰리는 곳의 밤은 어느 곳이나 거의 그렇지만, 여기도 역시 쿠바 살사 선수들이 저녁마다 모여드는 곳이다.

⌂ Cl. Heredia e/ San Pedro y San Félix
까사 그란데 호텔의 바로 옆 블록에 있다.
◎ Open 10:00~23:00 🎫 1CUC

UNEAC 우네악

산띠아고 데 꾸바의 우네악에서는 주로 주간에 다양한 프로그램을 준비해두고 있다. 지나면서 미리 프로그램을 확인해 놓자. 우네악의 공연은 춤보다 음악 위주고, 가끔 시낭송회도 진행하고 있으므로 알아듣지 못할 시낭송회에 참석하고 싶지 않다면 주의하자.

⌂ Cl. Heredia e/ Hartman y Carnicería
까사 그란다 호텔에서 Heredia 가를 따라 마르떼 광장 방향으로 50여 미터만 가면 오른편에서 찾을 수 있다.
◎ 게시판 확인요

Coro Madrigalista 꼬로 마드리가리스따

혹시 살사를 제대로 추고 싶어 산띠아고 데 꾸바에 왔다면, 꼬로 마드리가리스따로 가보자. 이곳은 바라기보다는 본격적인 춤판이다. 넓지 않은 홀을 가운데 두고 사람들이 둘러앉아 춤을 추며 즐기는 곳. 살사를 잘 추는 외국인 관광객이 흔치 않기에 언제나 현지인들이 많지만, 정형화된 축제용 춤이 아니라 현지인들의 자연스러운 춤사위를 보고 싶다면 시간을 맞춰 이곳에 가보기 바란다.

⌂ Cl. Francisco Vicente Aguilera e/ Pío Rosado y Profirio Valiente
바까르디 박물관의 바로 앞 오른쪽에 있다.
◎ Open 20:30~23:00 🎫 1CUC

Artex Patio 아르뗀스 빠띠오

기념품을 주로 판매하는 아르뗀스의 안쪽 넓지 않은 바에서 공연을 하고 있다. 언제나 아르뗀스 빠띠오에서는 항상 공연을 하는 편이므로 음악을 들으며 좀 쉬고 싶다면 이곳을 찾아가는 것이 가장 빠를 듯하다. 하지만 자리가 많지 않아 들어가지 못할 수도 있으니 염두에 두기 바란다.

⌂ Cl. Heredia e/ Pío Rosado y Profirio Valiente
카니발 박물관의 바로 건너편이다.
◎ Open 11:00~01:00 🎫 1CUC

페페이로 공원 근처

페레이로 공원 근처에는 멜리아 호텔과 로스 아메리까스 호텔이
있어 이곳도 관광객을 위해 분위기를 내는 듯하지만, 아직까지 큰
효과를 보고 있지는 못한 것 같다. 이곳의 공연은 쎈뜨로 보다 좀 일찍
시작해서 일찍 끝난다. 주변에 먹을거리도 다양하고, 시야가 트여
분위기도 나쁘지 않으므로 고려해보기를 바란다. 관광객보다 공연을
즐기는 현지인들이 아직은 더 많은 곳이다.
페레이로 공원 바로 옆이다.

Terraza Matamoros 떼라사 마따모로스

까사 데 라 뜨로바의 바로 건너편에 좀 더 늦게까지 노는 집이 있다. 까사 데 라 뜨로바에서 아쉬움이 남았다면 떼라사
마따모로스로 가보자. 까사 그란데 호텔의 뒷건물 옥상에 자리 잡은 이곳도 꽤 북적이는 곳 중의 하나이다.

⌂ Cl. Heredia e/ San Pedro y San Félix
까사 그란다 호텔의 뒤편 건물, 까사 데 라 뜨로바의 바로 건너 입구를 통해 위로 올라가면 된다.
◎ Open 09:00~01:30 🏷 3CUC

사자! SHOPPING

산띠아고 데 꾸바에 특산품이라 할 만한 건 없다. 드문드문 기념점들이 자리 잡고 있지만, 산띠아고 데 꾸바가 아니면 구할
수 없는 물건들은 없는 듯하다. 일반적인 기념품은 길가의 기념점점에서 구매할 수 있지만, 지도에 표시된 Artesania 장터
에 가면 기념품점들이 모여 있어 좀 더 편리할 듯하다. 저녁 6시면 문을 닫으니 서둘러 방문하는 것이 좋겠다.

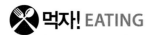먹자! EATING

ⓒ 0~5CUC ⓒⓒ 5~10CUC ⓒⓒⓒ 10CUC~

산띠아고 데 꾸바의 아쉬운 점 한 가지. 좋은 식당을 찾는 게 쉽지 않다. 쎈뜨로 지역은 서비스나 음식에 비해 비싼 식당이
많아 만족도가 떨어진다. 괜찮아 보이는 식당은 10CUC 이상을 생각해야 하고, 저렴한 식당은 손님이 없어 썰렁한 분위기
에서 식사를 해야 한다. 길거리 음식은 Jose A Saco가에 드문드문 찾을 수 있고, 쎈뜨로를 벗어나 Garzón 가에서도 찾을
수 있다. 먹거리의 중심지는 세스뻬데스 공원보다는 페레이로 공원이라 할 수 있겠는데, 괜찮은 식당을 찾는다면 페레이로
공원 주변을 다니거나 Manduley가를 걸어보자. 가장 추천할 만한 곳은 Manduley가다.

북경반점 Restorante chino Beijing ⓒⓒ

이름만으로도 친숙한 이 식당은 중국인이 운영하는 중국
식당이다. 젊은 중국인 사장은 식당을 깨끗하게 관리하고
있으며, 양도 푸짐해서 현지인들도 자주 찾는 식당이다. Pollo
fritos agridulce는 '깐풍기'와 맛이 비슷하고, 원한다면 좀 더 맵게
'Picante'로 주문해도 좋겠다. 기본 요리에 밥이 같이 나오고, 밥을
따로 시키면 2인분이 넘는 양이 나오므로 참고하기 바란다.

⌂ Ave. Victoriano Garzón e/ 1ra y Carlos Aponte
페레이로 공원에서 Garzón 가를 따라 마르떼 공원 방향으로 걸어가면 Ave.
Céspedes를 지나는 블록 코너에서 친숙한 느낌의 간판을 찾을 수 있다.
◎ Open 12:00~23:00

Café Rumba 까페 룸바 C C

쎈뜨로에서 식사를 해야 한다면 이 집을 빼놓지 않기 바란다. 얼핏 미용실로 착각하고 지나치기 쉬운 이 집의 안쪽에는 실제로 미용실도 있다. 이 집의 장점은 일단 맛있고, 음식이 예쁘게 담겨져 나온다. 관광객의 주머니를 뒤지기 위해 구색만 갖춰 놓은 많은 식당이 난무하는 쎈뜨로에서 이런 식당의 가치는 높다. 좀 지쳐있다면 과일 모듬인 Pincho de Frutas를 시켜보자. 접시가 도착하는 순간 상큼하게 기운이 도는 걸 느낄 수 있을 것이다.

⌂ Cl. Hartmann e/ Juan Bautista Sagarra y Sánchez Hechavarría

까사 그란다 호텔 뒷길 Hartmann 가를 따라 세스뻬데스 공원에서 마르떼 공원 방향을 바라봤을 때 왼쪽으로 다섯 블록 정도만 가자. 오른편에 미용실 간판이 보이면 그곳이다.

◉ Open 월~토 09:30~22:30

El Barracón 엘 바라꼰 C C

몬까다 박물관에 가는 길이라면 이곳에 들러 식사하는 것도 괜찮겠다. 널찍한 내부와 납득이 되는 가격으로 기분 나쁘지 않게 식사를 마치고 나올 수 있을 듯 하다. 빨마레스 그룹 Grupo Palmares에서 운영하는 집으로 음료 가격을 터무니 없이 받지 않아 잠깐 쉬었다 가기에도 그만이다.

⌂ Ave. Victoriano Garzón e/ 1ra y Carlos Aponte

마르떼 공원에서 Garzón 가를 따라 페레이로 공원 방향으로 걸어가면 10분 쯤 뒤에 오른편으로 높은 아파트 건물이 세 개 보인다. 식당은 그 건너편에 있다.

◉ Open 12:00~23:00

Roma 로마 C

북경반점과 같은 주인이 운영하는 이탈리아 식당. 이탈리아 식당이라고 하지만 피자와 파스타가 거의 전부다. 비싼 식당이 즐비한 곳에서 편하고 저렴하게 식사할 수 있게 해준 것만으로도 중국인 주인에게 감사를 표하고 싶다. 화장실이 없는 게 좀 아쉽고, 피자보다는 파스타를 시키는 게 입맛에 맞을 듯하지만 그냥 간단히 앉아서 저렴하게 끼니를 때우고 싶다면 로마가 나쁘지 않겠다.

⌂ Cl. Francisco Vicente Aguilera e/ Donato Mármol y Monseñor Barnada

마르떼 공원에서 Aguilera 가를 따라 세스뻬데스 공원을 향해 걷기 시작하면 왼편에 Roma 간판이 바로 보인다.

◉ Open 11:00~23:00

Café Palmares 까페 빨마레스 C C

멜리아 호텔 인근에 빨마레스 그룹에서 운영하고 있는 이 카페는 분위기도 한적하고, 가격도 적당해서 나쁘지 않은 선택이 될 수 있겠다. 레스토랑과 바가 함께 있고, 지붕이 없는 곳이라 낮에는 조금 더울 수 있다.

⌂ Cl. M e/ 6ta y Ave. de Las Americas

Las Americas 가에서 멜리아 호텔 입구 방향으로 난 M가를 계속해서 직진하면 오른편에서 찾을 수 있다.

Rock Café 락 카페 C C

페레이로 공원 근처에 푸짐하게 먹을 수 있는 식당 겸 바다. 양이 푸짐해 출출할 때 가더라도 실망하지는 않을 듯하다. 이름이 록 카페이다 보니 아무래도 좀 시끄럽고, 내부가 좁기는 하지만 음식 만큼은 아주 만족스럽다. 벽에는 각국에서 이곳을 방문한 손님들의 낙서가 가득하고, 한쪽 벽에 걸린 TV에서는 조금 오래된 라틴 뮤직비디오들이 쉬지 않고 흘러나온다. 0.8CUC 짜리 와인 칵테일도 식사에 곁들이기 나쁘지 않으므로 생각해보기 바란다. 영업을 저녁 6시부터 하므로 너무 일찍 찾지는 말자.

⌂ Cl. 5 e/ Garzón y Zenea ◉ Open 18:00~23:00

페레이로 공원이 끝나는 Garzón 가에서 한 블록만 더 쎈뜨로 방향으로 가자. 왼편 약간 깊숙한 곳에 락 카페 간판이 보일 것이다.

자자! ACCOMMODATIONS

호텔에서 숙박할 예정이라면 까사 그란다 호텔이나 멜리아 호텔 등 고급 호텔을 미리 여행사에서 예매하는 것이 좋겠다. 쿠바에서는 호텔에 직접 찾아가는 것보다 여행사에서 예약하는 편이 더 저렴하므로 참고하자. 까사가 필요하다면 쎈뜨로로 정할지 Manduley가 근처로 정할지 결정을 해야겠다. 쎈뜨로는 관광에 필요한 많은 것들이 주변에 있어 편리하지만, 식당도 숙소도 비싸다. Manduley 가는 쎈뜨로에서 조금 떨어져 있긴 하지만, 가격대도 나쁘지 않고, 쾌적하다. 짧은 일정이라면 쎈뜨로가 편리할 듯하고, 조금 여유가 있다면 Manduley 가 근처를 생각해보자.

Casa Colonial Tania 까사 꼴로니알 따니아

꾸바의 주택들은 종종 초라한 입구에 예상 밖의 내부 공간으로 사람을 놀라게 하는데 이 집도 그런 중의 하나이다. 깊은 내부에는 파티오가 별도로 있고, 테라스에 풍성한 장식의 부엌과 식당은 풍요로운 감상에 젖게 한다. 다정하고, 상냥한 안주인의 응대는 지내는 데 불편함을 덜 하게 할 듯하다. 방마다 고풍스러운 침대가 2개씩 있어 3명까지 숙박할 수 있다.

🛏 Cl. Santa Lucia No.101 e/ Padre Pico y Callejón Santiago
빠드레 삐꼬 계단을 찾아간 다음 계단 아래쪽에서 내려가는 방향으로 길을 따라 약 20m 가면 오른쪽에서 찾을 수 있다.
📞 624490
📧 Casacolonialtania03@gmail.com
www.casa-particular-santiago.de

Casa Clara 까사 끌라라

입구가 유난히 작은 이 집은 2층 전체를 이용할 수 있다. 방 구조가 조금 희한해서 방 2개가 문이 없이 연결되어 있는 형태라서 3, 4명 정도가 이용하기 좋을 듯하다. 아쉽게도 한쪽에는 에어컨이 있지만, 다른 쪽은 선풍기로 견뎌야 하겠다. 참고로 산띠아고 데 꾸바는 꽤 더운 도시다. 드물게 조식을 포함해서 제공하는 집이다.

🛏 Cl. Trinidad No.676 e/ Moncada y Calvario
돌로레스 광장에 걸쳐있는 Calvario 가를 따라 Jose A Saco를 지나 계속해서 직진하자. 집이 있는 Trinidad 가는 왼쪽으로 급한 경사가 눈에 보이는 집이니 잘 찾아보도록 하자.
📞 659851/(mob) 53687272

Casa Nolvis 까사 놀비스

풍성하진 않아도 부족한 거 없이 갖춰 놓은 이 집은 손님 방과 주인집 입구가 별도로 있어서 신경이 덜 쓰일 듯하다. 그럼에도 좀 썰렁한 듯한 집이니 쎈뜨로에 있다는 장점은 있지만, 이 집에 대해서는 천천히 생각해보고 흥정도 좀 해보도록 하자.

🛏 Cl. Bartolomé Masó No.122 e/ Padre Pico y Teniente rey
벨라스께스 발코니에서 아래쪽으로 번지수를 확인하면서 내려오면 30m 정도 내에서 찾을 수 있다.
📞 622972
📧 norgeriva80@gmail.com

Hotel Meliá Santiago de Cuba

호텔 멜리아 산띠아고 데 꾸바

태권브이를 연상시키는 색채와 형체가 호텔이라는 걸 알아채기는 쉽지 않다. 하지만 내부는 산띠아고 데 꾸바 최고의 호텔로서 자존심을 지킬 만큼 공을 들여놓았다. 숙박할 계획이 없더라도 여행사를 이용하거나 택시를 탈 때 등 이런 주요 호텔들의 위치는 미리 확인해두면 유용한 점이 많다.

🛏 Ave. Las Americas e/ M y Gazón
페레이로 광장 근처에 가면 멀리서도 건물이 보인다.
📞 687070

Casa Rey y Lia 까사 레이 이 리아

시원하게 뚫려있는 내부 공간을
밖에서는 쉽게 상상할 수 없다. 안으로
들어와도 밖에 있는 듯 답답하지 않다.
쎈뜨로에서 거리가 조금 있어 가격
협상은 조금 더 수월할 듯하니 시도해
보도록 하자.

⌂ Cl. Cornelio Roberto No.111 e/
Gallo y Escudero
Oriente 극장을 물어 찾아간 후 뒷 블록에서
이 집을 찾으면 수월할 듯하다.

☎ (mob) 53974216 / 54233249
✉ reypipo@nauta.cu

La Terraza Verde
라 떼라사 베르데

Trinidad 가에서 한눈에 들어오는 이 집은
이름처럼 테라스가 장점이다. 조식은
이야기 하기 나름이라니 이야기를 잘
해보자. 쎈뜨로에서 거리가 조금 떨어져
있어서 협상의 여지가 많은 집이다.

⌂ Cl. Reloj No.201 esq. Trinidad
돌로레스 광장 위쪽을 지나는 Reloj 가를
따라 Jose A Saco 가를 따라 직진하다 보면
멀리서도 테라스가 높은 집이 눈에 띈다.

☎ 624440/(mob) 52845468
✉ rsilvacuba2012@gmail.com

Casa de Marcela
까사 데 마르셀라

나이 드신 부부가 운영하는 집은 항상
은근한 정중함이 있어 추천할 만하다.
특징점이라 할만한 것은 별도로 없어도
단정한 집이다.

⌂ Cl. Padre Pico No.361 e/
Bartolome Masó y Joaquín Castillo
Duany
빠드레 삐꼬 계단에서 아래쪽으로 이어지는
길 첫 번째 블록에 있다.

☎ 625833 (mob) 53001752
✉ carlos7403@nauta.cu

Hotel America 호텔 아메리까

멜리아 호텔 건너편에 자리 잡은
중저가 호텔로 수영장 등의 편의시설을
현지인들도 많이 이용하고 있다.
꾸바뚜르 데스크가 2층에 있어 근처
까사에 숙박할 경우 알아두면 편리하다.

⌂ Ave. Las Americas e/ General
Cebreco y M
멜리아 호텔 맞은편에 있다.

☎ 642011

Roy's terrace inn
로이스 테라스 인

현관문이 마음에 들어 들어갔더니 문
때문에 찾아온 한국인이 두 번째라는
집. 사실은 이미 론리 플래닛을 통해
유명한 집이었다. 젊은 주인이 유창한
영어를 구사하고, 전문적으로 숙소 렌트
사업을 진행 중이다. 외국인들이 많이
찾아 외국인 친구를 만나기도 좋을
듯하고, 공항이나 터미널 픽업이나
스페인어나 살사 수업 등 제공할 수
있는 서비스도 다양하다. 숙박비가
주변보다 좀 비싸지만, 안으로 들어가
보면 납득할 만하게 준비를 해두고
있음을 느낄 수 있다.

⌂ Cl. Santa Rita No. 177 e/ Mariano
Corona y Padre Pico
빠드레 삐꼬 계단에 올라서서 Santa Rita
가를 따라 쎈뜨로 방향으로 20여 미터만 가면
왼편에서 찾을 수 있다.

☎ 620522 (mob) 54078715
✉ hostal.lasterrazascuba@gmail.com

Casa Adalberto 까사 아달베르또

페레이로 공원 근처에 있는 이 집은
주변이 한적해서 일단 좋고, 가정적인
분위기가 또 좋다. 쎈뜨로에서 조금
멀긴 하지만, 주택가의 풍경이나 주변의
저렴한 먹거리는 충분히 생각해볼
여지가 있을 듯하다. 이 주변의 집은
대부분 집이 조그맣게라도 정원이 있고,
건물들이 좀 더 깨끗한 편이고, 가격
협상의 여지도 있는 편이다.

⌂ Cl. Bitirí No.55 e/ Taíno y Aguilera
페레이로 공원에서 언덕 위쪽으로 향하 길
중 가장 오른쪽이 Raúl Pujol 가이다. 이 길을
따라 세 블록을 걷고, 우회전해서 한 블록만
안쪽으로 들어가자. 다시 좌회전한 후 왼쪽의
집 번지수를 유심히 보면 블록 중간에서
55번지를 찾을 수 있다.

☎ 641279

산띠아고 데 꾸바에 대한 이런저런 이야기

- 산띠아고 데 꾸바는 구 도로명과 현 도로명을 혼용해서 쓰고 있는데, 도로명 표지판은 대부분이 구 도로명이다. 다행히 길이 정방형인 편이므로 블록 수를 잘 세어가면서 걷도록 하자.
- 지도에 표시는 하였으나 별도의 설명이 없는 명소는 길을 찾기에 도움이 되나 굳이 찾아서 감상할 만한 곳은 아니라고 판단되는 곳이다. 참고 바란다.
- 터미널의 비아술 창구는 터미널 건물 밖에서 봤을 때 가장 왼쪽에 별도로 있다.
- 여행사 대부분의 코스에는 강이나 바다에서 수영 할 수 있는 시간이 있다. 여행사와 미리 확인하고 수영복 등의 준비물을 챙기도록 하자.
- 쎈뜨로 지역의 전망은 그리 훌륭한 편은 아니다. 숙소를 정할 때 테라스의 유무를 너무 고려하지 않는 편이 좋을 듯하다.
- 현지인들이 가장 많이 이용하는 거리는 Jose A Sacco 가이다. 생필품류도 이곳에서 많이 판매하고 있으므로 필요할 경우 이용하도록 하자.
- 지도에 Artesania로 표시된 곳 건너편에는 낮에 과일과 과일 주스를 파는 곳이 있다. 저렴하니 이용해보는 것도 좋겠다.

Jose A Saco 거리

산 프란시스꼬 교회 내부

아벨 산따 마리아 역사 공원

Artesania 근처 과일 시장

쿠바 여행사 코스들

🚌 쿠바 여행사 코스 이용하기

산띠아고 데 꾸바에서는 아바나뚜르보다는 꾸바뚜르 사무실을 더 쉽게 찾을 수 있다. 지도에 표시된 사무실을 찾거나 주요호텔의 로비에서 여행사 데스크를 찾을 수 있다. 다른 사무실에서 투어를 신청하더라도 가격은 차이가 없으므로 가까운 곳을 방문해 이용하면 되고, 그란 삐에드라나 꼬만단시아 등은 어디에서 신청하더라도 실제 투어는 쿠바의 공원투어 전문 여행사인 에꼬뚜르와 진행하게 된다. 엘 꼬브레 외에는 대부분 거리가 멀기 때문에 차량 이용료, 점심 식대 등을 고려하면 그리 저렴한 프로그램은 아니므로 가격대를 잘 따져 일정을 준비하기 바란다.

쿠바 여행사 코스 ❶

산띠아고 데 꾸바의 해변

주로 화산암으로 형성된 시에라 마에스뜨라 산맥이 바다와 맞닿아 만들어진 산띠아고 데 꾸바의 해변은 검은 화산암 때문에 어두운 빛을 띠고 있다. 현지인들은 '쁘라야 네그라'라며 검은 해변으로 부르고 있지만, 실제로 가장 가까운 예를 들자면 검은 콩으로 만든 두유 색깔에 가깝다고 하겠다. 그런 모래가 파도에 휩쓸리게 되면 정말 검은 콩 두유처럼 보이기도 하는데, 더없이 깨끗한 카리브 바닷물도 그런 색을

시에라 마에스뜨라의 검은 화산석

띠게 되면 조금 갸우뚱해지는 것이 사실이다. 그럼에도 이곳에서 바다에 가야겠다면 여행사에서 판매하는 리조트 주간 이용권을 구매하는 것이 좋은 방법일 듯하다. 산업항인 만 근처에서는 깨끗한 물을 찾기가 힘들어 좀 먼 곳으로 갈 필요가 있다. 여행사에 문의해보기 바란다.

그란 삐에드라 La Gran Piedra

시에라 마에스뜨라의 동쪽 끝자락에 그란 삐에드라라는 커다란 바위가 있다. 1,200m 높이에 있는 7,500톤 짜리 바위는 바위에 별도로 300여 칸의 계단을 놓지 않고는 올라갈 수 없을 정도로 높다. 차량으로 바위 근처의 레스토랑까지 이동하고 그곳에서부터 100여 미터를 계단으로 올라가면 바위가 보이게 된다. 100여 미터를 오르는 길이 적지 않게 힘들어서 연로하신 분들은 미리 인지하기를 바란다. 여행사에서는 인당 60~70CUC에 점심과 라 이사벨리까라는 커피 농장 입장료와 식물원 입장료가 포함되어있고, 별도로 차량을 섭외할 경우는 50CUC에 4인 이내로 바위 근처까지 데려다주는 차량을 구할 수 있다. (까사 주인에게 문의하거나 쎈뜨로에서 택시기사들에게 물어보자.) 그란 삐에드라만 들리기에는 가는 길이 멀지만, 식물에 관심이 많다면 식물원도 포함해서 방문하는 것이 나쁘지 않겠다. 1,000m 이상의 높은 산악 지형에서 쉽게 보기 힘든 쿠바의 여러 식물을 재배하고 있어 나쁘지 않은 볼거리라 할 수 있겠다.

그란 삐에드라

식물원에서 볼 수 있는 식물들

삐꼬 뚜르끼노 Pico Turquino

쿠바의 최고봉 삐꼬 뚜르끼노에 가기 위해서는 미리 산행준비를 해야 한다. 왕복 3일 정도의 산행을 해야 하고, 음식과 음료를 준비해야 하며, 국립공원 뚜르끼노 내부는 가이드 없이 입장할 수 없기 때문에 3일 간의 가이드를 미리 섭외해야 한다. 산또 도밍고 Santo Domingo에서 출발해 중간중간 산장에서 숙박하며, 치비리꼬 Chivirico 인근에서 마무리되는 산행 코스는 에꼬뚜르 Ecotur라는 국립공원 가이드 전문 여행사에서 확인하고 진행할 수 있다.

에꼬뚜르 여행사

🏠 Cl. Gral. Lacret No.701 esq. Heredia
📞 687279

라 쁠라따 사령부 Comandancia de la Plata

시에라 마에스뜨라 산맥 깊숙이 '라 쁠라따'라고 하는 곳에 자리 잡은 피델 까스뜨로의 혁명 당시 사령부이다. 사령부라는 단어가 거창하게 들리지만, 직접 방문해보면 산 이곳저곳에 지어진 산채들이다. 시에라 마에스뜨라는 가장 높은 곳은 1,900m에 이르고 동서로는 200km에 달하기 때문에 수색이 쉽지 않아 이 산중은 피델에게는 최적의 은신처였다 할 수 있다.

현재는 국립공원으로 지정된 Parque Nacional Turquino 안에 있는 사령부는 당시의 산채와 피델의 침대, 책상들이 그대로 보존되어 있어 역사의 흔적을 흠뻑 느끼기에 부족함이 없다. 산띠아고 데 꾸바의 여행사에서 신청하면 인당 100CUC 이상의 조금 비싼 가격(점심 포함)에 코스를 즐길 수 있는데, 산띠아고 데 꾸바에서 200km 떨어진 산중으로 차량과 도보로 이동하는 코스라서 개인적으로 이동하기는 쉽지가 않아 방문하고자 한다면 여행사와 협의하는 것이 최선일 듯하다. 코스는 아침 6시에 출발해 10시 즈음 Santo domingo라는 해발 1,500m 정도의 마을에 닿는다. 이곳에서부터 한 시간 정도를 걸어 라 쁠라따 사령부를 찾을 수가 있는데, 좁고 습한 길을 걷다 보면 게릴라가 된다는 게 정말 쉬운 일이 아니라는 걸 온몸으로 체험할 수 있다.

현재 운영되고 있는 코스에서는 점심 식사 이후 인근의 강에서 1시간 정도 시간을 보내게 된다. 산행 후 시원한 물가에서의 수영을 참을 자신이 없다면 미리 준비물을 좀 챙길 필요가 있다. 피델 까스뜨로의 흔적을 쫓아 시에라 마에스뜨라 산자락을 땀 흘리며 걷다 보면 '역사가 나를 용서할 것이다.'라는 그의 말처럼 평가는 역사에 맡기더라도 한 남자가 자신의 신념을 관철시키기 위해 어느 정도의 각오를 했었는지 충분히 느낄 수 있다. 코스가 2시쯤 끝나 그곳에서 출발해도 6시 이후에 산띠아고 데 꾸바에 도착하기 때문에 사령부 방문을 하루의 일정으로 잡는 것이 좋다.

쿠바의 청산되지 않은 과거, 관따나모, 그리고 바라꼬아

GUANTÁNAMO

관따나모 주

GUANTÁNAMO

관따나모 주는 어떨까?

쿠바 속의 미국땅, 관따나모 미 해군 기지. 관따나모는 '관따나메라 Guantánamera'라는 유명한 노래로도 기억이 되고 있지만, 역사의 한 페이지에 이 작은 주가 그 이름을 휘날리게 된 것은 무엇보다도 '관따나모 미 해군 기지' 때문이다. 100여 년 전 미국이 쿠바의 독립을 돕고, 쿠바의 내정에 깊게 관여하던 시절, 쉽게 납득하기 힘든 계약서를 하나 작성한다. 내용은 '미국은 관따나모의 일부 지역을 미국의 준영토로 이용하고, 이 계약은 양자가 모두 동의해야만 종료된다.' 결국 미국이 이 영토의 사용권을 포기하지 않는 이상 관따나모 일부 지역은 영원히 미국의 준영토로 남게 되는 것이다.

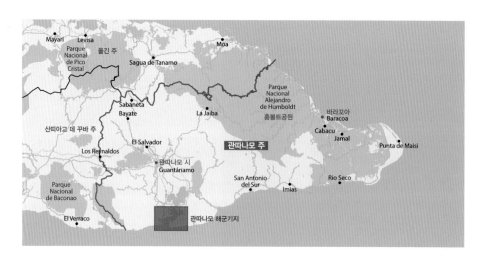

관따나모 시 Guantánamo 관광이 목적이라면 굳이 관따나모를 들렀다 갈 필요는 없을 듯하다. 육지 국경선이 없는 섬나라 쿠바에서 유일하게 국경선처럼 철책이 둘러진 이 곳은 관따나모 만의 가장 아름다운 부분을 미국이 차지하는 바람에 아무래도 발전이 더디어지는 듯하다. 간간히 눈에 띄는 관따나모 시내의 아름다운 건물들은 한 때는 지금보다 더 붐비고, 시끌벅적했을 도시의 한 면을 보여준다. 현재 관따나모 시는 조금 썰렁하게 느껴지는 편이다.

쿠바를 일주하거나, 쿠바의 역사를 알고 싶다면 관따나모는 빠뜨려서는 안 될 듯하다. 쿠바의 역사 뿐 아니라 세계사에서 관따나모 미 해군기지는 적지 않은 자취를 남겼고, 현재도 미국과 쿠바 간의 관계에서 쉽게 넘길 수 없는 화두이다. 오바마가 시작한 화해 분위기, 트럼프의 번복 속에서 미국과 쿠바가 선행하여 해결해야 할 두 가지 문제가 미국의 쿠바에 대한 엠바고와 바로 이 관따나모 미 해군 기지의 반환이고 이 문제들을 어떻게 넘을 것인가 하는 것은 세계정세의 아주 흥미로운 관전 포인트라 하겠다.

바라꼬아 Baracoa 관따나모에서 시에라 마에스뜨라 산맥을 남에서 북으로 넘어가면 작은 마을 바라꼬아 Baracoa에 닿을 수 있다. 관따나모 주에서 관광객이 가장 많이 찾아드는 이 작은 마을에서는 바다로 흘러드는 강의 아름다운 모습, 숙소에서 걸어서 닿을 수 있는 해변, 시에라 마에스뜨라의 산자락, 그리고 엘 윤께 티 Yunke의 신비한 자태를 즐길 수 있다. 관따나모 주에서 가장 손꼽히는 여행지일 뿐 아니라 쿠바 일주 여행자들에게 종착역으로 인식되는 곳이 바라꼬아이기에 관따나모 시와 바라꼬아 중 한 곳만 방문할 수 있는 일정이라면 단연 바라꼬아를 추천하겠다.

GUANTÁNAMO

관따나모 주 미리 가기

스페셜 관따나모

쁘라야 블랑까 – 아주 작은 해변이라서 해변 자체에는 볼거리가 없지만, 쎈뜨로에서 그 곳까지 가는 길의 다양한 경험과 풍경이 특별하다.

멀리 보이는 '엘 윤께' – 멀리 보이는 산 '엘 윤께'와 어우러지는 야자나무는 이 마을을 특별한 마을로 만드는 풍경이다. 하지만, 굳이 '엘 윤께'를 오르려고 할 필요는 없을 것 같다.

관따나모 기지 전망대 – 꼭 가야 한다기 보다 쿠바의 역사와 입장을 이해하는 중요한 지점이라서 그 의미 정도는 알고 있어야 할 듯 하다.

관따나모 주 움직이기

To 관따나모 시

라 아바나에서 바라꼬아까지 가는 노선이나 산띠아고 데 꾸바에서 출발해 바라꼬아로 가는 노선이 비아술 버스로 운행되며, 관따나모에 정차하고 있다.

In 관따나모 시

터미널과 쎈뜨로 지역 간 이동 외에 관따나모에서는 별도의 교통수단을 이용할 필요는 없을 듯 하다. 택시 외에 관따나모에서는 사이드카가 달린 오토바이들이 택시처럼 영업을 하고 있는데 택시보다 가격이 저렴하다.

To 바라꼬아

비아술 버스 – 라 아바나에서 바라꼬아까지 19시간 가량을 운행하는 비아술 버스가 있다. 운행 중 주요 도시에서 정차하며, 산띠아고 데 꾸바에서 출발하는 버스도 있다. 관따나모에서 바라꼬아 구간은 산악 지형이라서 거리는 짧아도 3시간 정도 걸리는 거리다.

비행기 – 바라꼬아와 라 아바나 간의 항공편은 관광객들에게 인기 있는 루트 중 하나이다. Aero Caribean 과 Aerogaviota 에서 비행편을 이용할 수 있으며, 요금은 편도 200CUC 정도이다. 매일 있는 것은 아니니, 항공사와 미리 확인을 하자. 먼저 항공사 홈페이지에서 예약을 시도해 본 후 항공사 사무실을 찾아가는 것이 좋은 방법이다. 이 노선은 인기가 많으므로 2주 전에는 예약을 해두는 것이 좋겠다. 바라꼬아 행 비행기가 출발하고 도착하는 라 아바나의 공항은 국제선 공항인 호세 마르띠 공항이 아닐 수도 있다. 라 아바나에서 해안선을 따라 30분 정도 차로 가야하는 쁘라야 바라꼬아 Playa Baracoa 공항인지 꼭 확인하도록 하자.

In 바라꼬아

터미널도 마을에 붙어있다시피하고 마을 자체도 작아서 충분히 걸어다닐만 하다.

숙소

관따나모 시에서 머무르려는 이기 있을지 모르겠지만, 쎈뜨로 근처에 민박 숙소들이 좀 있고, 시외에는 호텔도 있다. 작은 도시 바라꼬아에는 민박이 아주 많은 편이다. 움직이기 편하려면 터미널 근처보다는 마르띠 공원 근처가 좋겠지만, 워낙 작은 마을이라서 거리가 크게 문제가 되지는 않겠다. 바라꼬아의 숙소를 고를 때 '엘 윤께'가 보이는 테라스가 있는 집이라면 아마 최고의 선택이 되지 않을까 싶다.

GUANTÁNAMO

GUANTÁNAMO

관따나모 주
관따나모 시

우울해 보이는 관따나메라
미군 기지의 존재가 도시의 분위기에 미치는 영향은?

관따나모 시 드나들기

라 아바나에서 출발하는 대부분의 교통편이 산띠아고 데 꾸바까지 운영되고 있어 관따나모 시로 이동하려면 산띠아고 데 꾸바에 들렀다 교통편을 바꿔 타야 한다고 생각하는 것이 좋겠다.

관따나모 시 드나드는 방법 기차

라 아바나발 산띠아고 데 꾸바행 열차를 타고 가다가 올긴을 지난 후 S.Luis에 서 기차를 바꿔 타야 한다.(쿠바 기차 노선도 참고 P. 25)

관따나모 시 드나드는 방법 버스

🚌 비아술 버스

라 아바나에서 관따나모로 가는 버스가 1일 1회 운영되고 있다. 거리가 멀기 때 문에 까마구에이와 산띠아고 데 꾸바에서만 정차를 하고 있다. 바라꼬아에서도 관따나모 행 버스를 탈 수 있기 때문에 비행편으로 바라꼬아로 이동한 다음 그 곳에서부터 관따나모, 산띠아고 데 꾸바로 쿠바 일주를 하는 동선도 가능하겠 다. 라 아바나에서 비아술 버스로 약 16시간 정도 걸린다.

관따나모 시 드나드는 방법 기타

인근 도시에서 역시 꼴렉띠보 택시나 까미옹을 이용할 수 있다.

시내 교통

터미널과 쎈뜨로 지역 간 이동 외에 관따나모에서는 별도의 교통수단을 이용할 필요는 없을 듯 하다. 택시보다 영업용 오토바이를 이용하는 것이 손쉽고 가격이 저렴하다. 가격은 거리에 따라 1CUC 내외.

비아술 터미널에서 시내로

비아술 터미널이 중심가에서 꽤 멀 다. 택시를 이용하면 3~5 CUC 정도 로 이동이 가능하겠다. 그 외 관따나 모에서는 오토바이들이 택시처럼 영 업을 하고 있다. 1,2CUC 정도에 탑승 할 수 있고, 간혹 사이드 좌석이 있 는 오토바이도 있으니 짐이 있을 때 좀 더 저렴하게 이용할 수 있다.

관따나모 – 전망대

관따나모 시내에서 관따나모 미 해 군기지가 보이는 전망대로 가기 위 해서는 여행사 패키지를 이용하거 나 택시를 이용해야 한다. 택시는 15~20CUC 정도로 왕복으로 이 용이 가능하다. 기지에서 가장 가 까운 전망대가 있는 까이마네라 Caimanera에 가기 위해서는 미리 며 칠 전에 예약을 해두어야 하므로 이 어지는 설명을 참고하기 바란다.

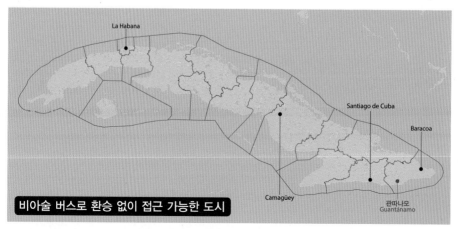

비아술 버스로 환승 없이 접근 가능한 도시

La Habana
Santiago de Cuba
Baracoa
Camagüey
관따나모
Guantánamo

보자!

관따나모는 관따나모 주의 주도임에도 도시라고 부르기 초라한 규모를 자랑하고 있다. 도보로 반나절이면 중심가를 모두 관람할 수 있어 간략한 설명이면 충분할 듯 하다.

쎈뜨로 지역

마르띠 공원이 지역의 중심이지만, 크게 번화한 곳은 아니다. 중심가에서 몇 블록만 걸어 들어가도 이내 한산한 주택가가 시작된다. 마르띠 공원과 면한 Calixto Garcia 가와 한 블록 너머의 Los Maceo 가가 지역에서 가장 번화한 길로 작은 규모의 상점들이 그곳에 자리를 잡고 있다. Flor Crombarte 가의 쎈뜨로 부분을 불레바르드로 조성하고 있으나 한 블록 정도의 구간이라서 다양한 풍경을 기대하기는 힘들다.

마르띠 공원을 벗어나 시의 이곳 저곳을 걷다 보면 의외로 풍채가 당당한 건물들을 자주 만날 수가 있다. 바라꼬아와 관따나모 지역은 스페인 정복자들이 처음으로 정착하기 시작한 곳이고, 가장 인근의 도시 산띠아고 데 쿠바는 한때 쿠바의 수도였기에 옛 시절에는 이곳도 지금처럼 한산하지만은 않으리라는 추측을 지금은 용도가 희미해진 당당한 건물을 통해서 조금 해 볼 수 있을 듯하다. 관따나모 미 해군 기지도 분명 이 도시의 발전을 가로막고 있는 장애물 중 하나이기에 향후 이 도시가 과거의 좋았던 시절을 되찾을 수 있을지는 미국과의 관계 개선 및 관따나모 미 해군 기지의 반환에 크게 영향을 받고 있다 하겠다. 이곳의 저녁 분위기도 특별한 날을 제외하면 관광객에게 그다지 흥미롭지 못할 듯하다. 대부분의 방문할만한 식당도 마르띠 공원 주변에 있으므로 식당을 찾으러 고생할 일은 없다. 사실 선택권이 그다지 많지도 않다.

미 해군 기지 Base Naval Estadounidense 바세 나발 에스따도우니덴세

관따나모의 미 해군 기지가 쿠바의 아픈 상처인 채로 조용히 익숙해져가던 1990년대 중반 이곳이 다시 뉴스의 중심에 나서게 되는 사건이 발생한다. 당시 이라크와 전쟁 중이던 미국이 이라크의 전쟁포로를 관따나모 기지 내

관따나모 쎈뜨로

Oriente

Sol

Saco

Paseo

Narciso López

Serafín Sánchez

Aguilera

Flor Crombet

Ignacio Agramonte

La Línea

Los Maceo

Calixto García

Pedro Pérez

José Martí

Máximo Góm

Luz Caball

Carlos Mar

Benéficce

Los Maceo

까사 노르까 이 글로리아
Casa Norka y Gloria

Calixto García

까사 노르까 이 글로리아
Casa Norka y Gloria

까데나스

에바사

● Parque Martí
Parque Martí

호텔 마르띠
Hotel Martí

아바나뚜르 ●● 꾸바나또르

인포뚜르 ⓘ

4 Norte

3 Norte

2 Norte

1 Norte

Paseo

Narciso López

Jesús del Sol

S del Prado

Máximo Gómez

Luz Caballero

Carlos Manuel

Benéficencia

Aguilera

Flor Crombet

Emilio Giro

Bartolomé Masó

Donato Marmol

Bernace Verona

Ramón Pinto

Avenida Camilo Cienfuegos

Avenida Camilo Cienfuegos

N

엣센셜 가이드 TIP

- 관따나모에서는 너무 오래 머무를 생각을 하지 않는 것이 좋겠다.
- 관따나모에서 새벽에 바라꼬아로 이동하는 비아술 버스가 있으므로 필요 시 일정에 고려하는 것도 나쁘지 않겠다.
- 미 해군 기지가 보이는 전망대는 두 곳이다. 가까이에 있는 까이메네라의 경우는 3일 전에 인근 관리소에 방문을 통보해야만 출입자격이 주어진다. 해서 3일 전에 여행사에 방문을 통보해놓아야만 한다. 다른 전망대는 조금 멀리 보이기는 하지만, 별도의 출입 자격 없이 방문할 수 있다.

수용소에 감금하고, 그곳에서 고문, 성적 학대 등을 자행했다는 사실이 언론에 공개된 것이다. 이후 이 뉴스는 한동안 일면을 장식했고, 이 사건은 후에 '어 퓨 굿 맨 A few good man'이라는 영화로 만들어졌으며 잊혀져 가던 관따나모는 다시 세계의 스포트라이트를 받게 된다.

미 해군 기지를 직접 방문할 수 있는 방법은 현재로써는 없다. 다만 멀리 조금 높은 전망대에서 망원경을 이용해 미 해군 기지의 윤곽을 확인할 수 있을 뿐이다. 가장 가까운 전망대는 관따나모 시내에서 40분 정도 거리에 있는 까이마네라 Caimanera에 있다. 하지만, 까이마네라에 진입을 하려면 3일 전에 당국에 방문 사실을 통보해야 하기 때문에 미리 여행사와 협의를 하거나 관따나모에 도착해서 3일을 기다려야 하는 불편함이 있다. 조금 멀리 1시간 거리에 있는 글로리에따 Glorieta 근처에도 전망대가 한 곳이 있다. 이곳에서도 희미하게나마 미 해군 기지의 모습을 확인할 수는 있지만, 조금 답답함이 있는 것은 사실이다. 관따나모의 여행사로 까이마네라 방문을 예약하는 것이 가장 좋은 방법이지만, 한국인 여행자가 스페인어로 전화해서 예약을 한다는 것이 말처럼 쉬운 일은 아니다. 그리고, 여행사 사무실들은 전화를 잘 안 받기로도 악명이 높다.

마르띠 공원 근처에서 택시기사를 찾으면 까이마네라나 다른 전망대로 데려다 줄 택시를 구할 수 있다. 15~20CUC으로 왕복 이용이 가능하겠다.

관따나모 여행사

아바나뚜르
326365

자자! ACCOMMODATIONS

관따나모에서 숙소를 구할 때는 쎈뜨로 근처 외에 다른 옵션이 없을 듯하다.

Casa Amable 까사 아마블레

조용하고 넓은 집은 내부가 조금 어둑하고, 허름하긴 하지만, 지내기에는 문제가 없겠다. 관광객들이 많이 찾지 않는 동네의 까사 빠르띠꿀라들은 조금 더 허름한 경향이 있기 긴 하다. 하지만, 가격도 조금 저렴한 편이다.

🏠 Cl. Calixto García No. 669 esq. a N. López

마르띠 공원에서 Calixto García 가를 봤을 때 왼쪽으로 길을 따라가면 네 번째 블록 코너에 있는 집이다.

📞 323525 🛏 15~20CUC

Casa Norka y Gloria 까사 노르까 이 글로리아

관따나모의 까사 중 드물게 이런저런 준비를 하고 손님을 맞고 있는 집인데, 그만큼의 성과가 있는지는 잘 모르겠다. 가격은 공개하지 말아달라지만, 인근은 15CUC이 기본 가격이고, 혼자라면 말하기에 따라 10CUC에도 숙박이 가능할 듯하니, 잘 협의해 보기 바란다.

🏠 Cl. Calixto García No. 766 e/ Jesús del sol y Siveno del Prado

마르띠 공원에서 Calixto García 가를 봤을 때 왼쪽으로 길을 따라가 면 두 번째 블록 왼쪽 중앙에 있는 집이다.

📞 354512 🛏 방 3개

BARACOA

관따나모 주
바라꼬아

하루의 일과를 해수욕으로 마무리하는 마을과
멀리서 굽어보는 엘 윤께의 자태

바라꼬아

Carretera Central de Cuba

해변 여기는 길

Jose Marti

라껠스 하우스
Raquel's House

마르꼬 뽈로
Marco Polo
꼬스따 노르떼
Costa Norte

Jose Marti

플로르 Flor Cromber

Junacion

까베야까
(환전소)

도라도
Dorado

Rodney Coutin

Abel Diaz

Moncada

Malecon

이바나뚜르 여행사

Jose Marti

Roberto Reyes

Limbano Sanchez

Rubert Lopez

Wilder Galano

Ciro Frias

Coronales Galano

어린이 놀이터
Parque Infantil

Calixto Garcia

까사 델 초꼴라떼
Casa del Chocolate

Cacocum

인포뚜르

Maximo Gomez

인데뻰덴시아 공원
Parque Independencia

아바뚜르 여행사

엘 까미노 온세 1511

꾸바뚜르 여행사

까사 넬시
Casa Nelsy

까사 라 떼라사
Casa La Terraza

El Rancho

까사 델 발꼰
Casa El Balcón

부엔 사보르
Buen Sabor

엘 란촌

까사 데 라 뜨로바 Parque Martí
Casa de la Trova

Mella

까사 브리사스 마리나스
Casa Brisas Marinas

Calle 24 de Febrero

Peralejo

Calle Orilla

Jose Marti

Malecon

까사 마리벨
Casa Maribel

까사 네나 이 호르헤
Casa Nena y Jorge

버스 터미널

까사 안드레스 아벨라
Casa Andres Abella

Antonio Maceo

Calle Orilla

Calixto Garcia

Casa Andres Abella

Mariana Grajales

Emilio Corrales

1 de Abril

공항가는 방향

N

바라꼬아 드나들기

바라꼬아를 방문하기 위해서는 갈 때나 올 때 한 번 정도는 비행편을 이용한다고 생각하는 것이 좋을 듯하다. 거리가 너무 멀어 같은 길을 왕복으로 이동하기에는 부담이 될 듯하다.

바라꼬아 드나드는 방법 01 항공

바라꼬아로 비행기로 이동하는 것은 관광객들에게 인기 있는 루트 중 하나이다. Aero Caribean 과 Aerogaviota에서 라 아바나 – 바라꼬아간 비행편을 이용할 수 있으며, 요금은 편도 180CUC 정도이다. 매일 있는 것은 아니니, 항공사와 미리 확인을 하자. 먼저 항공사 홈페이지에서 예약을 시도해 본 후 항공사 사무실을 찾아가는 것이 좋은 방법이다. 이 노선은 인기가 많으므로 2주 전에는 예약을 해두는 것이 좋겠다.

> ※ 바라꼬아행 비행기가 출발하고 도착하는 라 아바나의 공항은 국제선 공항인 호세 마르띠 공항이 아니다. 라 아바나에서 해안선을 따라 30분 정도 차로 가야 하는 쁘라야 바라꼬아 Playa Baracoa 공항에서 비행기가 다니므로 주의하도록 하자.

바라꼬아 드나드는 방법 02 기차

바라꼬아까지 기차가 오지는 않고, 산띠아고 데 꾸바까지 기차로 와서 버스나 기타 교통수단으로 바라꼬아까지 이동하는 것이 좋겠다.
(쿠바 기차 노선도 참고 P. 25)

바라꼬아 드나드는 방법 03 버스

 비아술 버스

라 아바나에서 바라꼬아로 가는 버스가 1일 1회 운영되고 있다. 거리가 멀기 때문에 까마구에이와 산띠아고 데 꾸바, 관따나모에서만 정차를 하고 있다. 산띠아

각 공항에서 시내까지

라 아바나 시내에서 쁘라야 바라꼬아 공항까지는 30CUC이다. 혼자서 부담스럽다면 일행을 잘 모아봐야 하겠지만, 그룹으로 움직이지 않는 이상 쉽지는 않다. 쁘라야 바라꼬아 공항에 도착해서 라 아바나 시내로 이동하는데, 일행이 없을 경우에는 재빨리 주변을 둘러보고, 동행을 찾아보자. 외국인 관광객이라면 거의 라 아바나로 돌아가는 길이니 합승을 제안하는 것이 좋겠다.
바라꼬아의 공항 구스따보 리소 Gustavo Rizo 공항에서 시내까지는 기본은 5CUC이지만, 잘 찾으면 2CUC에 가겠다는 기사들도 있다.

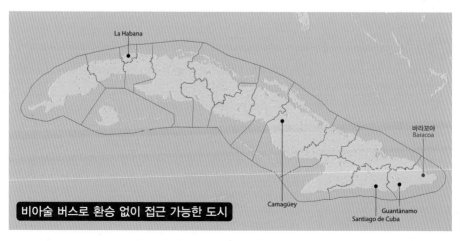

비아술 버스로 환승 없이 접근 가능한 도시

고 데 꾸바에서 출발하는 버스도 별도로 운영되고 있다. 라 아바나에서 비아술
버스로 약 18시간 정도 걸린다.

비아술 터미널에서 시내로
비아술 터미널이 그다지 먼 편은 아니라 걸어서 이동할 수 있겠다. 지도상으로 숙소가
열 블록 이상이거나 짐이 많을 경우는 터미널 앞에 대기하고 있는 비씨 택시를 이용하
도록 하면 되겠다.

바라꼬아 드나드는 방법 기타

인근 도시에서 역시 꼴렉띠보 택시나 까미옹을 이용할 수 있다.

시내 교통

바라꼬아는 작은 마을이라서 거의 교통수단이 필요없다. 여행사에서 운영하고 있는 코스를 이용할 때는 모두 교통편
이 제공되므로 걱정할 필요가 없고, 여행사 코스 외에 쎈뜨로 인근에서 호객행위를 하는 택시기사들은 인근의 관광 코스로
별도로 교통편을 제공하고 있다. 대개 1일 20CUC선에서 왕복이 가능하고, 해변이나 강가에서 물놀이를 마칠 때까지 충분히
기다려주기도 하니 2인 이상일 경우에는 더 경제적일 수도 있다. 잘 판단해보기 바란다.

> **엣센셜 가이드 TIP**
> • 바라꼬아 일정은 좀 여유있게 계획을 하는 것이 좋겠다. 급하게 떠나야 할 경우 아쉬울 수도 있다.
> • 바라꼬아의 여행사에서 제공하는 1일 관광 코스는 주로 세가지 이다. 엘 윤께 El Yunke, 훔볼트 공원 Parque Humbolt, 유무리강 Rio
>   Yumuri 이다. 모두 다닐 필요는 없지만, 하나 정도는 참여해 보는것도 좋다.
> • 바라꼬아는 카카오 산지로 인근 초콜릿 공장에서 초콜릿을 생산하고 있다. 현지에서 초콜릿은 꼭 맛보도록 하자.
> • 쿠바에 흔한 리조트 호텔이 없음에도 바라꼬아는 훌륭한 휴양 도시이다. 바쁘게 여기저기 다니는 일정은 잠시 내려놓고 푹 쉬었다
>   갈 마음의 준비를 하는 것이 좋겠다.

보자!

바라꼬아에는 역사적 명소라 할 만한 장소는 없어 대략의 지역 설명과 여행사를 통해 가거나 별도로 택시를 이용해 이동할
수 있는 관광 코스에 대한 설명이 유용할 듯 하다.

바라꼬아 해변 풍경

바라꼬아 해변

바라꼬아의 주민들이 가장 부러워지는 순간은 하루 일과가 끝날 때 쯤이다.
주민들은 일과에 지치고, 태양열에 덥혀진 몸을 집 앞에 있는 바다에서 식히
는데, 쿠바에는 해변가 마을이 많기는 하지만, 마을의 생활용수나 인근의 공
업용수들이 흘러들어 이렇게 바로 집 앞에서 해수욕을 즐길 수 있는 마을이
그리 많은 편은 아니다. 바라꼬아 해변의 바닷물은 비교적 깨끗하고, 그래도
내키지 않으면 모래사장을 따라 10여분 정도만 더 걸어들어가면 여지없이

바라꼬아 해변 풍경

바라꼬아 해변 풍경

깨끗한 바닷물에서 해수욕을 즐길 수 있다.

산줄기와 맞닿은 해변의 모래사장은 약간 검은 빛을 띄고 있으며, 해변은 멀리까지 이어져있다. 해변의 중간 쯤에는 무너져 가는 야구장이 하나 있어 오묘한 경관을 더욱 더하고 있으며, 해변에서 이어지는 길을 계속 따라가면 쁘라야 블랑까 Playa Blanca라는 백사장에도 닿을 수가 있다.

마을에서 터미널의 반대 방향으로 말레꽁을 계속해서 따라가면 말레꽁의 한쪽 끝에서 해변으로 들어가는 입구를 찾을 수 있다. 계속해서 이어지는 마을에서도 입구는 찾을 수 있지만, 멀리 돌아가는 길이라서 해변 깊숙히 가고 싶다면 모래사장을 따라 걷는 것이 빠르다.

끝에서 해변으로 들어가는 입구를 찾을 수 있다. 계속해서 이어지는 마을에서도 입구는 찾을 수 있지만, 멀리 돌아가는 길이라서 해변 깊숙히 가고 싶다면 모래사장을 따라 걷는 것이 빠르다. 수영을 자신있어하는 동네 청년들은 말레꽁 바로 앞 바닷가에서 수영을 즐기기도 한다. 파도가 거센 편이 아니라서 말레꽁에서도 충분히 해수욕을 즐길 수는 있으나 수심이 조금 깊으니 이곳에서 수영을 할 생각이라면 조심하자.

쎈뜨로 지역

작은 마을이다보니 쎈뜨로도 넓지가 않다. 걸어서 몇 분이라고 설명할 것도 없이 그냥 눈에 보이는 곳이 전부이다. 관광객들을 위한 시설은 대부분이 인디펜덴시아 광장에 모여 있고, 상점이나 주민 편의시설은 마르띠 광장에 있다. 쎈뜨로 지역에 꼭 봐야할만한 건물들이 있는 것은 아니고, 여행사와 식당들 그리고, 저녁이 되면 '까사 데 라 뜨로바'때문에 관광객들은 쎈뜨로를 찾게 된다.

쁘라야 블랑까 가는 길

쁘라야 블랑까

녹지 공원 지역

편의상 녹지 공원 지역이라고 명칭 했지만, 특별히 이 지역을 지칭하는 이름은 없다. 바라꼬아의 해변을 따라 야구장을 조금 지나면, 모래사장 바로 위로 갈림길이 나온다. 그곳에서 모래사장과 평행하게 나 있는 길을 계속해서 따라가면 길이 오른쪽으로 크게 휘어지고, 계속 따라가다 보면 나무로 만든 길고 휘청거리는 다리가 나온다. 다리를 지나 조금만 직진하면 길이 좌우로 갈리고, 그곳에서 왼쪽으로 5분 정도만 걸으면, 그곳에 이 지역의 매표소가 있다. 쎈뜨로에서 이곳 매표소까지 걸어서 총 40분 정도 걸리겠고, 걷는 것 외에는 달리 이곳에 닿을 방법이 없다.

매표소에서는 꾸에바 델 아구아 Cueva del Agua, 쁘라야 블랑까 Playa Blance와 전망대로의 입장권을 판매하고 있으며, 코스별로 2~10CUC 정도를 받고 있다. 이곳까지 오는 데만 1시간 여를 걸어야 하는 데다 또 산책로를 따라가면 2시간 정도는 걸어야 하니 잘 판단하기 바란다. 꾸에바 델 아구아와 쁘라야 블랑까에서는 수영을 하며 몸을 식힐 수 있으니 도전하는 것도 나쁘지는 않겠다. 쁘라야 블랑까만 방문할 경우는 가이드가 필요 없다. 매표소에서 왼쪽으로 길을 계속 10분 정도 따라가면서 왼편에 나타나는 푯말을 잘 확인해야 한다. 자칫 지나치기 쉬우니 주의하자. 오른편에 커다란 바위들이 나타나면 근처에 해변의 입구가 있다. 쁘라야 블랑까는 작은 백사장으로 물이 금방 깊어지니 주의하도록 하자. 쎈뜨로의 꾸바뚜르 주변에는 이곳 투어를 더 저렴하게 해주겠다는 개인 가이드도 있다. 가격을 따져보고 잘 판단하자. 어차피 계속 걸어야 하는 코스라서 내용에 큰 차이는 없는 듯하다.

훔볼트 국립공원 Parque Nacional Humboldt 빠르께 나시오날 움볼뜨

이미 알고 있을지 모르겠지만, 쿠바의 국립공원은 뭔가 조성해 놓은 공원이 아니다. 우리나라로 치면 그린벨트 같은 지역으로 일부 지역의 농업 외에는 개발이 제한되어 있는 지역들이다. 7만 헥타르에 달하는 넓이라서 당연히 모두를 다 돌아볼 수는 없고, 가이드를 따라서 1시간 정도 걷다가 강물에서 몸을 식히고, 다시 1시간 정도 걸어온 다음 바다로 가서 해수욕을 즐기는 코스이다.

영어가 유창한 가이드가 공원의 다양한 동식물들을 만나볼 수 있는 코스로 이미 다른 국립공원을 돌아봤다면 굳이 다시 비슷한 공원을 들어갈 필요는 없을 듯하다.

1시간 정도 후에 도착하는 강에서 몸을 식힐 수 있고, 그곳에서 파는 코코아는 유난히 시원하게 느껴진다. 강에서 1시간 정도 다시 걸은 후 공원을 나와 차를 타고 마구아나 해변 Playa Maguana 으로 이동하게 된다.

흰 모래사장인 마구아나 해변은 아름다운 해변이 많은 쿠바에서 A급 해변이라고 하기는 힘들지만, 해수욕을 즐기기에는 부족함이 없다. 원한다면 이곳의식당에서 식사를 할 수 있고, 약 2시간 후 다시 바라꼬아로 이동한다.

엘 윤께 El Yunke

바라꼬아의 상징과 같은 평평해 보이는 봉우리의 산 이름이 '엘 윤께'이다. 이코스는 멀리서 이 동네의 트로피컬 한 분위기를 한결 자아내주는 이 엘 윤께를 방문하는 코스로 4~5시간 정도가 소요된다.

600m가 채 되지 않는 산이라서 굉장히 난이도가 높은 산행은 아니지만, 완만하지 않은 엘 윤께의 한쪽 사면을 지그재그로 올라가는 길이라서 또 만만하지만은 않다. 산을 오르는 길에는 강을 걸어서 지나야 하고, 그 강에서 돌아오는 길에 미역을 감을 수 있다. 강을 건너는 다리가 없이 무릎 이상 차오르는 물을 바지를 걷고 이동해야 하므로, 카메라 등의 장비에 방수 키트가 없을 경우에는 좀 주의를 해야 하겠다.

산을 오르며 기대하는 경험은 사람마다 제각각이겠지만, 정상에서 제주도의

> **엘 윤께**
>
> **등산 / 강**
> 🎫 **참가비** 16CUC
> ⏱ **소요시간** 08:30~14:00
> ※ 인원 확정 시 매일 출발

성산 일출봉과 같은 풍경을 기대했다면 조금 실망할 수도 있다. 엘 윤께는 멀리서 보면 커다란 분화구처럼 보이지만, 막상 정상에서 보면 그럼 모습으로 보이지는 않고, 그저 끝없이 펼쳐진 울창한 숲밖에 보이지 않는다. 산의 정상도 기대보다는 조금 초라할 수 있다.

산행이 필요한 것이 아니라면, 어쩌면 엘 윤께를 즐기는 가장 좋은 방법은 멀리서 엘 윤께를 바라보는 것일 수도 있다. 산행의 재미 중 하나는 산 중턱 작은 나무 헛간에서 과일을 판매하는 곳인데 1CUC의 가격에 가득 차려주는 과일 한 상 차림은 한창 지칠 때쯤 나타나 여행자를 달래준다.

유뮤리강 Rio Yumuri

바라꼬아의 여행사 코스 중 가장 인기가 있는 코스가 유무리 코스일 듯 싶다. 일정 중에 산행, 강에서의 미역, 짧은 보트로의 이동 등이 포함되어 있어, 자연을 탐험하는 듯한 느낌도 한껏 내고 있다. 유무리강은 바다로 흘러들어 커다란 삼각지를 만들고 있으며, 투어는 주로 이 삼각지를 중심으로 이어진다.

하자! ACTIVITIES

조그만 마을이다 보니 옵션이 다양하지는 않다. 굳이 소개하지 않아도 가장 시끌벅적한 곳을 찾아가다 보면 '까사 데 라 뜨로 바'나 '엘 란촌'에 닿게 되겠지만 어떤 곳인지 미리 알아보도록 하자.

Casa de la Trova 사 데 라 뜨로바

낮에는 뭐 하는 곳인가 싶을 정도로 썰렁하지만, 밤이면 바라꼬아에서 가장 시끄러운 곳이 '까사 데 라 뜨로바'이다. 시끄럽다고 해도 뜨리니다드의 까사 데라 무지까 같은 분위기를 기대하면 곤란하긴 하다. 산 넘고 물 건너와야 하는 길이라서 그런지 연주를 하는 밴드는 낮에 길거리 어디선가 마주쳤던 그 밴드다. 다른 도시에 비하면 조금 수준 낮게 느껴질 수도 있는 연주지만, 그나마 이 골짜기에 저만한 밴드가 있어 연주를 해주니 고맙게 즐기자.

🏠 Cl. Félix Ruena e/ Ciro Frías y Frank País
인디펜덴시아 공원에서 교회를 정면으로 봤을 때 왼쪽 교회의 바로 옆이다.

🕐 Open 21:00~01:00

El Ranchon 엘 란촌

골목 한쪽에 나 있는 계단을 따라 한참을 힘들게 올라가야 엘 란촌에 닿을 수 있다. 까사 데 라 뜨로바가 라이브 연주로 흔히 관광객이 기대하는 사운드를 들려주고 있다면, 이곳은 좀 더 젊은 연령층을 위한 나이트클럽과 같은 곳이다. 10시부터 문을 열어도 11시부터 시끄러워지니 너무 일찍 가지는 말자.

🏠 Esq. Calixto García y Coroneles Galano
교회의 뒤쪽에 있는 Ciro Frías 가를 따라 산쪽으로 길이 끝날때까지 간 후 왼쪽으로 두 블록을 더 가면 엘 란촌으로 가는 계단이 나타난다.

🕐 Open 22:00~

먹자! EATING

© 0~5CUC © © 5~10CUC © © © 10CUC~

동네는 좁아도 식당은 충분하다. 쎈뜨로 인근에서 저렴한 피자 등의 길거리 음식들을 찾을 수 있고, 마찬가지로 먹을만한 식당들도 그 주변에 있다. 그 외에 말레꽁을 따라가다 보면 드문드문 식당이 있으니 바다를 바라보며 식사를 하고 싶다면 이용하도록 하자.

Casa del chocolate
까사 델 초꼴라떼 ©

카카오 산지에서 가장 저렴하게 초콜릿을 맛볼 수 있는 곳이지만, 메뉴에 있는 초콜릿 종류가 다 있는 것은 아니다. MN로 아이스크림이나 핫쵸코를 파격적인 가격에 먹을 수 있기 때문에 현지인들이 줄을 서서 먹는 곳으로 조금 기다려야 할 수도 있다. 오후 5시가 되면 문을 닫기 때문에 서둘러 가도록 하자.

🏠 Esq. Antonio Maceo y Marabi
교회 정면에서 광장을 바라보면 왼편에서 바로 찾을 수 있다.

1511 밀 끼니엔또 온세 ©

대부분의 도시에 저렴한 가격에 제법 격식있는 식사를 즐길 수 있는 식당이 있다. 단, 복장을 좀 갖춰서 반바지나 민소매 옷은 삼갈 필요가 있겠다. 70MN면 한 끼를 푸짐하게 먹을 수 있는 식당이지만, 맛까지는 장담을 못 하겠다.

🏠 Cl. Jose Martí e/ Ciro Frías y Céspedes
마르띠 공원의 한쪽 편에 있다.

Dorado 도라도 ©

2CUC 정도의 스파게티에는 맛을 너무 까딸스럽게 따지지 말자. 길거리 음식보다 아주 조금 더 많은 식재료를 사용해 저렴한 가격에 앉아서 먹을 수 있는 식당이다. 1,2CUC이면 허기도 때우고, 음료도 판매하고 있으니 쉬었다 가기에는 나쁘지 않은 집이다.

🏠 Cl. Jose Martí e/ Ciro Frías y Céspedes
마르띠 공원의 한쪽 편에 있다.

Marco Polo 마르꼬 뽈로 © ©

맛을 보려 했는데, 방문한 날 리모델링을 한 비운의 식당이다. 결국, 지금 쯤이면 공사가 끝나 다시 문을 열었을테니 한 번 도전해보기 바란다. 바닷가에 있어 정취가 좋고, 구조도 아기자기한 식당이다. 맛은 모르겠다.

🏠 Cl. Malecón e/ Moncada y Abel Díaz
말레꽁을 따라 해변 쪽으로 걷다 보면 해변 입구에서 세 블록 전이다.

Buen Sabor 부엔 사보르 © ©

쌀밥을 원래 좀 찰지게 하는 건지, 아니면 그 날 유난히 밥이 좀 찰져서 조수가 셰프에게 혼이 낫는지는 모르겠지만, 좀 찰진 쌀밥과 간장으로 간을 한 요리가 한국인 입맛에는 좀 맞을 듯하다. 3층에 테라스가 있어 비록 바다에서는 좀 멀어도 바라꼬아의 정취를 느낄 수가 있는 식당이다. 10CUC 전후로 식사가 가능하고 맛도 괜찮은 식당이다.

🏠 Esq. Calixto García y Ciro Frías
교회의 뒤쪽에 있는 Ciro Frias 가를 따라 산 쪽으로 길이 끝날 때까지 가면 바로 보인다.

Costa Norte 꼬스따 노르떼 © ©

이 식당에서 왜 그런 기분을 느끼는지 모르겠지만, 바닷바람을 맞으며 이곳에서 식사를 하다 보면 왠지 뱃사람이 된 것 같은 기분이 들기도 한다. 예쁘지도 않고 음식이 아주 훌륭한 편도 아니 지만, 바다를 보며 식사가 가능하고, 관광객 용 식당보다 가격이 약간 저렴하다. 정리되지 않은 매력이 있어 다시 방문하고 싶어지는 집이다.

🏠 Cl. Malecón e/ Moncada y Juracíon
말레꽁을 따라 해변 쪽으로 걷다 보면 해변 입구에서 두 블록 전이다.

자자! ACCOMMODATIONS

바라꼬아에서 숙소가 마을에 넓게 퍼져 있어 어느 방향에서 머물지 조금 고민이 된다. 쎈뜨로 지역이 가장 비싸고, 조금 걸어서 쎈뜨로 외곽으로 나가면 조금 싸지는 편이다. 쎈뜨로가 있는 언덕에서 아래쪽으로 Mariana Grajales 가를 따라가도 숙소들이 있다. 해변을 자주 방문할 예정이라면 쎈뜨로와 해변의 사이에 숙소를 정하는 것이 좋겠다. 아무래도 해변까지 걸어서 다니는데 유리할 테니까.

Casa Andres Abella
까사 안드레스 아벨랴

이 근처는 사실 관광객들이 잘 다니는 곳이 아니다. 터미널에서 쎈뜨로까지는 조금 외진 곳이라곤 봐도 되겠지만, 이 집은 깨끗하게 관리되고 있다. 마을 자체가 좁아서 걷기에 아주 먼 거리는 아니지만, 해변까지는 조금 멀다.

🏠 Cl. Maceo No.56 e/ Coliceo y Peralejo
터미널에서 바로 나왔다면 왼쪽으로 한 블록 가 Antonio Maceo 가를 찾아서 다시 좌회전해 세 블록만 가자. 오른편에서 집을 찾을 수 있다.
📞 643298/(mob) 53595407
📧 andresabella2012@yahoo.es

Casa Nena y Jorge
까사 네나 이 호르헤

나이 든 부부가 운영하는 집은 항상 편안한 분위기가 있어 좋다. 쎈뜨로에서 조금 걸어야 하긴 하지만.

신경써서 꾸며놓은 정원과 편안한 분위기 덕에 고민하게 만드는 집이다. 물론 가격도 조금 저렴하다.

🏠 Cl. Julio Antonio Mella No.11e/ Mariana Grajales y 1ro de Abril
터미널에서 나와 쎈뜨로 방향으로 Antonion Maceo 가를 따라가다가 왼쪽에 은행이 나오면 은행 반대편 언덕 아래로 뻗은 길이 Mariana Grajales 가이다. 그 길을 따라 내려가 두 블록을 지나면 오른쪽으로 Julia Antonio Mella 가가 나오고 우회전하면 오른편에서 집을 찾을 수 있다.
📞 643236
📧 nenayjorge@yahoo.com

El Jardin 엘 하르딘

아담한 정원이 자랑스러웠는지 집 이름이 'El Jardin 정원'이다. 실제로 정원이 아담하고 보기 좋은 데다 자연스러운 맛도 있다. 방에서 정원이 바로 보여 아침에 일어나는 기분이 좋을 듯하다. 옆 집에 친척이 또 까사를 하고 있어 일단 이 집으로 가면 숙소 걱정할 일은 없겠다.

🏠 Cl. Coliseo No.33/Martí y Maceo
터미널에서 바로 나왔다면 왼쪽으로 한 블록 가 Antonio Maceo 가를 찾아 서 다시 좌회전해 세 블록을 가면 Coliseo 가가 나온다. 그곳에서 좌회전하면 오른편에 집이 보인다.
📞 642665

Casa El Balcón 까사 엘 발꼰

골목 안에 있어 찾기 쉽지 않은 이 집은 작아도 있을 건 다 있다. 게다가 인터넷이 연결되어 있어 잘 이야기하면 이메일 확인 정도는 가능하니 금상첨화다. 쎈뜨로와 가까이 있어 다니기에도 편리하다. 바짝 붙어서 세 집이 있는데, 스페인어가 가능하고 좀 오래 지낸다면 이웃집 식구들과도 친하게 지내는 재미가 있겠다.

🏠 Cl.Calixto García No.138 - B e/ Ciro Fría y Céspedes
터미널에서 나와 쎈뜨로 방향으로 Calixto Garcia 가를 따라가자. 오른쪽으로 호텔을 오르는 계단이 나오면 세 블록을 더 가면 된다. 집은 골목 사이에 있어 오른 쪽으로 조금 들어와봐야 한다.
📞 643273 / (mob) 52465744
📧 amnn.gtm@infomed.sid.cu / marcial.ana2010@yahoo.es

Casa Brisas Marinas
까사 브리사스 마리나스

이 집은 함께 소개할 '엘 발꼰'에서 함께 운영하는 집으로 주방이 있는 독채를 사용할 수 있는 장점이 있다. 문을 열고 나서면 멀리 엘 윤께가 보이는 풍경이 자연스럽게 카메라를 꺼내게 만든다. 이 집을 얻기 위해서는 엘 발꼰을 찾아가야 하므로 하기 주소는 이곳의 주소를 남기지만 예약을 하지 않고 찾아갈 경우에는 먼저 엘 발꼰으로 찾아가 보기 바란다.

🏠 Cl. MAriana Grajales No.43 Altos

터미널에서 나와 쎈뜨로 방향으로 Antonion Maceo 가를 따라가다가 왼편에 은행이 나오면 은행 반대편 언덕 아래로 뻗은 길이 Mariana Grajales 가이다. 그 길을 따라 내려가 두 블록을 지나면 왼쪽에서 2층 집을 찾을 수 있다.(미 예약 시에는 '엘 발꼰'으로 찾아갈 것.)

📞 643273 / (mob) 52465744
📧 amnn.gtm@infomed.sid.cu /
marcial.ana2010@yahoo.es

Casa La Terraza 까사 라 떼라사

밖에서도 작아 보이지는 않지만, 안으로 들어가면 더 넓어서 조금 놀란다. 집 이름처럼 테라스가 있고, 멀리 바다가

얼핏 보이기도 한다. 공간이 널찍해서 답답하지 않은 집이다.

🏠 Cl.Félix Ruenes No.29 e/
Coroneles Galano y Céspedes

인디펜덴시아 공원에서 Félix Ruenes 가를 따라 해변 입구 방향으로 두 블록만 가면 왼편에서 찾을 수 있다.

📞 643441
📧 adiscu10@gmail.com
www.rafaelyadis.com

Raquel´s House 라껠스 하우스

괜찮은 해변가 주택을 쉽게 찾을 거라 예상했지만, 의외로 쉽지 않았다. 말레꽁에 면해 있고, 길을 건너면 바로

바다다. 당연히 방에서 바다가 보이고, 좀 정리가 안 된 옥상으로 올라서면 더 시원하게 볼 수 있다. 좋은 위치임에도 집에 신경을 좀 덜 쓰는 듯해 아쉽지만, 바다로의 전망은 가장 좋은 집이다.

🏠 Cl. Malecón No.63 - B e/ Limbano
Sánchez y Abel Diaz

쎈뜨로에서 말레꽁으로 나와 말레꽁을 따라 걷다 보면 다섯 번째 블록 쯤이다. 말레꽁에서 쎈뜨로와 해변 입구의 중간 정도에 있다.

📞 645654 / (mob) 58244435

Casa Nelsy 까사 넬시

얼핏 지나가 보면 인형 집처럼 보인다. 2층 테라스에 누군가 앉아있기라도 하면 더 그런 기분이 드는데, 안으로 들어가 보면 길게 공간이 넓다. 바다는 안 보여도 옥상 테라스가 쉴 만한 곳이다. 쎈뜨로에서 가깝다.

🏠 Cl. Maceo No.171 e/ Céspedes y Ciro Frias

인디펜덴시아 공원에서 Maceo 공원을 따라 해변 입구 방향으로 두 블록 만 더 가면 오른편에서 찾을 수 있다.

📞 643569 / (mob) 53553629, 58325917

바라꼬아에 대한 이런저런 이야기

- Jose Marti 가를 따라서 해변 방향으로 계속 걷다 보면 해변 뒤편으로 다른 분위기의 마을이 나온다. 관광객들이 거의 없는 색다른 마을의 분위기도 즐겨보기를 바란다.
- 관광 코스로 호객행위를 하는 개인 택시기사들의 제안을 잘 고려해보자. 경우에 따라서는 더 경제적일 수도 있다.
- 굳이 전망대를 가보고 싶다면 El Castillo 호텔의 계단을 올라보자. 그리 만만치는 않다.
- 인디펜덴시아 공원의 교회 오른쪽 옆에 야외 테이블이 있는 카페가 있다. 카페 한쪽의 여행사에서 스쿠터를 빌릴 수 있으니 좀 더 넓게 돌아보고 싶다면 이용하자.
- 이곳에는 굳이 돌아보지 않으면 후회할 만한 명소는 없다.
- 터미널 앞에는 광장이 있고, 그 광장에서 엘 윤께가 보이는 곳으로 걸어가면 오래된 펜션이 함께 보인다. 엘 윤께와 더불어 좋은 피사체가 될 듯하니 찍어보는 것도 좋겠다.
- 여행사에서 제공하거나 택시기사가 제공하는 모든 코스에는 수영을 할 수 있는 곳이 있나. 바라꼬아에서는 언제나 물로 뛰어들 준비를 해두는 편이 좋겠다.
- 바라꼬아에는 특산 음식이 있다. 초콜릿으로 만드는 꾸꾸루쵸, 볼라 데 쵸꼴라떼, 고기를 나뭇잎에 싸서 만드는 프랑고료, 그리고 떼띠. 꾸꾸루쵸는 코코아의 속실을 잘게 썰어 초콜릿과 함께 섞어 나뭇잎으로 싸서 만들고, 볼라 데 쵸꼴라떼는 초콜릿으로 만든 작은 공이다. 프랑고료는 여러 가지 고기와 야채를 갈아 나뭇잎에 싼 후 쪄서 만드는 음식으로 조금 기름질 수도 있겠다. 떼띠는 우리나라로 치면 볶음용 잔 멸치인데 식당에서 떼띠와 함께 나오는 밥을 시키면 조금 비릿하기도 하지만 짭짜름한 간이 나쁘지는 않다.

생명력이 움틀 대는 섬

ISLA DE LA JUVENTUD

이슬라 데 라 후벤뚜드 주

ISLA DE LA JUVENTUD

이슬라 데 라 후벤뚜드 주는 어떨까?

'피터팬'과 '보물섬'의 무대였다는 이슬라 데 라 후벤뚜드는 처음 발견되었을때는 '라 에반젤리스따 La Evangelista' 였고, 이 후 몇 개의 다른 이름으로 불리우다 1978년까지는 '이슬라 데 삐노스 Isla de pinos', (소나무들의 섬)로 불리고 있었다. 피델 까스뜨로의 정책의 일환으로 이름을 '이슬라 데 라 후벤뚜드 Isla de la Juventud' (젊음의 섬)로 바꾼 이후 현재까지 같은 이름으로 불리고 있지만, 여전히 이곳 사람들은 삐네로 Pinero(이슬라 데 라 삐노스 출신을 부르는 말)라 불린다.
근래에는 까요 라르고에 비해 이슬라 데 라 후벤뚜드를 찾는 관광객이 현저히 적기 때문에 이슬라 데 라 후 벤뚜드에는 관광객들을 위한 시설들이 많지 않아 여행 정보도 상대적으로 많지 않고 섬 내의 대중교통도 쉽게 접근할 수 없다.

누에바 헤로나 시 Nueva Gerona 한 주의 주도, 도시라 부르기에는 초라해보이는 누에바 헤로나가 이슬라 데 라 후벤뚜드의 행정 중심이다. 제주도보다 넓은 면적(제주도 : 1,848.4km2, 이슬라 데 라 후벤뚜드 : 2,419km2)에 제주도의 1/60l 안되는 9만 정도의 인구가 이슬라 데 라 후벤뚜드에 살고 있으며, 그 60%인 6만의 인구가 누에바 헤로나에 살고 있다. 그러니 섬의 나머지 부분은 거의 자연 그대로 남아있다고 봐도 좋을 듯하다. 포장된 도로 외에는 풀이 나 있지 않은 곳을 찾기 힘들 만큼 푸르고 울창하게 생명력을 뿜어내고 있는 이 섬에서는 숙소를 누에바 헤로나로 정하고, 다른 포인트들은 렌터카나 택시 혹은 여행사의 투어를 이용해 이동한다고 생각하는 것이 좋겠다.

까요 라르고 Cayo Largo 혹자는 까요 라르고가 가장 좋다고도 한다. 이슬라 데 라 후벤뚜드에서 동쪽으로 1000여 km 정도 거리에 있는 이 휴양지는 이슬라 데 라 후벤뚜드에서 가는 방법은 없고, 라 아바나에서 비행편을 이용하거나 캐나다, 이탈리아 등에서 국제선 비행편을 이용해 닿을 수 있다.

ISLA DE LA JUVENTUD
이슬라 데 라 후벤뚜드 주 미리 가기

스페셜 이슬라 데 라 후벤뚜드

까요 라르고 – 섬나라의 섬에 딸린 작은 섬. 해변이 아름다우리라는 것은 이미 보장되어 있다.
이슬라 데 라 후벤뚜드에서의 드라이브 – 굳이 그곳까지 갔다면, 차를 렌트해서 달려보자. 유난히 차가 없는 이 섬에서 도로를 전세 내보자.

이슬라 데 라 후벤뚜드 주 움직이기

To 누에바 헤로나 시

배 – 라 아바나 혁명 광장 옆의 옴니버스 터미널 내의 작은 창구에서 누에바 헤로나로 가는 교통편과 배편을 함께 판매하고 있다. 라 아바나에서는 누에바 헤로나로 가는 배가 없고, 라 아바나의 남쪽 항인 바따바노 Batabano로 버스를 타고 이동해서, 그곳에서 배를 타야 한다. 현지인들은 그 배를 까따마란 Catamarán이라 부르며, 이동 시간은 총 5시간 정도가 소요된다. 가격은 50CUC.

비행기 – 라 아바나 베다도 23번 가의 항공사 건물에 있는 꾸바나 CUBANA 에어 사무실에서 누에바 헤로나로 가는 비행편을 예약할 수 있다. 매일 다니지는 않으니 항공사 웹사이트에서 편성을 확인하자. 라 아바나의 호세 마르띠 공항 1번 터미널에서 탑승하며, 악명 높은 쿠바나 에어답게 지연이나 연착은 일상이니 느긋한 마음이 우선이라 하겠다. 비행 시간은 30분이며, 실제 출항 여부는 사전에 꼭 확인하도록 하자. 가격은 50CUC 정도.

* 공항에서 시내로

비행기 시간에 맞춰 공항에서 게릴레로 에로이꼬 공원을 왕복하는 버스가 있다. 공항 주차장에 정차하고 있으며, 버스로 이동하는 현지인들을 쫓아 이동하면 쉽게 발견할 듯하다. 요금은 10MN이며, 공항에서 시내로 갈 때 뿐 아니라 게릴레로 에로이꼬 공원의 한쪽 편 극장 '씨네 까리베 Cine Caribe'의 앞에서 오전 3시, 오후 3시에 공항으로도 이동하고 있으므로 저렴하게 이동 시에는 버스를 이용하는 것이 좋겠다. 택시를 이용하고자 한다면, 7~10CUC으로 택시 이용이 가능하다.

In 누에바 헤로나 시

대중교통도 없고, 택시들도 많지가 않아서 여행자에겐 골치 아픈 도시다. 이 곳에서는 차라리 렌트를 하는 게 속편하겠다.

To 까요 라르고

현재까지는 비행기를 이용하는 것이 까요 라르고로 닿는 유일한 방법이다. 라 아바나에서 뿐 아니라 캐나다에서 이 곳으로 가는 직항편도 있으니 캐나다에 체류 중이라면 고려해볼만 하겠다.

숙소

누에바 헤로나 시는 여행하기에 편안한 도시는 아니다. 숙소들도 이곳저곳에 숨어있는 편이라서 좀 잘 찾아봐야겠다. 역시 쎈뜨로에서 멀지 않은 편이 좋겠다. 까요 라르고는 쿠바가 자랑하는 휴양지 중 하나이다. 올인클루시브 호텔이 운영 중이다.

ISLA DE LA JUVENTUD

NUEVA GERONA

이슬라 데 라 후벤뚜드 주

누에바 헤로나 시

행정구역 상만 주도인 시골 마을.
피터팬과 해적이 살 것만 같은 미개척지.

누에바 헤로나 시 드나들기

육상 교통은 당연히 없고, 비행기와 배로만 닿을 수 있는 이 섬은 이동하는 쿠바인들도 많아서 미리 교통편을 예약해두는 것이 좋다.

누에바 헤로나 드나드는 방법 항공

라 아바나 베다도 23번 가의 항공사 건물에 있는 꾸바나 CUBANA 에어 사무실에서 누에바 헤로나로 가는 비행편을 예약할 수 있다. 현재는 월, 화, 수, 목요일 오전 5시 50분과 오후 5시 15분에 하루 2회 출항하고 있으며, 일요일에는 오전 5시 50분 1회, 금, 토요일에는 출항하지 않고 있다. 라 아바나의 호세 마르띠 공항 1번 터미널에서 탑승하며, 악명 높은 쿠바나 에어답게 지연이나 연착은 일상이니 느긋한 마음이 우선이라 하겠다. 비행 시간은 30분이며, 실제 출항 여부는 사전에 꼭 확인하도록 하자.

누에바 헤로나 드나드는 방법 **02** 배

라 아바나 혁명 광장 옆의 옴니버스 터미널 내의 작은 창구에서 누에바 헤로나로 가는 교통편과 배편을 함께 판매하고 있다. 라 아바나에서는 누에바 헤로나로 가는 배가 없고, 라 아바나의 남쪽 항인 바따바노 Batabano로 버스를 타고 이동해서, 그곳에서 배를 타야 한다. 현지인들은 그 배를 까따마란 Catamarán이라 부르며, 이동 시간은 총 5시간 정도가 소요된다.

공항에서 시내로

비행기 시간에 맞춰 공항에서 게릴레로 에로이꼬 공원을 왕복하는 버스가 있다. 공항 주차장에 정차하고 있으며, 버스로 이동하는 현지인들을 쫓아 이동하면 쉽게 발견할 듯하다. 요금은 10MN이며, 공항에서 시내로 갈 때 뿐 아니라 게릴레로 에로이꼬 공원의 한쪽 편 극장 '씨네 까리베 Cine Caribe'의 앞에서 오전 3시, 오후 3시에 공항으로도 이동하고 있으므로 저렴하게 이동 시에는 버스를 이용하는 것이 좋겠다. 택시를 이용하고자 한다면, 7~10CUC으로 택시 이용이 가능하다.

페리 터미널에서 시내로

페리 터미널은 누에바 헤로나의 중심가에서 세 블록 거리에 있어 별도의 교통편은 필요 없겠다.

옴니버스 터미널 내 티켓부스

시내 교통

누에바 헤로나 시를 돌아다니는 데는 교통편을 굳이 이용할 일이 없을 듯하고, 그렇게 이동해야 할 만한 볼거리도 사실 없다.

누에바 헤로나 – 타 지역 이동

누에바 헤로나에서 인근을 이동할 때 가장 추천할 만한 방법이라면, 렌터카라 하겠다. 이 지역은 길도 복잡하지 않고 차량도 많지 않은 데다가 도로 외에는 온통 푸르른 곳이기에 운전하는 재미를 느낄 수 있다. 그 외 비비하구아 해변이나 호텔 꼴로니로 택시로 이동하고자 한다면, 거리가 멀거나 해수욕을 하는 동안 택시기사가 기다려주는 시간 때문에 최소 50CUC 이상은 염두에 두어야 하겠다.

여행사 투어

지도에 표시된 에꼬뚜르 사무실에서 140CUC(인당 입장료 10CUC 별도)에 차량 한대와 가이드를 고용해 이슬라 데 라 후벤뚜드를 돌아볼 수 있다. 인원이 3,4인 정도라면 가장 효율적으로 섬을 돌아보는 방법으로 개인이 렌터카를 운전하고 이동할 경우 입장할 수 없는 섬의 남쪽 군사 제한 구역까지 입장이 가능하기에 추천할 만한 방법이다.

엣센셜 가이드 TIP

이곳에서는 가능하면 여행사 투어를 고려해 볼 필요가 있다. 문제는 에꼬뚜르 사무실을 찾기도 쉽지 않고, 여는 시간도 오후 2시부터 5시까지다.(이 시간마저도 사실 자기들 맘이라 안심할 수는 없다.) 게릴레로 에로이꼬 공원에 있는 교회의 왼쪽 옆면 골목에서 교회 바로 다음 건물에 유리문이 있다. 이 간판도 없는 곳이 에꼬뚜르의 사무실이고, 오전에 열려있다 해도 에꼬뚜르 직원은 없을 가능성이 높다. 오후에 방문하거나 그곳에서 다른 일을 하는 사무원에게 시간을 묻도록 하자.

에꼬뚜르 사무실

게릴레로 에로이꼬 공원

누에바 헤로나

📷 **보자!**

피터팬의 배경이 된 섬이라고 잔뜩 기대했다면 조금 실망할 수도 있다. 섬 북쪽의 검은 모래사장도 생각보다 아름답지 못하다. 그러니 출발하기 전에 잘 판단하기 바란다. 아주 오래되고, 느리게 사는 사람들과 섬 전체를 가득 메워 움트 대는 생명력을 느껴보고 싶다면 이 섬으로 가자. 또 한가지 이슬라 데 라 후벤뚜드에는 쿠바에서 가장 좋다는 스쿠버다이빙 포인트가 있다.

누에바 헤로나 Nueva Gerona

누에바 헤로나는 도시라기 보다는 적당한 규모의 마을이라 하는 것이 어울릴 듯하다. 3층 이상의 건물은 마을 전체에서도 찾아보기가 어렵고, 중심가에서 10분 정도만 걸어나가도 비포장도로가 나타난다.

뜨리니다드나 바라꼬아에서 느낄 수 있는 떠들썩함이나 관광지의 느낌은 이곳에서 찾기는 힘들다. 누에바 헤로나는 주변을 돌아보기 위한 베이스 캠프 정도로만 생각하는 편이 나을 듯하다. 마을의 중심에 놓인 Jose Marti(39번)가의 쎈뜨로 지역에 불레바르드가 조성되어 있어 대부분의 식사 및 생필품 구매 등은 그곳에서 해결이 가능하다.

누에바 헤로나의 동쪽

차량을 이용해 누에바 헤로나의 동쪽 32번 가를 따라서 가면 쁘레지디오 모델로 Presidio Modelo와 이슬라 데 라 후벤뚜드의 해변을 방문할 수 있다.

피델 까스뜨로가 수감되었던 것으로 유명한 쁘레지디오 모델로는 그 기괴한 형상과 인적이 뜸한 주변의 분위기 때문에 조금 서늘한 기분이 들기도 한다. 웅장해 보이는 관리동 뒤편으로 이동하면 다섯 개의 커다란 원형 건축물을

쁘레지디오 모델로의 수감동

찾아볼 수 있는데, 독특한 수용 시설의 형태는 사뭇 생경한 이미지라 현실감 없게 느껴지기도 한다.

32번 가를 따라 이동하면 또한 쁘라야 네그라와 쁘라야 비비하구아를 차례대로 만날 수 있다. 쁘라야 비비하구아는 그 도로의 끝에 있으므로 찾기가 쉬우나 쁘라야 네그라는 표지판을 잘 보고 좌회전 해야하니 렌트를 했을 경우에는 유의하도록 하자. 좌회전하는 교차로는 쁘레지디오 모델로로 가는 교차로의 이전에 나타난다. 큰 기대를 했다가는 낭패를 면치 못 할 이곳의 해변은 정말 바다가 그리워 어쩔 수 없는 경우에 방문하는 것이 좋을 듯하다. 꾸바의 보석같은 해변들과 비교가 되다 보니 이곳의 검은 모래사장은 더 초라해 보인다. 그 중 그나마 가장 좋은 장소라면, 비비하구아 해변의 바로 앞 도로를 따라 서쪽 샛길로 계속 이동하다 보면 나타나는 캠핑장 앞 바다라 하겠다.

호텔 꼴로니 | Hotel Colony

호텔 자체는 사실 특별할 것이 없지만, 그 앞의 해변은 방문해볼 만하겠다. 멀리 까지 계속되는 얕은 바다와 잔잔한 파도는 해수욕에도 좋겠다.

무엇보다도 호텔 꼴로니가 사람들에게 알려져있는 것은 인근의 스쿠버다이빙 센터 때문이다. 쿠바에서 가장 좋은 다이빙 포인트로 알려진 뿐따 프란쎄사로 이동이 가능한 다이빙 센터가 이곳 뿐이기에 다이빙 애호가들은 이 먼 섬의 변두리를 찾고 있다.

쁘라야 비비하구아

호텔 꼴로니

호텔 꼴로니 앞 해변

쁘라야 네그라

섬의 남쪽

섬의 남쪽은 푸르다. 한여름에는 풀이 자라지 않은 땅을 찾기가 힘든 이곳은 이슬라 데 라 후벤뚜드의 꿈틀대는 생명력을 느끼기에 가장 적당한 곳이라 하겠다. 주도로에서 조금만 벗어나 들어가도 비포장도로, 풀, 나무 등으로 어느 초원 지대 한가운데 놓여있는 기분이 드는 이곳은 사실 별다르게 가봐야할 만한 곳은 없지만, 드라이브 하기에는 나쁘지 않은 곳이라 하겠다. 산타 페 Santa fe를 지나서 계속 남쪽으로 이동하다 보면, 경계 초소를 찾을 수 있고, 이곳부터는 가이드가 동행해야만 입장이 가능하므로 방문하려면 여행사의 투어를 이용해야 한다.

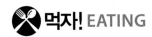 먹자! EATING

Ⓒ 0~5CUC ⒸⒸ 5~10CUC ⒸⒸⒸ 10CUC~

누에바 헤로나 외에는 식당을 찾기도 힘들고, 누에바 헤로나에도 관광객을 위한 식당은 없다. 고로 음식 가격이 싸다. 어떤 이유에선지 같은 길 거리 음식의 가격도 쿠바섬보다 저렴해서 좋지만, 선택의 폭이 그리 넓지 않으니 음식으로 큰 기대는 하지 말자. 쎈뜨로 지역 전체에서 드문드문 길거리 음식점을 찾을 수가 있어 딱히 어디로 가야 한다 설명하기는 어렵겠다.

La Cubana 라 꾸바나 Ⓒ

동네 사람은 다 아니까 간판도 제대로 안 달았나 한다. 50MN 이내에서 충분하게 식사하고 나올 수 있는 집으로 차분하게 앉아서 식사할 수 있는 누에바 헤로나의 몇 안 되는 식당 중 하나일 듯 하다.

🏠 Cl. 39 e/ 18y16
39번 가를 따라 게릴레로 에로이꼬 공원의 반대 방향 북쪽으로 계속 걷다 불 레바르드가 끝나는 지점의 다음 블록 오른편에 있다.

Cochinito 꼬치니또 Ⓒ

다른 지역과는 달리 불레바르드를 돌아다녀도 식당을 쉽게 찾을 수는 없다. 불레바르드에서 들어가 볼만한 유일한 식당인 꼬치니또, 역시 저렴한 MN식당이므로 부담 없이 주문해보자.

🏠 Cl. 39 e/ 24 y 26
불레바르드에 있다.

쟈쟈! ACCOMMODATIONS

누에바 헤로나의 공항에 도착해 택시기사에게 적당한 숙소와 원하는 가격을 이야기하면 안내를 해주기도 한다. 이 지역은 숙소의 가격도 쿠바 섬에 비해 저렴한 편이다. 10CUC 짜리 에어컨이 없는 방이 많고, 15CUC이면 에어컨이 있는 방을 찾을 수 있다. 택시기사와 숙소를 협의할 때는 쎈뜨로와 몇 블록 거리인지는 꼭 확인하자. 5블록 이상이면 걸어 다니기에 좀 부담스러울 수도 있다.

Casa Tu Isla 까사 뚜 이슬라

방을 8개나 준비해놓은 이 집은 식당이며, 바와 레스토랑 등 있을 것은 다 있다. 주변보다 가격을 조금 더 받는 편이지만, 이만큼 잘 갖춰놓은 집이 없어 가격대비 효율은 오히려 좋다는 생각도 든다.

🏠 Cl. 24 e/ 45 y 47

누에바 헤로나는 정방형에 주소도 찾기 쉬운 편이다. 중심에서 멀어지는 방향으로 24번 가를 따라가면서 오른편에 'Tu Isla' 라고 적힌 작은 간판을 찾아내면 되겠다.

📞 (mob) 53509128
📧 marco.cecchi.80@gmail.com

Casa Andria 까사 안드리아

여러 가지 면에서 추천할만한 이 집은 43번 가를 따라 걷다가 골목 안쪽을 좀 잘 살펴야 한다. 숙소도 깨끗하게 관리되고 있으며, 특히나 이 집의 식당은 싸고 푸짐해서, 한 번 먹고 나면 다른 식당을 찾을 필요가 없어진다. 위에 소개했던 식당들보다도 더 나은 식당으로 굳이 이 집에 묵지 않더라도 식사는 한 번 해보기 바란다.

🏠 Cl. 43 e/ 20 y 22

43번 가는 Jose Martí 가에서 두 블록 거리의 평행한 길이며, 공원에서 멀어지는 방향으로 골목 안쪽을 잘 살펴 걷다 보면 오른쪽에서 찾을 수 있다.

📞 329147 / (mob) 52526073
📧 andria@myb.onbc.cu

까요 라르고
Cayo Largo

3개의 올인클루시브 리조트 호텔이 영업 중인 까요 라르고는 쿠바식 올인클루시브 호텔의 정점이라 할 수 있겠다. 인근의 깐꾼과 대비되는 인적 뜸한 분위기와 자연과 나밖에 없는 듯한 기분은 비행기를 타야만 올 수 있는 이 까요 라르고에서 정점에 치닫는다. 이곳이라면 아름다운 외딴 무인도의 정취 같은 것을 느낄 수 있지 않을까 한다. 해외 여행사의 패키지 상품도 많이 판매되고 있으니 잘 살펴보고 좋은 선택을 하기 바란다.

라 아바나에서뿐만 아니라 캐나다와 이탈리아에서의 직항이 있어 외국 관광객들이 직항편으로 이곳을 방문하기도 하며, 라 아바나에서는 아에로 가비오따 Aero Gaviota 항공사를 통해 티켓 구매가 가능하다. (23번 가의 Cubana 사무실의 안쪽에 창구가 있다.) 라 아바나의 여행사에서 예약할 수 있고, 다양한 수상 레포츠와 스쿠버다이빙이 가능하다.

부
록

스페인어 회화

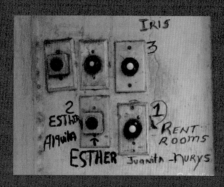

서바이벌 스페인어

굳이 '서바이벌 스페인어'라는 타이틀을 사용한 이유는 이 회화 페이지는 정확한 스페인어 구사보다는 쿠바의 실생활에서 쉽게 이용할 수 있는 스페인어를 소개하려는 의도 때문이다. 또한 이 페이지의 목표는 정확한 스페인어를 구사해서 쿠바인인 상대방이 알아듣지도 못할 스페인어로 대답하기를 기대하는 것이 아니라. 적당히 의사소통만 가능한 스페인어로 상대방에게 내 의도를 전달하는 한편 이쪽이 스페인어를 제대로 구사하지 못함을 알리면서 이해가 가능한 영어나 몸짓으로 될 수 있는 대로 쉽게 이해시켜달라는 은근한 신호를 보내기 위함이기도 하다.

스페인어를 못 합니다.

한국어 뜻	스페인어	스페인어 발음	비고
스페인어 못 함	No Español	노 에스빠뇰	제대로 된 표현은 아닙니다.
나는 스페인어를 못 합니다.	No hablo Español	노 아블로 에스빠뇰	
영어를 할 줄 아십니까?	¿Habla ingles?	아블라 잉글레스?	
영어 하는 사람이 있습니까?	¿Alguien habla ingles?	알기엔 아블라 잉글레스?	
천천히 이야기해 주실래요?	¿Podria hablar despacio?	뽀드리아 아블라르 데스빠시오?	'아블라 데스빠시오, 뽀르 빠보르' 도 가
다시 한 번 이야기해 주실래요?	¿Podria hablar otra vez?	뽀드리아 아블라르 오뜨라 베스?	'아블라 오뜨라 베스, 뽀르 빠보르' 도 가

기본 의문사

한국어 뜻	스페인어	스페인어 발음	비고
언제?	¿Cuándo?	꽌도?	
어디서?	¿Dónde?	돈데?	
어떻게?	¿Cómo?	꼬모?	단독으로 사용할 경우, '뭐라고?' 하는 놀라움의 감탄사로도 사용한다.
무엇을?	¿Qué?	께?	단독으로 사용할 경우, '무슨 일이야?' 의 의미를 가지기도 한다.
누가?	¿Quién?	끼엔?	
왜?	¿Por qué?	뽀르 께?	
얼마나?	¿Cuánto?	꽌또?	

쿠바 사람들이 자주 쓰는 말

한국어 뜻	스페인어	스페인어 발음	비고
여기 봐요.	Mire	미레	가까운 사이에서는 '미라'라고 이야기한다.
들어봐요.	Oye	오예	'에스꾸체'도 같은 의미로 사용된다.
그럽시다.	Dale	달레	반복해서 사용하면 '빨리, 빨리'와 같은 의미로 재촉할 때 사용한다.
내 사랑	Mi amor	미아모르	주로 나이가 많은 여성이 친근하게 상대를 부르는 말이니 오해하지 말자.
젊은 남자를 부를 때	Niño / Chico	니뇨 / 치꼬	'니뇨'는 어린 남자아이를 칭하지만, 젊은 남자를 부를 때도 사용한다.
나이 든 남자를 부를 때	Muchacho / Señor	무차초 / 쎄뇨르	'쎄뇨르'가 정중한 표현이다.
젊은 여자를 부를 때	Niña / Señorita	니냐 / 쎄뇨리따	'치까'는 경박한 표현으로 일반적인 경우 사용하지 않는다.
나이 든 여자를 부를 때	Muchacha / Señora	무차차 / 쎄뇨라	'쎄뇨라'가 정중한 표현이다.
실례합니다.	Permiso	뻬르미소	누군가 통로에 있을 때 지나가기 위해 주로 쓰는 말이다.
마지막 사람?	¿Último personaje?	울띠모 뻬르소나헤?	줄을 서고 있는 마지막 사람을 물을 때 쓰는 말이다.
기다리세요.	Espera	에스뻬라	
진정하세요. 조용히 하세요.	Tranquila	뜨랑낄라	누군가 흥분해 있거나, 주변이 시끄러울 때.
천천히 하세요. 여유 있게 하세요.	Suave	수아베	누군가를 진정시킬 때
더 / 조금 더	Más / Poco más	마스 / 뽀꼬 마스	
덜	Menos	메노스	
그럭저럭	Más ó menos	마스 오 메노스	'그럭저럭'이라는 의미지만, 쿠바에서는 그다지 좋지 않다는 의미가 더 강하다.
당연하죠. 알겠어요.	Claro	끌라로	상대에게 동의하거나 내가 확실히 알고 있는 것을 알리는 의미.
말하세요.	Dime / Digame	디메 / 디가메	
맛있게 드세요.	Buen aprovecha	부엔 아쁘로베차	
죄송합니다.	Lo siento / Disculpe	로 시엔또 / 디스꿈뻬	'Lo siento'는 영어의 'Sorry'와 같은 의미로 사용.
뭐든지	Cualquiera	꽐끼에라	'꽐끼에라 꼬사'로 '무슨 일이든간에'라는 의미로도 주로 사용.

택시에서

한국어 뜻	스페인어	스페인어 발음	비고
'OOO'까지 얼마입니까?	¿Cuánto hasta 'OOO'?	꽌또 아스따 'OOO'?	"꽌또 꾸에스따 아스따 'OOO'?" 가 정확한 표현.
20CUC는 어때요?	¿Cómo es Veinte CUC?	꼬모 에스 베인떼 쎄우쎄?	가격을 흥정할 때, 그냥 원하는 가격만 이야기 해도 됨.
갑시다.	Vamos	바모스.	택시비 흥정이 끝나고 가자고 할 때.
여기서 내려주세요?	Dehame aqui	데하메 아끼.	
기사	Chofer	쇼페르	기사는 '쎄뇨르'라고 부르기보다는 '쇼페르'로 부르는 것이 일반적.
다시 한 번 이야기해 주실래요?	¿Podria hablar otra vez?	뽀드리아 아블라르 오뜨라 베스?	'오뜨라 베스, 뽀르 빠보르' 도 가능.
기사님, OOO에 도착하면 알려주실래요.	Chofer, cuando llegamos a OOO me avisa, por fabor.	쇼페르, 꽌도 예가모스 아 OOO 메아비사, 뽀르 파보르.	'쇼페르'를 빼고 버스에서 옆의 승객에게 부탁할 때 사용 가능.

숙소에서

한국어 뜻	스페인어	스페인어 발음	비고
방 있습니까?	¿Hay habitación?	아이 아비따시옹?	'아이 아비따시옹 디스뽀네블레?'로 '숙박
하루에 얼마입니까?	Cuanto por una noche?	꽌또 뽀르 우나 노체?	꽌또 꾸에스따 뽀르 우나 노체'가 정확한
조식 포함 입니까?	¿Con desayuno?	꽁 데사유노.	'에스 꽁데사유노?' 가 정확한 표현.
자전거를 쓸 수 있습니까?	¿Puedo usar una bicicleta?	뿌에도 우사르 우나 비시끌레따?	자전거를 어디서 빌리는지 물을 때도 사용
저녁 식사를 여기에서 하고 싶습니다.	Quiero cenar acá	끼에로 쎄나르 아까.	저녁 식사가 가능한 까사 빠르띠꿀라에서 사용 가능.
오후 3시까지 있을 수 있나요?	Puedo estar hasta las 3 por	뿌에도 에스따르 아스따 라스 뜨레스 뽀르 라따르데?	늦은 체크 아웃이 필요할 때 활용 가능.
열쇠	Llaves	랴베스	
에어컨	Aire condicionador	아이레 꼰디시오나도르	
뜨거운 물	Agua caliente	아구아 깔리엔떼	
선풍기	Ventilador	벤띨라도르	

숙소에서

한국어 뜻	스페인어	스페인어 발음	비고
침대	Cama	까마	
욕실	Baño	바뇨	'바뇨 인데뼨디엔떼'는 개별 욕실이라는 뜻.
주방	Cocina	꼬시나	주방을 써도 되는지 묻고 싶다면, '뿌에도 꼬시나르?'라고 간단하게 표현.

식당에서

한국어 뜻	스페인어	스페인어 발음	비고
메뉴를 먼저 볼 수 있을까요?	¿Puedo ver el menú de primero?	뿌에도 베르 엘 메누 데 쁘리메로?	처음 가보는 식당에서 먼저 메뉴를 보고 가격과 음식을 확인하고자 할 때.
이 음식에 밥이 같이 나옵니까?	¿Es esta con arroz?	에스 에스따 꽁 아로스?	'아로스 인끌루이도?'라고 물을 수도 있음.
어떤 음료가 있습니까?	¿Qué bebida tiene?	께 베비다 띠에네?	
음료 먼저 부탁합니다.	Bebida de primero, por fabor	베비다 데 쁘리메로, 뽀르 파보르.	'베비다, 쁘리메로'라고 간단하게 해도 이해 가능.
계산서 부탁합니다.	La cuenta, por fabor.	라 꾸엔따, 뽀르 파보르.	한 손바닥을 펴고, 반대 손으로 그 반을 가르면 계산서를 달라는 뜻.
갈비구이	Chuleta	출레따	소금양념만 된 구이
돼지고기 밀가루 튀김 (돈가스)	Empanada de cerdo	엠빠나다 데 쎄르도	돈가스라고 봐도 무방
닭고기 바비큐	Pollo asado	뽈료 아사도	
돼지고기와 햄, 치즈 밀가루 튀김	Uruguayo	우루과요	돈가스 안에 햄과 치즈를 함께 넣어 튀긴 음식.
바닷가재	Langosta	랑고스따	
새우	Camarón	까마론	
생선	Pescado	뻬스까도	
소고기	Carne de vaca	까르네 데 바까	
쥬스	Jugo	후고	'망고 주스'는 '후고 데 망고'
물	Agua	아구아	'아구아 나뚜랄'은 생수를 말한다.
흰 쌀 밥	Arroz blanco	아로스 블랑꼬	'아로스 모로'는 콩과 함께 나오는 밥
소금	Sal	쌀	'소금을 적게'라고 이야기 할때는 '뽀꼬 데 쌀'
커피	Cafe	까페	

표지판에

한국어 뜻	스페인어	스페인어 발음	비고
미세요.	Empuje	엠뿌헤	
열림	Abierto	아비에르또	
닫힘	Cerrado	쎄라도	
입구	Entrada	엔뜨라다	'입장료'라는 뜻으로도 사용.
출구	Salida	살리다	
금지	Prohibido	쁘로이비도	
위험	Peligro	뻴리그로	

길을 물을 때

한국어 뜻	스페인어	스페인어 발음	비고
OOO은 어디에 있습니까?	¿Dónde esta OOO?	돈데 에스따 OOO?	원하는 목적지 앞에 'El'이나 'La'의 정관사를 쓰는 것이 정확한 표현
OOO을 어디에서 살 수 있습니까?	¿Dónde puedo comprar OOO?	돈데 뿌에도 꼼쁘라르 OOO?	
OOO이 가깝습니까?	¿OOO esta cerca?	OOO 에스따 쎄르까?	'세르까?'만 사용해도 이해 가능.
OOO이 멉니까?	¿OOO esta leho?	OOO 에스따 레호?	'레호?'만 사용해도 이해 가능.
여기는 어디입니까?	¿Dónde estamos ahora?	돈데 에스따모스 아호라?	지도 등을 펴서 위치를 물을 때 사용 가능.
은행	Bancó	방꼬	
환전소 (까데까)	Cadeca	까데까	'까사 데 깜비오'의 약어.
비아술 터미널	Terminal de Viazul	떼르미날 데 비아술	기차역이나 트럭터미널도 터미널로 부르므로 구분해서 사용할 것.
화장실	Baño	바뇨	
광장	Plaza	쁘라사	
중심가	Centro	쎈뜨로	일반적으로 각 동네의 광장과 청사가 있는 곳을 '쎈뜨로'로 칭함
해변	Playa	쁘라야	
정류장	Parada	빠라다	P OO번 버스 정류장은 '빠라다 델 뻬 OO.'
경찰서	Comisaría de Policia	꼬미사리아 데 뽈리시아	

길을 물을 때

한국어 뜻	스페인어	스페인어 발음	비고
우체국	Oficina de correos	오피시나 데 꼬레오스	
병원	Hospital / Policlinica	오스삐딸 / 뽈리끄리니까	
집	Casa	까사	
식당	Restorante	레스또란떼	
까페	Cafetería	까페떼리아	간단한 음식을 파는 곳을 까페떼리아라고 함
박물관	Museo	무세오	미술관은 '무세오 데 아르떼'
가게	Tienda	띠엔다	'OO 가게'를 묻고 싶다면, '띠엔다 데 OO.'

상점에서

한국어 뜻	스페인어	스페인어 발음	비고
얼마입니까?	¿Cuánto cuesta?	꽌또 꾸에스따?	
비싸네요.	¿Es caro	에스 까로.	
더 싸게 해주세요.	¿Más barato?	마스 바라또?	정확한 표현은 아니기에, 잘못 이해하면 더 싼 물건을 보여줄 수도 있음.
이걸로 하겠습니다.	Quiero esto	끼에로 에스또.	'에스또'만 사용해도 가능.
그럼 이것은요?	¿Y Esto?	이 에스또?	끝을 올리는 의문형 억양 필요.
신용카드로 지불 할 수 있습니까?	Puedo pagar con tarjeta de	뿌에도 빠가르 꽁 따르헤따 데 끄레디또?	신용카드를 보여주거나 '따르헤따 데 끄레디또?'라고만 이야기해도 가능.
CUC(모네다)로 지불 할 수 있습니까?	¿Puedo pagar con CUC(Moneda nacional)?	뿌에도 빠가르 꽁 쎄우쎄 (모네다 나시오날)?	한 종류의 화페 밖에 없을 경우 사용.
봉투가 있습니까?	¿Tiene una bolsa?	띠에네 우나 볼사?	거의 없으므로 봉투는 챙겨다니는 것이 나음.
더 큰 것	Más grande	마스 그란데.	
더 작은 것	Más pequeño	마스 뻬께뇨	
다른 것	Otro	오뜨로	
금연	No fumar	노 푸마르	
남성용	Hombres / Caballeros	옴브레스 / 까바예로스	
여성용	Mujeres / Señoras	무헤레스 / 세뇨라스	

인사 할 때

한국어 뜻	스페인어	스페인어 발음	비고
안녕하세요.	Hola	올라	
아침 인사	Buenos días	부에노스 디아스	'부엔 디아'라고 간단하게 하기도 함.
오후 인사	Buenas tardes	부에나스 따르데스	
저녁 인사	Buenas noches	부에나스 노체스	'잘 자.'라는 의미로 주로 사용됨.
감사합니다.	Gracias	그라시아스	무차스 그라시아스(매우 감사합니다.)'로 주로 사용.
천만에요.	De nada	데 나다	'나다'라고만 하기도 함.
이름이 뭡니까?	¿Cómo se llama?	꼬모 쎄 랴마?	'꼬모 떼 랴마스?'는 친한 사이에 사용
작별인사	Chao	차오	
나중에 봐요.	Hasta luego	아스따 루에고	'내일 봐요.'는 '아스따 마냐나.'
만나서 반갑습니다.	Mucho gusto	무초 구스또	더 반가울 때는 '엔깐따도.'

숫자

한국어 뜻	스페인어	스페인어 발음	한국어 뜻	스페인어	스페인어 발음
1	Un	운	13	Trece	뜨레쎄
2	Dos	도스	14	Catorce	까또르쎄
3	Tres	뜨레스	15	Quince	낑세
4	Cuatro	꽈뜨로	16	Dieciséis	디에시세이스
5	Cinco	싱꼬	17	Diecisiete	디에시시에떼
6	Seis	세이스	18	Dieciocho	디에시오초
7	Siete	시에떼	19	Diecinueve	디에시누에베
8	Ocho	오초	20	Veinte	베인떼
9	Nueve	누에베	21	Veintiuno	베인띠우노
10	Diez	디에스	22	Veintidós	베인띠도스
11	Once	온쎄	23	Veintitrés	베인띠뜨레스
12	Doce	도쎄	24	Veinticuatro	베인띠꽈뜨로

숫자

한국어 뜻	스페인어	스페인어 발음	한국어 뜻	스페인어	스페인어 발음
25	Veinticinco	베인띠싱꼬	50	Cincuenta	싱꾸엔따
26	Veintiséis	베인띠세이스	51	Cincuenta Y Uno	싱꾸엔따이우노
27	Veintisiete	베인띠시에떼	52	Cincuenta Y Dos	싱꾸엔따이도스
28	Veintiocho	베인띠오초	53	Cincuenta Y Tres	싱꾸엔따이뜨레스
29	Veintinueve	베인띠누에베	54	Cincuenta Y Cuatro	싱꾸엔따이꽈뜨로
30	Treinta	뜨레인따	55	Cincuenta Y Cinco	싱꾸엔따이싱꼬
31	Treinta Y Uno	뜨리엔따이우노	56	Cincuenta Y Seis	싱꾸엔따이세이스
32	Treinta Y Dos	뜨리엔따이도스	57	Cincuenta Y Siete	싱꾸엔따이시에떼
33	Treinta Y Tres	뜨리엔따이뜨레스	58	Cincuenta Y Ocho	싱꾸엔따이오초
34	Treinta Y Cuatro	뜨리엔따이꽈뜨로	59	Cincuenta Y Nueve	싱꾸엔따이누에베
35	Treinta Y Cinco	뜨리엔따이싱꼬	60	Sesenta	세센따
36	Treinta Y Seis	뜨리엔따이세이스	61	Sesenta Y Uno	세센따이우노
37	Treinta Y Siete	뜨리엔따이시에떼	62	Sesenta Y Dos	세센따이도스
38	Treinta Y Ocho	뜨리엔따이오초	63	Sesenta Y Tres	세센따이뜨레스
39	Treinta Y Nueve	뜨리엔따이누에베	64	Sesenta Y Cuatro	세센따이꽈뜨로
40	Cuarenta	꽈렌따	65	Sesenta Y Cinco	세센따이싱꼬
41	Cuarenta Y Uno	꽈렌따이우노	66	Sesenta Y Sies	세센따이세이스
42	Cuarenta Y Dos	꽈렌따이도스	67	Sesenta Y Siete	세센따이시에떼
43	Cuarenta Y Tres	꽈렌따이 뜨레스	68	Sesenta Y Ocho	세센따이오초
44	Cuarenta Y Cuatro	꽈렌따이 꽈뜨로	69	Sesenta Y Nueve	세센따이에베
45	Cuarenta Y Cinco	꽈렌따이싱꼬	70	Setenta	세뗀따
46	Cuarenta Y Seis	꽈렌따이세이스	71	Setenta Y Uno	세뗀따이우노
47	Cuarenta Y Siete	꽈렌따이 시에떼	72	Setenta Y Dos	세뗀따이도스
48	Cuarenta Y Ocho	꽈렌따이오초	73	Setenta Y Tres	세뗀따이뜨레스
49	Cuarenta Y Nueve	꽈렌띠이누에베	74	Setenta Y Cuatro	세뗀따이꽈뜨로

한국어 뜻	스페인어	스페인어 발음	한국어 뜻	스페인어	스페인어 발음
75	Setenta Y Cinco	세뗀따이 싱꼬	100	Cien	시엔
76	Setenta Yseis	세뗀따이 세이스	200	Dos Cientos	도스 시엔또스
77	Setenta Ysiete	세뗀따이 시에떼	300	Tres Cientos	뜨레스 시엔또스
78	Setenta Yocho	세뗀따이 오초	400	Cuatro Cientos	꽈뜨로 시엔또스
79	Setenta Y Nueve	세뗀따이 누에베	500	Quinientos	끼니엔또스
80	Ochenta	오첸따	600	Seis Cientos	세이스 시엔또스
81	Ochenta Y Un	오첸따이 우노	700	Siete Cientos	시에떼 시엔또스
82	Ochenta Y Dos	오첸따이 도스	800	Ocho Cientos	오초 시엔또스
83	Ochenta Y Tres	오첸따이 뜨레스	900	Nueve Cientos	누에베 시엔또스
84	Ochenta Y Cuatro	오첸따이 꽈뜨로	1,000	Mil	밀
85	Ochenta Y Cinco	오첸따이 싱꼬	10,000	Diez Mil	디에스 밀
86	Ochenta Y Seis	오첸따이 세이스	100,000	Cien Mil	시엔 밀
87	Ochenta Y Siete	오첸따이 시에떼	1,000,000	Un Millón	운 밀리온
88	Ochenta Y Ocho	오첸따이 오초	10,000,000	Diez Millones	디에스 밀리오네스
89	Ochenta Y Nueve	오첸따이 누에베	첫 번째	Primo	쁘리모
90	Noventa	노벤따	두 번째	Segundo	쎄군도
91	Noventa Y Un	노벤따이 우노	세 번째	Tercero	떼르쎄로
92	Noventa Y Dos	노벤따이 도스	네 번째	Cuarto	꽈르또
93	Noventa Y Tres	노벤따이 뜨레스	다섯 번째	Quinto	낀또
94	Noventa Y Cuatro	노벤따이 꽈뜨로	여섯 번째	Sexto	쎅스또
95	Noventa Y Cinco	노벤따이 싱꼬	일곱 번째	Séptimo	쎕띠모
96	Noventa Y Seis	노벤따이 세이스	여덟 번째	Octavo	옥따보
97	Noventa Y Siete	노벤따이 시에떼	아홉 번째	Noveno	노베노
98	Noventa Y Ocho	노벤따이 오초	열 번째	Décimo	데시모
99	Noventa Y Nueve	노벤따이 누에베	마지막	Último	울띠모

기타

한국어 뜻	스페인어	스페인어 발음	한국어 뜻	스페인어	스페인어 발음
가수	Cantante	깐딴떼	바지	Pantalones	빤따로네스
간장	Salsa De Soya	살사데소야	반바지	Cortos	꼬르또스
감자	Patata	빠따따	버스	Bus	부스
건물	Edificio	에디피시오	베게	Almohada	알모하다
검은색	Negro	네그로	불	Fuego	푸에고
달걀	Huevo	우에보	비누	Jabón	하봉
달걀후라이	Huevo Frito	우에보 프리또	비행기	Avión	아비옹
공원	Parque	빠르께	빨간색	Rojo	로호
공항	Aeropuerto	아에로뿌에르또	빵	Pan	빵
광장	Plaza	쁘라사	새로운	Nuevo	누에보
교회	Iglesia	이글레시아	설탕	Azúcar	아수까르
귀	Oreja	오레하	소금	Sal	쌀
극장	Teatro	떼아뜨로	소스	Salsa	살사
길	Calle	까예	수건	Toalla	또알랴
나쁜	Malo	말로	수저	Cuchara	꾸차라
나이프	Cuchillo	꾸칠료	시끄러운	Ruido	루이도
낮은	Bajo	바호	신발	Zapatos	사빠또스
냄비	Pote	뽀떼	선크림	Crema Paraеl sol	끄레마빠라엘솔
노란색	Amarillo	아마릴료	아침식사	Desayuno	데사유노
녹색	Verde	베르데	안경	Gafas	가파스
높은	Alto	알토	양파	Cebolla	세볼랴
눈	Ojo	오호	여기	Aquí	아끼
당근	Zanahoria	사나호리아	오래된 / 나이든	Viejo	비에호
돈	Dinero	디네로	옷	Ropa	로빠
디스코텍	Discoteca	디스꼬떼까	우유	Leche	레제

기타

한국어 뜻	스페인어	스페인어 발음	한국어 뜻	스페인어	스페인어 발음
마늘	Ajo	아호	음료	Bebida	베비다
많은	Mucho	무초	음식	Comida	꼬미다
맥주	Cerveza	쎄르베사	음악	Música	무시까
모자	Sombrero	솜브레로	음악가	Músico	무시꼬
문	Puerta	뿌에르따	의자	Silla	실랴
바나나	Plátano	쁠라따노	입	Boca	보까
작은	Pequeño	뻬께뇨	포도주	Vino	비노
저녁식사	Cena	쎄나	포크	Tenedor	떼네도르
적은	Poco	뽀꼬	함께	Juntos	훈또스
전화기	Teléfono	뗄레포노	핸드폰	Celular	쎌룰라르
젊은	Joven	호벤	햄버거	Hambruguesa	암브루게싸
점심식사	Almuerzo	알무에르쏘	현금인출기	Cajero Automático	까헤로 아우또마띠까
접시	Plato	쁠라또	혼자	Solo	솔로
젓가락	Palillos	빠릴로스	환전	Cambio	깜비오
조용한	Silencioso	실렌시오소	후추	Pimienta	삐미엔따
종이	Papel	빠뻴	흰색	Blanco	블랑꼬
좋은	Bueno	부에노	코	Nariz	나리스
창문	Ventana	벤따나	코너	Esquina	에스끼나
책상	Mesa	메싸	큰	Grande	그란데
초콜릿	Chocolate	초꼴라떼	클럽	Club	끌룹
춤	Baile	바일레	탄산음료	Refresco	레프레스꼬
층 (건물의)	Piso	삐소	택시	Taxi	딱시
치즈	Queso	께소	터미널	Terminal	떼르미날
친구	Amigo	아미고	티셔츠	Camiseta	까미세따

기타

한국어 뜻	스페인어	스페인어 발음	한국어 뜻	스페인어	스페인어 발음
A와 B사이에	Entre A y B	엔뜨레A이B	티켓	Billete	빌예떼
A의 뒤에	Detrás de A	데뜨라스데A	파란색	Azul	아술
A의 아래에	Debajo de A	데바호데A	파인애플	Piña	삐냐
A의 앞에	Frente de A	프렌떼데A	파파야	Fruta Bomba	프루따봄바
A의 옆에	A lado de A	아라도데A	펜	Pluma	쁠루마
A의 위에	Encima de A	엔시마데A			

시간

한국어 뜻	스페인어	스페인어 발음	한국어 뜻	스페인어	스페인어 발음
아침	Mañana	마냐나	오늘	Hoy	오이
낮	Tarde	따르데	내일	Mañana	마냐나
저녁	Noche	노체	어제	Ayer	아예르
새벽	Madrugada	마드루가다	그제	Anteayer	안떼아예르
시간	Hora	오라	모레	Pasado Mañana	빠싸도마냐나
분	Minuto	미누또	1월	Enero	에네로
초	Segundo	쎄군도	2월	Febrero	페브레로
월	Mes	메쓰	3월	Marzo	마르쏘
일	Día	디아	4월	Abril	아브릴
년	Año	아뇨	5월	Mayo	마요
월요일	Lunes	루네스	6월	Junio	후니오
화요일	Martes	마르떼스	7월	Julio	훌리오
수요일	Miércoles	미에르꼴레스	8월	Agosto	아고스또
목요일	Jueves	우에베스	9월	Septiembre	쎕띠엠브레
금요일	Viernes	비에르네스	10월	Octubre	옥뚜브레
토요일	Sábado	싸바도	11월	Noviembre	노비엠브레
일요일	Domingo	도밍고	12월	Diciembre	디씨엔브레

Easy Cuba
이지 쿠바

2016년 7월 29일 초판 1쇄 발행
2019년 7월 8일 제3개정판 1쇄 발행

지은이	김현각
발행인	송민지
기획	오대진, 강제능
디자인	김영광
경영지원	한창수, 서병용
재무	박주희

발행처   도서출판 피그마리온
서울시 영등포구 선유로 55길 11(4층)
전화 02-516-3923
팩스 02-516-3921
이메일 books@easyand.co.kr
www.easyand.co.kr

브랜드   EASY & BOOKS
EASY&BOOKS는 도서출판 피그마리온의 여행 출판 브랜드입니다.

등록번호   제313-2011-71호
등록일자   2009년 1월 9일

ISBN 979-11-85831-76-3
ISBN 979-11-85831-17-6(세트)
정가 18,000원

Since 2001
Travel Guide Book Series

〈이지 시리즈〉
가이드북 최초로 매년 개정을 거치며 여행자에게 가장 최신의 정보를 전달하는 감각적인 여행책 시리즈

EASY EUROPE

EASY EUROPE   **EASY SIBERIA**   **EASY SOUTH AMERICA**   **EASY SPAIN**

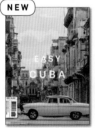

EASY CUBA   **EASY EUROPE SELECT4**   **EASY EASTERN EUROPE**   **EASY RUSSIA**

EASY CITY BANGKOK   **EASY CITY DUBAI**   **EASY CITY TOKYO**   **EASY CITY GUAM**

EASY CITY TAIPEI   **EASY CITY DANANG**